宁夏大学生态学丛书　全球变化生态学研究系列

本书受宁夏大学“双一流”建设项目（NXYLXK2017B06）、国家自然科学基金（32160277）、中国科学院“西部青年学者”（XAB2019AW03）、宁夏自然科学基金（2022AAC02012、2020AAC03050和NZ17015）资助。

酸沉降下西北荒漠煤矿区植物多样性维持机理

黄菊莹　余海龙　韩　翠等　著

科学出版社

北　京

内 容 简 介

本书从西北荒漠区植物生长的主要限制因子入手，以全球变化中大气酸沉降增加为背景，依托2018~2021年设立于宁东能源化工基地3个典型燃煤电厂（鸳鸯湖电厂、马莲台电厂、灵武电厂）的野外监测点，通过长期的野外观测和室内分析，定位监测了距离电厂0~2000m范围内降水降尘混合沉降中NO_3^-、NH_4^+、SO_4^{2-}、K^+、Ca^+、Na^+、Mg^{2+}沉降特征（时间动态、距离特点、电厂差异）及来源，系统研究了植物多样性的时空动态，并结合植被-土壤系统C：N：P平衡特征和关键土壤化学及生物学性质的变化特点，综合分析了氮、硫、盐基离子沉降量与混合沉降酸性质、植物多样性、植被-土壤系统C：N：P生态化学计量学特征、土壤性质的关系，从生态化学计量学角度深入探讨了西北荒漠煤矿区大气酸沉降环境效应和植物多样性维持机制，为丰富我国酸沉降时空数据库、评估区域大气污染物控制措施的实施效果提供数据支撑。本书研究成果对于促进荒漠煤矿区经济与生态协调发展、加快黄河流域生态保护和高质量发展具有重要的现实意义。

本书可供生态学、环境科学、自然地理学等相关专业的教学科研人员、研究生和本科生参考阅读。

图书在版编目(CIP)数据

酸沉降下西北荒漠煤矿区植物多样性维持机理／黄菊莹等著．—北京：科学出版社，2022.11

（宁夏大学生态学丛书．全球变化生态学研究系列）

ISBN 978-7-03-073702-1

Ⅰ．①酸…　Ⅱ．①黄…　Ⅲ．①植物-生物多样性-研究-西北地区　Ⅳ．①Q948.524

中国版本图书馆CIP数据核字（2022）第210212号

责任编辑：刘　超／责任校对：樊雅琼

责任印制：吴兆东／封面设计：无极书装

科学出版社 出版

北京东黄城根北街16号

邮政编码：100717

http://www.sciencep.com

北京九州迅驰传媒文化有限公司 印刷

科学出版社发行　各地新华书店经销

*

2022年11月第　一　版　开本：787×1092　1/16

2022年11月第一次印刷　印张：14 1/2

字数：350 000

定价：180.00元

（如有印装质量问题，我社负责调换）

《酸沉降下西北荒漠煤矿区植物多样性维持机理》撰写人员名单

主笔	黄菊莹	宁夏大学生态环境学院
副主笔	余海龙	宁夏大学地理科学与规划学院
	韩　翠	宁夏大学农学院
其他参与撰写人员	王　斌	中国林业科学研究院亚热带林业研究所
	李春环	宁夏大学地理科学与规划学院
	李　冰	宁夏大学农学院
	王晓悦	宁夏大学生态环境学院
	张峰举	宁夏大学生态环境学院
	张俊华	宁夏大学生态环境学院

前　言

作为全球变化的主要方面之一，大气酸沉降（主要为氮和硫）增加不仅会导致土壤酸化，而且会引起C：N：P生态化学计量关系失衡、磷限制增加，从而威胁着生物多样性和生态系统服务功能。近年来，随着大气污染物排放措施的全面实施和社会经济结构的广泛改型，酸沉降在欧美等发达国家呈降低趋势。就中国而言，在大部分区域酸沉降趋于平稳甚至下降的背景下，西北地区煤炭行业的快速发展使得酸沉降速率加快。尽管荒漠区植被稀少，但仍蕴藏着大量特有物种，在固碳释氧、防风固沙、调节水文等生态系统功能维持方面发挥着不可替代的作用，然而其生物多样性如何响应氮、硫沉降尚缺乏深入的分析。西北荒漠区位于国家生态安全格局“两屏三带”的北方防沙带。区域土壤氮含量低、盐碱化普遍，自然环境恶劣。国家规划的14个亿吨级煤炭基地中的宁东能源化工基地位于该区域，距黄河仅35km，其快速发展对矿区周边乃至黄河流域的生态环境造成压力。

在国家自然科学基金（32160277）、中国科学院“西部青年学者”（XAB2019AW03）、宁夏自然科学基金（2022AAC02012、2020AAC03050和NZ17015）等省部级以上项目的资助下，本书以2018年在宁东能源化工基地3个典型燃煤电厂周边设立的野外观测试验为研究平台，通过长期的野外调研和室内分析，研究了降水降尘混合沉降化学性质和植物多样性的时空分布格局，并依据研究区低氮、高pH的土壤特点，监测了与土壤酸化敏感性和磷有效性、植物–微生物群落关联、植被–土壤系统C：N：P平衡特征密切相关的指标，从生态化学计量学角度系统探讨了植物多样性的影响因素，深入揭示了植物多样性与生产力的内在联系，初步阐明了氮、硫沉降下荒漠煤矿区植物多样性的维持机制，为科学评价全球变化背景下西北荒漠煤矿区生态系统碳汇功能提供数据支撑，同时也为丰富我国酸沉降时空数据库、评估大气污染物控制措施的实施效果、促进荒漠煤矿区经济与生态协调发展、加快黄河流域生态保护和高质量发展提供科学依据。

本书整理汇总的研究成果不仅促进了宁夏大学生态学、环境科学和自然地理学等相关学科的发展，而且是积极促进国际生物多样性保护、助力实现现阶段我国“碳达峰”和“碳中和”长远目标的有益实践，因此具有高的社会效益和生态效应。此外，本书在燃煤电厂监测点选择、降水降尘混合沉降样品收集与测定、植被调查、植物多样性计算、植被和微生物内稳性的判定标准、土壤样品收集与测定等方面都有详细的文字说明。这些内容可为读者朋友们在荒漠区大气酸沉降研究区设置、大气沉降方法确立、关键植物和土壤指标选取、样品测试分析方法选择等方面提供理论支撑和实践经验。

黄菊莹
2022年3月15日
于宁夏大学科技楼

目　录

第1章 总 论

1.1 研究意义

大气酸沉降（主要为N和S）增加是全球变化的主要方面。工业革命以来，由于人类活动产生了大量NO_x和SO_2，导致大气酸沉降增加。长期酸沉降增加不但会引起土壤酸化，而且可能造成C：N：P失衡和P限制增加（Deng et al., 2017），导致生物多样性降低和生态系统退化（Wright et al., 2018）。近年来，随着大气污染物控制措施的实施和社会经济结构的转型，酸沉降速率在欧美等发达国家显著降低（Du, 2016；Engardt et al., 2017），但在发展中国家仍呈上升趋势（Vet et al., 2014）；近十年来我国酸沉降速率趋于稳定甚至亦有所减缓（Zheng et al., 2018a；Yu et al., 2019；Wen et al., 2020）。然而，煤炭等行业的快速发展（Tan et al., 2018）使得西北地区N、S沉降速率加快（Zhang et al., 2018a；Li et al., 2019a；顾峰雪等，2016；王金相，2018）。尽管估测的N、S沉降量低于全国水平，但较低的N沉降临界负荷（段雷等，2002）、N与S沉降的耦合作用（Gao et al., 2018）以及时间累积性（Phoenix et al., 2012；Duan et al., 2016），使得该区域N、S沉降同样不容忽视。燃煤电厂是我国NO_x和SO_2的主要工业排放源之一（Zhang et al., 2020b）。在西北地区燃煤电厂集中发展的典型区域监测N、S沉降，可为丰富全国酸沉降时空数据库、评估区域大气污染物控制措施的实施效果提供数据支撑。

生物多样性是全球变化背景下自然地理学、生态学等相关学科领域的一个重要研究方向，在各个方面支撑着人类社会。然而，由于资源过度开发、物种栖息地破坏，人类活动对生物多样性已经造成了不可逆转的负面影响（丛晓男，2021）。如何有效保护生物多样性已经成为一个难题（胡远洋，2022）。植物多样性是衡量群落结构和功能变异的重要度量指标，反映了生态系统的结构（Cardinale et al., 2006），是植物维持生态系统功能的基础（Laliberté & Legendre, 2010；董世魁等，2017）。N、S沉降会引起植物种丧失这一结论已得到了证实（姜勇等，2019；付伟等，2020），尤其在酸性和中性土壤中。通常认为，物种多样性与群落稳定性正相关（Hautier et al., 2015），因而物种丧失可能会导致生态系统稳定性降低、生态服务功能退化。但近期的研究对此传统认知提出了挑战，认为N添加下群落稳定性的主导机制随N添加水平和处理时间而发生变化（Niu et al., 2018；Liu et al., 2019；Ma et al., 2021；Zhou et al., 2020；武倩，2019）。本书将从物种多样性角度分析酸沉降下植物多样性的变化特征，探讨植物多样性与生产力的联系，为深入揭示N、S沉降下荒漠生态系统稳定性维持机制、科学评估荒漠区植物固碳潜力、助力实现“碳达峰”和“碳中和”目标提供基础数据。

西北荒漠区位于国家生态安全格局“两屏三带”的北方防沙带。区域土壤N含量低、盐碱化普遍。虽然荒漠区植被稀少，但仍蕴藏着大量特有物种，对维持区域生态系统功能发挥着不可替代的作用（程磊磊等，2020）。国家规划的14个亿吨级煤炭基地中的宁东能源化工基地（以下简称宁东基地）位于该区域，距黄河仅35km，是宁夏煤、水、土等资源的富聚区，其快速发展对矿区周边乃至黄河流域的生态环境造成压力（赵廷宁等，2018；杨帆等，2021）。受地理位置的影响，区域干旱少雨、植被稀少，缺乏大气污染物的清除机制，因此对酸沉降反应敏感（梁晓雪，2019）。虽然宁东基地各燃煤电厂已按照国家排放标准安装了脱硫脱硝装置、实现了超低排放，为我国NO_x和SO_2总量减排做出了重要贡献（王圣，2020），但其NO_x和SO_2排放对全国总排放率的贡献仍逐年增加，是区域空气N、S的主要来源（王金相，2018；伯鑫等，2019）。我国以煤炭为主的能源结构以及“西电东送”的战略部署，决定了今后燃煤机组装机容量还将不断增长，随之而来的污染物排放对本就脆弱的生态环境提出更大的挑战（凌再莉，2018）。因而，探明低N、高pH的土壤环境下，当前排放强度将如何影响区域植物多样性，评价现行污染物控制措施下酸排放的生态效应，对于促进荒漠煤矿区经济与生态协调发展、加快黄河流域生态保护和高质量发展具有重要的现实意义。

1.2 国内外研究现状分析

1.2.1 氮、硫沉降趋势

随着工业化和农业现代化进程的加快，排放到空气中的N、S化合物日益增多，并通过干湿沉降方式进入水生和陆地生态系统，导致全球大气酸沉降增加（Galloway et al., 2008；Vet & Ro, 2008）。据估计，20世纪以来全球N沉降量已由1961年的$14Tg \cdot a^{-1}$增加到2000年的$68Tg \cdot a^{-1}$，到2030此值预计将达到$105Tg \cdot a^{-1}$；1990年至21世纪10年代全球S沉降量达$221.7Tg \cdot a^{-1}$，其中亚洲地区S干湿沉降量分别占58.3%和59.7%（Gao et al., 2018）。长期酸沉降增加不仅会引起土壤N、S元素的富集，而且会加速土壤NH_4^+硝化和NO_3^-淋溶，导致pH降低。而NO_3^-淋溶又会造成大量与其结合的K^+、Ca^{2+}、Na^+和Mg^{2+}淋失、增强有毒离子对P的络合和沉淀（Mao et al., 2017），进而造成元素化学计量关系失衡、生物多样性降低和生态系统退化等一系列严重的生态问题（Li et al., 2016a；Tian et al., 2016；Jung et al., 2018；Zarfos et al., 2019）。

1.2.1.1 国内外氮、硫沉降

(1) 国外氮、硫沉降

N、S沉降是全球变化的一个重要方面，也是现代自然地理学研究领域的热点问题。其中，N沉降以化石燃料燃烧、施用N肥和畜牧业发展为主要来源。N沉降化学组成中以NO_3^-和NH_4^+为主（朱圣洁，2014）；S沉降主要是指化石燃料燃烧释放的SO_2在特定条件下发生光化学反应生成SO_4^{2-}降落在地表的过程。国外对于酸沉降的时空变化规律已经做了大量的研究工作（Peringe et al.，2020）。N、S沉降最早于19世纪中叶以酸雨的形式被英国化学家Robert Angus Smith发现。从1940年起，世界范围内许多学者开始关注酸沉降现象。Vet & Ro（2008）根据全球尺度下酸性沉降化学运输模型估计，1992～2002年，东亚地区（特别是中国东部）、印度北部、孟加拉国、北美以及欧洲东部与东北部是硫酸盐沉降的主要分布地区，其中高N沉降区与高S沉降区基本重合。但N沉降特征不同于S沉降，且N沉降中NH_4^+与NO_3^-也有着不同的沉降格局（Galloway et al.，2008）。之后的研究表明，在过去的几十年中，欧洲和北美的酸沉降明显减少。例如，仅1990～2014年欧洲SO_2和NO_x排放量就分别减少了约60%和45%（Forsius et al.，2021）；北美自20世纪80年代至90年代起，S沉降就开始呈下降趋势（Clark et al.，2018）；欧洲S沉降在20世纪末也开始呈现出下降趋势。欧洲监测和评估规划（EMEP）根据1972～2009年酸沉降数据分析指出，自1980年来欧洲大气环境中S沉降已经减少了70%～90%，而N沉降平均减小的幅度仅为25%（Vet & Ro，2008）。

总体而言，目前全球范围内的N、S沉降格局已经从以S沉降为主转变为以N沉降为主，且发展中国家成为酸沉降的主要影响区域。例如，基于1990年～21世纪10年代150个采样点的整合数据结果表明（Gao et al.，2018），全球平均S湿沉降速率可达141.64±120.04$Tg \cdot a^{-1}$，其中亚洲地区平均湿沉降速率为84.5±79.31$Tg \cdot a^{-1}$，可能导致土壤酸化的潜在风险，对全球湿沉降的贡献率为59.7%。相比之下，欧洲的S湿沉降通量平均为18.51±16.06$kg \cdot ha^{-1} \cdot a^{-1}$，而北美和南美分别为8.16±4.12$kg \cdot ha^{-1} \cdot a^{-1}$和4.96±3.45$kg \cdot ha^{-1} \cdot a^{-1}$。此外，欧洲和北美的平均S湿沉降速率分别为18.81±16.32$Tg \cdot a^{-1}$和14.56±7.36$Tg \cdot a^{-1}$。全球平均S干沉降速率估计为80.1±69.37$Tg \cdot a^{-1}$，其中亚洲占全球S干沉降总量的58.3%。然而，非洲的S干沉降速率已达到9.82±6.08$Tg \cdot a^{-1}$，其贡献超过了欧洲和南美洲。

(2) 国内氮、硫沉降

相较国外，中国N、S沉降研究起步较晚。20世纪80年代，国家环境保护局（现为生态环境部）发起了国内第一次较为系统的酸雨调查。监测和建模结果都表明，从20世纪80年代到21世纪初，中国的N和S沉降呈逐年增加趋势。90年代末，国家环境保护总局（现为生态环境部）、中国气象局开始在国内构建大气N、S沉降监测网络（丁国安等，2004）。自2004年起，中国农业大学也组织建立了涵盖40个监测点，囊括

农田、草原、森林和城市等生态系统的全国性 N 沉降监测网络（NNDMN）（刘学军和张福锁，2009）。2004 年，我国 N 沉降变化范围为 1.0 ~ 74.3kg · hm^{-2} · a^{-1}，其中东南区域的 N 沉降水平最高，高达 35.6kg · hm^{-2} · a^{-1}，约每年增加 0.34kg · hm^{-2}（莫江明等，2004）。Liu 等（2013）研究表明，中国陆地生态系统 N 沉降从 1980 年的 13.2kg · hm^{-2} · a^{-1}增至 2010 年的 21.1kg · hm^{-2} · a^{-1}，增幅高达近 60%。2000 ~ 2013 年，S 沉降从 22.17kg · hm^{-1}增加至 70.55kg · hm^{-1}（Liu et al.，2016）。段雷（2000）在对国内不同区域酸沉降临界负荷进行区划研究时发现，中国 S 沉降临界负荷在总体上呈现东低西高的趋势。N 沉降临界负荷的分布则正相反，呈现自西向东逐渐增加的格局；目前，我国已经成为继欧洲和北美之后的第三大 N 沉降区。尤其是我国南方，受 S 危害的地区已经超过国土面积的 40%。所以，我国面临的酸沉降形势依然相当严峻，控制酸前体物排放、减少酸沉降对生态系统的负面影响刻不容缓。

近年来，一些研究人员提出，我国大气酸沉降格局已经开始发生改变。20 世纪 90 年代以前，我国酸沉降以硫酸盐形式为主，但自 21 世纪以来我国酸沉降中 NO_x 的比例增加。例如，2016 年全国 SO_4^{2-} 湿沉降量比 2005 年减少 4.3%，表明控制 SO_2 排放的空气质量政策对湿 SO_4^{2-} 沉降有一定的影响（Zhang et al.，2018a）；1990 ~ 2010 年，全国 NO_3^- 湿沉降量提高了 74.1%、SO_4^{2-} 湿沉降量降低了 14.0%（Yu et al.，2017）；孙成玲和谢绍东（2014）等指出应在考虑 SO_2 酸化效应的基础上重视 NO_x 的酸化效应及富营养化效应。区域分配上，近期的研究表明，我国近十年来酸沉降速率趋于稳定甚至亦有所降低，但近年来随着西部大开发战略的实施和西部能源产业的不断发展，我国西北地区酸沉降量逐年增加（Yu et al.，2019；Zheng et al.，2018a；Wen et al.，2020）。相关数据表明，1990 ~ 2010 年，中国酸性降水面积从 22.53% 增加到 30.45%，其中西北地区为主要增长区域（Yu et al.，2017）；Zhang 等（2018a）利用大气臭氧监测仪 SO_2 柱，对 SO_4^{2-} 湿沉降的长期（2005 ~ 2016 年）趋势进行了评估，发现在空间分布上，全国 SO_4^{2-} 沉降量变化很大（0.9 ~ 63.9 kgS · hm^{-2}），平均为 10.4 kgS · hm^{-2}。SO_4^{2-} 湿沉降表现出明显的季节变化，从 1 月到 7 月呈上升趋势，之后又呈下降趋势。从长期趋势来看，中国北方、中部和南部的 SO_4^{2-} 湿沉降减少，而中国西北部、东北地区、内蒙古、青海、西藏则呈现出增加的沉降趋势。

1.2.1.2 氮、硫沉降主要排放源

随着社会经济的发展，化石燃料的使用量也逐年增长。据报道，2018 年世界一次性能源消费量为 1.39×10^{10}t 油当量，相比上一年增长 2.9%（苗琦等，2020）。大量的化石燃料燃烧导致 SO_2 和 NO_x 排放增长、大气酸沉降增加。燃煤电厂是我国大气 NO_x 和 SO_2 的主要排放源之一（Li et al.，2019b），其污染排放已成为制约我国煤电行业走向可持续发展道路的主要问题（佟海，2016）。近年来，我国大力推进大型煤电基地建设，大容量、高参数的火电机组得到迅速发展，其发展速度、装机容量和机组数量均已跃居世界首位（张建宇等，2011）。截至 2010 年底，全国电力装机容量已达 9.62 亿 kW，其中火电发电装机容量

为7.07亿kW，占全国总装机容量的73%，且燃煤发电在火电构成中超过90%（燕中凯等，2012）。我国以煤炭为主的能源结构决定了今后火电机组装机容量还将不断增长，由火电厂排放的SO_2和NO_x若得不到有效控制，将直接影响我国酸沉降污染的治理进程。

目前，国内对于燃煤电厂的N、S排放有着严格的限定标准。新修订的《火电厂大气污染物排放标准》于2012年开始实施。与2003版排放标准相比，新版火电标准能够有效改善我国大陆N和S沉降状况，标准实施后到2015年N和S沉降总量分别降低了9.28%和18.58%（王占山等，2014）。中国环境保护产业协会脱硫脱硝委员会（2017）指出，截至2016年底，全国已投运火电厂烟气脱硫脱硝机组容量约9.1亿kW，占全国煤电机组容量的96.2%；2016年全国火电行业SO_2排放量约170万t，仅占2006年峰值的13%；2016年全国火电行业NO_x排放量约155万t，仅占2011年峰值的14%。但即便如此，我国能源结构特征决定了在今后相当长的时间内N、S减排工作仍将十分严峻。近期的研究指出，21世纪初以来煤炭行业的快速发展导致西北地区N和S沉降速率明显加快（顾峰雪等，2016；Zhang et al.，2018a）。因此，有必要在燃煤电厂集中发展的区域开展N、S沉降效应的观测研究。

1.2.1.3　氮、硫沉降测定方法

大气沉降过程可以分为湿沉降、干沉降和隐形降水等三类（宋欢欢等，2014）。湿沉降是气溶胶随雨雪降落在地表和水体的过程。干沉降即气溶胶的所有物理沉降的过程。隐形降水指生源物质随云雾、露珠等降落至近地面的过程。

湿沉降最初采用气象降水观测的雨量器进行收集，因其简单易用、价格低廉，时至今日仍广泛应用于湿沉降样品的收集中。但该方法收集不及时会混入部分干沉降，导致估测值偏高。为避免这一问题，许多研究采用降水自动采样器进行湿沉降的采集。受研究手段和沉降形式的限制，干沉降测定方法较为复杂且常常会低估干沉降总量，常见的方法包括替代面法（林地中为穿透水法）、差减法、推算法、微气象法、串级过滤采样法、离子树脂交换法、苔藓S同位素示踪、遥感数据分析和模型估测等（如Sickles et al.，1999；Wesely & Hicks，2000；Fowler et al.，2001；Fenn et al.，2002；郭德惠和张延毅，1987；姜杰，2012；朱仁果等，2012；贺成武等，2014；杜金辉等，2015；程念亮等，2016；南少杰，2017）。其中，采用替代面法测定干沉降时，集尘缸内一般保持5cm液面高度的蒸馏水，遇降水封盖，降水停止后停揭盖继续收集。虽然替代面法仅能收集到直径>2μm的重力沉降部分、不能完全收集到气体和粒径较小的气溶胶沉降（陈能汪等，2008；宋欢欢等，2014），但鉴于其成本低、操作简便、估测结果对总沉降的变化趋势影响小等特点，在大气降尘化学成分的研究中有较多应用，尤其是我国北方多沙尘地区（邢建伟等，2017 & 2020）。

近年来，随着自动化技术的广泛应用，许多研究逐渐采用降水降尘自动采样器进行降水降尘样品的采集。该采样器可对干湿沉降样品独立收集：在降水发生时，由传感器控制

打开湿沉降采样器关闭干沉降收集器，无降水时干沉降收集器打开。另一些研究采用干沉降采样器结合数据模型进行干沉降的估测（樊建凌等，2013；许稳，2016）。但相关仪器比较贵重，在野外多样点监测中受到了限制。此外，针对酸沉降野外采样困难、分析不便等问题，有关机构设计了 ARM 远程监控装置。该装置采用沉降缸收集样品，然后通过在线式传感器获得沉降物浓度数据并实时计算沉降通量。但是，这种方法前期投入较大，限制了其广泛应用。

1.2.2 盐基离子沉降趋势

大气沉降中 K^+、Ca^{2+}、Na^+、Mg^{2+}等盐基离子在生态系统中发挥着重要作用。这些离子一方面可以为植物生长提供必要的养分（叶片截获或地下部分吸收），另一方面能够对大气酸性沉降物起到中和作用，从而削弱酸沉降对土壤的酸化作用（Lei et al.，2011；Wang et al.，2012；廖柏寒等，2001）。早在 20 世纪 80 年代，欧美学者就开始对盐基离子沉降开展了系统的观测研究。相关结果表明，随着大气污染物限排措施的实施和社会经济结构的转型，许多欧美发达国家 S、N、盐基离子沉降均呈下降趋势（Dana et al.，1987；Erik，1988）。在中国，随着经济的快速增长和能源需求的日益增加，学者们在大气沉降化学组成方面亦积累了丰富的研究成果，但相关研究多集中于 S、N 化合物等方面，针对盐基离子的工作还略显不足，尤其工业排放源周边（朱剑兴等，2019）。开展于中国西北荒漠煤矿区的研究发现，虽然燃煤电厂等企业已实现了超低排放，但其 SO_2 和 NO_x 排放在全国总排放率的占比逐年增加，是区域空气 S、N 的主要来源（Shen et al.，2016；薛文博等，2016；王金相，2018；伯鑫等，2019；梁晓雪，2019）。鉴于盐基离子在中和酸沉降方面发挥的重要作用，探明西北荒漠煤矿区盐基离子沉降状况将有助于科学评估区域酸沉降风险。

大气沉降的化学成分十分复杂，包括 SO_4^{2-}、NO_3^-、Cl^-、F^-、H^+、NH_4^+、K^+、Ca^+、Na^+、Mg^{2+}等。这些离子综合作用影响着沉降酸度。其中，盐基离子作为碱性物质，是决定酸沉降量的重要因素（Lee et al.，1999；安俊岭等，2000）。研究表明，近 20 年来中国盐基离子湿沉降量呈先下降后平稳的趋势，平均每季度约 $16.70kg \cdot hm^{-2}$（Zhang et al.，2020b），与湿沉降中 SO_4^{2-} 和 NO_3^-之和相当，在调节降水酸度、维持土壤养分等方面发挥着重要作用。据估算，中国大气沙尘中盐基离子可以使降水 pH 平均上升 2 个单位（Wang et al.，2002）。此外，盐基离子沉降是土壤盐基离子的重要来源之一。在长期酸沉降的影响下，土壤中交换性盐基离子逐渐被淋溶、消耗（Yu et al.，2020），土壤主要依赖于大气沉降对盐基离子进行补充（Zhang et al.，2020b）。例如针对中国亚热带森林的研究发现，Ca^{2+}沉降不断补充着土壤 Ca^{2+}，使得两者的含量大致相同（Larssen et al.，2011）。另外，大气盐基离子沉降至土壤后，与碳酸盐等物质共同作用使土壤 pH 显著升高（Zhang et al.，2020b）。碱性土壤广泛分布于西北荒漠区。盐基离子沉降能够有效缓解土壤酸化已在酸性土壤中得到了验证（Zhu et al., 2016），但在碱性土壤尚缺乏系统的分析，尤其是中、重度碱性土壤（pH>8.5）。

1.2.3 酸沉降下荒漠煤矿区植物多样性的驱动因素

植物多样性是植物群落维持生态系统结构和功能的基础（何远政等，2021），尤其干旱半干旱生态系统（程磊磊等，2020）。国内外关于N、S沉降引起植物种丧失的研究主要集中在森林和草原等生态系统，其潜在机制包括土壤氨毒（Bobbink et al., 2010）、土壤酸化（Tian & Niu, 2015）、土壤有毒离子活化（Tian et al., 2016）、土壤盐基离子损耗（Yu et al., 2020）、微生物多样性降低（Liu et al., 2017）、光限制（DeMalach et al., 2017）、植被–土壤系统C：N：P失衡和磷限制增加（Li et al., 2016a）、优势种资源获取能力提高（Zheng & Ma, 2018）等。西北荒漠区植被稀疏，土壤N有效性低、酸缓冲性能高，植物生长受光限制、土壤氨毒和酸化的影响有限。因而，本书主要从以下几个角度探讨N、S沉降下荒漠区植物多样性的维持机制。

1.2.3.1 植被–土壤系统C：N：P生态化学计量学特征

生态化学计量学是研究植物–微生物–土壤相互作用与元素循环的新思路和新手段（Sterner & Elser, 2002；Yang et al., 2014；贺金生和韩兴国，2010）。C、N、P是元素循环和转化的核心。植物–微生物–土壤C：N：P生态化学计量比调节和驱动着地上植被生长和群落结构组成以及地下生态过程。植物、微生物和土壤C、N、P含量取决于养分供应和养分需求间的动态平衡，因此三者C：N：P生态化学计量比常常会趋向固定的比值（Cleveland & Liptzin, 2007；Hessen & Elser, 2010），即元素比例趋于固定值，对维持生态系统结构、功能和稳定性具有重要意义。然而，近年来随着酸沉降的持续增加，植物、微生物、土壤元素生态化学计量平衡关系趋于解耦（Delgado–Baquerizo et al., 2013；Mayor et al., 2015；Yuan & Chen, 2015；Li et al., 2017；王传杰等，2018），即C：N降低、N：P升高（Yue et al., 2017；Zhou et al., 2017），导致植物P需求增加（Peng et al., 2019；Tie et al., 2020）、微生物C和P受限性增强（Tatariw et al., 2018；Forstner et al., 2019），进而对关键生态系统过程产生负面影响。因此，研究植物–微生物–土壤元素生态化学计量关系，不仅有助于从元素平衡关系角度揭示N、S沉降下荒漠区植物多样性的维持机制，而且对于充分认识全球变化背景下生态系统C汇潜力、植物和土壤相互作用的养分平衡制约关系具有重要的现实意义。

（1）土壤、植物和微生物C：N：P生态化学计量学特征的指示意义

生态化学计量学作为研究C、N、P循环的新思路已引起国内外研究者的广泛关注。植物、微生物和土壤C：N：P生态化学计量比在一定程度上可指示所在生态系统的C积累动态和N、P养分限制格局（Elser et al., 2000；Bell et al., 2014）。目前，国内外研究人员将植物、微生物和土壤 C∶N∶P 生态化学计量比应用于养分限制、森林演替与退化、生物地球化学循环和生态系统稳定性等领域，已经积累了丰富的资料和研究成果。C 是植物细胞组成的结构性物质，N 和 P 是植物生长的限制性因子，因此针对系统各组分 C∶N∶P 生态化学计量学特征的研究最早主要集中在植物叶片上。植物 C∶N∶P 生态化学计量比在一定程度上可指示所在生态系统的 C 积累动态和 N、P 养分限制格局（Elser et al., 2010）。植物叶片 C∶N 和 C∶P 代表着植物吸收营养元素时所能同化 C 的能力，反映了植物对 N 和 P 的利用效率，同时也代表着不同群落或植物固 C 效率的高低。对植物来说，高的生长速率对应低的 C∶N 和 C∶P（He et al., 2008）。这种相对应的关系与养分限制类型有一定的关系：当受 N 限制时，生长速率与 C∶N 负相关；当受 P 限制时，生长速率与 C∶P 负相关（Yu et al., 2012）。植物叶片 N∶P 是决定群落结构和功能的关键性指标，并且可以作为对生产力起限制性作用的 N 和 P 的指示剂，但其指示阈值尚不确定。

微生物生物量既是土壤有机质转化和循环的动力，也是土壤养分的储备库，在土壤肥力和植物营养中发挥着重要作用。虽然微生物生物量 C、N、P 分别占土壤总 C、全 N 和全 P 含量的比例极少，但它们直接或间接地参与了几乎所有的土壤生物化学过程，在土壤物质循环和能量流动中起着重要的作用。微生物生物量 C∶N∶P 生态化学计量比反映了微生物对土壤 N 和 P 有效性的调节能力。其中，微生物生物量 C∶X（X 指 N 或 P）可以作为衡量微生物矿化土壤有机物质释放 X 或从环境中吸收固持 N、P 潜力的一种指标。C∶X 低说明微生物释放 X 的潜力较大，C∶X 高说明微生物对土壤中有效 X 有同化趋势。植被-土壤系统地上和地下过程是相互联系的（Zechmeister-Boltenstern et al., 2015）。植物地下部分和微生物对养分的相互依存和相互竞争关系，直接调控着植物生产力和群落多样性（Van der Heijden et al., 2008；蒋婧和宋明华，2010）。因此，近年来针对微生物生物量 C∶N∶P 生态化学计量学特征的研究也越来越多。此外，土壤 C∶N∶P 生态化学计量比是反映土壤内部元素循环的主要指标，综合了生态系统功能的变异性，而且有助于揭示生态过程对全球变化的响应，因而成为确定土壤 C、N、P 耦合特征的一个重要参数（Tian et al., 2010；王绍强和于贵瑞，2008）。通过对我国土壤 C∶N∶P 变化特征的综合分析，学者们发现表层土壤 C∶N 和 N∶P 能够很好地指示土壤供 N 状况，且 C∶N 相对稳定，而 N∶P 的变异性较大（Tian et al., 2010；Yang et al., 2014），进一步证实全球变化会逐渐改变土壤 N 和 P 间的耦合关系，进而对关键生态系统过程产生负面影响。

综合以上分析，植物 C∶N∶P 生态化学计量比不仅反映了土壤 C、N、P 的供应状况，而且影响着凋落物分解质量。微生物 C∶N∶P 生态化学计量比则决定了凋落物分解过程中养分释放与否，进而影响土壤 C∶N∶P 生态化学计量比。而土壤 C∶N 和 C∶P 的高低，又决定着微生物活动的变化趋势和植物获得有效养分的情况。因此，将植物、微生物和土壤作为一个完整的系统，探讨 C∶N∶P 生态化学计量比在三者间的变化格局和相互作用，有助于揭示系统 C、N、P 计量平衡的内在机制（王绍强和于贵瑞，2008）。

（2）酸沉降下植物-微生物-土壤 C∶N∶P 生态化学计量学特征的变化特点

在大多数陆地生态系统中，N 是限制植物生长的主要因子。因此，有关酸沉降对系统各组分 C : N : P 生态化学计量学特征影响的研究，多集中于模拟 N 添加的野外试验或沿自然 N 沉降梯度的样带调查，而针对 S 沉降影响的相关研究较少。受生态系统 N 饱和度、N 沉降量和 N 处理时间等的影响，在不同生态系统 N 沉降对 C : N : P 生态化学计量学特征的影响不同。一般来说，在一些受 N 限制的生态系统，短期 N 添加对植物和土壤有机 C 含量的影响无一致的规律性、对土壤全 N 和全 P 的影响较小（Hu et al., 2013；祁瑜等，2015），但逐渐输入的 N 与土壤有机物结合降低了土壤 C : N、加速了有机物分解和养分释放，从而可以提高土壤 N 和 P 有效性（刘星等，2015；周纪东等，2016）、促进叶片 N 摄取（Vourlitis & Fernandez, 2012；李林森等，2015）以及对 P 的协同吸收（翁俊等，2015）。随着 N 的逐渐输入，N 和 P 的平衡关系受到影响，植物 P 需求增强（Crowley et al., 2012；Minocha et al., 2015；刘洋等，2013）。N 沉降增加下 C、N、P 的非同步变化，会导致植物和土壤 N : P 升高、C : N 降低（Prietzel & Stetter, 2010；Sardans et al., 2012；Zhang et al., 2013；Li et al., 2015；Yue et al., 2017；张文瑾等，2016），并通过对植被群落组成的影响，改变微生物生物量 C : N : P 生态化学计量学特征和微生物群落结构（Bell et al., 2014；Li et al., 2017）。目前，N : P 失衡被认为是 N 沉降引起物种丧失的重要机制之一（Bobbink et al., 2010；Stevens et al., 2010）。

1.2.3.2　土壤 pH 和金属阳离子移动性

土壤 pH 和金属阳离子含量可以反映土壤酸化敏感性。二者不仅决定着土壤酸缓冲性能，而且调控着土壤 P 形态转化，且其影响方向依赖于土壤原始酸碱性。其中，土壤 Ca^{2+}、Mg^{2+}、K^{+}、Na^{+}等盐基阳离子在维持土壤养分和缓冲土壤酸化中起着重要作用，在植物有机体生长和代谢过程中扮演着重要角色（秦书琪等，2018）。鉴于碱性土壤中碳酸盐对 N、S 沉降的缓冲作用（Bowman et al., 2008），目前相关研究多集中在酸性土壤中。一般来说，持续 N、S 输入加速了土壤 NH_4^+硝化和 NO_3^-淋溶，导致 pH 降低（Duan et al., 2016；姜勇等，2019；田沐雨等，2020），尤其酸性和中性土壤。对于酸性土壤，pH 降低一方面会引起 Al^{3+}、Fe^{3+}和 Mn^{2+}等离子活性增强。而这些离子的大量释放，不仅会对植物产生直接的毒性，而且增加了 P 的活性吸附点位释放、增强有毒离子对 P 的络合（Mao et al., 2017；Clark et al., 2018；Gilliam et al., 2020；林岩等，2007；张艳荷等，2009），导致 P 有效性降低。另一方面，土壤酸化会造成大量与 NO_3^-结合的 K^+、Ca^{2+}、Na^+和 Mg^{2+}淋溶（胡波等，2015）、降低盐基离子对 P 的固持（Yu et al., 2020），导致 P 有效性下降。对于碱性土壤，磷酸盐易与 Ca^{2+}结合形成磷酸钙盐。pH 降低可能有利于磷酸钙盐溶解以及迟效态磷向速效态磷转化，从而提高 P 有效性（周纪东等，2016；姜勇等，2019）。N、S 沉降增加下 pH 的变化调控着金属离子的流动性，而后者又与无机 P 化学形态密切相关。因而，监测土壤 pH 和金属阳离子的变化规律，有助于从土壤酸化敏感性和 P 有效性角度揭示酸沉降下荒漠区植物多样性的维持机制。

1.2.3.3 土壤微生物群落结构和酶活性

土壤微生物是维持土壤质量的重要组成部分，几乎参与土壤中一切生物化学反应，对土壤中动植物残体和土壤有机质及有害物质的分解、元素地球生物化学循环和土壤结构的形成过程起着重要的调节作用。微生物-植物的相互作用调控着植被生产力和多样性（Craven et al., 2018；王健铭, 2019）。由于微生物对环境变化的敏感性，目前N、S沉降对二者的影响还存在很大的不确定性。一些研究发现，适量N、S输入会促进细菌和真菌生长，增加细菌（闫钟清等, 2017）和丛枝菌根真菌（Liu et al., 2020）相对丰度、改变细菌与真菌的比值（Leff et al., 2015），提高细菌和真菌多样性（Oulehle et al., 2018；闫钟清等, 2017；刘桂要等, 2019）；持续N、S增加则降低真菌生物量（Boot et al., 2016；Liu et al., 2017；Zheng et al., 2018b）、降低丛枝菌根真菌丰度和真菌/细菌比（Zhang et al., 2018 b；Han et al., 2020），导致微生物群落组成改变（Mayor et al., 2015；Boot et al., 2016；罗维等, 2017）。菌根真菌是连接地上-地下生态系统物质传输的桥梁，是植物获取有效P的重要途径（Fabiańska et al., 2019），因此真菌群落的变化势必影响到土壤P转化以及植物可利用P状况（Mei et al., 2019）。例如，丛枝菌根真菌可通过降低N沉降诱导的P限制（Fan et al., 2018）、增强植物养分利用效率（Mei et al., 2019）、提高植物元素内稳性（Yang et al., 2016），缓解N沉降对植物生长的负影响。因而，监测土壤微生物群落结构，有助于从植物-微生物群落关联性角度揭示N、S沉降下荒漠区植物多样性的维持机制。

土壤酶主要由植物根系和微生物分泌产生，是土壤有机体的代谢动力和生态系统生物地球化学循环的催化剂（马文文等, 2014；王理德等, 2016），是土壤有机物转化的执行者和植物营养元素的活性库（郭永盛等, 2011），也是生态系统变化的预警和敏感指标（Xiao et al., 2018），其活性的大小表征了土壤中物质代谢的旺盛程度（胡雷等, 2014）。一方面，土壤酶活性能够反映土壤C、N、P等转化和物质循环的速率（Burns et al., 2013），并通过对土壤养分状况的影响改变植物养分策略。同时，土壤酶能够实现植物营养元素和有机质的循环转化，对土壤微环境的元素平衡和转化具有重要影响（张美曼等, 2020）。另一方面，土壤酶活性可表征微生物的养分需求、反映微生物在环境波动时维持养分平衡的应对策略（闫钟清等, 2017）。由于酶种类的多样化，目前N、S沉降对二者的影响还存在很大的不确定性。研究发现，适量N输入可刺激酶活性（吕凤莲等, 2016），但随着N的持续输入，微生物对C和P的需求增加，相关水解酶活性升高（Jian et al., 2016；Rappe-George et al., 2017；Dong et al., 2019）。例如酸沉降诱导根系或微生物分泌更多的磷酸酶以促进有机P矿化（Robroek et al., 2009；Mineau et al., 2014；Zheng et al., 2015；Ratliff & Fisk, 2016；Tie et al., 2020），以提高植物对P的吸收效率，从而加速P在植物-微生物-土壤之间的周转（Deng et al., 2017；陈美领等, 2016）。因而，监测土壤酶活性的动态，有助于从土壤有机质降解和元素循环角度揭示N、S沉降下荒漠区植物多样性的维持机制。

1.2.4 在宁东能源化工基地开展酸沉降效应的必要性

1.2.4.1 西北荒漠区工业排放源周边氮、硫沉降量的实测方面

与国外相比，我国 N、S 沉降研究虽然起步较晚，但也已逐步建立了全国监测网络（如 NNDMN、China WD、CERN）。然而，受网络化监测覆盖范围和研究手段的限制，监测网中的监测点和其他零散研究的观测点，①集中在华北、东北、东南和西南等区域，相对缺乏对西北地区的监测；②包含了工业污染源，但主要为混合污染源，相对缺乏对单一排放源的监测；③涉及主要生态系统类型，但集中在远离主要排放源的农田和森林，相对缺乏对工业排放源周边荒漠的监测。在全国大部分区域 N、S 沉降速率趋于稳定甚至下降的背景下，煤炭行业的快速发展使得西北地区 N、S 沉降速率加快。因此，有必要针对西北荒漠区主要排放源开展 N、S 沉降的实测工作。

1.2.4.2 工业排放源周边氮、硫沉降综合效应的实地评估方面

酸沉降的化学成分十分复杂，包括 SO_4^{2-}、NO_3^-、Cl^-、F^-、H^+、NH_4^+、K^+、Ca^+、Na^+、Mg^{2+}等。这些离子的综合作用对植物的影响错综复杂。酸沉降又是一种慢性扰动，是每时每刻都在发生的长期事件。目前，国内外学者通过野外试验研究了 N、S 添加（尤其 N 添加）对植物多样性的影响，对预测酸沉降效应做出了重要贡献。但是受技术手段的限制，现有野外试验在添加物类型、强度、频率、持续时间等方面还不能完全模拟真实沉降，可能会高估酸沉降对植物的负影响（Jung et al., 2018；Niu et al., 2018；Cao et al., 2020；付伟等, 2020；景明慧, 2020）。此外，近年来我国酸沉降中干/湿沉降、NO_3^-/SO_4^{2-}、NO_3^-/NH_4^+已发生了变化，需重新评估酸沉降效应（Zhu et al., 2020）。在工业排放源周边实地分析 N、S 沉降下植物群落多样性和稳定性，是科学评估酸沉降效应的有益实践。

1.2.4.3 氮、硫沉降下西北荒漠区植物群落多样性和稳定性方面

西北荒漠区是我国典型的生态脆弱区，蕴藏着大量特有植物种，是具有重要意义的生物多样性研究区之一。尽管荒漠植被稀少，但在防风固沙和固碳释氧等方面提供着不可替代的生态服务（程磊磊等, 2020）。虽然西北荒漠区可接受较高水平的 S 沉降，但其植物多样性对 N 沉降敏感（Su et al., 2013）。目前已有大量研究探讨了 N 沉降下西北森林和草原区植物多样性的维持机制，但是针对 N、S 沉降下荒漠区的研究还较为滞后。

此外，N、S 沉降对植物多样性的影响程度和方向依赖于土壤初始 pH（Midolo et al., 2019；姜勇等, 2019）。例如有研究发现，N 添加未改变中度碱性土壤的植物多样性，但降低了轻度碱性土壤的植物多样性（Gao et al., 2019）；S 输入调节了碱性土壤 pH、改善了碱性环境，从而提高了植物多样性（姜勇等, 2019）。N、S 沉降引起植物种丧失在酸性和

中性土壤已得到了广泛证实。相对酸性和中性土壤，碱性土壤较高的 pH 和碳酸盐含量使得其通常具有较强的酸缓冲性能（Luo et al., 2015）。那么，西北荒漠区低 N、高 pH 的土壤环境下，N、S 沉降如何影响区域植物多样性等问题亟待深入的研究。

1.3 研究创新性

1.3.1 西北荒漠区工业排放源周边氮、硫沉降的实测方面

在全国大部分区域酸沉降速率趋于稳定甚至下降的背景下，煤炭行业的快速发展使得西北地区 N、S 沉降速率加快，因此有必要针对主要排放源开展 N、S 沉降的监测工作。尽管国内已形成了酸沉降监测网络，但针对西北荒漠区的相关工作还略显不足，尤其工业排放源周边。本书分析了西北典型荒漠煤矿区周边降水降尘中 N、S 沉降量，为丰富我国酸沉降时空数据库提供基础数据。

1.3.2 工业排放源周边氮、硫沉降效应的实地评估方面

虽然国内学者在 N 添加下西北荒漠区的反应与适应性方面已积累了宝贵的研究成果，但 N 沉降形式、S 沉降的耦合作用、盐基离子的中和作用如何影响 N 沉降效应还未得到系统的分析。本书在工业排放源周边实地评估 N、S 沉降效应，避免了模拟研究在添加物组分、强度、频度、持续时间等方面不能完全反映真实沉降的局限性，为现阶段合理评估酸沉降效应提供科学依据。

1.3.3 氮、硫沉降下西北荒漠区植物多样性方面

碱性土壤广泛分布于西北荒漠区。N、S 沉降引起植物种丧失已在酸性和中性土壤上得到了验证，但在碱性土壤上尚缺乏系统的分析，尤其是中重度碱性土壤。本书依据荒漠区低 N、高 pH、富含 $CaCO_3$ 的土壤特点，从土壤酸化敏感性及磷有效性、植被-土壤系统 C∶N∶P 平衡特征角度入手，深入揭示植物多样性的维持机制，为系统评估不同土壤酸碱条件下 N、S 沉降效应提供新思路。

第2章 酸沉降影响植物多样性的试验研究方法

2.1 研究区概况

宁东能源化工基地（以下简称宁东基地）是国务院批准的国家重点开发区，规划区总面积为3500km^2（核心区面积为800km^2）。自2003年开发建设以来，先后被确定为国家重要的大型煤炭生产基地、“西电东送”火电基地、煤化工产业基地、国家产业转型升级示范区、现代煤化工产业示范区、绿色园区、新型工业化产业示范基地、外贸转型升级基地，与陕西榆林、内蒙古鄂尔多斯共同构成国家能源“金三角”。宁东基地“十三五”时期实现“再造一个宁夏经济总量”目标，成为西北唯一产值过千亿元的化工园区。

2.1.1 地理条件

宁东基地是国家重要的大型煤炭生产基地和煤化工能源基地，位于宁夏中东部，距离首府银川约40km，是能源化工“金三角”的核心区域，海拔在1150～1512m。基地以东属于鄂尔多斯台地，以西属于银川平原，因此境内地形相对简单，地貌形态主要是低山丘陵、缓坡丘陵和冲积平原等。地势总体特征呈现东高西低，由东南向西北逐渐倾斜。其中，低山丘陵区主要分布在灵武市的马鞍山、中部的杨家窑、东北部的高利墩及石沟驿以南地区，总体山势平缓，沟谷较为宽阔，大多以东西平行展开，山顶多为浑圆状和梁状，相对高差近400m。缓坡丘陵区主要分布在中北部以及北部黄河以东的区域，海拔为1200～1500m，相对高差有200～300m。地形主要呈梁丘状及缓丘状。在缓坡丘陵间发育有洼地、沟谷、荒漠等几类次级地貌单元。

基地北邻毛乌素沙地西南缘，南至宁南黄土丘陵，呈南北条带状分布，规划范围覆盖灵武市（临河镇、宁东镇、马家滩镇、白土岗乡）、盐池县（惠安堡镇、冯记沟乡）、同心县（韦州镇、下马关镇）和红寺堡开发区（太阳山镇）等4个县市（区）。基地矿区包括8个部分，位于北部的横城和南部的韦州为2个古生代石炭二叠纪煤矿区，位于中部的自西向东为石沟驿、碎石井、鸳鸯湖、马家滩、积家井、萌城6个中生代侏罗纪煤矿区。矿区井田总面积为1591.21km^2，占基地总面积的45.67%。宁东基地能源矿产丰富，质量优良，储煤量达到了全区储量的87%，且该基地煤田地质条件好、开采成本低，吸引了多家能源企业进驻开发。宁东基地规划建设的八大电厂将逐步形成千万千瓦级的大型火电基地，为宁夏提供充足的电力支持，同时也是我国“西电东送”工程的重要供应地（梁晓雪，2019）。

2.1.2 水文地质

宁东基地所处区域的水系以黄河为主，主要河流包含黄河一级支流苦水河及黄河二级支流水洞沟、大河子沟等，以上河流均为常年性水流。黄河由南向北流经灵武市，长达47km，多年平均流量为1000$m^3 \cdot s^{-1}$（张苗琳，2019）。该地利用沟渠引进黄河水进行农业灌溉，故而平原区沟渠纵横交错，主干、支渠有秦渠、汉渠、东干渠等。排水沟有长流水沟、大河子沟、回民巷沟等。这一区域天然水资源贫乏，地下水埋藏较深，埋深为15m左右，地下水矿化度大于1$g \cdot L^{-1}$，多为微咸水。

丘陵地区没有丰富的地下径流补给，这一地区的地下水补给主要是大气降水的渗入，局部荒漠区域还受到沙漠凝结水的补给。地下水的径流方式受东南地势高而西北地势低的影响，主要是沿岩层中的孔隙、裂隙按东南向西北侧向径流。而地下水的走向分为三种，通过侧向径流到河谷地带，垂向蒸发及缓慢向地下深部渗漏，但无地表水出露。

2.1.3 气候特点

按照中国气候分区，宁东基地属于中温带干旱荒漠气候区，具有冬春季风沙多、干燥少雨、蒸发量强、冬寒长、夏热短、昼夜温差大、日照长、无霜期短以及沙尘天气多等中温带干旱气候特征。多年平均蒸发量为2682.2mm，其中2019～2021年平均蒸发量为1637.4mm（图2-1）。多年平均降水量为255.2mm，其中2019～2021年平均降水量为167.0mm。多年平均降水日数为49.4d，且主要集中在6～9月。日降水量大于10mm的日数，平均每年6d。日降水量大于25mm的日数，平均每年不足1d。大于50mm的暴雨，平均4年一次。平均空气相对湿度为45.8%～55.7%。多年平均气温为6.7～8.8℃，≥10℃年平均积温为3334.8℃，无霜期多年平均为154d。夏季平均气温约为26.8℃，白天为34.4℃，夜晚为26.1℃。冬季平均气温在-5.5℃和-4.1℃之间，白天为-1.0℃，夜晚为-7.2℃。2019～2021年平均气温为13.9℃，其中1月份平均气温为-5.0℃、7月份平均气温为25.5℃。属于多风地区，冬季主导风向为西北风，夏季为东南风。年平均风速为2.5～2.6$m \cdot s^{-1}$。风季多集中在春秋两季，最大风力达8级，一般为4～5级，春季时有沙尘暴。全年17$m \cdot s^{-1}$以上的大风日数约为63 d，常见于3～5月份。

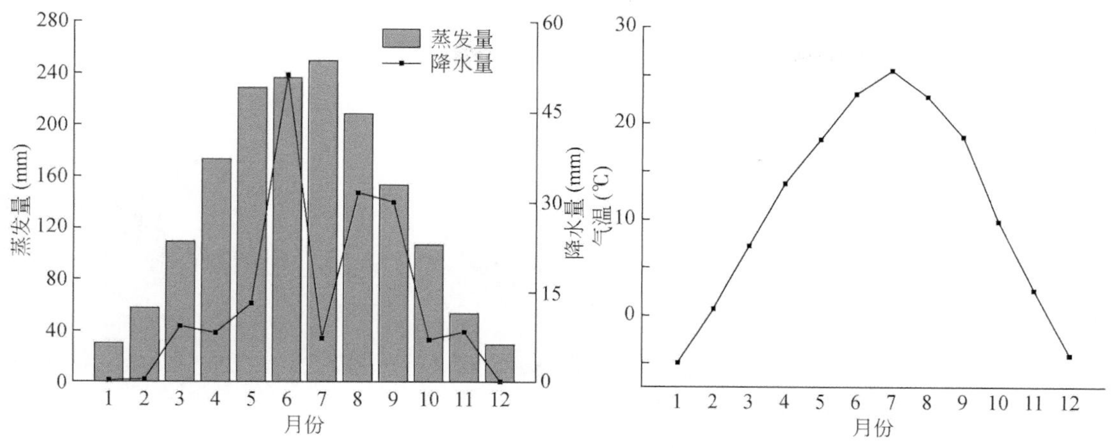

图 2-1　2019 ~ 2021 年研究区月蒸发量、降水量和气温

2.1.4　土壤性质

土壤类型主要为淡灰钙土、风沙土及少量盐碱土，开发前多为农用地和沙荒地。其中，淡灰钙土主要分布在宁东基地北部煤化工工业园区附近，土壤质地为轻壤土和中壤土。风沙土主要分布在基地中部和南部，成土母质为风积物，质地为沙土或砂壤土，土层薄、表层疏松，沙尘厚度为 10 ~ 20m。土壤偏碱性（pH 约为 7.5 ~ 8.7），可溶性盐含量高（全盐约为 1.64g · kg^{-1}），阳离子交换量约为 7.40 ~ 9.20cmol · kg^{-1}（宁夏农业勘查设计院，1990）。土壤有机质含量低（约为 1.5 ~ 14.7g · kg^{-1}），养分贫瘠，全 N 含量、全 P 含量、碱解 N 浓度、速效 P 浓度、速效 K 浓度分别为 0.40g · kg^{-1}、0.41g · kg^{-1}、28.30mg · kg^{-1}、16.12mg · kg^{-1}、131.10mg · kg^{-1}（焦敏娜，2020）。

2.1.5　植被组成

基地植被主要以荒漠草原和草原带沙生植被为主。天然植被稀少且分布不均匀，植被覆盖度约 10% ~ 30%，主要以一年生或多年生、旱生或超旱生灌木、半灌木或草本植物为主，具有耐旱、耐寒、耐土壤瘠薄的特点（图 2-2）。原生植物种有猪毛蒿（*Artemisia scoparia*）、猪毛菜（*Salsola collina*）、臭蒿（*Artemisia hedinii*）、针茅（*Stipa capillata*）、白草（*Pennisetum centrasiaticum*）、糙隐子草（*Cleistogenes squarrosa*）、牛枝子（*Lespedeza potaninii*）、披针叶黄华（*Thermopsis lanceolata*）、草木樨状黄芪（*Astragalus melilotoides*）、甘草（*Glycyrrhiza uralensis*）、芦苇（*Phragmites australi*）、看麦娘（*Alopecurus aequalis*）等。人工植被以槐树（*Amorpha fruticosa*）、沙枣（*Ziziphus Jujube*）、柠条（*Caragana korshinskii*）、花棒（*Hedysarum scoparium*）、杨柴（*Hedysarum mongolicum*）、沙柳（*Salix cheilophila*）、麻黄（*Ephedra sinica*）等为主（王攀等，2021）。由于干旱少雨，该区域植物生物量低，植被恢复困难。

图 2-2　研究区自然植被状况

2.1.6　工业及能源消费状况

宁东基地煤炭资源极为丰富，煤齐全且优良，而且埋藏条件好，开发条件优越，建成了煤、电、化工和新材料产业基地，因此该基地主要以煤炭、电力和煤化工三大产业为主导，依托丰富的煤炭资源，以“煤-电-化工”为核心建成大型的煤炭基地、煤化工产业基地和“西电东送”的火电基地。到 2010 年底，基地内煤炭的生产能力达到 5000 万 $t \cdot a^{-1}$，电力装机容量达到 708 万 kW，煤化工产品生产能力达到 470 万 $t \cdot a^{-1}$。到 2020 年，煤炭生产能力达到 1 亿 t 左右，电力装机容量达到 2600 万 kW 左右，煤化工产品生产能力达到 1350 万 t 以上（梁永平，2011），合计年煤炭需求量约达 9800 万 t（陈文和刘自俭，2009）。在 2010 年前后，宁东基地煤炭的探明储量达 311 亿 t，占全国保有煤炭储量的 3.1%（李霞，2013）。

然而，宁东基地能源开采带来了一系列环境问题（张苗琳，2019）。采掘活动易诱发地面塌陷及地面裂缝、崩塌、矿坑突水、煤层自燃等地质灾害，造成对建筑物、耕地、交通等设施的破坏，经济损失巨大。采空区对地表整体环境的影响主要可分为煤矿开采对矿区地表稳定的影响及对土地资源的影响。矿区地表由于采空区的存在，在煤炭开采过程中可能会出现地面裂缝和地面塌陷等地质灾害。这样的灾害会对地面建筑及道路交通设施造成直接破坏。受这些灾害的影响，部分地区的村庄被迫搬迁。井工矿山下经过层层开采剥离易形成规模宏大的采空区，而采空区基本上不回填，且缺乏管理，从而破坏地质结构。采空区的变形向上延伸到地表就会在地表形成地裂缝。裂缝规模进一步扩大，可演化为地面塌陷。地面裂缝和塌陷往往滞后于煤矿开采 3 至 5 年，对地表水源、周边居民生活及交通道路都具有潜在危险。对周边用地及生态的影响具体表现为矿区煤场、煤矸石及废石堆积物、尾矿库及露天矿坑等工程占地；露天采矿大量剥离表土，破坏矿区原有的生态系统；固液体废物排放对地表土壤的污染；开采造成的水土流失、荒漠化等。

2.1.7 环境质量状况

宁东基地处于毛乌素沙地南缘，环境十分脆弱，生态系统的自我修复能力和抗干扰能力极差，加上近年来大量煤炭资源的开发利用，导致该地区出现地面塌陷、地表裂缝、地下水位下降、植被减少和土地荒漠化等严重的次生环境问题（剧媛丽，2018）。工业废气（例如大气烟尘、SO_2、NO_2和工业粉尘等）对区域大气环境产生严重的影响（梁永平，2011）。同时，矿山废水废液排放、矸石堆积以及矿区固体废弃物的堆放等也对该基地土壤和水体环境造成严重的破坏。据统计，2010 年宁东基地共产生了 700×10^4 t 左右的固体废弃物（郑力和文娜，2012）。加之宁夏处于中国西北内陆地区，春季普遍多风，特别是在 15：00 ~ 17：00 风速较大，沙尘暴频发，因此大气中夹杂着大量颗粒物。这些颗粒物不仅影响了大气层的扩散稀释作用，同时还携带各种污染物质悬浮在大气中或沉降至地表，造成严重的空气污染（常瑞芬和李风军，2012）。

在全国大部分区域 S、N 沉降速率平稳甚至降低的背景下，宁东基地 S、N 排放呈逐年增加趋势。Shen 等（2016）利用臭氧观测仪（ozone monitoring instrument，OMI）卫星遥感数据，结合排放清单和地基观测数据系统地评估了 2005 ~ 2014 年能源“金三角”大气 SO_2和 NO_2污染水平和变化趋势，发现 OMI 在这些能源基地中识别出了高的 SO_2和 NO_x 柱密度和增长趋势。Ling 等（2017）对全国 2005 ~ 2015 年 SO_2的排放评估也证实了这一点。我国在“十二五”期间已经全面推行控制火电、钢铁、石化、石油炼制和有色金属冶炼等行业 SO_2减排政策，在全国实行期间颇有成效（王金相，2018）。虽然宁东基地也采取了一定的大气污染控制与减排措施，但其 SO_2 排放量仍旧较大，并在过去十年中持续增长（Ling et al.，2017），使“能源金三角”地区和中国东北部的其他大型能源化工基地成为空气污染排放的“热点”地区（沈艳洁，2016；王金相，2018）。也有研究发现，虽然宁东基地 SO_2排放量在 2011 年即“十二五”规划开始之后逐年降低（梁晓雪，2019），但其污染总量仍高于中国西北的其他地区。此外，2019 年宁东基地 SO_2和 NO_2平均浓度分别为 $23\mu g\cdot m^{-3}$和 $27\mu g\cdot m^{-3}$；与 2018 年相比，SO_2浓度保持不变、NO_2浓度同比上升了 17.4%（宁夏回族自治区生态环境厅，2019）。宁东基地污染排放已经明显影响了当地空气质量和能见度，对宁东基地甚至银川空气质量带来了一定影响。

2.2 实验设计

2.2.1 监测点选择

在宁东基地选择宁夏发电集团有限责任公司马莲台电厂、国网能源宁夏煤电有限公司鸳鸯湖电厂和华电宁夏灵武发电有限公司灵武电厂3个燃煤电厂为监测点（图2-3）。其中，马莲台电厂西距银川市38km，北距灵武市24km，是宁东基地第一个开工建设投产的重大工程和大型企业，也是宁夏规划建设两个千万千瓦级火电基地的重要组成部分。电厂设计机组规模为2×330MW+2×600MW+2×1000MW，一期工程于2004年6月1日开工建设，#1、#2机组分别于2005年12月27日和2006年5月25日并网发电，机组各项技术指标达到优良水平；鸳鸯湖电厂位于灵武市宁东镇东南约10.0km处的宁东基地鸳鸯湖矿区内，西距灵武市约34km，西北距银川市约64.5km。一期机组规模2×660MW，二期机组规模2×1000MW（核心工程已基本建成），全部建成投运后将成为西部地区和国神集团最大的火电厂和国际领先的生态化电厂；灵武电厂西北距银川市中心45km，南距灵武市6km，机组规模一期2×600MW，二期2×1000MW，是宁夏“十一五”重点建设项目和宁东基地“一号工程”，建成投产后对于缓解宁夏电网供电紧张状况起到了一定的支持作用。

图2-3　宁东基地3个电厂周边自然环境

宁东基地3个电厂周边植被稀疏，多为草本和半灌木，呈斑块状聚集，与沙地交错分布，风蚀沙化十分严重。生态环境恶劣是制约这一区域未来可持续发展的重要因素。同时，该区域对生态负面影响最主要的原因是缺乏保护意识的人为活动，包括超载放牧、在煤炭开采及施工建设中对地表植被和土壤的持续破坏，采空区塌陷对地貌的破坏和对当地正常社会经济活动的影响，以及开发建设结束后未及时主动地采取恢复措施，从而导致电厂周边生态环境进一步恶化，加剧水土流失及土地荒漠化。灵武电厂地势低洼，相较其他两个电厂具有较高的土壤含水量和电导率。除此之外，3个电厂土壤理化性质差异较小（表2-1）。

表2-1　宁东基地3个电厂基本情况

指标	马莲台电厂	灵武电厂	鸳鸯湖电厂
经纬度	38.17° N，106.57°	38.17° N，106.35° E	38.06° N，106.70° E
海拔（m）	1258.0	1272.5	1279.6
主要土壤类型	灰钙土、盐碱土	灰钙土、盐碱土	灰钙土、风沙土
土壤 pH	8.93±0.07	8.73±0.13	9.13±0.03

续表

指标	马莲台电厂	灵武电厂	鸳鸯湖电厂
土壤电导率（μs · cm^{-1}）	477.94±206.15	2286.8±64.89	76.16±3.64
土壤含水量（%）	7.94±0.27	15.76±1.04	4.12±0.71
土壤有机碳（g · kg^{-1}）	4.48±0.08	8.54±0.23	1.85±0.00
土壤全氮（g · kg^{-1}）	0.42±0.08	0.88±0.02	0.17±0.00
土壤全磷（g · kg^{-1}）	0.39±0.01	0.67±0.01	0.27±0.01
自然植被组成	猪毛蒿（*Artemisia scoparia*）、臭蒿（*Artemisia hedinii*）、针茅（*Stipa capillata*）、苔草（*Carex duriuscula*）、甘草（*Glycyrrhiza uralensis*）、草木樨状黄芪（*Astragalus melilotoides*）、阿尔泰狗娃花（Heteropappus altaicus）、中华小苦荬（*Ixeris chinensis*）、骆驼刺（*Alhagi sparsifolia*）等	猪毛蒿（*Artemisia scoparia*）、车前草（*Plantago depressa*）、苦麦菜（Sonchus oleraceus）、芦苇（*Phragmites australi*）、冰草（*Agropyron cristatum*）、草木樨状黄芪（*Astragalus melilotoides*）、猫头刺（*Oxytropis aciphylla*）等	猪毛蒿（*Artemisia scoparia*）、针茅（*Stipa capillata*）、冰草、草木樨状黄芪（*Astragalus melilotoides*）、披针叶黄华（*Ther-mopsis lanceolata*）、阿尔泰狗娃花（*Heteropappus altaicus*）、叉枝鸦葱（*Scorzonera divaricata*）、骆驼刺（*Alhagi sparsifolia*）等

2.2.2 取样距离设置

相关研究发现，宁东基地燃煤电厂大气污染物最大落地浓度约为距厂界 1000 ~ 1300m 处（罗成科等，2018）；稳态大气扩散模型（ADMS）预测及实地测量结果发现，大气硫化物浓度在空间上随着距离的增大呈现出先升高后降低的趋势，并在距燃煤电厂约 2000 ~ 3000m 处达到最大值（裴旭倩，2015；李志雄等，2017）；土壤硫化物浓度在距燃煤电厂下风向约 2000m 处达到最大值（佟海，2016）；此外，宁东基地冬季盛行西北风，夏季盛行东南风（梁晓雪，2019）。

2018 年实地调查时，项目组发现 3 个电厂部分方向上存在人为干扰。为保证所选取样点无其他 N、S 排放源干扰，本书研究将取样点统一设在电厂围墙外东南方向远离其他企业、村庄、农田、牧场和道路等无人为活动的扇形区域内。为兼顾降水降尘空间迁移特点以及样品收集的可行性，同时依据 3 个电厂周边实际情况，分别在马莲台电厂设置 3 个取样距离（100m、300m、500m）；鸳鸯湖电厂设置 4 个取样距离（100m、300m、500m、1000m）；灵武电厂设置 5 个取样距离（100m、300m、500m、1000m、2000m）。

考虑到大气污染物的长距离传输性，项目组加大了研究经费和人员投入，于 2020 年对取样距离进行了调整：以每个电厂围墙外为起点，沿东南方向分别在 100m、300m、500m、1000m 和 2000m 处扇形区域各设 3 个 10m×10m 的采样点（间距>10m）。前期实地调研结果显示，该采样区域远离绿化带、农田、牧场和道路，基本可以排除其他排放源干扰。

2.2.3 采样点选取

每个取样距离设置3个10m×10m的采样点。每个采样点间距>10m。为避免高大树木对降水和降尘样品的影响，采样点均设置在地势开阔平坦、植被分布均匀有代表性且无高大树木的地段。

2.3 样品收集与测定

2.3.1 降水降尘混合沉降性质

于2019~2020年，参照国家环境保护总局发布的《酸沉降监测技术规范》（HJ/T 165—2004）和《环境空气降尘标准》（GB/T 15265—1994），采用手动采样器结合替代面法收集混合沉降（陈能汪等，2006；邢建伟等，2017）。每个采样点放置1组采样器。采样器由一只聚乙烯漏斗、一个放漏斗的架子和一个内径为15cm的聚乙烯桶组成。采样器附近放置一个雨量计，用于记录降水量。为防止地面扬尘，采样器置于离地面1.5m的支架上。为防止样品蒸发和其他物质污染，在漏斗上罩一层网眼为1mm的纱布，并用锡箔包裹桶底。为有效抑制藻类及微生物生长、防止降尘随风飘出以及冬季冰冻，聚乙烯桶内加入乙二醇溶液（80ml乙二醇+1000ml超纯水）。采样期间密切关注天气预报和桶内水位的变化，以便及时添加适量的超纯水。由于3个监测点降水量少且主要集中在生长季，考虑到野外试验的可操作性，故降水频繁月份（6~8月）每周收集一次混合沉降，降水稀缺月份每两周收集一次。同时，每日密切关注天气预报，在降水后及时取回样品，以免造成样品挥发。若降水时未及时取样，当天样品视为无效样品。

收集时用超纯水多次清洗桶内壁，最后将桶中的混合沉降和乙二醇溶液转移至经超纯水处理过的300ml聚乙烯瓶中迅速带回实验室（图2-4），一部分直接测定pH和电导率；另一部分用0.45μm的有机微孔滤膜（经过80℃水浴12h处理）过滤后，采用连续流动分析仪（Auto Analyzer 3，SEAL Analytical GmbH，Hanau，Germany）测定NH_4^+-N、NO_3^--N和SO_4^{2-}-S浓度；根据离子色谱法原理（牟世芬和刘克纳，2000），利用美国ThermoFisher公司生产的ICS-900离子色谱仪进行盐基离子Ca^{2+}、Mg^{2+}、K^+、Na^+浓度的测定。无机N浓度为NH_4^+-N和NO_3^--N浓度之和。

大气酸度是由酸前体物与中和离子的浓度综合决定的。SO_4^{2-}和NO_3^-是最主要的酸前体物。已有研究将PA_i定义为输入酸度（input acid），表示由SO_4^{2-}和NO_3^-作用产生的大气沉

图 2-4　降水降尘混合沉降样品收集

降最大酸度（汪少勇等，2019）。本书研究采用该指标评价了研究区混合沉降输入酸度。此外，中和因子（neutralization factor，F_N）是量化大气沉降中碱性离子中和能力的重要参数。本书采用该参数评价了研究区混合沉降盐基离子中和能力。如果 F_N>1 表明该碱性离子中和混合沉降酸度的能力较强，F_N≤1 表明该碱性离子中和混合沉降酸度的能力较弱。PA_i、F_N及其他指标的计算公式见表 2-2。

表 2-2　降水降尘主要指标的计算方法

指标	计算方法	备注
平均 pH	由平均 H^+转化得到	先将实测 pH 转化为 H^+当量浓度（$H^+=10^{-pH}$），然后加权后获得平均 H^+，取对数得到平均 pH。

续表

指标	计算方法	备注
离子沉降通量（D，kg・hm^{-2}）	$D=(\sum_{i=1}^{n}c_i\times L)/(S\times 100)$	c_i为混合沉降离子组分浓度（mg・L^{-1}），L为乙二醇的体积（L），S为收集桶的底面积（m^2），100为单位转换系数。
输入酸度（PA$_i$）	$PA_i=-\log\{2c_{(SO_4^{2-})}+c_{(NO_3^-)}\}$	$c_{(SO_4^{2-})}$和$c_{(NO_3^-)}$代表大气沉降中SO_4^{2-}和NO_3^-的物质的量浓度（mol・L^{-1}）。如果PA$_i$与混合沉降pH（真实酸度）之间存在差异，则表示混合沉降中存在中和作用。
酸中和因子（F_N）	$F_N=\frac{X_i}{X_{(SO_4^{2-})}+X_{(NO_3^-)}}$	X_i代表大气沉降中盐基离子浓度（eq・L^{-1}）。$X_{(SO_4^{2-})}$和$X_{(NO_3^-)}$代表大气沉降中SO_4^{2-}和NO_3^-浓度（eq・L^{-1}）。F_{Ni}越大表明该离子中和酸性物质的能力越强。

2.3.2　植物群落多样性

在每个采样点随机设置3个2m×2m的固定小样方用于植被调查。于2020年和2021年生长季旺盛期（8月上旬），在每个固定小样方内调查物种组成、数目、高度、密度等。调查结束后，齐平地面剪下样方内所有活的植物组织，按物种归类分装于信封袋中，带回实验室烘干称重，得到植物群落生物量。参考张金屯（2004）计算物种多样性（表2-3）。

表2-3　物种多样性的计算方法

指标	计算方法
种i重要值（P_i）	P_i=（相对生物量+相对高度+相对密度）/3
Patrick丰富度指数（R）	$R=S$（物种数）
Shannon-Wiener多样性指数（H）	$H=\sum_{i=1}^{s}P_i\ln P_i$
Pielou均匀度指数（E）	$E=H/\ln S$
Simpson优势度指数（D）	$D=\sum_{i=1}^{s}P_i^2$

2.3.3　植被–土壤系统C∶N∶P平衡特征

于2018年8月上旬收集3个电厂周围常见原生植物种叶片。植物种选取时，以物种群落组成稳定、有代表性、分布广泛为主要筛选标准。其中，马莲台电厂选择臭蒿、猪毛蒿、针茅、甘草、草木樨状黄芪、槐树；鸳鸯湖电厂选择猪毛菜、猪毛蒿、看麦娘、甘草、草木樨状黄芪、披针叶黄华；灵武电厂选择臭蒿、芦苇、白草、针茅、草木樨状黄芪、沙枣。为尽可能避免因植株年龄、大小和微生境等方面引起的取样误差，生长季开始前在每个采样点对所选植物种进行挂牌标记，每个采样点每个物种标记 3 株。每种植物收集 30～100 片健康绿叶，用剪刀剪下分装入纸袋后带回实验室。此外，于 2020 年 8 月上旬采用 2m×2m 小样方法收集植物群落水平地上部分（图 2-5），分装入纸袋后带回实验室。实验室内，所有植物样烘干至恒重（65℃，48 h）、粉碎过 40 目筛后，测定叶片水平和群落水平全 C、全 N 和全 P 浓度。其中，全 C 浓度采用重铬酸钾容量法-外加热法；全 N 浓度采用凯氏定氮法；全 P 浓度钼锑抗比色法（董鸣，1996；鲍士旦，2000）。

图 2-5　植被调查

同期，采用内径为 5cm 的土钻收集 0～20cm、20～40cm 和 40～60cm 土壤样品（五点混合法，下同）。每个采样点每层随机取三钻，混匀作为一个样品用冰盒带回实验室，过筛后快速分成两份：一份 4℃冰箱内冷藏，尽快分别采用氯仿熏蒸—K_2SO_4浸提—碳分析仪器法、氯仿熏蒸—K_2SO_4提取—流动注射氮分析仪器法以及氯仿熏蒸—K_2SO_4提取—磷酸（Pi）测定—外加 Pi 矫正法测定微生物生物量 C、N、P 含量（Joergensen & Mueller，1996；Brookes et al.，1982；Brookes et al.，1985；吴金水等，2006）。称取过 2mm 筛的新鲜土样 2 份，一份进行氯仿熏蒸，一份不进行熏蒸。熏蒸与未熏蒸的土壤样品用 0. 5mol · L K_2SO_4 溶液振荡浸提 30min，浸提液用中速定量滤纸过滤，并通过 0. 45μm 微孔滤膜，用总有机碳分析仪测定微生物生物量 C 和 N 含量。两份土样经 0. 5mol · L $NaHCO_3$溶液浸提、振荡、过滤后，采用消化钼蓝比色法测定微生物生物量 P 含量；另一份自然风干后，依照植物测定方法测定有机 C 和全 N 含量，采用 $HCLO_4-H_2SO_4$法测定全 P 含量。其中，以植物全 C 浓度、全 N 浓度、全 P 浓度、C∶N、C∶P 和 N∶P 表征植物 C∶N∶P 生态化学计量学特征；以微生物生物量 C 浓度、N 浓度、P 浓度、C∶N、C∶P 和 N∶P 表征微生物生物量 C∶N∶P 生态化学计量学特征；以土壤有机 C 含量、全 N 含量、全 P 含量、C∶N、C∶P 和 N∶P 表征土壤 C∶N∶P 生态化学计量学特征。

内稳性指数利用 Sterner & Elser（2002）提出的生态化学计量内稳性模型进行计算：

$$Y=CX^{1/H}$$

式中，Y 代表叶片和微生物生物量 N 含量、P 含量以及 N∶P；考虑到植物和微生物对土壤养分不同的吸收利用方式，在计算叶片内稳性时 X 分别对应土壤无机 N（NO_3^--N+NH_4^+-N）浓度、速效 P 浓度和二者比值，在计算微生物内稳性时 X 分别对应土壤全 N 含量、全 P 含量和 N∶P（蒋利玲等，2017；王传杰等，2018）；C 为常数；H 为内稳性指数。当方程拟合结果显著时（$p < 0.05$），$H > 4$、$2 < H < 4$、$1.33 < H < 2$、$H < 1.33$ 分别代表 Y 为稳态、弱稳态、弱敏感态和敏感态。当方程拟合结果不显著时（$p > 0.05$），Y 为绝对稳态（Persson et al.，2010）。H 值高，表示植物/微生物的内稳性强。

2.3.4 其他关键土壤性质

于 2018 年和 2020 年生长季旺盛期，在每个采样点采用内径为 5cm 的土钻随机取三钻 0～20cm 土壤样品（图 2-6），混匀作为一个样品装入封口袋中，放入保温箱内带回实验室进行化学和生物学性质分析。从每个采样点收集的土壤样品中，取 10g 左右装入铝盒中用于含水量的测定，剩余部分装入封口袋中。同时，采用环刀法收集表层土壤用于容重的测定。实验室内，封口袋中土样过 2mm 筛后分为两部分：一部分自然风干后，进行速效 P 和盐基离子浓度的测定；另一部分 4℃下冷藏，尽可能在两周内完成 pH、电导率、NH_4^+-N 浓度、NO_3^--N 浓度、SO_4^{2-}-S 浓度、酶活性和微生物生物量的测定。

图 2-6　土壤样品收集

其中，含水量采用烘干重法（105℃，8h）；计算土壤容重时，设环刀重为 W_0、体积为 V，将野外新鲜取得的环刀烘干至恒重后称干重 W_4，最后通过（W_4-W_0）/V 计算容重；pH 和电导率分别采用梅特勒 S220 多参数测试仪和梅特勒 S230 电导率仪；新鲜土样经 1mol · L^{-1}KCL 溶液浸提后，采用连续流动分析仪测定 NO_3^--N、NH_4^+-N 和 SO_4^{2-}-S 浓度；速效 P 浓度采用 0.5mol · L^{-1} $NaHCO_3$ 法测定（鲍士旦，2000）；交换性 Ca^{2+} 和 Mg^{2+} 浓度采用原子吸收法。在土壤浸出液中加入 50 g · L^{-1}的 $LaCl_3$，定容后分别在原子吸收分光光度计 422.7nm 和 285.2nm 波长处测定土壤浸出液的吸收值，运用标准曲线计算二者质量浓度。交换性 K^+ 和 Na^+ 浓度采用火焰光度法。在土壤浸出液中加入 $Al_2(SO_4)_3$ 溶液，在火焰光度计记录检流计读数并计算二者质量浓度；蔗糖酶活性采用 3，5-二硝基水杨酸比色法测定，脲酶活性采用苯酚-次氯酸钠比色法测定，磷酸酶活性采用磷酸苯二钠比色法测定（关松荫，1986）。微生物 C 获取（β-1，4-葡糖苷酶、纤维素二糖水解酶）、N 获取（β-1，4-N-乙酰葡糖胺糖苷酶和亮氨酸氨基肽酶活性）、P 获取（碱性磷酸酶）酶活性采用微孔板荧光法，多功能酶标仪测定荧光值（Saiya-Cork et al.，2002；Sinsabaugh et al.，2008；Sinsabaugh et al.，2009）；微生物生物量 C、N、P 含量的测定方法同 2.3.3 小节。

2.4　数据处理

2.4.1　常规分析

采用 Excel 2007 计算各指标的变异系数（CV）：

$$CV=\frac{SD}{Mean}\times 100\%$$

式中，Mean 为对应指标的平均值，SD 为对应指标的标准差。

采用 Sigmaplot 12.5 或 Origin 2018 进行图的绘制以及指标间线性关系的拟合，图中数据为平均值+标准差。采用 SPSS 13.0 进行数据的统计分析：采用 One-Way ANOVA 进行各指标的单因素方差分析（表中数据为平均值±标准差）。若方差为齐性，选用最小显著性差异法进行多重比较（LSD）。否则选用 Tamhine's T2 法；采用 Pearson 法进行指标间的相关性分析。

2.4.2 气团后向轨迹模型

HYSPLIT-4 后向轨迹模式是欧拉和拉格朗日混合型的扩散模式，其平流和扩散处理采用拉格朗日方法，大气污染物质量浓度计算采用欧拉方法（Stein et al., 2015）。本书利用 HYSPLIT-4 分别对研究区 2019 年 3 月 1 日—11 月 31 日间 24h 气团后向轨迹进行了模拟，并利用 TrajStat 软件中 Euclidean Distance 算法按季进行聚类得到不同类型的输送轨迹（Wang et al., 2009）。气团后向轨迹资料使用美国国家环境预报中心和美国国家大气研究中心提供的全球再分析资料以及全球资料同化系统气象要素数据（ftp://arlftp.arlhq.noaa.gov/pub/archives/gdas1）。

2.4.3 变差分解

采用 R4.1.2 中 vegan 包进行数据的变差分解。因环境因子（酸沉降、土壤性质和植物特征）间存在共线性，首先使用方差膨胀因子（VIF<10）进行变量剔除。为获得各组环境因子对植物群落生物量和多样性（Shannon-Wiener 多样性指数、Patrick 丰富度指数、Pielou 均匀度指数、Simpson 优势度指数）独立的解释力以及组间共同的解释力，将环境因子分为酸沉降（包括 SO_4^{2-}年沉降量、NO_3^-年沉降量、NH_4^+年沉降量、无机 N 年沉降量、SO_4^{2-}/NO_3^-、NO_3^-/NH_4^+、pH 和电导率，命名为 X_1）、土壤性质（包括含水量、pH、电导率、有机 C 含量、全 N 含量、全 P 含量、C：N、C：P、N：P、NH_4^+-N 浓度、NO_3^--N 浓度、速效 P 浓度，命名为 X_2）以及植物特征（包括全 C 浓度、全 N 浓度、全 P 浓度、C：N、C：P 和 N：P，命名为 X_3）等 3 组作为解释变量，以植物群落生物量和多样性作为响应变量，用 var.part 函数进行变差分解。

2.4.4 冗余分析

采用 R3.4.3 的 vegen 程序进行冗余分析（RDA）。首先对数据进行消除趋势的对应分析分析（DCA），在观察到 Length of Gradient 第一轴小于 3.0 后，进行环境变量对植物–微生物–土壤 C：N：P 生态化学计量学特征的 RDA。在 RDA 中，先对数据进行正态分布检验，不符合正态分布的数据进行 Log 或 Hellinger 转换，使其符合正态分布。

植物叶片和微生物生物量 C：N：P 生态化学计量学特征与环境因子的 RDA 中，分别以叶片和微生物生物量 C：N：P 生态化学计量学特征为响应变量，以沉降性质（SO_4^{2-} 月沉降量、NO_3^- 月沉降量、NH_4^+ 月沉降量、无机 N 月沉降量、SO_4^{2-}/NO_3^-、NO_3^-/NH_4^+）和土壤性质（含水量、容重、pH、电导率、有机 C 含量、全 N 含量、全 P 含量、C：N、C：P、N：P、NH_4^+-N 浓度、NO_3^--N 浓度、无机 N 浓度、速效 P 浓度、K+浓度、Ca^{2+}浓度、Na^+浓度、Mg^{2+}浓度、蔗糖酶活性、脲酶活性、磷酸酶活性）作为解释变量，依据解释变量前项选择，剔除影响力较小的解释变量后进行 RDA，并求得每个环境因子的环境效应。

植物群落生物量和多样性（Patrick 丰富度指数、Shannon-Wiener 多样性指数、Pielou 均匀度指数、Simpson 优势度指数）与环境因子的 RDA 中，以植物群落生物量和多样性为响应变量，以沉降性质（pH、电导率、SO_4^{2-} 年沉降量、NO_3^- 年沉降量、NH_4^+ 年沉降量、无机 N 年沉降量、SO_4^{2-}/NO_3^-、NO_3^-/NH_4^+）、土壤性质（含水量、pH、电导率、有机 C 含量、全 N 含量、全 P 含量、C：N、C：P、N：P、NH_4^+-N 浓度、NO_3^--N 浓度、速效 P 浓度）和植物 C：N：P 生态化学计量学特征（全 C 浓度、全 N 浓度、全 P 浓度、C：N、C：P和 N：P）为解释变量，依据解释变量前项选择，剔除影响力较小的解释变量后进行 RDA，并求得每个环境因子的环境效应。

2.4.5 结构方程模型

为进一步分析酸沉降对植物群落多样性（Shannon-Wiener 多样性指数、Patrick 丰富度指数、Pielou 均匀度指数、Simpson 优势度指数）的直接和间接影响，采用 R4.0.3 构建结构方程模型。考虑到环境因子众多，将其归为酸沉降（包括 SO_4^{2-}年沉降量、NO_3^- 年沉降量、NH_4^+ 年沉降量、无机 N 年沉降量、SO_4^{2-}/NO_3^-、NO_3^-/NH_4^+、pH、电导率、K^+年沉降量、Ca^{2+}年沉降量、Na^+年沉降量、Mg^{2+}年沉降量）、土壤性质（含水量、pH、电导率、有机 C 含量、全 N 含量、全 P 含量、C：N、C：P、N：P、NO_3^--N 浓度、NH_4^+-N 浓度、SO_4^{2-}-S 浓度、速效 P 浓度、度 β-1，4-葡糖苷酶活性、纤维素二糖水解酶活性、β-1，4-N-乙酰葡糖胺糖苷酶活性、亮氨酸氨基肽酶活性、碱性磷酸酶活性、微生物生物量 C 含量、微生物生物量 N 含量、微生物生物量 P 含量、微生物生物量 C：N、微生物生物量 C：P、微生物生物量 N：P）、植物特征（全 C 浓度、全 N 浓度、全 P 浓度、C：N、C：P 和 N：P）3 个潜变量。选取植物群落多样性作为观测变量。基于理论知识构建初始模型，使用 R 语言中 lavaan 包进行潜变量筛选及数据标准化，剔除标准载荷（loading）小于 0.5 的环境因子（Lopatin et al.，2022）。结构方程采用最大似然估计法，使用卡方（Chi-square，χ^2）检验评估模型的适合度，即以卡方检验 $p > 0.05$、标准化残差均方根 RMSEA < 0.05、相对配适指数 SRMR<0.05 和拟合优度指数 GFI>0.95 评估模型拟合程度（Zuo et al.，

2016)。或先采用先验模型，然后根据不显著 χ^2 检验、拟合优度指数和近似均方根误差的结果，从先前的模型中删除不显著的路径，以构建最佳拟合模型。然后，基于 N 沉降、盐基离子沉降、土壤盐基离子浓度和土壤酶活性，在 R 语言的 vegan 包中采用主成分分析第一轴（PCA）对模型进行量化（Oksanen et al. 2018；Borcard et al., 2020）。

第3章 荒漠煤矿区降水降尘化学性质

本章研究了2019年1～6月份研究区混合沉降中N、S月沉降量的变化范围，比较了N、S月沉降量在电厂间、月份间及取样距离间的差异；研究了2019年3～11月份混合沉降中N季沉降量、S季沉降量、pH和电导率的变化范围，比较了pH和电导率在电厂间、季节间及取样距离间的差异；研究了2019～2020年混合沉降中N年沉降量、S年沉降量、pH、电导率的变化范围，比较了pH和电导率在电厂间的差异，比较了N年沉降量、S年沉降量、pH、电导率在取样距离间的差异；研究了2019年3～11月份混合沉降中盐基离子季沉降量的变化范围，比较了盐基离子季沉降量在电厂间、季节间及取样距离间的差异，分析了盐基离子年沉降量与N年沉降量、S年沉降量、pH和电导率的关系，探讨了盐基离子的中和作用，并采用气团后向轨迹聚类明确了研究区气团来源。

3.1 研究区氮、硫沉降特征

3.1.1 氮、硫沉降量的变化范围

3.1.1.1 马莲台电厂

2019年1～6月，马莲台电厂周边SO_4^{2-}月沉降量、NO_3^-月沉降量、NH_4^+月沉降量、无机N月沉降量、SO_4^{2-}/NO_3^-、NO_3^-/NH_4^+的平均值分别为2.69±0.12kg·hm^{-2}·month^{-1}、1.19±0.08kg·hm^{-2}·month^{-1}、0.25±0.02kg·hm^{-2}·month^{-1}、1.44±0.10kg·hm^{-2}·month^{-1}、3.62±0.16和4.97±0.16（图3-1）。

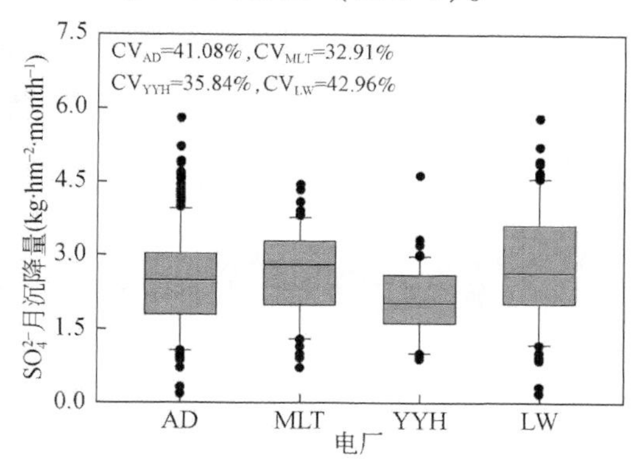

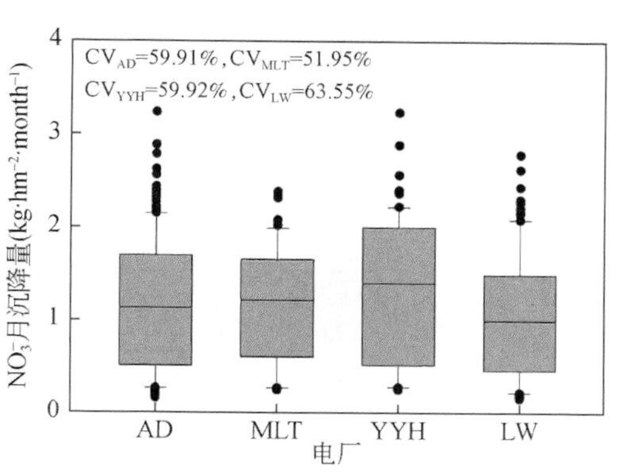

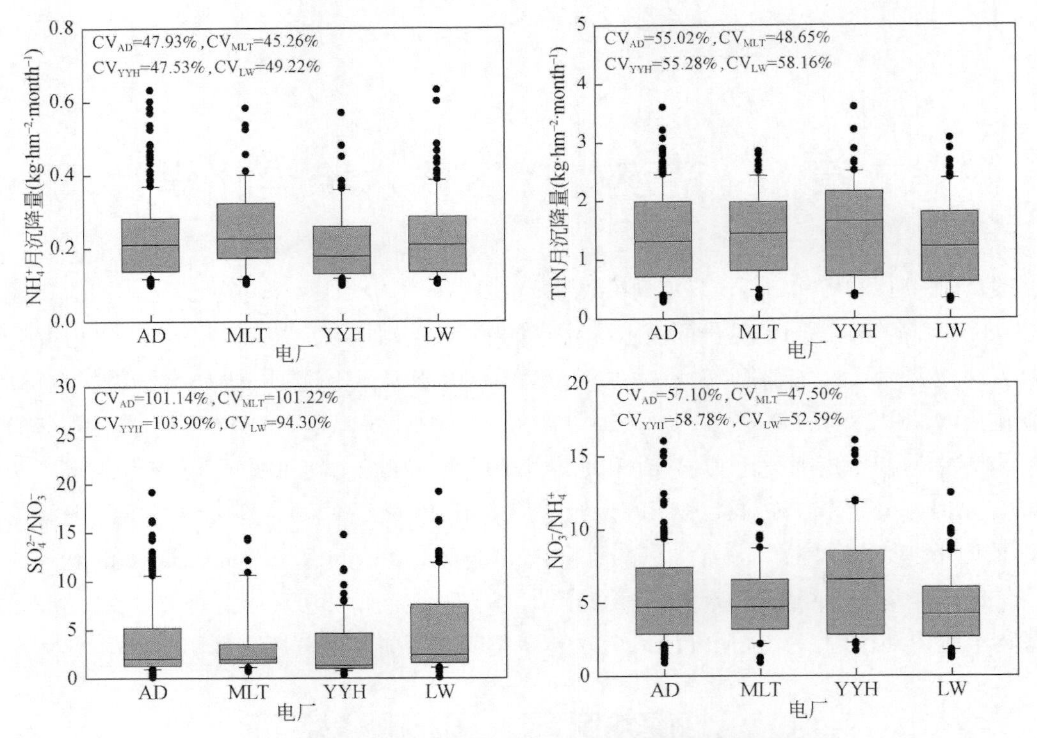

图 3-1　研究区混合沉降中氮、硫月沉降量的变化范围

CV_{AD}、CV_{MLT}、CV_{YYH}、CV_{LW}分别代表所有数据（n =216）、马莲台电厂（n =54）、鸳鸯湖电厂（n =72）和灵武电厂（n =90）的变异系数。TIN 代表无机 N 月沉降量。AD 代表 3 个电厂的所有数据，MLT、YYH、LW 分别代表马莲台电厂、鸳鸯湖电厂、灵武电厂

2019 年 3～11 月，马莲台电厂周边混合沉降 pH 和电导率的变化范围分别为 5.03～5.86 和 53.87～275.30μs · cm^{-1}，平均值分别为 5.42 和 112.73μs · cm^{-1}（图 3-2）。

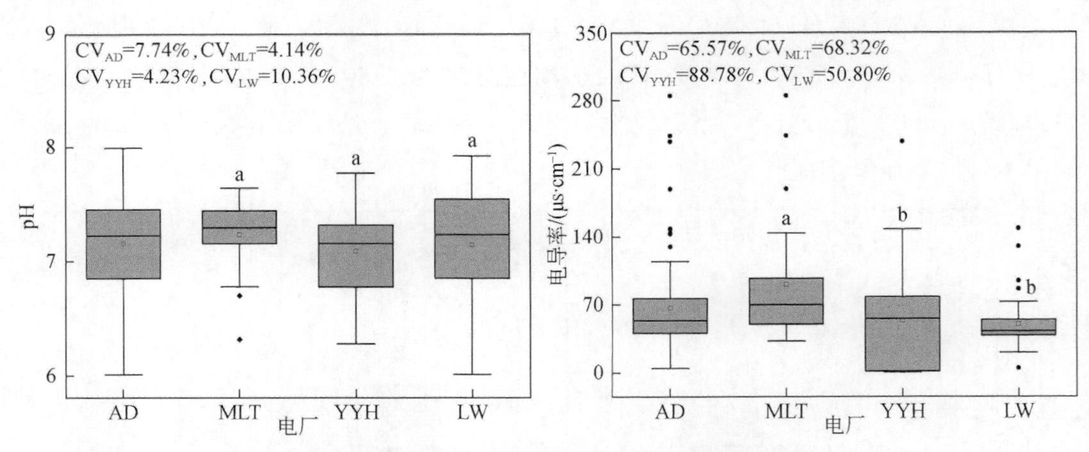

图 3-2　研究区混合沉降 pH 和电导率的变化特点

AD 代表 3 个电厂的所有数据（n =108）。MLT、YYH 和 LW 分别代表马莲台电厂（n =27）、鸳鸯湖电厂（n =36）和灵武电厂（n =45）。不同小写字母代表 3 个电厂间各指标的差异显著（p<0.05）

将2019～2020年各月、各季度数据进行了整合，分析了马莲台电厂周边混合沉降酸性质的年沉降特征（图3-3）。整体上，pH（平均值为7.27±0.03，下同）变异较弱，变化范围为6.98～7.44；SO_4^{2-}年沉降量（33.93±2.08kg · hm^{-2} · a^{-1}）和NH_4^+年沉降量（3.21±0.17kg · hm^{-2} · a^{-1}）中度变异，变化范围分别为24.82～51.79kg · hm^{-2} · a^{-1}和2.00～4.15kg · hm^{-2} · a^{-1}；NO_3^-年沉降量（7.11±0.76kg · hm^{-2} · a^{-1}）、无机N年沉降量（10.32±0.88kg · hm^{-2} · a^{-1}）、SO_4^{2-}/NO_3^-（5.54±0.54）、NO_3^-/NH_4^+（2.16±0.19）和电导率（37.96±3.69μs · cm^{-1}）高度变异，变化范围分别为2.83～10.18kg · hm^{-2} · a^{-1}、4.91～13.49kg · hm^{-2} · a^{-1}、3.02～9.25、1.04～3.37和20.59～69.19μs · cm^{-1}。

3.1.1.2 鸳鸯湖电厂

2019年1～6月（图3-1），鸳鸯湖电厂周边SO_4^{2-}月沉降量、NO_3^-月沉降量、NH_4^+月沉降量、无机N月沉降量、SO_4^{2-}/NO_3^-、NO_3^-/NH_4^+的平均值分别为2.06±0.09kg · hm^{-2} · month^{-1}、1.30±0.09kg · hm^{-2} · month^{-1}、0.21±0.01kg · hm^{-2} · month^{-1}、1.51±0.10kg · hm^{-2} · month^{-1}、2.91±0.16和6.47±0.25。

2019年3～11月（图3-2），鸳鸯湖电厂周边混合沉降pH和电导率的变化范围分别为5.76～7.09和48.27～123.40μs · cm^{-1}，平均值分别为6.42和68.65μs · cm^{-1}。

将2019～2020年各月、各季度数据进行了整合，分析了鸳鸯湖电厂周边混合沉降酸性质的年沉降特征（图3-3）。整体上，pH（平均值为7.12±0.03，下同）变异较弱，变化范围为6.97～7.25；SO_4^{2-}年沉降量（29.36±1.47kg · hm^{-2} · a^{-1}）、NO_3^-年沉降量（8.54±0.58kg · hm^{-2} · a^{-1}）、NH_4^+年沉降量（3.20±0.22kg · hm^{-2} · a^{-1}）、无机N年沉降量（11.73±0.58kg · hm^{-2} · a^{-1}）、电导率（47.18±3.60μs · cm^{-1}）中度变异，变化范围分别为19.67～39.18kg · hm^{-2} · a^{-1}、4.00～10.91kg · hm^{-2} · a^{-1}、1.91～5.20kg · hm^{-2} · a^{-1}、7.70～16.11kg · hm^{-2} · a^{-1}、20.92～74.11μs · cm^{-1}；SO_4^{2-}/NO_3^-（3.77±0.38）和NO_3^-/NH_4^+（2.90±0.31）高度变异，变化范围分别为1.80～6.60和1.08～4.87。

3.1.1.3 灵武电厂

2019年1～6月（图3-1），灵武电厂周边SO_4^{2-}月沉降量、NO_3^-月沉降量、NH_4^+月沉降量、无机N月沉降量、SO_4^{2-}/NO_3^-、NO_3^-/NH_4^+的平均值分别为2.78±0.13kg · hm^{-2} · month^{-1}、1.06±0.07kg · hm^{-2} · month^{-1}、0.23±0.01kg · hm^{-2} · month^{-1}、1.29±0.08kg · hm^{-2} · month^{-1}、4.66±0.22和4.66±0.18。

2019年3～11月（图3-2），灵武电厂周边混合沉降pH和电导率的变化范围分别为5.13～6.49和33.88～92.00μs · cm^{-1}，平均值分别为5.84和50.24μs · cm^{-1}。

将2019～2020年各月、各季度数据进行了整合，分析了灵武电厂周边混合沉降酸性质的年沉降特征（图3-3）。整体上，pH（平均值为7.19±0.09，下同）变异较弱，变化范围为6.39～7.69；NO_3^-年沉降量（8.18±0.37kg·hm^{-2}·a^{-1}）、NH_4^+年沉降量（3.06±0.27kg·hm^{-2}·a^{-1}）、无机N年沉降量（11.24±0.39kg·hm^{-2}·a^{-1}）、SO_4^{2-}/NO_3^-（4.60±0.38）和NO_3^-/NH_4^+（2.73±0.13）中度变异，变化范围分别为6.89～11.42kg·hm^{-2}·a^{-1}、2.25～3.86kg·hm^{-2}·a^{-1}、9.43～14.42kg·hm^{-2}·a^{-1}、2.95～7.62、1.87～3.92；SO_4^{2-}年沉降量（38.11±3.70kg·hm^{-2}·a^{-1}）和电导率（42.24±4.98μs·cm^{-1}）高度变异，变化范围分别为22.82～82.28kg·hm^{-2}·a^{-1}和25.81～98.30μs·cm^{-1}。

3.1.1.4 研究区

2019年1～6月研究区SO_4^{2-}月沉降量、NO_3^-月沉降量、NH_4^+月沉降量、无机N月沉降量、SO_4^{2-}/NO_3^-和NO_3^-/NH_4^+的变异系数均较大，各指标的变化范围分别为0.19～5.80kg·hm^{-2}·$month^{-1}$、0.16～3.24kg·hm^{-2}·$month^{-1}$、0.10～0.63kg·hm^{-2}·$month^{-1}$、0.29～3.61kg·hm^{-2}·$month^{-1}$、0.17～19.15和0.94～16.10，平均值分别为2.51±0.07kg·hm^{-2}·$month^{-1}$、1.17±0.05kg·hm^{-2}·$month^{-1}$、0.23±0.01kg·kg·hm^{-2}·$month^{-1}$、1.40±0.05kg·hm^{-2}·$month^{-1}$、3.82±0.26和5.34±0.219（图3-1）。

2019年3～11月研究区NO_3^-季沉降量的变异系数较高，SO_4^{2-}季沉降量的变异系数较低，但4个指标的变异系数均超过了30%（表3-1）；pH变异较小，变化范围为6.01～7.93。电导率存在较大变异，变化范围为5.13～285.00μs·cm^{-1}（图3-2）。

表3-1 研究区混合沉降中氮、硫季沉降量的变化特点

指标	变化范围	平均值	变异系数	样本数
SO_4^{2-}季沉降量（kg·hm^{-2}·$season^{-1}$）	6.33～9.64	8.06±0.56	32.91%	n=108
NO_3^-季沉降量（kg·hm^{-2}·$season^{-1}$）	3.18～4.27	3.57±0.23	51.95%	n=108
NH_4^+季沉降量（kg·hm^{-2}·$season^{-1}$）	0.58～0.84	0.75±0.31	45.26%	n=108
无机氮季沉降量（kg·hm^{-2}·$season^{-1}$）	3.89～5.05	4.32±0.44	48.65%	n=108

将2019～2020年各月、各季度数据进行了整合，分析了研究区混合沉降酸性质的年沉降特征（图3-3）。整体上，pH（平均值为7.19±0.03，下同）变异较弱，变化范围为6.39～7.69；NO_3^-年沉降量（7.94±0.35kg·hm^{-2}·a^{-1}）、NH_4^+年沉降量（3.16±0.10kg·hm^{-2}·a^{-1}）、无机N年沉降量（11.10±0.38kg·hm^{-2}·a^{-1}）中度变异，变化范围分别为2.83～11.42kg·hm^{-2}·a^{-1}、1.91～5.20kg·hm^{-2}·a^{-1}、4.91～16.11kg·hm^{-2}·a^{-1}；SO_4^{2-}年沉降量（33.80±1.56kg·hm^{-2}·a^{-1}）、SO_4^{2-}/NO_3^-（4.64±0.26）、NO_3^-/NH_4^+（2.60±0.14）和电导率（42.46±2.40μs·cm^{-1}）高度变异，变化范围分别为19.67～2.28kg·hm^{-2}·a^{-1}、1.04～4.87、1.80～9.25、20.59～98.30μs·cm^{-1}。

因此，SO_4^{2-}沉降量大于NO_3^-沉降量，SO_4^{2-}是研究区酸沉降的主要形式；NO_3^-沉降量高于NH_4^+沉降量，是研究区N沉降的主要形式。

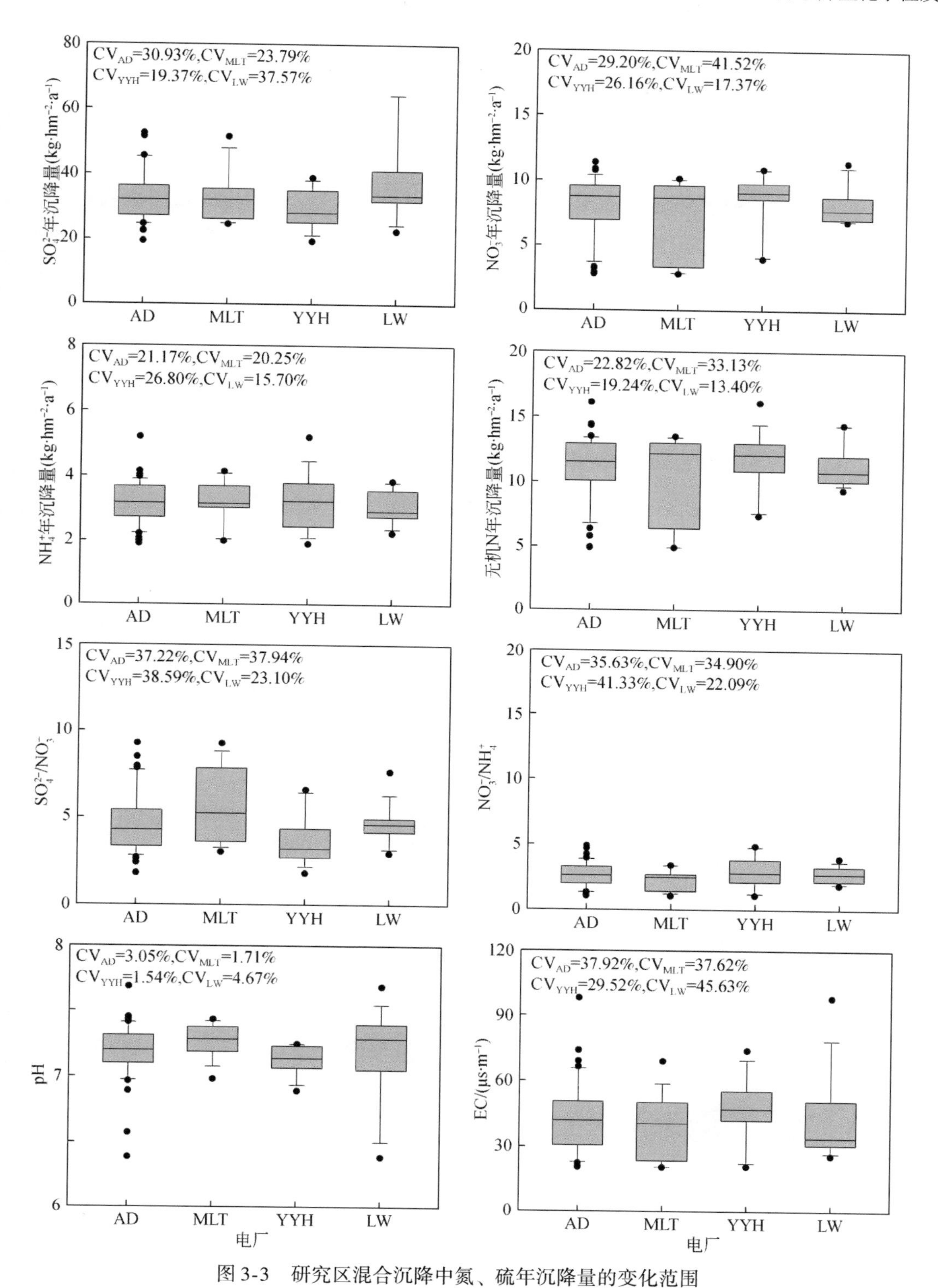

图 3-3 研究区混合沉降中氮、硫年沉降量的变化范围

CV_{AD}、CV_{MLT}、CV_{YYH}、CV_{LW} 分别代表所有数据（n =45）、马莲台电厂（n =15）、鸳鸯湖电厂（n =15）和灵武电厂（n =15）的变异系数。EC 代表电导率

3.1.2　电厂间氮、硫沉降量的差异

2019 年 1 ~6 月研究区 N、S 月沉降量在电厂间存在差异（图 3-4）：鸳鸯湖电厂 SO_4^{2-} 月沉降量显著低于其他 2 个电厂（$p < 0.05$）；鸳鸯湖电厂 NO_3^- 月沉降量显著高于灵武电厂（$p < 0.05$）；马莲台电厂 NH_4^+ 月沉降量显著高于鸳鸯湖电厂（$p < 0.05$）；无机 N 月沉降量在 3 个电厂间差异不显著（$p > 0.05$）；鸳鸯湖电厂具有较低的 SO_4^{2-}/NO_3^- 和较高的 NO_3^-/NH_4^+。总的来说，马莲台电厂和灵武电厂具有较高的 SO_4^{2-} 月沉降量、NH_4^+ 月沉降量和 SO_4^{2-}/NO_3^-，鸳鸯湖电厂具有较高的 NO_3^- 月沉降量、无机 N 月沉降量和 NO_3^-/NH_4^+。

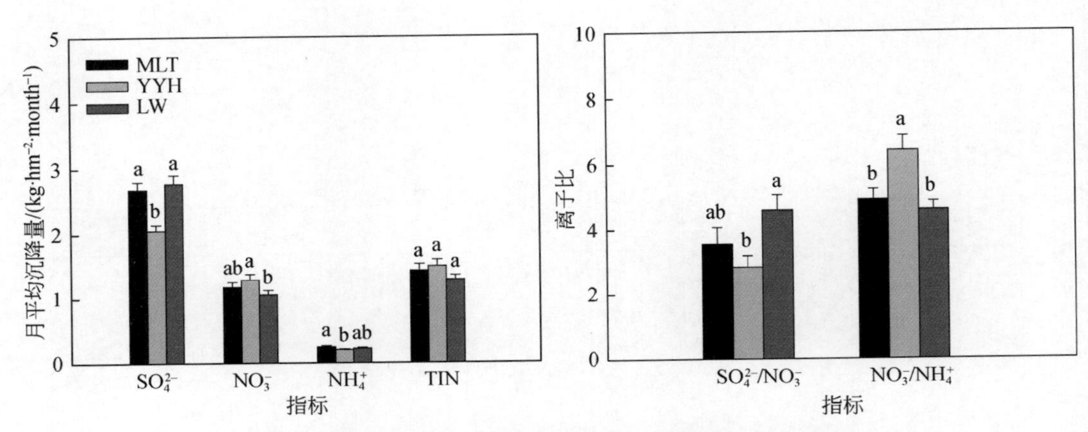

图 3-4　研究区混合沉降中氮、硫月沉降量在电厂间的差异

MLT、YYH、LW 分别代表马莲台电厂（n =18）、鸳鸯湖电厂（n =18）和灵武电厂（n =18）。不同小写字母代表各指标在电厂间的差异显著（$p < 0.05$）。TIN 代表无机 N 月沉降量

2019 年 3 ~11 月研究区混合沉降 pH 在 3 个电厂间无显著性差异（$p>0.05$，图 3-2），马莲台电厂混合沉降电导率显著高于其他 2 个电厂（$p < 0.05$）。

2019 ~2020 年研究区混合沉降 pH 和电导率在电厂间均无显著性差异（$p > 0.05$，图 3-5）。

3.1.3　月份/季节间氮、硫沉降量的差异

研究区 2019 年 1 ~6 月 N、S 沉降量在月份间存在差异（图 3-6）。总的来说，3 个电厂 SO_4^{2-}、NO_3^-、NH_4^+ 和无机 N 月沉降量均在 5 月份时较高，SO_4^{2-}/NO_3^- 在 2 月份时较高，NO_3^-/NH_4^+ 在 4 月份和 5 月份时较高。

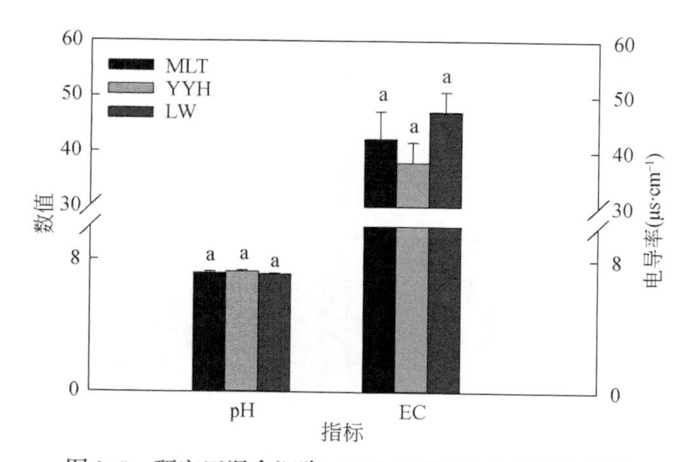

图 3-5　研究区混合沉降 pH 和电导率在电厂间的差异

MLT、YYH、LW 分别代表马莲台电厂（$n=15$）、鸳鸯湖电厂（$n=15$）和灵武电厂（$n=15$）。EC 代表电导率（$\mu s \cdot cm^{-1}$）。不同小写字母代表各指标在电厂间的差异显著（$p < 0.05$）

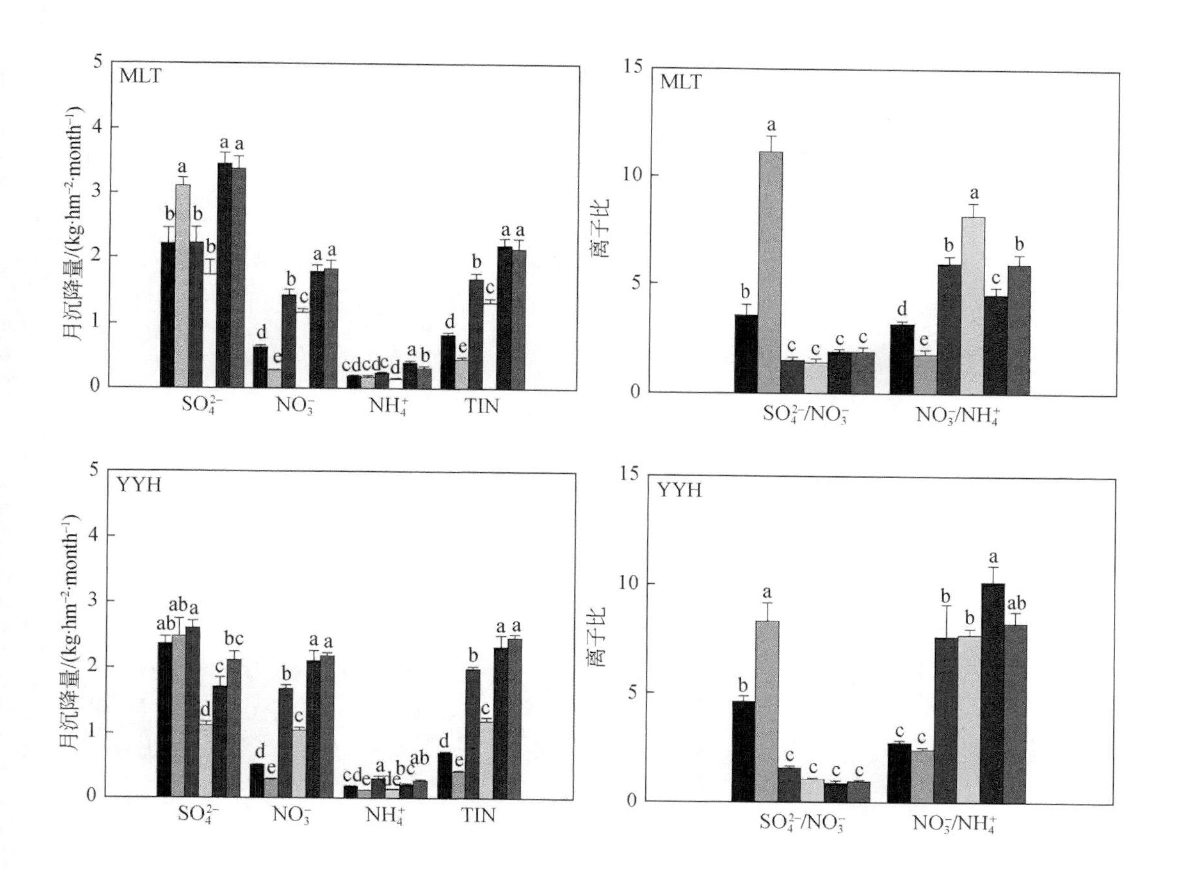

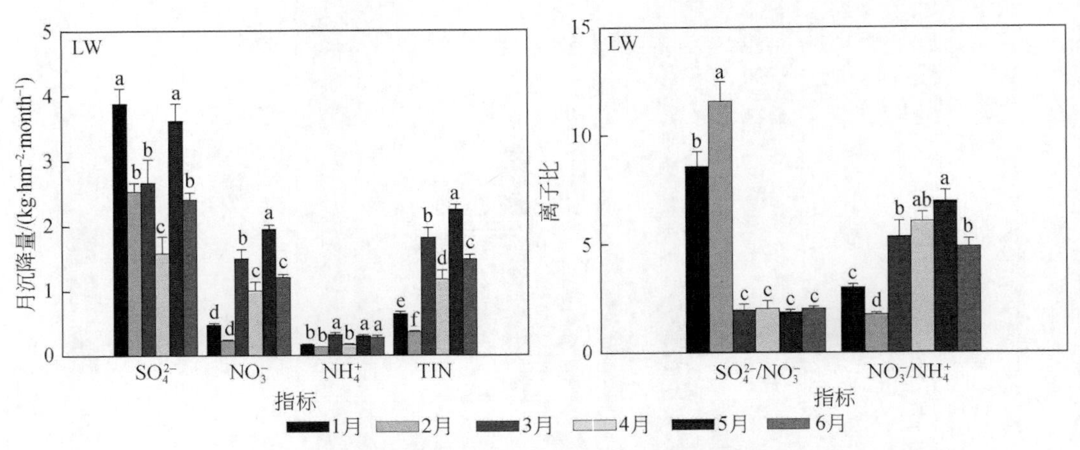

图 3-6　研究区混合沉降中氮、硫月沉降量在月份间的差异

MLT、YYH、LW 分别代表马莲台电厂（n =9）、鸳鸯湖电厂（n =12）和灵武电厂（n =15）。TIN 表示无机 N 月沉降量不同小写字母代表月份间各指标的差异显著（$p < 0.05$）

3.1.3.1　马莲台电厂

马莲台电厂周边 2019 年 2 月、5 月和 6 月 SO_4^{2-}沉降量显著高于其他 3 个月（$p<0.05$，图 3-6），4 月份的测定值最低。5 月和 6 月 NO_3^-、NH_4^+和无机 N 沉降量显著高于其他 4 个月（$p < 0.05$），2 月 NO_3^-和无机 N 沉降量最低，4 月 NH_4^+沉降量最低。2 月 SO_4^{2-}/NO_3^-显著高于其他几个月（$p < 0.05$）。4 月 NO_3^-/NH_4^+显著高于其他几个月（$p < 0.05$）。

2019 年 3 个季节间（图 3-7），马莲台电厂秋季混合沉降 pH 显著高于夏季（$p < 0.05$），电导率无显著性差异（$p>0.05$）。

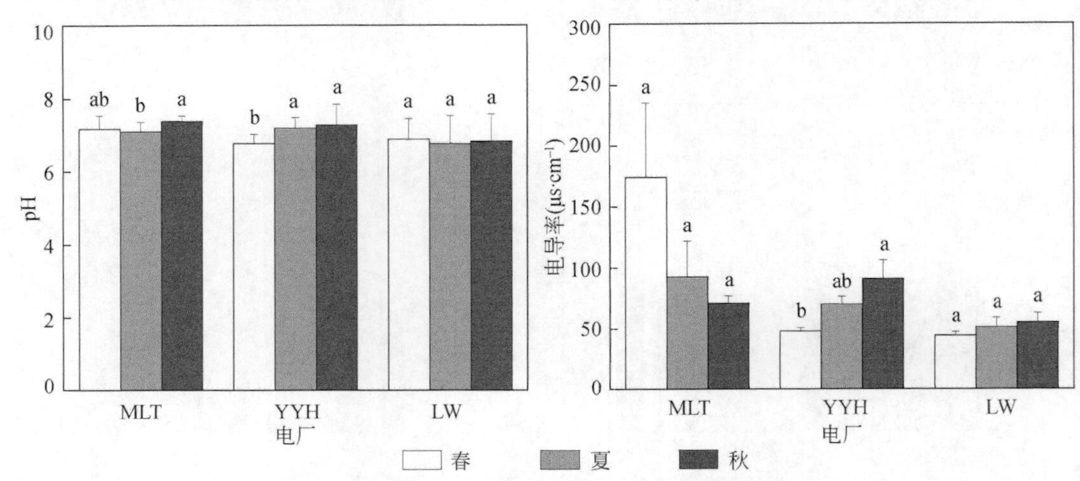

图 3-7　研究区混合沉降 pH 和电导率在季节间的差异

MLT、YYH、LW 分别代表马莲台电厂（n =9）、鸳鸯湖电厂（n =12）和灵武电厂（n =15）。不同小写字母代表同一电厂各指标在季节间的差异显著（$p < 0.05$）

3.1.3.2 鸳鸯湖电厂

鸳鸯湖电厂周边2019年3月SO_4^{2-}沉降量最高，4月的测定值显著低于其他5个月（$p<0.05$，图3-6）。5月、6月NO_3^-和无机N沉降量显著高于其他月（$p<0.05$），2月各测定值显著低于其他月（$p<0.05$）。3月NH_4^+沉降量较高，2月的测定值较低。2月SO_4^{2-}/NO_3^-显著高于其他月（$p<0.05$）。5月NO_3^-/NH_4^+显著高于其他月（$p<0.05$）。

2019年3个季节间（图3-7），鸳鸯湖电厂夏、秋两季混合沉降pH显著高于春季（$p<0.05$），秋季电导率显著高于春季（$p<0.05$）。

3.1.3.3 灵武电厂

灵武电厂周边2019年1月和5月SO_4^{2-}沉降量显著高于其他4个月（$p<0.05$，图3-6），4月份的测定值显著低于其他几个月（$p<0.05$）。5月NO_3^-和无机N沉降量显著高于其他5个月（$p<0.05$），1月和2月的测定值则显著低于其他4个月（$p<0.05$）。3月、5月和6月NH_4^+沉降量显著高于其他3个月（$p<0.05$）。2月SO_4^{2-}/NO_3^-显著高于其他几个月（$p<0.05$）。5月NO_3^-/NH_4^+显著高于其他几个月（$p<0.05$）。

2019年3个季节间（图3-7），灵武电厂周边混合沉降pH和电导率均无显著差异（$p>0.05$）。

3.1.3.4 研究区

3个电厂的整合结果来看（表3-2），2019年5月SO_4^{2-}沉降量、NO_3^-沉降量、NH_4^+沉降量、无机N沉降量和NO_3^-/NH_4^+较高，SO_4^{2-}/NO_3^-较低；2月SO_4^{2-}/NO_3^-较高，SO_4^{2-}沉降量、NO_3^-沉降量、NH_4^+沉降量、无机N沉降量和SO_4^{2-}/NO_3^-较低。例如，5月NO_3^-沉降量、NH_4^+沉降量、无机N沉降量和NO_3^-/NH_4^+显著高于2月（$p<0.05$），SO_4^{2-}/NO_3^-较低显著低于2月（$p<0.05$），但SO_4^{2-}沉降量在2个月间无显著性差异（$p>0.05$）。

表3-2 研究区混合沉降中氮、硫月沉降量在月份间的差异

月	SO_4^{2-}月沉降量 ($kg \cdot hm^{-2} \cdot month^{-1}$)	NO_3^-月沉降量 ($kg \cdot hm^{-2} \cdot month^{-1}$)	NH_4^+月沉降量 ($kg \cdot hm^{-2} \cdot month^{-1}$)	无机N月沉降量 ($kg \cdot hm^{-2} \cdot month^{-1}$)	SO_4^{2-}/NO_3^-	NO_3^-/NH_4^+
1月	2.96±0.18 a	0.53±0.02 d	0.18±0.01 b	0.71±0.02 d	6.00±0.49 b	2.97±0.08 c
2月	2.66±0.12 a	0.26±0.01 e	0.14±0.01 c	0.41±0.01 e	10.39±0.56 a	1.99±0.09 c
3月	2.53±0.16 a	1.54±0.07b	0.30±0.02 a	1.84±0.07 b	1.73±0.13 c	6.25±0.60 b
4月	1.46±0.13 b	1.06±0.06 c	0.15±0.01 bc	1.21±0.06 c	1.57±0.18 c	7.13±0.30 ab
5月	2.93±0.19 a	1.96±0.06 a	0.30±0.02 a	2.26±0.07 a	1.56±0.10 c	7.42±0.49 a
6月	2.55±0.11 a	1.68±0.08 b	0.29±0.02 a	1.97±0.09 b	1.66±0.11 c	6.27±0.35 b

注：不同小写字母代表月份间各指标的差异显著（$p<0.05$）。$n=36$

3.1.4 取样距离间氮、硫沉降量的差异

3.1.4.1 马莲台电厂

不同取样距离间，2019 年 1 ~6 月马莲台电厂周边 N、S 月沉降量存在差异（表 3-3）：6 个月份 SO_4^{2-} 沉降量在不同取样距离间均存在明显差异。例如，D_{100} 处 SO_4^{2-} 沉降量在 1 月和 3 月显著低于其他取样距离处的测定值（$p < 0.05$），在 2 月、5 月、6 月不同程度地高于其他取样距离的测定值；D_{100} 处 NO_3^- 沉降量和无机 N 沉降量在 6 月显著低于其他 2 个取样距离的测定值（$p < 0.05$），除此之外其他月二者在不同取样距离间均不存在明显差异（$p > 0.05$）；1 ~3 月 NH_4^+ 沉降量在不同取样距离间均无明显差异（$p > 0.05$），4 ~6 月份 NH_4^+ 沉降量在不同取样距离间均存在明显差异。具体而言，4 月，D_{100} 处测定值显著高于 D_{500} 处测定值（$p < 0.05$）；5 月，D_{100} 处测定值显著高于 D_{300} 和 D_{500} 处测定值（$p < 0.05$）；6 月，D_{100} 处测定值显著低于 D_{300} 处测定值（$p < 0.05$）。

表 3-3 马莲台电厂周边混合沉降中氮、硫月沉降量在取样距离间的差异

月份	取样距离	SO_4^{2-} 月沉降量 ($kg \cdot hm^{-2} \cdot month^{-1}$)	NO_3^- 月沉降量 ($kg \cdot hm^{-2} \cdot month^{-1}$)	NH_4^+ 月沉降量 ($kg \cdot hm^{-2} \cdot month^{-1}$)	无机氮月沉降量 ($kg \cdot hm^{-2} \cdot month^{-1}$)
1 月份	D_{100}	1.40±0.21 b	0.69±0.09 a	0.19±0.01 a	0.88±0.11 a
	D_{300}	2.95±0.15 a	0.60±0.05 a	0.18±0.02 a	0.78±0.07 a
	D_{500}	2.30±0.23 a	0.63±0.01 a	0.22±0.01 a	0.85±0.02 a
2 月份	D_{100}	3.58±0.13 a	0.26±0.01 a	0.11±0.00 a	0.37±0.01 a
	D_{300}	2.93±0.12 b	0.30±0.03 a	0.20±0.06 a	0.50±0.07 a
	D_{500}	2.83±0.04 b	0.28±0.01 a	0.23±0.01 a	0.51±0.02 a
3 月份	D_{100}	1.48±0.16 c	1.32±0.19 a	0.27±0.03 a	1.59±0.22 a
	D_{300}	3.05±0.02 a	1.46±0.13 a	0.21±0.02 a	1.67±0.14 a
	D_{500}	2.15±0.22 b	1.51±0.14 a	0.24±0.01 a	1.75±0.14 a
4 月份	D_{100}	1.82±0.09 b	1.19±0.06 a	0.18±0.02 a	1.37±0.06 a
	D_{300}	2.45±0.10 a	1.26±0.14 a	0.16±0.02 ab	1.42±0.15 a
	D_{500}	0.93±0.13 c	1.07±0.03 a	0.11±0.01 b	1.18±0.03 a
5 月份	D_{100}	4.06±0.18 a	1.86±0.16 a	0.52±0.04 a	2.38±0.18 a
	D_{300}	3.24±0.13 b	1.66±0.03 a	0.32±0.03 b	1.98±0.05 a
	D_{500}	3.06±0.16 b	1.85±0.27 a	0.38±0.02 b	2.23±0.29 a
6 月份	D_{100}	3.82±0.32 a	1.38±0.13 b	0.23±0.04 b	1.61±0.14 b
	D_{300}	3.45±0.27 ab	2.06±0.14 a	0.42±0.06 a	2.48±0.19 a
	D_{500}	2.86±0.10 b	2.03±0.16 a	0.32±0.01 ab	2.35±0.17 a

注：D_{100}、D_{300} 和 D_{500} 分别代表距离马莲台电厂围墙外 100m、300m 和 500m 的取样距离（$n=9$）。不同小写字母代表当月各指标在取样距离间差异显著（$p < 0.05$）

将马莲台电厂 6 个月数据进行了整理汇总，比较了不同取样距离间 N、S 月平均沉降量的差异（图 3-8）。结果表明，不同取样距离间，马莲台电厂周边 SO_4^{2-} 月均沉降量差异较大，NO_3^- 月平均沉降量、NH_4^+ 月平均沉降量、无机 N 月平均沉降量、SO_4^{2-}/NO_3^- 以及 NO_3^-/NH_4^+ 差异较小，尤其 NH_4^+ 月平均沉降量：D_{300} 处 SO_4^{2-} 月平均沉降量显著高于 D_{500}（$p<0.05$），其他 5 个指标在取样距离间无显著差异（$p>0.05$）。

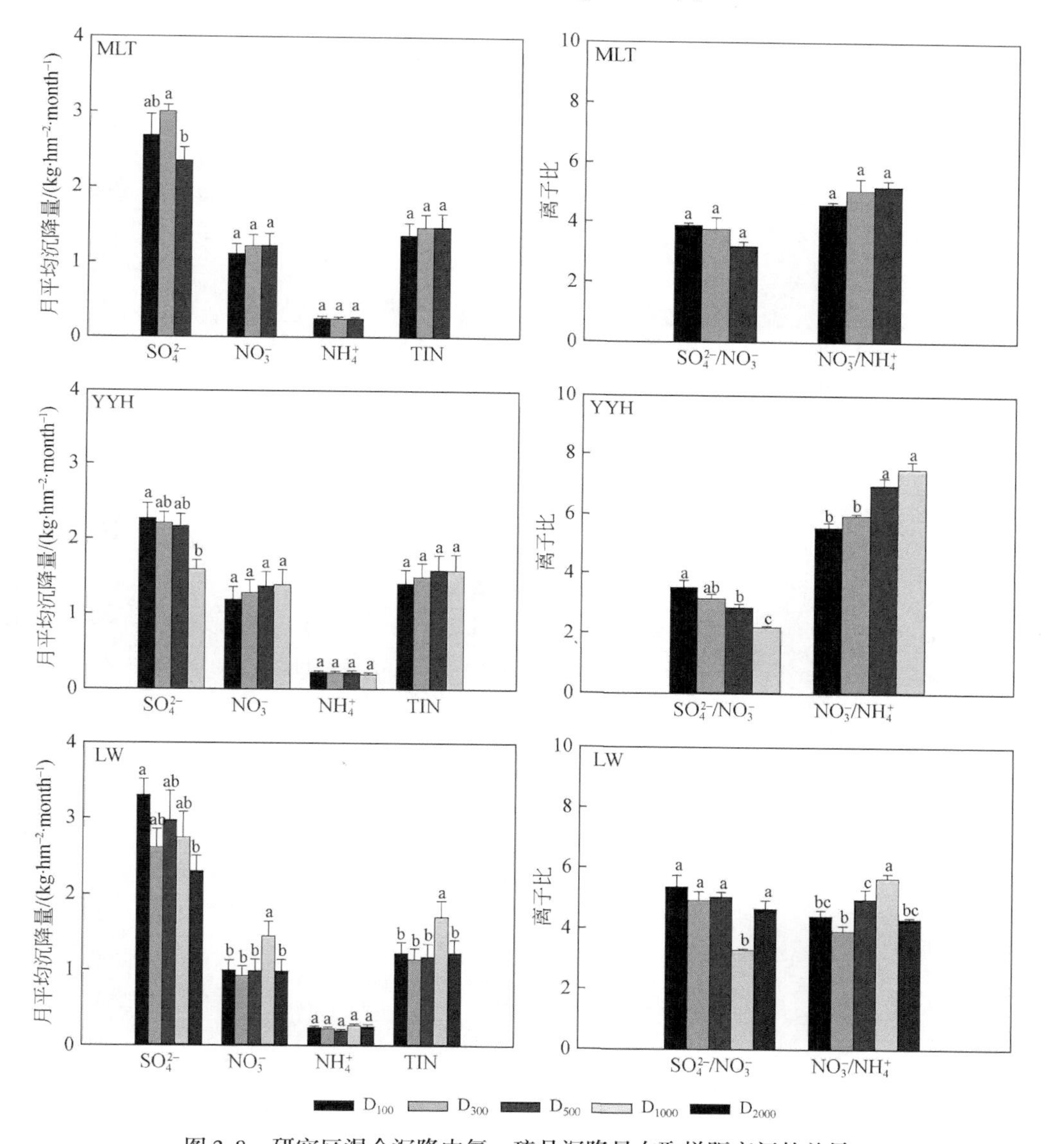

图 3-8 研究区混合沉降中氮、硫月沉降量在取样距离间的差异

MLT、YYH、LW 分别代表马莲台电厂（$n=18$）、鸳鸯湖电厂（$n=18$）和灵武电厂（$n=18$）。TIN 代表无机 N 月沉降量。D_{100}、D_{300}、D_{500}、D_{1000}、D_{2000} 分别代表距离电厂围墙外 100m、300m、500m、1000m、2000m 的取样距离。不同小写字母代表取样距离间各指标差异显著（$p<0.05$）

分析了2019年3～11月3个季节马莲台电厂周边混合沉降中pH和电导率在取样距离间的差异（表3-4）。结果表明，春季和夏季各指标在取样距离间差异较大、秋季各指标差异较小：春季，3个取样距离间pH无显著性差异（$p>0.05$）、D_{100}处电导率显著高于其他2个取样距离处的测定值（$p<0.05$）；夏季，D_{100}和D_{300}处pH显著高于D_{500}处测定值（$p<0.05$）、D_{100}处电导率显著高于其他2个取样距离处的测定值（$p<0.05$）；秋季，3个取样距离间pH和电导率均无显著性差异（$p>0.05$）。3个季节的汇总结果显示，D_{100}处电导率显著高于其他2个取样距离的测定值（$p<0.05$），3个取样距离间pH无显著性差异（$p>0.05$）。

表3-4　研究区混合沉降pH和电导率在取样距离间的差异

季节	取样距离	马莲台电厂		鸳鸯湖电厂		灵武电厂	
		pH	电导率（$\mu s \cdot cm^{-1}$）	pH	电导率（$\mu s \cdot cm^{-1}$）	pH	电导率（$\mu s \cdot cm^{-1}$）
春季	D_{100}	7.37±0.13 a	377.10±120.41 a	6.53±0.13 b	57.03±2.51 a	7.14±0.18 ab	49.87±7.20 a
	D_{300}	7.08±0.38 a	77.97±9.82 b	6.70±0.07ab	52.35±1.33 ab	6.63±0.15 bc	53.77±5.63 a
	D_{500}	7.13±0.07 a	68.57±3.47 b	6.87±0.02ab	47.67±3.27 b	7.64±0.23 a	47.60±3.43 a
	D_{1000}			7.05±0.16 a	35.10±2.06 c	6.22±0.28 c	42.50±1.21 ab
	D_{2000}					6.89±0.14 b	28.11±3.79 b
夏季	D_{100}	7.23±0.04 a	192.50±52.56 a	6.97±0.25 a	51.93±3.67 a	7.09±0.23 a	40.87±2.35 b
	D_{300}	7.35±0.05 a	46.20±2.65 b	7.25±0.23 a	65.37±2.44 a	6.85±0.39 ab	39.93±0.79 b
	D_{500}	6.77±0.04 b	39.70±4.09 b	7.10±0.16 a	78.80±1.28 a	7.28±0.13 a	39.90±0.67 b
	D_{1000}			7.22±0.05 a	84.00±23.62 a	5.84±0.62 b	99.40±27.19 a
	D_{2000}					7.02±0.33 ab	35.60±0.72 b
秋季	D_{100}	7.36±0.05 a	82.03±8.18 a	7.71±0.05 a	57.23±0.97 a	8.20±0.10 a	52.53±10.15 a
	D_{300}	7.31±0.10 a	67.83±12.91 a	7.60±0.07 a	92.40±28.71 a	7.97±0.07 b	38.61±8.09 a
	D_{500}	7.55±0.06 a	62.67±9.97 a	7.34±0.06 a	127.57±56.74 a	8.03±0.03 ab	57.32±14.32 a
	D_{1000}			6.75±0.26 b	86.37±5.34 a	7.67±0.02 c	73.71±36.55 a
	D_{2000}					7.62±0.03 c	53.92±9.10 a
综合	D_{100}	7.32±0.05a	217.21±54.19a	7.07±0.14a	55.40±2.37a	7.47±0.06 a	47.76±5.78ab
	D_{300}	7.24±0.17a	64.00±2.55b	7.18±0.07a	70.04±10.53 a	7.15±0.13 a	44.10±0.68ab
	D_{500}	7.15±0.05a	56.98±1.60b	7.10±0.07a	84.68±19.73 a	7.65±0.12 a	48.27±4.64ab
	D_{1000}			7.01±0.08a	68.49±10.14 a	6.58±0.30 b	71.87±19.01a
	D_{2000}					7.18±0.11a	39.21±2.26b

注：D_{100}、D_{300}、D_{500}、D_{1000}、D_{2000}分别代表距离灵武电厂围墙外100m、300m、500m、1000m、2000m的取样距离（$n=3$）。不同小写字母代表当季各指标在取样距离间差异显著（$p<0.05$）

随取样距离增加，2019～2020年马莲台电厂周边SO_4^{2-}年沉降量、NO_3^-年沉降量、NH_4^+年沉降量、无机N年沉降量、NO_3^-/NH_4^+和电导率呈降低趋势，SO_4^{2-}/NO_3^-和pH无明显的变化规律（图3-9）。取样距离间，D_{1000}和D_{2000}处NO_3^-年沉降量、无机N年沉降量、NO_3^-/NH_4^+及电导率均显著低于其他3个取样距离处的测定值（$p<0.05$）；D_{2000}处NH_4^+年沉降量显著低于其他4个取样距离处的测定值（$p<0.05$）；D_{2000}处SO_4^{2-}年沉降量显著低于D_{100}和D_{300}处的测定值（$p<0.05$）；D_{300}和D_{500}处SO_4^{2-}/NO_3^-显著低于D_{1000}和D_{2000}处的测定值（$p<0.05$）；pH在取样距离间无显著性差异（$p>0.05$）。

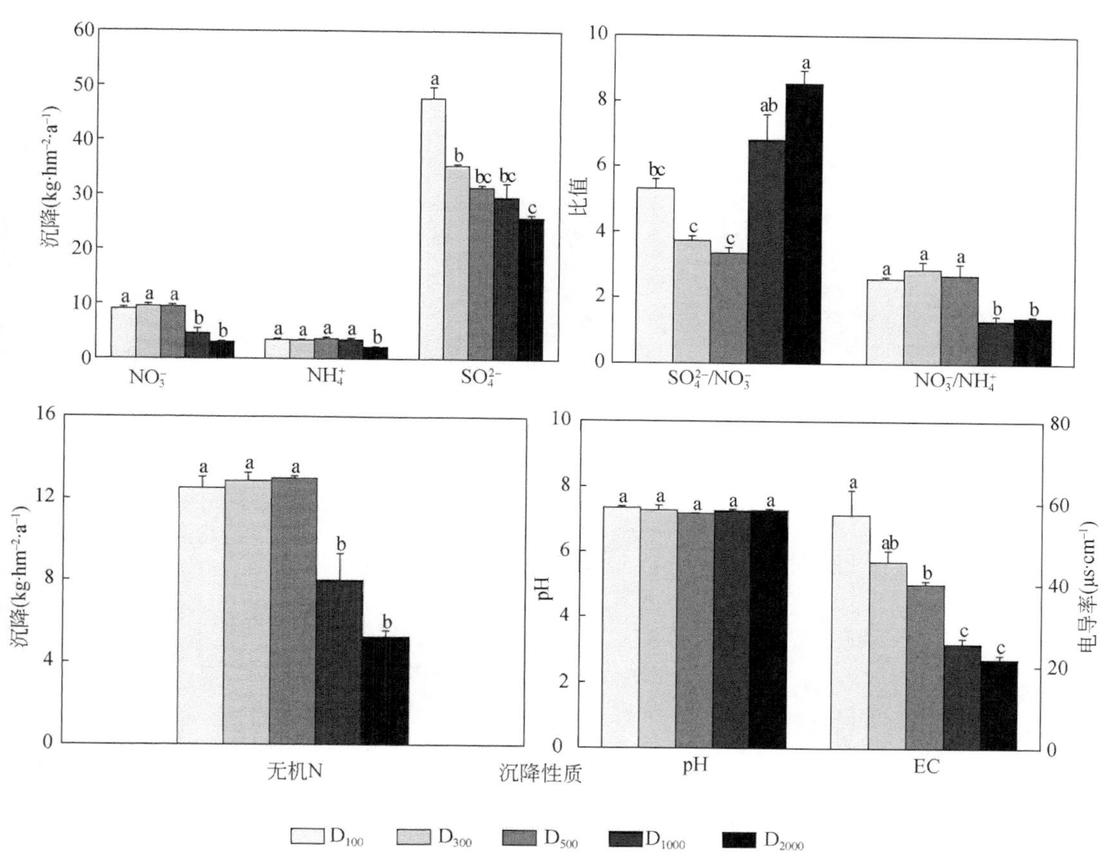

图3-9　马莲台电厂周边酸沉降性质在取样距离间的差异

EC代表混合沉降电导率。D_{100}、D_{300}、D_{500}、D_{1000}、D_{2000}分别代表距离电厂围墙外100m、300m、500m、1000m、2000m的取样距离（$n=3$）。不同小写字母代表各指标在取样距离间差异显著（$p<0.05$）

3.1.4.2　鸳鸯湖电厂

不同取样距离间，2019年1～6月鸳鸯湖电厂周边N、S月沉降量存在差异（表3-5）：4月和6月SO_4^{2-}沉降量在不同取样距离间均不存在明显差异（$p>0.05$），其他月份SO_4^{2-}沉降量在不同取样距离间均存在明显差异；1月、2月和6月NO_3^-沉降量在不同取样距离间均不存在显著差异（$p>0.05$），其他月NO_3^-沉降量在不同取样距离间均存在明显差异；1月、4月和5月NH_4^+沉降量在不同取样距离间均不存在显著差异（$p>0.05$），其他月NH_4^+

沉降量在不同取样距离间均存在明显差异；除 4 月份外，其他月无机 N 沉降量在不同取样距离间均不存在显著差异（$p > 0.05$）。

表 3-5　鸳鸯湖电厂周边混合沉降中氮、硫月沉降量在取样距离间的差异

月份	取样距离	SO_4^{2-}月沉降量（$kg \cdot hm^{-2} \cdot month^{-1}$）	NO_3^-月沉降量（$kg \cdot hm^{-2} \cdot month^{-1}$）	NH_4^+月沉降量（$kg \cdot hm^{-2} \cdot month^{-1}$）	无机氮月沉降量（$kg \cdot hm^{-2} \cdot month^{-1}$）
1 月份	D_{100}	2.08±0.20 b	0.55±0.02 a	0.21±0.02 a	0.76±0.00 a
	D_{300}	2.42±0.10 b	0.53±0.01 a	0.19±0.01 a	0.72±0.00 a
	D_{500}	2.86±0.06 a	0.50±0.03 a	0.18±0.01 a	0.68±0.04 a
	D_{1000}	2.08±0.09 b	0.49±0.04 a	0.19±0.02 a	0.67±0.04 a
2 月份	D_{100}	3.40±0.62 a	0.28±0.02 a	0.11±0.00 b	0.39±0.01 a
	D_{300}	2.81±0.28 ab	0.30±0.02 a	0.12±0.00 ab	0.43±0.02 a
	D_{500}	2.21±0.50 ab	0.32±0.04 a	0.14±0.01 a	0.46±0.04 a
	D_{1000}	1.47±0.10 b	0.27±0.00 a	0.13±0.01 ab	0.40±0.01 a
3 月份	D_{100}	2.44±0.35 ab	1.50±0.04 b	0.37±0.01 a	1.87±0.04 a
	D_{300}	2.72±0.17 ab	1.59±0.07 b	0.37±0.06 a	1.95±0.01 a
	D_{500}	3.00±0.00 a	1.67±0.09 ab	0.36±0.12 a	2.04±0.02 a
	D_{1000}	2.23±0.06 b	1.93±0.14 a	0.13±0.01 b	2.06±0.15 a
4 月份	D_{100}	1.11±0.06 a	0.89±0.04 b	0.11±0.01 a	1.01±0.05 b
	D_{300}	1.16±0.10 a	1.03±0.04 ab	0.14±0.01 a	1.17±0.05 ab
	D_{500}	1.21±0.21 a	1.16±0.12 a	0.17±0.04 a	1.34±0.16 a
	D_{1000}	0.99±0.05 a	1.09±0.09 ab	0.13±0.01 a	1.22±0.09 ab
5 月份	D_{100}	2.17±0.12 a	1.58±0.04 b	0.20±0.01 a	1.78±0.05 a
	D_{300}	1.96±0.14 ab	1.97±0.20 ab	0.21±0.04 a	2.18±0.24 a
	D_{500}	1.75±0.17 b	2.37±0.44 ab	0.21±0.08 a	2.58±0.52 a
	D_{1000}	0.92±0.01 c	2.47±0.22 a	0.25±0.04 a	2.72±0.27 a
6 月份	D_{100}	2.46±0.47 a	2.31±0.13 a	0.29±0.02 ab	2.59±0.15 a
	D_{300}	2.21±0.23 a	2.22±0.09 a	0.25±0.02 ab	2.47±0.11 a
	D_{500}	1.95±0.05 a	2.13±0.06 a	0.22±0.03 b	2.35±0.09 a
	D_{1000}	1.82±0.01 a	2.04±0.02 a	0.35±0.06 a	2.39±0.08 a

注：D_{100}、D_{300}、D_{500}、D_{1000}分别代表距离鸳鸯湖电厂围墙外 100m、300m、500m、1000m 的取样距离（$n = 3$）。不同小写字母代表当月各指标在取样距离间差异显著（$p < 0.05$）

将鸳鸯湖电厂 6 个月份数据进行了汇总，比较了不同取样距离间 N、S 月平均沉降量的差异（图 3-8）。结果表明，不同取样距离间，鸳鸯湖电厂周边 SO_4^{2-}月均沉降量差异较大，NO_3^-月平均沉降量、NH_4^+月平均沉降量、无机 N 月平均沉降量、SO_4^{2-}/NO_3^-以及 NO_3^-/NH_4^+差异较小，尤其 NH_4^+月平均沉降量：D_{1000}处 SO_4^{2-}月平均沉降量和 SO_4^{2-}/NO_3^-低于其他 3 个取样距离、NO_3^-/NH_4^+高于其他 3 个取样距离，其他 3 个指标在取样距离间无显著差异

($p>0.05$)。

分析了 2019 年 3 ~ 11 月 3 个季节鸳鸯湖电厂周边混合沉降 pH 和电导率在取样距离间的差异（表 3-4）。结果表明，3 个季节各指标在取样距离间存在不同程度的差异：春季，D_{1000}处 pH 显著高于 D_{100}处测定值 ($p < 0.05$)，D_{100}处电导率显著高于 D_{500}和 D_{1000}处测定值 ($p < 0.05$)；夏季，pH 和电导率无显著性差异 ($p>0.05$)；秋季，D_{1000}处 pH 显著低于其他 3 个取样距离的测定值 ($p < 0.05$)，4 个取样距离间电导率无显著性差异 ($p>0.05$)。3 个季节的汇总结果显示，鸳鸯湖电厂 3 个取样距离间 pH 和电导率无显著性差异 ($p>0.05$)。

随取样距离增加，2019 ~ 2020 年鸳鸯湖电厂周边 NO_3^-季沉降量、无机 N 年沉降量、电导率呈先增加后降低的趋势，SO_4^{2-}年沉降量、NH_4^+年沉降量、SO_4^{2-}/NO_3^-和 NO_3^-/NH_4^+虽有变化但缺乏明显的规律，NH_4^+年沉降量、pH 则变化较小（图 3-10）。取样距离间，SO_4^{2-}年沉降量在 D_{1000}处显著低于 D_{100}和 D_{500}处的测定值 ($p < 0.05$)；NO_3^-和无机 N 年沉降量在 D_{2000}处显著低于其他 4 个取样距离处的测定值 ($p < 0.05$)；NH_4^+年沉降量、pH 和电导率在取样距离间无显著性差异 ($p > 0.05$)；SO_4^{2-}/NO_3^-在 D_{300}、D_{500}、D_{1000}处显著低于其他 2 个取样距离处的测定值 ($p < 0.05$)；NO_3^-/NH_4^+在 D_{2000}处显著低于 D_{100}和 D_{500}处的测定值 ($p < 0.05$)。

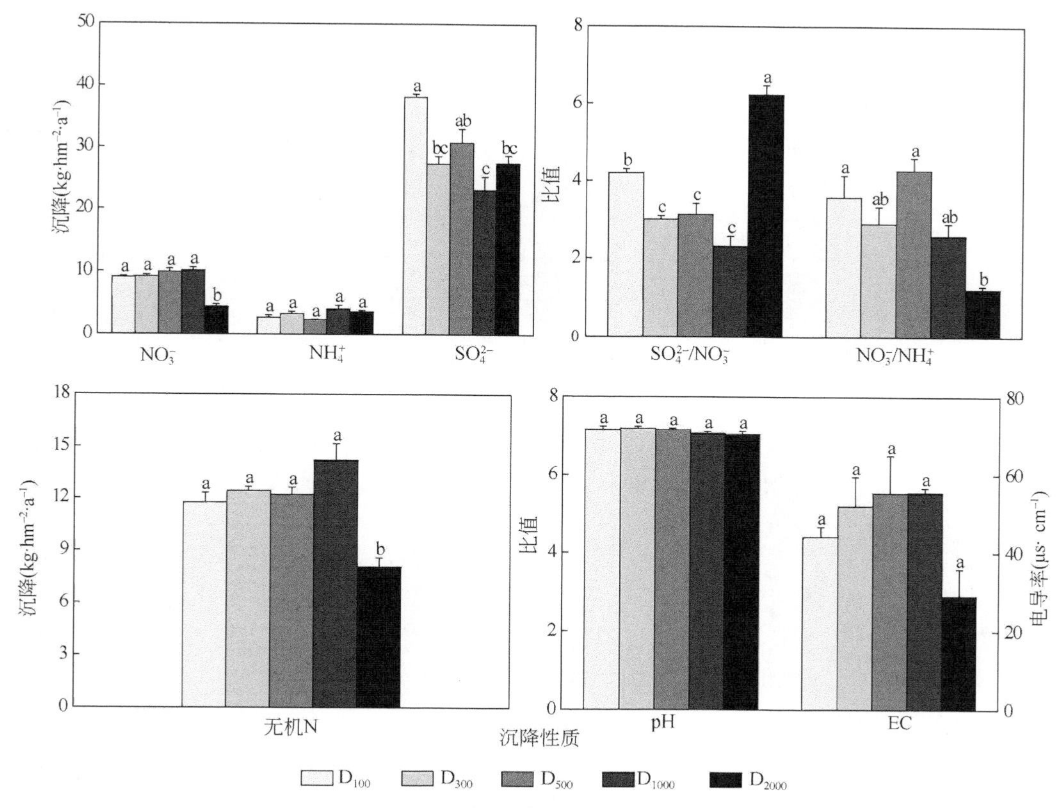

图 3-10　鸳鸯湖电厂周边酸沉降性质在取样距离间的差异

EC 代表混合沉降电导率。D_{100}、D_{300}、D_{500}、D_{1000}、D_{2000}分别代表距离电厂围墙外 100m、300m、500m、1000m、2000m 的取样距离 ($n=3$)。不同小写字母代表各指标在取样距离间差异显著 ($p < 0.05$)

3.1.4.3 灵武电厂

不同取样距离间，2019 年 1 ~6 月灵武电厂周边 N、S 月沉降量存在差异（表 3-6）：6 个月 SO_4^{2-}沉降量和 NH_4^+沉降量在不同取样距离间均存在明显差异，但未呈现出明显的距离规律性。例如，D_{100}处 SO_4^{2-}沉降量在 1 月显著低于其他几个取样距离的测定值（$p<0.05$），但在 2 月、3 月、4 月和 6 月不同程度地高于其他几个取样距离的测定值。D_{100}处 NH_4^+沉降量在 1 月不同程度地高于其他几个取样距离的测定值，在 5 月不同程度地低于其他几个取样距离的测定值。D_{2000}处 NH_4^+沉降量在 1 月和 4 月时最低，在 3 月最高；除 5 月外，其他月 NO_3^-沉降量和无机 N 沉降量在不同取样距离间均存在明显差异，亦未呈现出明显的距离规律性。例如，D_{2000}处 NO_3^-沉降量在 1 月时显著低于其他几个取样距离的测定值（$p<0.05$），但在 5 月份与其他测定值无显著性差异（$p>0.05$）。

表 3-6　灵武电厂周边混合沉降中氮、硫月沉降量在取样距离间的差异

月份	取样距离	SO_4^{2-}月沉降量（$kg\cdot hm^{-2}\cdot month^{-1}$）	NO_3^-月沉降量（$kg\cdot hm^{-2}\cdot month^{-1}$）	NH_4^+月沉降量（$kg\cdot hm^{-2}\cdot month^{-1}$）	无机氮月沉降量（$kg\cdot hm^{-2}\cdot month^{-1}$）
1 月份	D_{100}	2.34±0.31 c	0.46±0.03 a	0.22±0.02 a	0.69±0.03 a
	D_{300}	3.86±0.27 b	0.48±0.01 a	0.17±0.01 b	0.65±0.02 a
	D_{500}	4.76±0.06 a	0.42±0.02 ac	0.12±0.01 c	0.54±0.03 b
	D_{1000}	4.48±0.11 ab	0.65±0.04 b	0.20±0.01 ab	0.85±0.04 c
	D_{2000}	3.95±0.19 b	0.35±0.01 c	0.11±0.01 c	0.46±0.01 d
2 月份	D_{100}	3.24±0.30 a	0.21±0.02 b	0.13±0.01 ab	0.34±0.01 b
	D_{300}	2.67±0.06 b	0.20±0.02 b	0.14±0.01 ab	0.33±0.02 b
	D_{500}	2.44±0.14 b	0.22±0.01 b	0.12±0.01 b	0.35±0.01 b
	D_{1000}	2.43±0.06 b	0.32±0.01 a	0.15±0.01 a	0.47±0.01 a
	D_{2000}	1.88±0.16 c	0.20±0.02 b	0.13±0.01 b	0.32±0.01 b
3 月份	D_{100}	4.93±0.17 a	1.40±0.04 b	0.39±0.03 ab	1.79±0.07 bc
	D_{300}	1.09±0.12 d	1.04±0.20 b	0.26±0.01 bc	1.29±0.21 c
	D_{500}	3.03±0.30 b	1.16±0.12 b	0.22±0.07 c	1.38±0.17 bc
	D_{1000}	2.39±0.23 bc	2.44±0.20 a	0.25±0.02 bc	2.69±0.23 a
	D_{2000}	1.88±0.05 c	1.44±0.16 b	0.50±0.05 a	1.94±0.21 b
4 月份	D_{100}	2.80±0.04 a	0.82±0.07 b	0.17±0.00 ab	0.99±0.08b
	D_{300}	2.14±0.19 abc	0.86±0.04 b	0.17±0.03 ab	1.03±0.03b
	D_{500}	1.03±0.09 c	0.85±0.04 b	0.15±0.04 ab	1.00±0.08b
	D_{1000}	0.23±0.04 d	1.81±0.44 a	0.24±0.05 a	2.04±0.47a
	D_{2000}	1.70±0.54 bc	0.67±0.07 b	0.11±0.01 b	0.78±0.07 b

续表

月份	取样距离	SO_4^{2-}月沉降量（$kg \cdot hm^{-2} \cdot month^{-1}$）	NO_3^-月沉降量（$kg \cdot hm^{-2} \cdot month^{-1}$）	NH_4^+月沉降量（$kg \cdot hm^{-2} \cdot month^{-1}$）	无机氮月沉降量（$kg \cdot hm^{-2} \cdot month^{-1}$）
5 月份	D_{100}	3. 60±0. 08 ab	1. 87±0. 17 a	0. 21±0. 05 b	2. 08±0. 22a
	D_{300}	3. 69±0. 31 ab	1. 82±0. 21 a	0. 37±0. 04 a	2. 18±0. 25a
	D_{500}	4. 44±0. 82 ab	2. 16±0. 13 a	0. 31±0. 03 ab	2. 47±0. 16a
	D_{1000}	4. 21±0. 21 a	2. 06±0. 09 a	0. 34±0. 00 ab	2. 40±0. 09a
	D_{2000}	2. 11±0. 15 b	1. 83±0. 06 a	0. 27±0. 04 ab	2. 10±0. 10a
6 月份	D_{100}	2. 89±0. 09 a	1. 14±0. 03 ab	0. 26±0. 02 ab	1. 39±0. 02a
	D_{300}	2. 17±0. 33 b	1. 08±0. 05 b	0. 22±0. 02 b	1. 30±0. 06b
	D_{500}	2. 09±0. 00 b	1. 06±0. 01 b	0. 20±0. 01 b	1. 28±0. 00b
	D_{1000}	2. 67±0. 19 ab	1. 37±0. 10 a	0. 37±0. 14 a	1. 74±0. 23ab
	D_{2000}	2. 21±0. 17 b	1. 38±0. 14 a	0. 32±0. 08 a	1. 70±0. 08ab

注：D_{100}、D_{300}、D_{500}、D_{1000}、D_{2000}分别代表距离灵武电厂围墙外 100m、300m、500m、1000m、2000m 的取样距离（$n=3$）。不同小写字母代表当月各指标在取样距离间差异显著（$p < 0.05$）

将灵武电厂 6 个月数据进行了整理汇总，比较了不同取样距离间 N、S 月平均沉降量的差异（图 3-8）。结果表明，不同取样距离间，灵武电厂周边 SO_4^{2-}月均沉降量差异较大，NO_3^-月平均沉降量、NH_4^+月平均沉降量、无机 N 月平均沉降量、SO_4^{2-}/NO_3^-以及 NO_3^-/NH_4^+差异较小，尤其 NH_4^+月平均沉降量：D_{2000}处 SO_4^{2-}月平均沉降量显著低于 D_{100}（$p < 0.05$），D_{1000}处 NO_3^-和无机 N 月平均沉降量显著高于其他 4 个取样距离的观测值（$p < 0.05$），NH_4^+月平均沉降量在取样距离间差异不显著（$p>0.05$）。D_{1000}处，SO_4^{2-}/NO_3^-显著低于其他 4 个取样距离（$p < 0.05$），NO_3^-/NH_4^+显著高于其他 4 个取样距离（$p < 0.05$）。

分析了 2019 年 3 ~ 11 月 3 个季节灵武电厂周边混合沉降 pH 和电导率在取样距离间的差异（表 3-4）。结果表明，春季和秋季各指标在取样距离间差异较大、夏季各指标差异较小：春季 D_{500}处 pH 显著高于 D_{300}、D_{1000}和 D_{2000}处测定值（$p < 0.05$），电导率在 D_{100}、D_{300}、D_{500}显著高于 D_{2000}处测定值（$p < 0.05$）；夏季 D_{100}和 D_{500}处 pH 显著高于 D_{1000}处测定值（$p < 0.05$），D_{1000}处电导率显著高于其他 4 个取样距离处测定值（$p < 0.05$）；秋季，D_{100}、D_{300}、D_{500}处 pH 显著高于其他 2 个取样距离处测定值（$p < 0.05$），5 个取样距离间电导率无显著的差异性（$p>0.05$）。3 个季节的汇总结果显示，灵武电厂 D_{1000}处 pH 显著低于其他 4 个取样距离的测定值（$p < 0.05$），D_{1000}处电导率显著高于 D_{2000}处测定值（$p < 0.05$）。

随取样距离增加，2019 ~ 2020 年灵武电厂周边 NO_3^-年沉降量呈先增加后降低的变化趋势，SO_4^{2-}年沉降量、无机 N 年沉降量、SO_4^{2-}/NO_3^-、NO_3^-/NH_4^+、pH 和电导率虽有变化但无明显的规律性，NH_4^+年沉降量则变化较小（图 3-11）。取样距离间，SO_4^{2-}年沉降量在 D_{2000}处显著低于 D_{1000}处的测定值（$p < 0.05$）；NO_3^-和无机 N 年沉降量在 D_{1000}处显著高于其他 4

个取样距离处的测定值（$p < 0.05$）；NH_4^+年沉降量、SO_4^{2-}/NO_3^-和NO_3^-/NH_4^+无显著性差异（$p > 0.05$）；pH 在D_{1000}处显著低于其D_{100}和D_{300}处的测定值（$p < 0.05$）；电导率在D_{300}和D_{2000}处显著低于D_{1000}处的测定值（$p < 0.05$）。

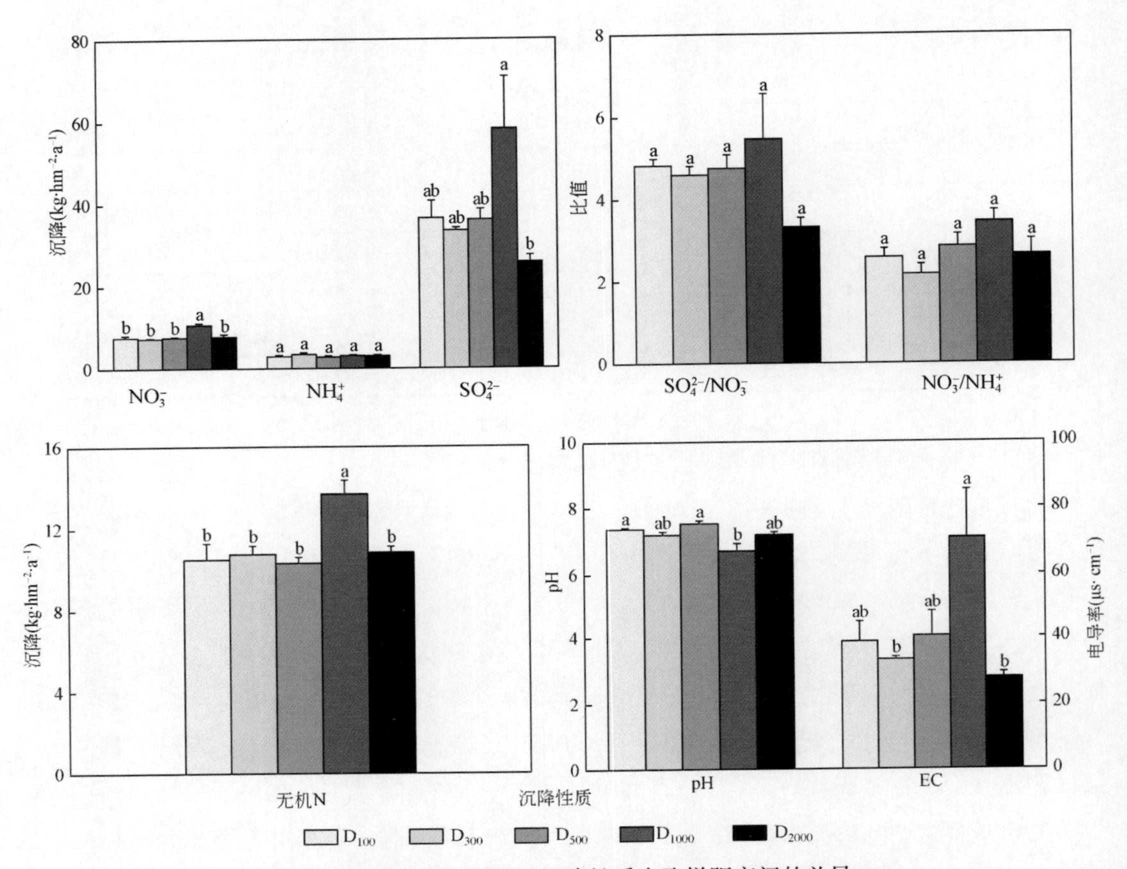

图 3-11　灵武电厂周边酸沉降性质在取样距离间的差异

EC 代表混合沉降电导率。D_{100}、D_{300}、D_{500}、D_{1000}、D_{2000}分别代表距离电厂围墙外 100m、300m、500m、1000m、2000m 的取样距离（$n=3$）。不同小写字母代表各指标在取样距离间差异显著（$p < 0.05$）

3.1.4.4　研究区

将 2019 ~ 2020 年各月份、各季度数据进行了整合，分析了研究区混合沉降年沉降特征在取样距离间的差异（图 3-12）：研究区混合沉降中SO_4^{2-}年沉降量在D_{2000}处显著低于D_{100}和D_{1000}处的测定值（$p < 0.05$）；NO_3^-年沉降量、无机 N 年沉降量、电导率在D_{2000}处显著低于其他 4 个取样距离处的测定值（$p < 0.05$），SO_4^{2-}/NO_3^-在D_{2000}处显著高于D_{300}和D_{500}取样距离处的测定值（$p < 0.05$）；NO_3^-/NH_4^+在D_{2000}处显著低于D_{100}、D_{300}和D_{500}取样距离处的测定值（$p < 0.05$）；NH_4^+年沉降量在取样距离间无显著性差异（$p>0.05$）；pH 在D_{1000}处显著低于D_{100}和D_{500}处的测定值（$p < 0.05$）。

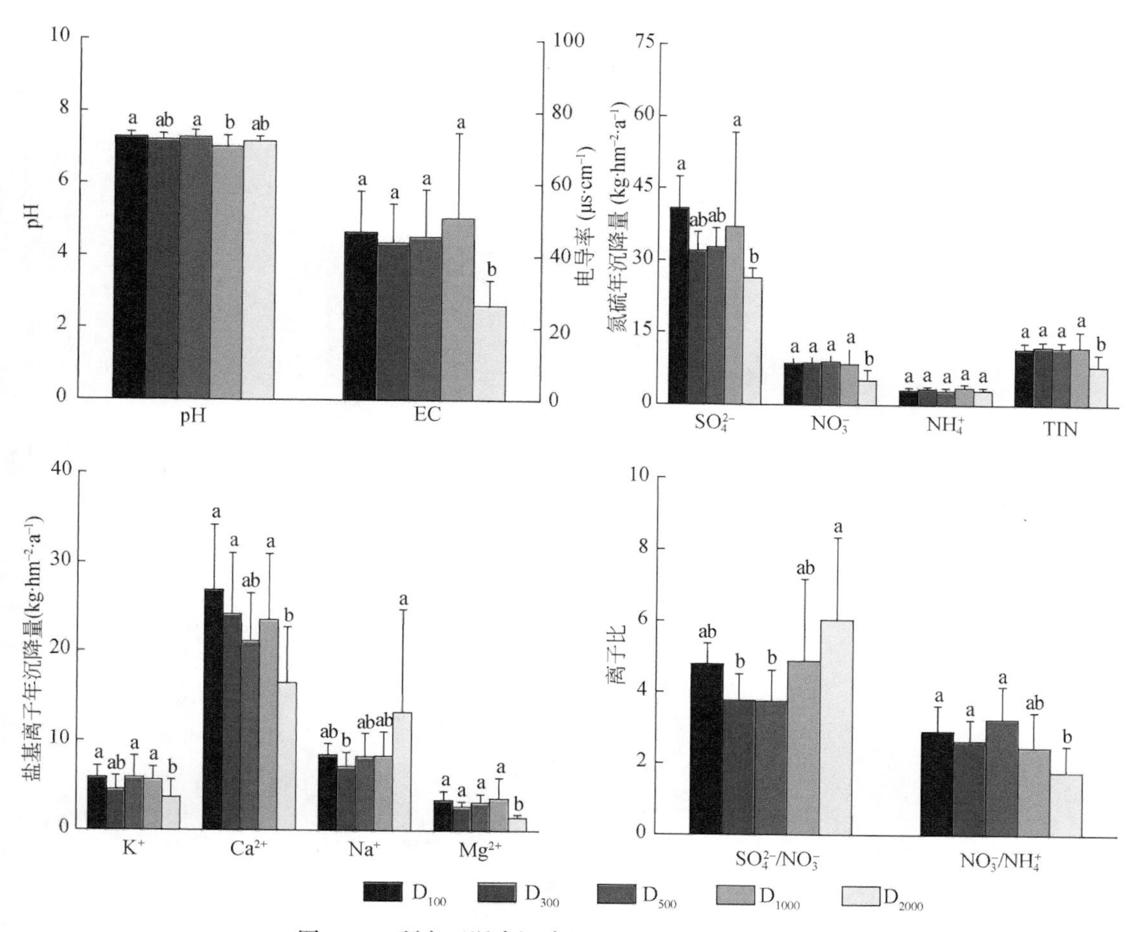

图3-12　研究区混合沉降性质在取样距离间的差异

TIN 和 EC 分别代表无机 N 年沉降量和电导率。D_{100}、D_{300}、D_{500}、D_{1000}、D_{2000}分别代表距离灵武电厂围墙外100m、300m、500m、1000m、2000m的取样距离（$n=9$）。不同小写字母代表各指标在取样距离间差异显著（$p<0.05$）

3.2　研究区盐基离子沉降特征

3.2.1　盐基离子沉降量的变化范围

3.2.1.1　马莲台电厂

如图3-13所示，2019年3～11月马莲台电厂周边Na^+季沉降量变异系数最低，Ca^{2+}季沉降量变异系数最高；K^+季沉降量、Ca^{2+}季沉降量、Na^+季沉降量、Mg^{2+}季沉降量的变化范围分别为 0.35 ~ 2.85kg · hm^{-2} · $season^{-1}$、4.25 ~ 12.19kg · hm^{-2} · $season^{-1}$、1.32 ~ 4.17kg · hm^{-2} · $season^{-1}$、0.57 ~ 1.41kg · hm^{-2} · $season^{-1}$，平均值分别为 1.32kg · hm^{-2} · $season^{-1}$、7.89kg · hm^{-2} · $season^{-1}$、2.68kg · hm^{-2} · $season^{-1}$、1.07kg · hm^{-2} · $season^{-1}$。

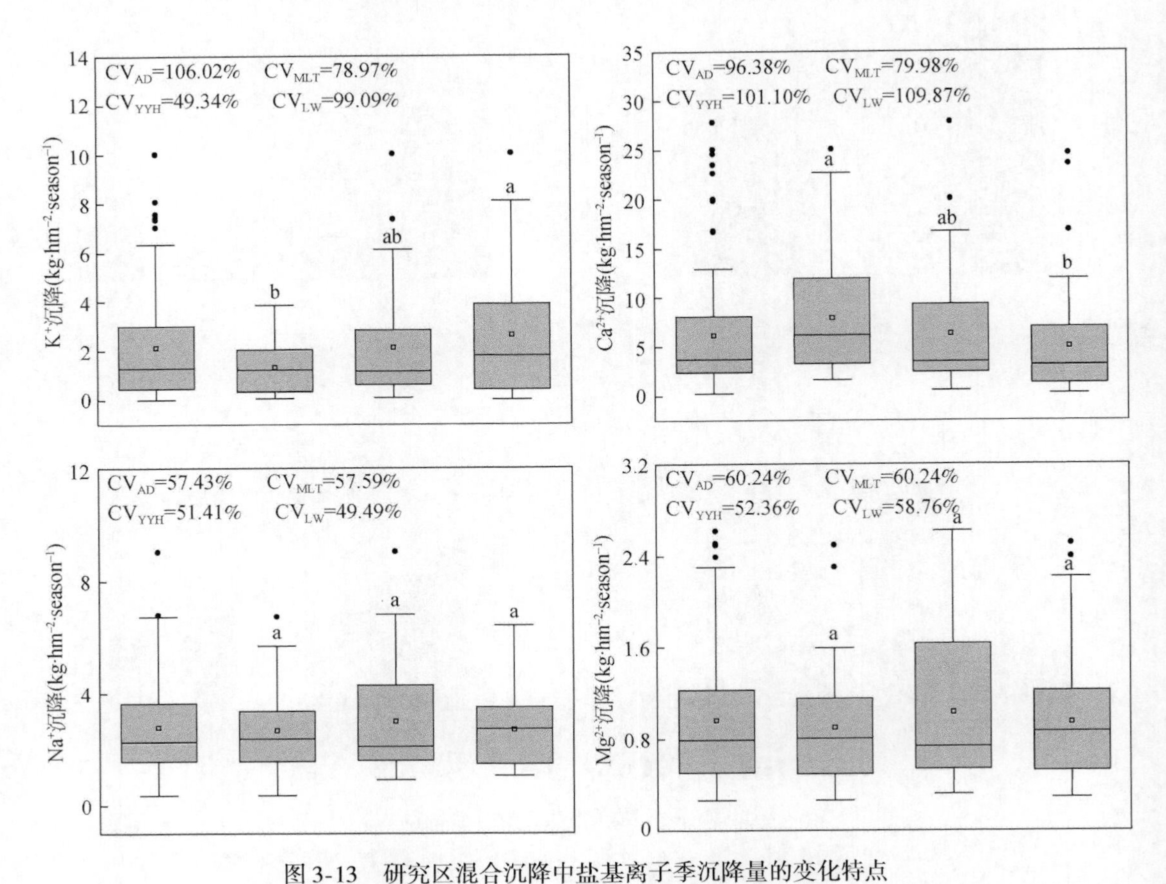

图 3-13　研究区混合沉降中盐基离子季沉降量的变化特点

AD 代表 3 个电厂的所有数据（n=108）。MLT、YYH 和 LW 分别代表马莲台电厂（n =27）、鸳鸯湖电厂（n =36）和灵武电厂（n=45），下同。不同小写字母代表 3 个电厂间各指标的差异显著（$p<0.05$）

2019 ~ 2020 年马莲台电厂周边 Ca^{2+}年沉降量变异系数最低，Mg^{2+}年沉降量变异系数最高（图 3-14）。K^+年沉降量、Ca^{2+}年沉降量、Na^+年沉降量、Mg^{2+}年沉降量的变化范围分别为 1.64 ~ 7.47kg · hm^{-2} · a^{-1}、14.92 ~ 35.23kg · hm^{-2} · a^{-1}、4.50 ~ 10.89kg · hm^{-2} · a^{-1}、1.03 ~ 5.72kg · hm^{-2} · a^{-1}，平均值分别为 4.17 ± 0.48kg · hm^{-2} · a^{-1}、21.82 ± 1.47kg · hm^{-2} · a^{-1}、6.45±0.56kg · hm^{-2} · a^{-1}、2.35±0.34kg · hm^{-2} · a^{-1}。

3.2.1.2　鸳鸯湖电厂

2019 年 3 ~ 11 月份鸳鸯湖电厂周边 K^+季沉降量变异系数最低，Ca^{2+}季沉降量变异系数最高（图 3-13）。K^+季沉降量、Ca^{2+}季沉降量、Na^+季沉降量、Mg^{2+}季沉降量的变化范围

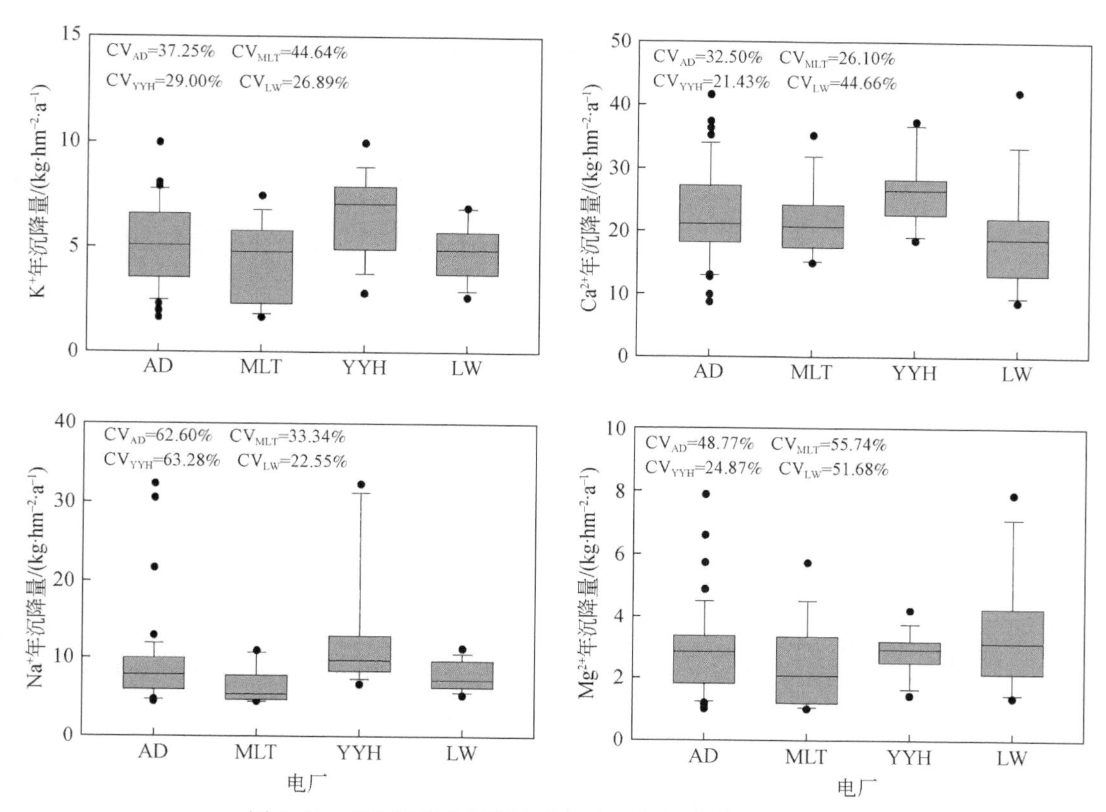

图 3-14 研究区混合沉降中盐基离子年沉降量的变化范围

CV_{AD}、CV_{MLT}、CV_{YYH}、CV_{LW}分别代表所有数据（n =45）、马莲台电厂（n =15）、鸳鸯湖电厂（n =15）和灵武电厂（n =15）的变异系数

分别为 0.61 ~ 4.31kg · hm^{-2} · $season^{-1}$、4.46 ~ 10.92kg · hm^{-2} · $season^{-1}$、1.75 ~ 4.75kg · hm^{-2} · $season^{-1}$、0.66 ~ 1.38kg · hm^{-2} · $season^{-1}$，平均值分别为 2.12kg · hm^{-2} · $season^{-1}$、6.24kg · hm^{-2} · $season^{-1}$、3.00kg · hm^{-2} · $season^{-1}$、1.04kg · hm^{-2} · $season^{-1}$。

2019 ~ 2020 年鸳鸯湖电厂周边 K^+、Ca^{2+}、Mg^{2+}年沉降量中度变异，Na^+年沉降量高度变异（图 3-14）。K^+年沉降量、Ca^{2+}年沉降量、Na^+年沉降量、Mg^{2+}年沉降量的变化范围分别为 2.82 ~ 9.98kg · hm^{-2} · a^{-1}、18.51 ~ 37.39kg · hm^{-2} · a^{-1}、6.67 ~ 32.27kg · hm^{-2} · a^{-1}、1.44 ~ 4.21kg · hm^{-2} · a^{-1}，平均值分别为 6.42±0.48kg · hm^{-2} · a^{-1}、26.51±1.47kg · hm^{-2} · a^{-1}、13.02±2.13kg · hm^{-2} · a^{-1}、2.77±0.18kg · hm^{-2} · a^{-1}。

3.2.1.3 灵武电厂

与马莲台相似，2019 年 3 ~ 11 月灵武电厂周边 Na^+季沉降量变异系数最低，Ca^{2+}季沉降量变异系数最高（图 3-13）。K^+季沉降量、Ca^{2+}季沉降量、Na^+季沉降量、Mg^{2+}季沉降量的变化范围分别为 0.90 ~ 6.32kg · hm^{-2} · $season^{-1}$、3.01 ~ 10.50kg · hm^{-2} · $season^{-1}$、

1.73 ~ 3.77kg · hm^{-2} · $season^{-1}$、0.60 ~ 1.41kg · hm^{-2} · $season^{-1}$，平均值分别为 2.61kg · hm^{-2} · $season^{-1}$、4.95kg · hm^{-2} · $season^{-1}$、2.66kg · hm^{-2} · $season^{-1}$、0.95kg · hm^{-2} · $season^{-1}$。

2019 ~ 2020 年灵武电厂周边 K^+、Na^+年沉降量中度变异，Ca^{2+}、Mg^{2+}年沉降量高度变异（图 3-14）。K^+年沉降量、Ca^{2+}年沉降量、Na^+年沉降量、Mg^{2+}年沉降量的变化范围分别为 2.63 ~ 6.90kg · hm^{-2} · a^{-1}、8.71 ~ 42.06kg · hm^{-2} · a^{-1}、5.29 ~ 11.20kg · hm^{-2} · a^{-1}、1.37 ~ 7.87kg · hm^{-2} · a^{-1}，平均值分别为 4.81±0.33kg · hm^{-2} · a^{-1}、19.07±2.20kg · hm^{-2} · a^{-1}、7.76±0.45kg · hm^{-2} · a^{-1}、3.50±0.47kg · hm^{-2} · a^{-1}。

3.2.1.4 研究区

整体上，2019 年 3 ~ 11 月份研究区混合沉降中 K^+、Ca^{2+}、Na^+和 Mg^{2+}季沉降量均存在较大变异，尤其 K^+季沉降量（图 3-13），变化范围分别为 0.01 ~ 10.04kg · hm^{-2} · $season^{-1}$、0.25 ~ 27.85kg · hm^{-2} · $season^{-1}$、0.36 ~ 9.05kg · hm^{-2} · $season^{-1}$和 0.27 ~ 2.62kg · hm^{-2} · $season^{-1}$。

2019 ~ 2020 年研究区 Na^+年沉降量变异系数最大，Ca^{2+}年沉降量变异系数最小（图 3-14）。K^+年沉降量、Ca^{2+}年沉降量、Na^+年沉降量、Mg^{2+}年沉降量的变化范围分别为 1.64 ~ 9.98kg · hm^{-2} · a^{-1}、8.71 ~ 42.06kg · hm^{-2} · a^{-1}、4.50 ~ 32.27kg · hm^{-2} · a^{-1}、1.03 ~ 7.87kg · hm^{-2} · a^{-1}，平均值分别为 5.14±0.29kg · hm^{-2} · a^{-1}、22.47±1.09kg · hm^{-2} · a^{-1}、9.08±0.85kg · hm^{-2} · a^{-1}、2.87±0.21kg · hm^{-2} · a^{-1}。

3.2.2 电厂间盐基离子沉降量的差异

3 个电厂间（图 3-13），马莲台电厂周边 K^+季沉降量显著低于灵武电厂（$p < 0.05$），Ca^{2+}季沉降量显著高于灵武电厂（$p < 0.05$）；鸳鸯湖电厂和灵武电厂间，4 个指标均无显著性差异（$p>0.05$）。

3.2.3 季节间盐基离子沉降量的差异

3 个季节间（图 3-15），2019 年盐基离子季沉降量整体呈现出夏季多、春秋两季少的特点。

3.2.3.1 马莲台电厂

3 个季节间（图 3-15），2019 年马莲台电厂周边夏季 Ca^{2+}、Mg^{2+}沉降量显著高于春、秋两季（$p < 0.05$）。

3.2.3.2 鸳鸯湖电厂

3 个季节间（图 3-15），2019 年鸳鸯湖电厂周边夏季 K^+沉降量显著高于春季（$p <$

0.05），夏季 Ca^{2+}、Na^{+}、Mg^{2+}沉降量显著高于春、秋两季（$p < 0.05$）。

3.2.3.3　灵武电厂

3 个季节间（图 3-15），2019 年灵武电厂周边夏季 K^{+}、Ca^{2+}、Mg^{2+}沉降量显著高于春、秋两季（$p < 0.05$），秋季 Na^{+}沉降量显著高于春、夏两季（$p < 0.05$）。

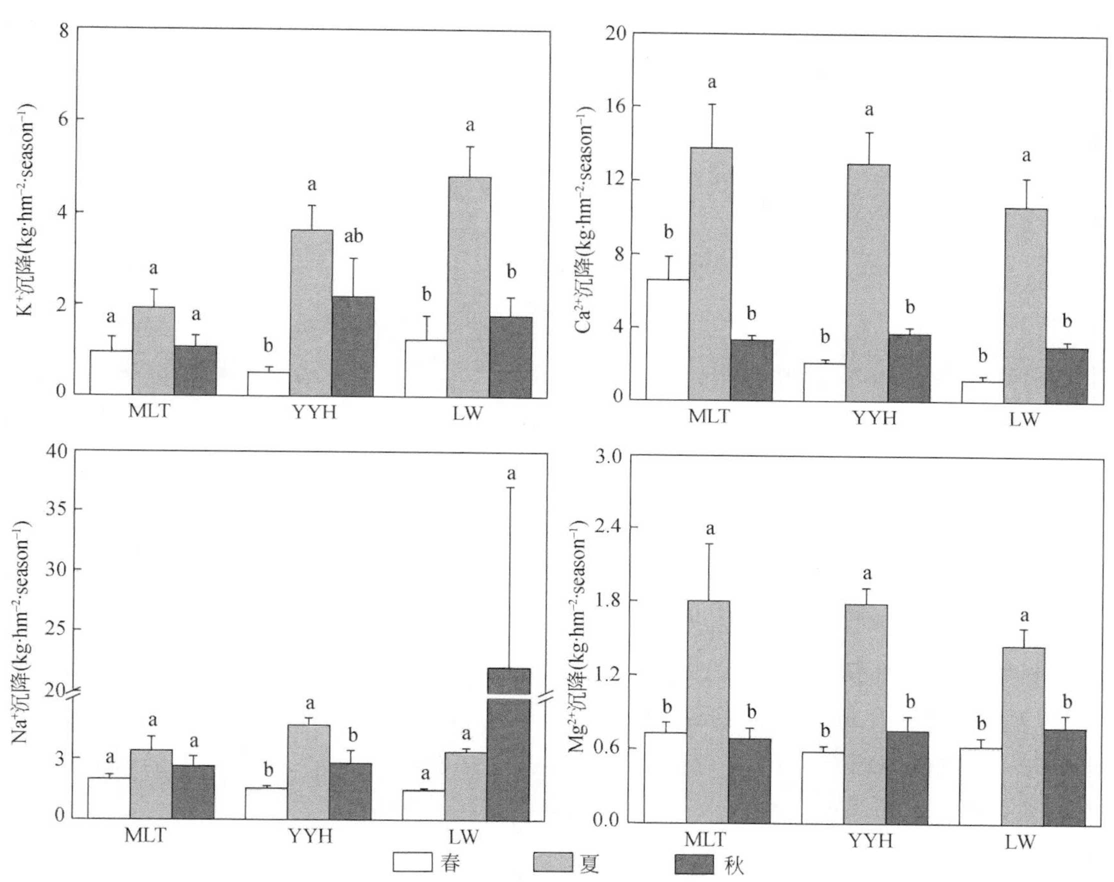

图 3-15　研究区混合沉降中盐基离子季沉降量、pH 和电导率在季节间的差异

MLT、YYH、LW 分别代表马莲台电厂（$n=3$）、鸳鸯湖电厂（$n=3$）和灵武电厂（$n=3$）。不同小写字母代表同一电厂各指标在季节间的差异显著（$p < 0.05$）

3.2.4　取样距离间盐基离子沉降量的差异

3.2.4.1　马莲台电厂

本书分析了 2019 年 3 个季节马莲台电厂周边混合沉降中各指标在取样距离间的差异

(表3-7)。结果表明，春季和夏季各指标在取样距离间差异较大、秋季各指标差异较小。春季，D_{100}处K^+季沉降量显著高于D_{500}处测定值（$p < 0.05$），D_{100}处Ca^{2+}季沉降量显著高于D_{300}和D_{500}处测定值（$p < 0.05$），D_{100}和D_{300}处Na^+和Mg^{2+}季沉降量显著高于D_{500}处测定值（$p < 0.05$）；夏季，K^+季沉降量显著高于其他2个取样距离的测定值（$p>0.05$），3个取样距离间Ca^{2+}、Na^+、Mg^{2+}季沉降量无显著性差异（$p>0.05$）；秋季，取样距离间4个指标均无显著差异（$p>0.05$）。

表3-7 马莲台电厂周边混合沉降中盐基离子季沉降量在取样距离间的差异

季节	取样距离	K^+季沉降量（$kg \cdot hm^{-2} \cdot season^{-1}$）	Ca^{2+}季沉降量（$kg \cdot hm^{-2} \cdot season^{-1}$）	Na^+季沉降量（$kg \cdot hm^{-2} \cdot season^{-1}$）	Mg^{2+}季沉降量（$kg \cdot hm^{-2} \cdot season^{-1}$）
春季	D_{100}	1.89±0.66 a	10.55±1.41 a	2.46±0.26 a	0.95±0.10 a
	D_{300}	0.80±0.30ab	6.86±0.39b	2.28±0.20a	0.81±0.09a
	D_{500}	0.20±0.08b	2.38±0.56c	1.26±0.17b	0.43±0.04b
夏季	D_{100}	3.21±0.33a	19.90±4.03a	4.33±1.22a	2.63±1.23a
	D_{300}	0.97±0.57b	11.27±4.33a	2.52±1.46a	1.24±0.59 a
	D_{500}	1.58±0.36b	10.10±1.91a	3.34±0.99a	1.53±0.49a
秋季	D_{100}	1.53±0.06a	3.01±0.20a	2.67±0.60a	0.65±0.14a
	D_{300}	0.63±0.30a	3.05±0.32a	2.10±0.69a	0.58±0.11a
	D_{500}	1.08±0.65a	3.91±0.61a	3.16±1.32a	0.81±0.23a

注：D_{100}、D_{300}和D_{500}分别代表距离马莲台电厂围墙外100m、300m和500m的取样距离（n =3）。不同小写字母代表当季各指标在取样距离间差异显著（$p < 0.05$）

随取样距离增加，2019～2020年马莲台电厂周边K^+年沉降量无明显的变化规律，Na^+、Ca^{2+}、Mg^{2+}年沉降量呈降低趋势（图3-16）。取样距离间，K^+年沉降量在D_{2000}处显著低于D_{100}处的测定值（$p < 0.05$）；Ca^{2+}和Mg^{2+}年沉降量在D_{1000}和D_{2000}处显著低于D_{100}处的测定值（$p < 0.05$）；Na^+年沉降量无显著性差异（$p>0.05$）。

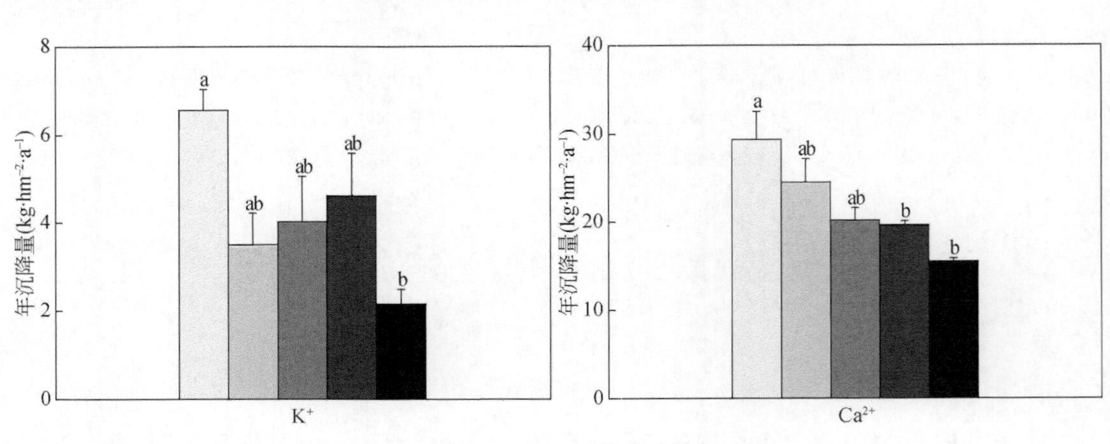

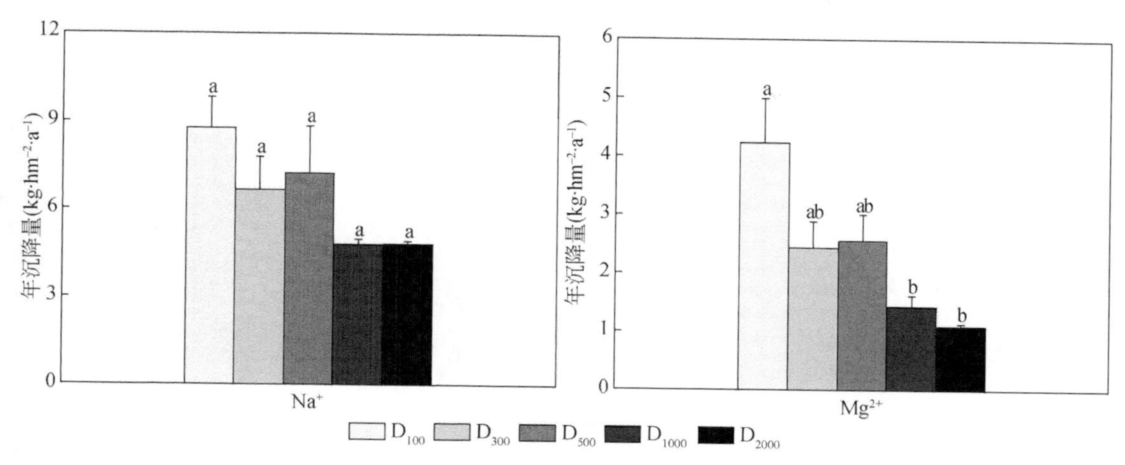

图 3-16 马莲台电厂周边盐基离子年沉降量在取样距离间的差异

D_{100}、D_{300}、D_{500}、D_{1000}、D_{2000}分别代表距离电厂围墙外 100m、300m、500m、1000m、2000m 的取样距离（n =3）。不同小写字母代表各指标在取样距离间差异显著（$p < 0.05$）

3.2.4.2 鸳鸯湖电厂

本书分析了 2019 年 3 个季节鸳鸯湖电厂周边混合沉降中各指标在取样距离间的差异（表 3-8）。结果表明，3 个季节各指标在取样距离间存在不同程度的差异：春季 D_{1000}处 Mg^{2+}季沉降量显著高于 3 个取样距离的测定值（$p < 0.05$），4 个取样距离间 K^+、Ca^{2+}、Na^+季沉降量无显著性差异（$p>0.05$）；夏季，D_{1000}处 K^+季沉降量显著高于其他 3 个取样距离的测定值（$p < 0.05$），D_{100}处 Mg^{2+}季沉降量显著低于其他 3 个取样距离的测定值（$p < 0.05$），4 个取样距离间 Ca^{2+}季沉降量、Na^+季沉降量无显著性差异（$p>0.05$）；秋季，D_{500}处 K^+和 Ca^{2+}季沉降量显著高于其他 3 个取样距离的测定值（$p < 0.05$），4 个取样距离间 Na^+季沉降量、Mg^{2+}季沉降量无显著性差异（$p>0.05$）。

表 3-8 鸳鸯湖电厂周边混合沉降中盐基离子季沉降量在取样距离间的差异

季节	取样距离	K^+季沉降量（$kg \cdot hm^{-2} \cdot season^{-1}$）	Ca^{2+}季沉降量（$kg \cdot hm^{-2} \cdot season^{-1}$）	Na^+季沉降量（$kg \cdot hm^{-2} \cdot season^{-1}$）	Mg^{2+}季沉降量（$kg \cdot hm^{-2} \cdot season^{-1}$）
春季	D_{100}	0.15±0.04a	2.45±0.29a	1.39±0.12a	0.53±0.05bc
	D_{300}	0.80±0.27a	2.51±0.23a	1.66±0.05a	0.62±0.05ab
	D_{500}	0.56±0.24a	1.49±0.61a	1.36±0.35a	0.40±0.04c
	D_{1000}	0.60±0.25a	1.90±0.15a	1.84±0.26a	0.76±0.08a
夏季	D_{100}	2.11±0.78b	15.33±3.17a	3.48±0.46a	1.22±0.15b
	D_{300}	2.81±0.10b	16.38±5.79a	4.99±0.62a	1.87±0.22a
	D_{500}	3.61±0.92b	11.59±0.59a	5.09±0.79a	1.94±0.08a
	D_{1000}	6.01±0.72a	8.48±1.31a	5.09±0.93a	2.09±0.27 a

续表

季节	取样距离	K^+季沉降量（kg·hm^{-2}·season^{-1}）	Ca^{2+}季沉降量（kg·hm^{-2}·season^{-1}）	Na^+季沉降量（kg·hm^{-2}·season^{-1}）	Mg^{2+}季沉降量（kg·hm^{-2}·season^{-1}）
秋季	D_{100}	0.54±0.10b	2.66±0.17b	1.73±0.25a	0.50±0.03a
	D_{300}	0.98±0.27b	3.42±0.32 b	1.72±0.06a	0.63±0.03a
	D_{500}	5.88±2.47a	5.10±0.65a	5.13±2.05a	1.17±0.38a
	D_{1000}	1.34±0.41b	3.62±0.42b	2.56±0.97a	0.70±0.18a

注：D_{100}、D_{300}、D_{500}、D_{1000}分别代表距离鸳鸯湖电厂围墙外100m、300m、500m、1000m的取样距离（n =3）。不同小写字母代表当季各指标在取样距离间差异显著（p <0.05）

随取样距离增加，2019～2020年鸳鸯湖电厂周边K^+和Mg^{2+}年沉降量呈先增加后降低的变化趋势，Na^+年沉降量呈增加趋势，Ca^{2+}年沉降量无明显的变化规律（图3-17）。取样距离间，K^+和Ca^{2+}年沉降量无显著性差异（p>0.05）；Na^+年沉降量在D_{2000}处显著高于其他4个取样距离处的测定值（p < 0.05）；Mg^{2+}年沉降量在D_{2000}处显著低于D_{300}、D_{300}、D_{1000}处的测定值（p < 0.05）。

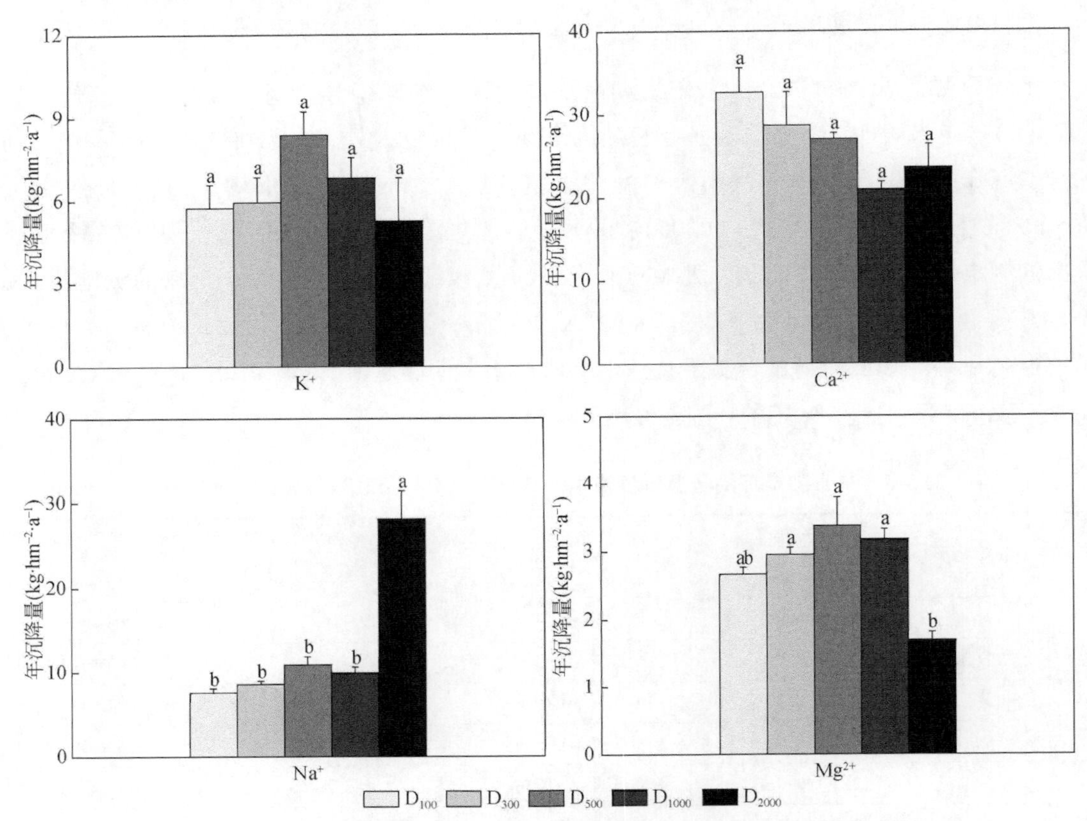

图3-17　鸳鸯湖电厂周边盐基离子年沉降量在取样距离间的差异

D_{100}、D_{300}、D_{500}、D_{1000}、D_{2000}分别代表距离电厂围墙外100m、300m、500m、1000m、2000m的取样距离（n =3）。不同小写字母代表各指标在取样距离间差异显著（p < 0.05）

3.2.4.3 灵武电厂

本书分析了2019年3个季节灵武电厂周边混合沉降中各指标在取样距离间的差异（表3-9）。结果表明，春季和秋季各指标在取样距离间差异较大、夏季各指标差异较小。春季，D_{1000}处K^+季沉降量显著高于D_{2000}测定值（$p < 0.05$），D_{1000}处Ca^{2+}季沉降量显著高于D_{300}、D_{500}和D_{2000}处测定值（$p < 0.05$），D_{100}和D_{1000}处Na^+季沉降量显著高于D_{300}处测定值（$p < 0.05$），5个取样距离间Mg^{2+}季沉降量无显著的差异性（$p>0.05$）；夏季，D_{1000}处K^+季沉降量显著高于D_{100}处测定值（$P < 0.05$），5个取样距离间Ca^{2+}、Na^+、Mg^{2+}季沉降量均无显著的差异性（$p>0.05$）；秋季，D_{1000}处K^+季沉降量显著高于D_{300}和D_{500}处测定值（$p < 0.05$），D_{100}处Ca^{2+}季沉降量显著高于D_{500}和D_{2000}处测定值（$p < 0.05$），D_{100}处Na^+季沉降量显著高于D_{300}处测定值（$p < 0.05$），D_{100}和D_{1000}处Mg^{2+}季沉降量显著高于其他3个取样距离处测定值（$p < 0.05$）。

表3-9 灵武电厂周边混合沉降中盐基离子季沉降量在取样距离间的差异

季节	取样距离	K^+季沉降量（$kg \cdot hm^{-2} \cdot season^{-1}$）	Ca^{2+}季沉降量（$kg \cdot hm^{-2} \cdot season^{-1}$）	Na^+季沉降量（$kg \cdot hm^{-2} \cdot season^{-1}$）	Mg^{2+}季沉降量（$kg \cdot hm^{-2} \cdot season^{-1}$）
春季	D_{100}	1.63±1.20ab	1.36±0.29ab	1.60±0.11a	0.72±0.16a
	D_{300}	0.37±0.29ab	0.82±0.30b	1.18±0.11b	0.52±0.05a
	D_{500}	0.43±0.23ab	0.53±0.18b	1.38±0.12ab	0.50±0.02a
	D_{1000}	3.58±2.00 a	2.26±0.76a	1.78±0.20a	0.90±0.28a
	D_{2000}	0.23±0.11 b	0.98±0.17b	1.44±0.11ab	0.47±0.06a
夏季	D_{100}	2.77±0.71b	7.82±0.15a	3.37±0.41a	1.30±0.15a
	D_{300}	3.80±1.33ab	12.65±5.47a	3.45±0.94a	1.46±0.51a
	D_{500}	5.30±1.55ab	9.10±1.58a	3.20±0.35a	1.55±0.49a
	D_{1000}	7.30±1.62a	12.81±5.95a	3.36±0.12 a	1.42±0.26a
	D_{2000}	4.87±1.35ab	10.85±3.03a	3.34±0.09a	1.47±0.38a
秋季	D_{100}	2.05±0.45ab	4.21±0.37a	4.17±0.63a	1.07±0.14a
	D_{300}	0.34±0.15b	3.04±0.36ab	1.54±0.30b	0.54±0.01b
	D_{500}	0.57±0.10b	2.04±0.63b	2.53±0.85ab	0.53±0.10b
	D_{1000}	3.76±1.34a	3.61±0.47ac	3.73±0.94 ab	1.30±0.25a
	D_{2000}	2.16±0.47ab	2.19±0.47bc	4.34±1.06a	0.45±0.10b

注：D_{100}、D_{300}、D_{500}、D_{1000}、D_{2000}分别代表距离灵武电厂围墙外100m、300m、500m、1000m、2000m的取样距离（$n=3$）。不同小写字母代表当季各指标在取样距离间差异显著（$p < 0.05$）

随取样距离增加，2019～2020年灵武电厂周边4种盐基离子年沉降量均无明显的变化规律（图3-18）。取样距离间，K^+年沉降量无显著性差异（$p>0.05$）；Ca^{2+}年沉降量在D_{2000}处显著低于D_{1000}处的测定值（$p < 0.05$）；Na^+年沉降量在D_{300}、D_{500}、D_{2000}处显著低于

D_{1000}处的测定值（$p < 0.05$）；Mg^{2+}年沉降量在D_{100}、D_{300}、D_{2000}处显著低于D_{1000}处的测定值（$p < 0.05$）。

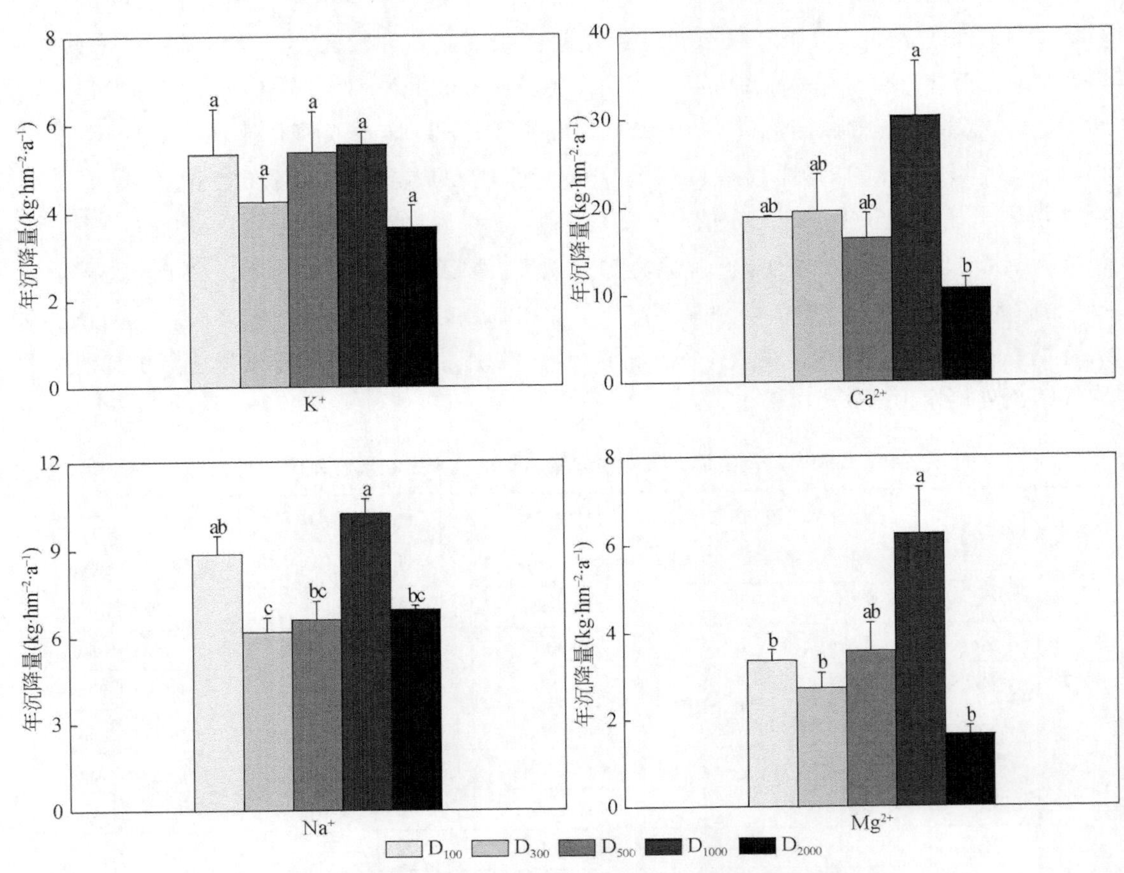

图 3-18　灵武电厂周边盐基离子年沉降量在取样距离间的差异

D_{100}、D_{300}、D_{500}、D_{1000}、D_{2000}分别代表距离电厂围墙外100m、300m、500m、1000m、2000m的取样距离（$n = 3$）。不同小写字母代表各指标在取样距离间差异显著（$p < 0.05$）

3.2.4.4　研究区

将2019年3个电厂3个季节的数据进行了整理汇总，本书分析了取样距离间研究区盐基离子季沉降量的差异（表3-10）。结果表明，马莲台电厂D_{100}处K^+季沉降量、Ca^{2+}季沉降量显著高于其他2个取样距离的测定值（$p < 0.05$），3个取样距离间Na^+季沉降量、Mg^{2+}季沉降量无显著性差异（$p>0.05$）；鸳鸯湖电厂D_{500}和D_{1000}处K^+季沉降量显著高于其他2个取样距离的测定值（$p < 0.05$），D_{500}处Na^+季沉降量显著高于D_{100}和D_{300}处测定值（$p < 0.05$），D_{500}和D_{1000}处Mg^{2+}季沉降量显著高于D_{100}处测定值（$p < 0.05$），3个取样距离间Ca^{2+}季沉降量无显著性差异（$p>0.05$）；灵武电厂D_{1000}处K^+季沉降量显著高于其他4

个取样距离的测定值（$p < 0.05$），5 个取样距离间 Ca^{2+} 季沉降量、Na^{+} 季沉降量、Mg^{2+} 季沉降量无显著性差异（$p>0.05$）。

表 3-10　研究区混合沉降中盐基离子季沉降量在取样距离间的差异

电厂	取样距离	K^{+} 季沉降量（$kg \cdot hm^{-2} \cdot season^{-1}$）	Ca^{2+} 季沉降量（$kg \cdot hm^{-2} \cdot season^{-1}$）	Na^{+} 季沉降量（$kg \cdot hm^{-2} \cdot season^{-1}$）	Mg^{2+} 季沉降量（$kg \cdot hm^{-2} \cdot season^{-1}$）
马莲台电厂	D_{100}	2.21±0.32 a	11.15±0.99a	3.15±0.51a	1.41±0.40a
	D_{300}	0.80±0.27 b	7.06±1.34b	2.30±0.54a	0.88±0.20a
	D_{500}	0.95±0.33 b	5.46±0.62b	2.59±0.78a	0.92±0.23a
鸳鸯湖电厂	D_{100}	0.93±0.29 b	6.81±1.11 a	2.20±0.24b	0.75±0.04b
	D_{300}	1.53±0.19 b	7.43±1.77a	2.79±0.19b	1.04±0.07ab
	D_{500}	3.35±0.50 a	6.06±0.13a	3.86±0.46a	1.17±0.10a
	D_{1000}	2.65±0.15 a	4.67±0.38a	3.16±0.33ab	1.19±0.12a
灵武电厂	D_{100}	2.15±0.72 b	4.46±0.12a	3.05±0.37a	1.03±0.11a
	D_{300}	1.50±0.30 b	5.50±1.82a	2.06±0.21a	0.84±0.16a
	D_{500}	2.10±0.54 b	3.89±0.58a	2.37±0.25a	0.86±0.16a
	D_{1000}	4.88±0.81 a	6.23±2.14a	3.06±0.32a	1.21±0.10a
	D_{2000}	2.42±0.60 b	4.67±0.96a	2.75±0.15a	0.80±0.14a

注：D_{100}、D_{300}、D_{500}、D_{1000}、D_{2000} 分别代表距离电厂围墙外 100m、300m、500m、1000m、2000m 的取样距离（$n=3$）。不同小写字母代表各指标在取样距离间差异显著（$p<0.05$）

随取样距离增加，2019～2020 年研究区 4 种盐基离子沉降量均无明显的变化规律（图 3-12）。取样距离间，K^{+} 年沉降量在 D_{2000} 处显著低于除 D_{300} 外所有取样距离处的测定值（$p < 0.05$）；Ca^{2+} 年沉降量在 D_{2000} 处显著低于除 D_{500} 外其他所有取样距离处的测定值（$p < 0.05$）；Na^{+} 年沉降量在 D_{300} 处显著低于 D_{2000} 处的测定值（$p < 0.05$）；Mg^{2+} 年沉降量在 D_{2000} 处显著低于其他 4 个取样距离处的测定值（$p < 0.05$）。

3.2.5　电厂周边盐基离子沉降中和作用

3.2.5.1　盐基离子中和因子

表 3-11 显示，研究区混合沉降输入酸度低于其平均 pH，Ca^{2+} 和 Na^{+} 中和因子较高，Mg^{2+}、K^{+} 中和因子较低。具体而言，鸳鸯湖电厂混合沉降 pH 较高，其他 2 个电厂混合沉降 pH 较低；3 个电厂混合沉降 PA_i 相近，且均低于其平均 pH；3 个电厂混合沉降盐基离子中和因子均表现为 Ca^{2+} 最高、K^{+} 最低，Na^{+} 和 Mg^{2+} 居中。

表 3-11　研究区混合沉降输入酸度和中和因子

混合沉降指标	研究区	马莲台电厂	鸳鸯湖电厂	灵武电厂
平均 pH	7.18	7.24	7.09	7.21
输入酸度（PA_i）（$mol \cdot L^{-1}$）	5.28	5.26	5.33	5.26
K^+中和因子（$eq \cdot L^{-1}$）	0.34	0.22	0.38	0.43
Ca^{2+}中和因子（$eq \cdot L^{-1}$）	2.12	2.51	2.21	1.63
Na^+中和因子（$eq \cdot L^{-1}$）	1.69	1.56	1.93	1.58
Mg^{2+}中和因子（$eq \cdot L^{-1}$）	0.56	0.57	0.61	0.51

3.2.5.2　混合沉降中盐基离子沉降量与氮、硫沉降量的关系

图 3-19 中，K^+年沉降量与 NO_3^- 和无机 N 年沉降量存在显著正的线性关系（$p < 0.05$）；Ca^{2+}和 Mg^{2+}年沉降量均与 SO_4^{2-}、NO_3^- 和无机 N 年沉降量存在显著正的线性关系（$p<0.05$）；K^+年沉降量与 SO_4^{2-}、NO_3^-、NH_4^+和无机 N 年沉降量均无显著的线性关系（$p>0.05$）。

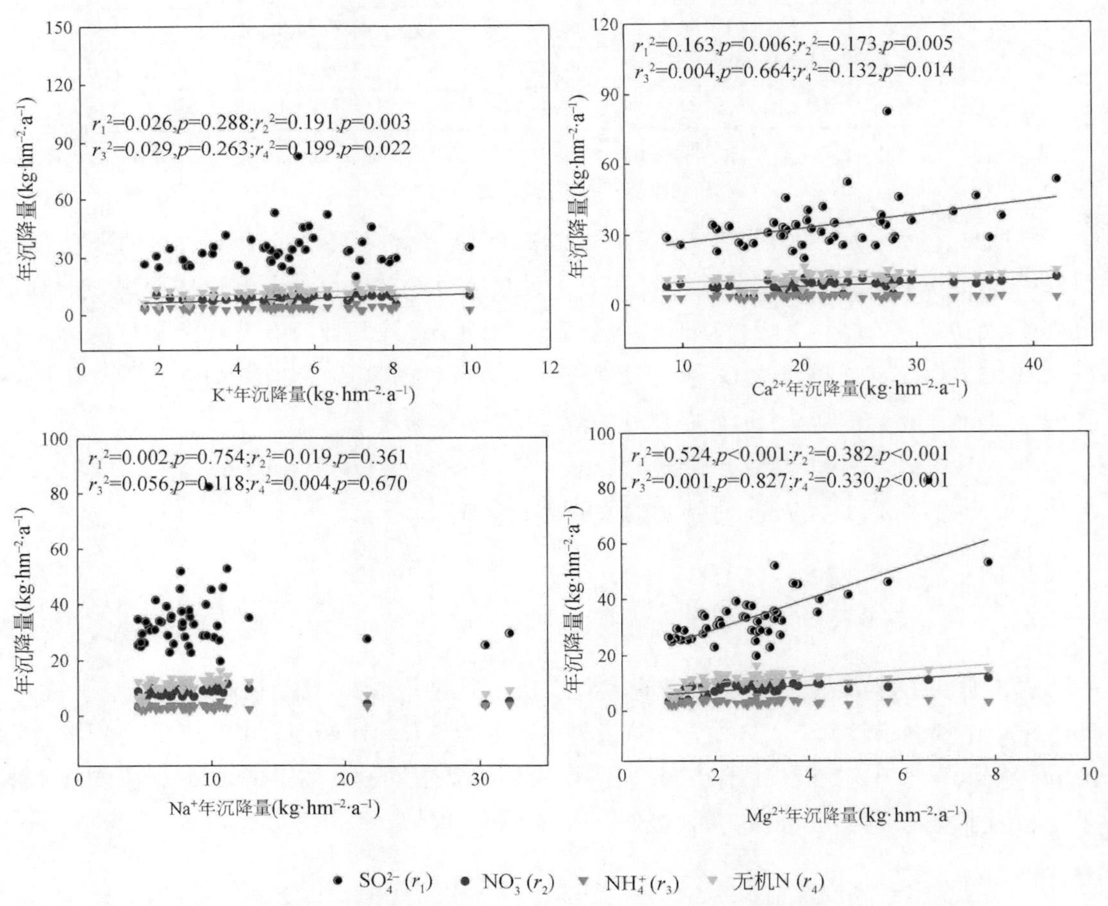

图 3-19　研究区混合沉降中盐基离子年沉降量与氮、硫年沉降量的关系（n=45）

3.2.5.3 混合沉降中盐基离子沉降量与 pH 和电导率的关系

线性拟合中（图 3-20），研究区混合沉降中 K^+ 季沉降量与 pH 存在显著负的线性关系（$p < 0.01$），其他三种盐基离子季沉降量均与 pH 无显著的线性关系（$p > 0.05$）；Ca^{2+} 和 Mg^{2+} 季沉降量均与电导率有极显著正的线性关系（$p < 0.01$）。

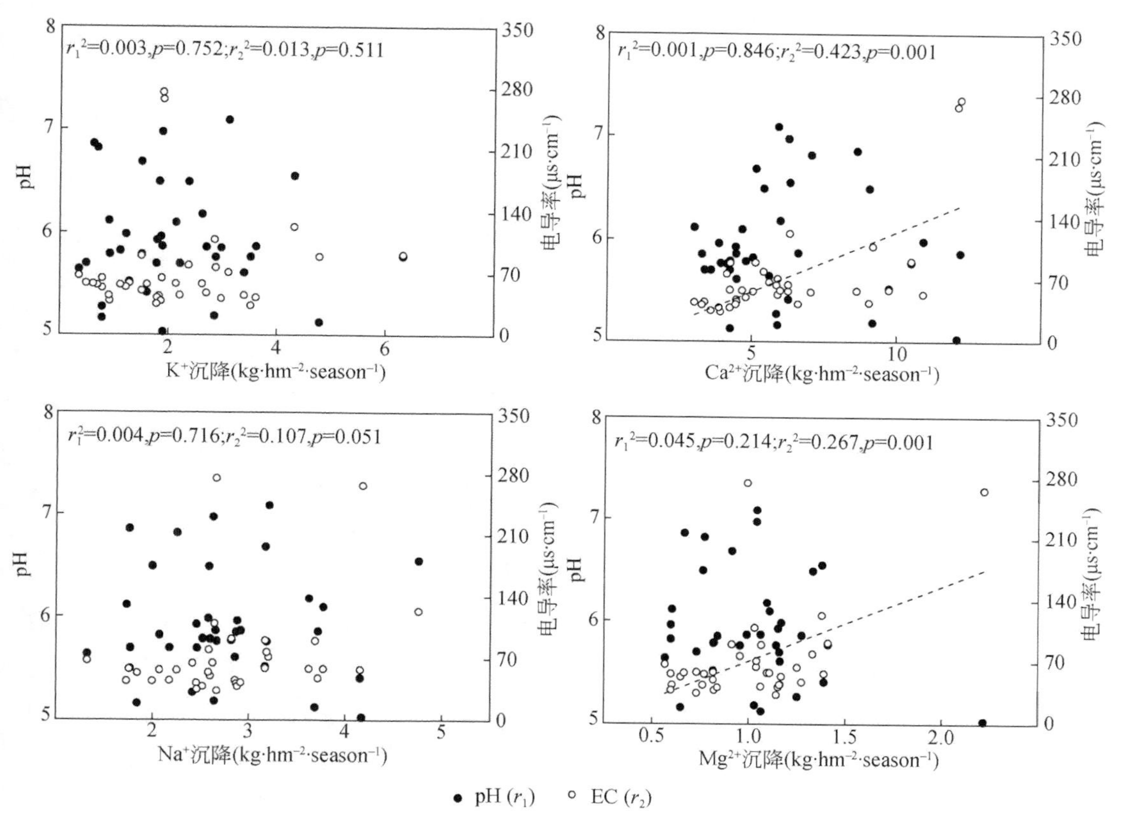

图 3-20 研究区混合沉降中盐基离子季沉降量与 pH 和电导率的关系

EC 代表电导率。$n=36$

3.3 研究区气团后向轨迹聚类分析

研究区春季气团来源主要为北偏西方向的内蒙古阿拉善盟、正北方向的内蒙古乌海市、正东方向的陕西榆林市、正南方向的甘肃庆阳市、西南方向的甘肃白银市。其中，来自北偏西方向阿拉善盟的气团占比最大。

研究区夏季气团来源主要为东南方向的宁夏吴忠市、东南方向的甘肃省庆阳市、正西方向的内蒙古阿拉善盟、东北方向的蒙古国东南部经阴山山脉—库布齐沙漠—毛乌素沙地。其中，来自于东南方向吴忠市的气团占比最大。

研究区秋季气团来源主要为东南方向的甘肃庆阳市、东南方向的陕西宝鸡市、东南方向的陕西延安市、东北方向的内蒙古鄂尔多斯市、西北方向的内蒙古阿拉善盟、西北方向的蒙古国西南部经内蒙古中央隔壁—巴丹吉林沙漠—腾格里沙漠。其中，来自东南方向庆阳市的气团占比最大。

3.4 研究区降水降尘混合沉降特征分析

3.4.1 氮、硫沉降特征

3.4.1.1 氮、硫沉降变化特点

大气沉降主要分为干沉降和湿沉降。湿沉降可以利用雨量筒进行人工收集。干沉降收集方法较为复杂，且测定结果具有很大的不确定性，常见的方法有替代面法、穿透水法、离子树脂交换法、苔藓 S 同位素示踪、推算法和遥感数据分析等。其中，替代面法虽仅能收集到直径>2μm 的颗粒物沉降（吴玉凤等，2019），但获得的降尘化学组成对于评价酸沉降状况仍具有积极意义（邢建伟等，2017）。本书研究采用手动采样器结合替代面法收集降水降尘混合样品，发现研究区 SO_4^{2-}月沉降量变化范围为 0.19～5.80kg · hm^{-2} · $month^{-1}$，平均值为 2.51±0.07kg · hm^{-2} · $month^{-1}$，与 20 世纪 90 年代至 21 世纪 10 年代亚洲水平（Gao et al.，2018）和全国水平（Yu et al.，2017）以及酸沉降较为严重的我国南方 S 沉降水平相当，如重庆市近郊（何瑞亮等，2019）、江西千烟洲和湖南会同 2 个典型森林生态系统（程正霖等，2017），但高于我国华北、内蒙古、东北和青藏高原等生态区的平均水平（Yu et al.，2017）。降水降尘中 SO_4^{2-}/NO_3^-可以反映大气 S 来源：$SO_4^{2-}/NO_3^->1$ 时，说明燃煤等固定污染源占主导；$SO_4^{2-}/NO_3^-<1$ 时，说明汽车尾气排放等移动污染源占主导（Yao et al.，2002）。研究区 SO_4^{2-}/NO_3^-的变化范围为 0.17～19.15，平均值为 3.82±0.26，体现了 S 沉降来源以燃煤为主导的特点。段雷等（2002）采用稳定法确定了我国土壤 S 沉降临界负荷，认为研究区普遍可接受的 S 沉降大于 6.4g · m^{-2} · a^{-1}。因此，虽然研究区 S 沉降量处于较高水平，但尚未超过土壤 S 沉降临界负荷。然而，考虑到 S 沉降的时间累积性及其与 N 沉降的耦合效应（Gao et al.，2018），3 个电厂 S 排放的控制工作依然不容忽视。

与 SO_4^{2-}沉降量的变化趋势不同，20 世纪 90 年代至 21 世纪 10 年代，全国 NO_3^-沉降量由 4.44kg · hm^{-2} · a^{-1}上升至 7.73kg · hm^{-2} · a^{-1}（Yu et al.，2017）。本书研究中，研究区 NO_3^-月沉降量的变化范围为 0.16～3.24kg · hm^{-2} · $month^{-1}$，平均值为 1.17±0.05kg · hm^{-2} · $month^{-1}$，与华南生态区的观测值相当，高于全国平均值；3 个电厂 NH_4^+月平均沉降量的变化范围为 0.10～0.63kg · hm^{-2} · $month^{-1}$，平均值为 0.23±0.01kg · hm^{-2} · $month^{-1}$，低于全国大部分生态区的观测值，但远高于青藏高原各市县的报道结果（王伟等，2018）。一般认为，NO_3^-

主要来源于工业 N 排放（Boyer et al., 2002），如电厂煤炭燃烧和汽车尾气排放等；NH_4^+主要来自农业氨释放（Huang et al., 2012；Qiao et al., 2015），如农田 N 肥挥发、禽畜养殖以及土壤微生物活动等。因此，NO_3^-/NH_4^+可以表征 N 沉降的来源：其值>1 时，N 沉降主要来自工业排放，反之则为农业源（何瑞亮等，2019）。本研究中，NO_3^-/NH_4^+的变化区间为 0.94～16.10，平均值为5.34±0.21，表明3 个电厂N 沉降以NO_3^-形式为主。与其他工业活动较少的区域相比，如北京市石匣流域（王焕晓等，2018）、西宁市近郊（许稳等，2017）、黑龙江省凉水国家级自然保护区（宋蕾等，2018）以及湖南省亚热带农田和林地（朱潇等，2018），3 个电厂具有较高的NO_3^-沉降量、较低的NH_4^+沉降量，体现了研究区 N 排放以工业源为主导的特点。依据段雷等（2002）针对研究区 N 沉降临界负荷阈值的界定（1～2g·m^{-2}·a^{-1}），本结果意味着研究区 N 沉降量超过了土壤可接受范围，其生态效应值得密切关注。

3.4.1.2 电厂、月份和取样距离间氮、硫沉降的差异

燃煤机组规模、气象条件、污染物远距离传输，以及其他排放源干扰等因素共同决定了燃煤电厂周围 N、S 沉降特征。本书研究中，鸳鸯湖电厂机组规模小于其他 2 个电厂。尽管 3 个电厂都已按国家标准进行了脱硫脱硝处理（排放浓度限值 NO_x<40mg·m^{-3}、SO_2<35mg·m^{-3}），但长期较大规模的低 N、S 排放可能导致了马莲台电厂和灵武电厂较高的NH_4^+和SO_4^{2-}沉降量。空间分布上，排放至大气的污染物在大气多尺度环流的作用下混合、扩散，造成污染物跨区域的远距离输送及迁移（Ferm，1998；邢建伟等，2017）。燃煤电厂烟尘在经过除尘处理后，其直接排出的颗粒物浓度和粒径较小，亦具有远距离扩散的特点（梁晓雪，2019）。为避免其他排放源干扰，3 个电厂最大取样距离分别设在围墙外 500m、1000m 和 2000m 处。较短的取样距离可能导致了NO_3^-、NH_4^+和无机 N 月平均沉降量在距离间无显著差异，尤其NH_4^+，反映了燃煤电厂高架源排放的污染物浓度在主风向上的排放特点（佟海，2016）。时间尺度上，降水量和降尘量季节分配格局与大气污染物沉降量存在密切联系（刘平等，2010；裴旭倩，2015）。本研究发现 3 个电厂SO_4^{2-}、NO_3^-、NH_4^+和无机 N 沉降量均在 5 月时较高。其可能原因在于 5 月份研究区具有降水事件增多、大风天气频发等气候特征，使得降水降尘中 N、S 输入量增加。此外，5 月份也是农业播种和作物生长期。N 肥施用量增加以及高温下畜禽粪便氨挥发增多等可能也导致了非工业源 N、S 的长距离输入增加。

3.4.2 盐基离子沉降特征

3.4.2.1 盐基离子沉降变化特点

以往研究发现，在大气盐基离子沉降的自然源（来自于干旱半干旱区的扬尘）和人为

源（水泥生产、耕地风蚀、建筑物和道路建设、未铺砌道路上的交通等）中，Ca^{2+}浓度均高于其他盐基离子（Watmough et al.，2005；Zhang et al.，2012），从而使得Ca^{2+}主导着盐基营养沉降通量（Du et al.，2018；Vet et al.，2014）。本书研究中，3 个电厂盐基离子沉降量的平均值分别为 $6.12\pm0.42kg\cdot hm^{-2}\cdot season^{-1}$、$2.78\pm0.13kg\cdot hm^{-2}\cdot season^{-1}$、$2.12\pm0.22kg\cdot hm^{-2}\cdot season^{-1}$、$1.01\pm0.05kg\cdot hm^{-2}\cdot season^{-1}$，换算后的各值分别为 $0.22\pm0.009keq\cdot hm^{-2}\cdot a^{-1}$、$0.31\pm0.01keq\cdot hm^{-2}\cdot a^{-1}$、$0.69\pm0.01\ keq\cdot hm^{-2}\cdot a^{-1}$和 $0.08\pm0.00keq\cdot hm^{-2}\cdot a^{-1}$，与我国西北地区平均水平接近（$Ca^{2+}+Mg^{2+}$：约为 $0.4\sim0.6keq\cdot hm^{-2}\cdot a^{-1}$）（Zhao et al.，2021），但高于欧洲、美国和加拿大的 21 个森林生态系统的观测值（K^+：$0.02keq\cdot hm^{-2}\cdot a^{-1}$；$Ca^{2+}$：$0.10keq\cdot hm^{-2}\cdot a^{-1}$；$Mg^{2+}$：$0.05keq\cdot hm^{-2}\cdot a^{-1}$）（Watmough et al.，2005）、低于我国森林生态系统的观测值（K^+：$0.34keq\cdot hm^{-2}\cdot a^{-1}$；$Ca^{2+}$：$2.26keq\cdot hm^{-2}\cdot a^{-1}$；$Mg^{2+}$：$0.39keq\cdot hm^{-2}\cdot a^{-1}$）（Du et al.，2018）。因而，$Ca^{2+}$在大气盐基营养通量中占据主导地位，与以往研究结果相近（Watmough et al.，2005；Vet et al.，2014）。一方面，本研究采用替代面法收集了降水降尘混合沉降。该方法仅能收集到直径>2μm 的颗粒物沉降，即本书研究收集到的混合沉降为全部湿沉降与部分干沉降之和，可能低估了大气盐基离子总沉降量（宋欢欢等，2014；邢建伟等，2017；吴玉凤等，2019）。

另一方面，针对我国森林生态系统的研究站点主要集中在东部和南部。这些区域高度的城市化和工业化增加了盐基离子沉降的人为排放量（Rohde & Muller，2015；Zhang et al.，2015；Li et al.，2016b）。此外，随着西部大开发战略的全面推进，干旱半干旱区退化植被恢复和风速降低使得风尘源引起的盐基离子沉降减少。近几十年来，西部地区实施的几项生态恢复工程（三北防护林、北京—天津沙源控制、天然林保护和退耕还林等计划）有效地提高了区域植物覆盖度、降低了干旱半干旱区风速（Tan & Li，2015；Zhang et al.，2016）。与 1980 年代和 1990 年代相比（Chang et al.，1996；Lee et al.，1999；Larssen & Carmichael et al.，2000），风速降低和由植被对土壤的保护使得从干旱和半干旱区吹拂至东部和南部的扬尘贡献降低。基于多层次欧拉模型（Eulerian model）的结果发现，1985～2005 年中国盐基离子沉降增加了 16%；随着颗粒物排放控制措施的实施，2005～2015 年盐基离子沉降降低了 33%（Zhao et al.，2021）。季节分配上，研究发现夏季高温更有利于大气中尘埃的悬浮（Kang et al.，2016）。由于本试验区夏季降水相较春季和秋季，悬浮于大气中的盐基离子更易随着降水沉降至地表，故整体上呈现出夏季多、春季和秋季少的特点，与以往的研究结果一致（Du et al.，2018）。

3.4.2.2 盐基离子来源分析

据统计，70% 以上的盐基离子沉降来源于地表（Li et al.，2019b）。近年来，在我国严格控制能源产业污染排放的背景下，各区域盐基离子工业源污染大幅减少、自然源占据主导地位（Zhao et al.，2011；Zhang et al.，2015）。本书研究中，灵武电厂机组规模高于马莲台电厂，但其Ca^{2+}沉降量显著低于后者，一定程度上表明研究区盐基离子沉降的主要来源可能为本地扬尘而非工业排放。此外，排放至大气的污染物在大气多尺度环流的作用下混合、扩散，造成污染物跨区域的远距离输送（邢建伟等，2017；梁晓雪，2019）。宁东基地地处西北地区东部，当地的能源结构、产业格局及自然环境决定了其大气降尘来源复杂，不仅有源自本地的钙质土壤扬尘和工业降尘污染，还有源自周边沙漠的沙尘。气团后向轨迹聚类结果表明，研究区春季气团的最主要来源为西北方向的阿拉善盟。这主要是因为宁东基地位于毛乌素沙地南缘，且附近还有腾格里和巴丹吉林沙漠，从西北风向上为其输送了充足的沙尘。由于春季沙尘天气频繁，且沙尘中含有大量 Ca^{2+}（钱亦兵等，1994；陈思宇等，2017），从而使 Ca^{2+} 沉降量明显高于其他盐基离子。研究区夏季和秋季气团的最主要来源均为东南方向。近距离上，该方向的吴忠市和庆阳市属于传统的农业地区。夏、秋两季频繁的农业作业使得区域地表土层更易受到风力侵蚀，且秋季秸秆焚烧造成大量富含 K^+ 等盐基离子的气溶胶排放（Zhang et al., 2019a；唐喜斌等，2014）。远距离上，东部和南部发达城市较高的盐基离子排放（Du et al., 2018），可能通过长距离输送为宁东基地盐基离子沉降提供了来源，但还需结合2个季节的风向进行深入分析。

3.4.2.3 盐基离子沉降对混合沉降酸度的中和作用

研究表明，盐基离子能够中和约76%的酸性沉降（Du et al., 2018）。本书研究中，3个电厂混合沉降 PA_i 值（5.26～5.33）均低于其平均pH（7.09～7.24）。这说明降水降尘混合沉降的输入酸度高，但其实际的酸度低，即混合沉降中盐基离子在一定程度上中和了混合沉降酸度（汪少勇等，2019）。为进一步量化混合沉降中各盐基离子中和作用的强度，本书计算了 K^+、Ca^{2+}、Na^+ 和 Mg^{2+} 四种离子的中和因子（F_N）。结果显示，3个电厂混合沉降中 Ca^{2+}（F_N：1.63～2.51）和 Na^+（F_N：1.56～1.93）的中和因子大于1，而 K^+（F_N：0.22～0.43）和 Mg^{2+}（F_N：0.51～0.61）的中和因子小于1。这说明 Ca^{2+} 和 Na^+ 具有较强的中和能力（尤其 Ca^{2+}），K^+ 和 Mg^{2+} 的中和能力相对较弱，与以往研究结果类似（Wang et al., 2012；Du et al., 2018；安俊岭等，2000；廖柏寒等，2001）。线性拟合结果显示，K^+ 季沉降量与混合沉降pH负相关，与以往研究结果相反（Wang et al., 2002），有待通过长期的试验研究进行深入探讨。此外，Ca^{2+}、Mg^{2+} 季沉降量与混合沉降电导率极显著正相关（$P < 0.01$），表明研究区大气沉降电导率与碱性盐基离子存在密切的联系，与贾文雄和李宗省（2016）等在祁连山东段的研究结果相似。

3.5 小　　结

3.5.1 氮、硫沉降特征

2019年1～6月，研究区降水降尘混合沉降中N、S月沉降量及其比值存在较大变异，尤其SO_4^{2-}月沉降量。SO_4^{2-}月沉降量的变化范围为0.19~5.80kg·hm^{-2}·$month^{-1}$，平均值为2.51±0.05kg·hm^{-2}·$month^{-1}$。NO_3^-、NH_4^+和无机N月沉降量的变化范围分别为0.16~3.24kg·hm^{-2}·$month^{-1}$、0.10~0.63kg·hm^{-2}·$month^{-1}$和0.29~3.61kg·hm^{-2}·$month^{-1}$，平均值分别为1.17±0.01kg·hm^{-2}·$month^{-1}$、0.23±0.05kg·hm^{-2}·$month^{-1}$和1.40±0.05kg·hm^{-2}·$month^{-1}$。SO_4^{2-}/NO_3^-和NO_3^-/NH_4^+的变化范围分别为0.12~19.15和0.94~16.10，平均值分别为2.23±0.26和5.24±0.21。2019年季电导率（5.13~285.00μs·cm^{-1}）变化范围较大，pH（6.01~7.93）变化范围较小。总体而言，SO_4^{2-}沉降量>NO_3^-沉降量>NH_4^+沉降量，表现出明显的工业源沉降特征；电厂间，鸳鸯湖电厂具有较低的SO_4^{2-}月沉降量和SO_4^{2-}/NO_3^-以及较高的月NO_3^-沉降量，灵武电厂具有较高的SO_4^{2-}月沉降量和SO_4^{2-}/NO_3^-以及较低的NO_3^-沉降量；月份间，3个电厂SO_4^{2-}、NO_3^-、NH_4^+和无机N月沉降量均在5月份时较高，SO_4^{2-}/NO_3^-在2月份时较高，NO_3^-/NH_4^+在4月份和5月份时较高；取样距离间，3个电厂SO_4^{2-}月均沉降量在取样距离间差异较大，其他5个指标差异较小，尤其NH_4^+沉降量。

2019~2020年，研究区pH变异较弱，变化范围为6.39~7.69；NO_3^-年沉降量、NH_4^+年沉降量、无机N年沉降量中度变异，变化范围分别为2.83~11.42kg·hm^{-2}·a^{-1}、1.91~5.20kg·hm^{-2}·a^{-1}、4.91~16.11kg·hm^{-2}·a^{-1}。SO_4^{2-}年沉降量、SO_4^{2-}/NO_3^-、NO_3^-/NH_4^+和电导率高度变异，变化范围分别为19.67~82.28kg·hm^{-2}·a^{-1}、1.04~4.87、1.80~9.25、20.59~98.30μs·cm^{-1}。电厂间，pH和电导率均无显著差异；取样距离间，研究区混合沉降中SO_4^{2-}年沉降量在D_{2000}处显著低于D_{100}和D_{1000}处的测定值。NO_3^-年沉降量、无机N年沉降量、电导率在D_{2000}处显著低于其他4个取样距离处的测定值。SO_4^{2-}/NO_3^-在D_{2000}处显著高于D_{300}和D_{500}取样距离处的测定值。NO_3^-/NH_4^+在D_{2000}处显著低于D_{100}、D_{300}和D_{500}取样距离处的测定值。NH_4^+年沉降量在取样距离间无显著性差异。pH在D_{1000}处显著低于D_{100}和D_{500}处的测定值。

综上，研究区降水降尘混合沉降中SO_4^{2-}沉降量与全国水平相当，但低于区域土壤S沉降临界负荷；无机N沉降总量高于我国西北地区平均值，且超过了区域土壤可接受的N沉降水平；本书研究收集的大气沉降为湿沉降加部分干沉降，未包括气态沉降和直径≤2μm的颗粒物沉降，故可能导致S、N沉降测定值低于实际总沉降量。考虑到S、N沉降的时间累积性以及二者的耦合效应，宁夏燃煤电厂S、N限排工作依然十分必要，二者的生态效应亦不容忽视，尤其N沉降；此外，本书研究仅收集了燃煤电厂主导风向下风向2km范围内的降水降尘样品。由于大气污染物具有远距离传输和迁移的特征，今后进行燃煤电厂酸沉降状况评估时，需加大降水降尘取样距离。

3.5.2 盐基离子沉降特征

2019年3~11月，研究区混合沉降中K^+季沉降量（0.01~10.04kg·hm^{-2}·

season^{-1})、Ca^{2+}季沉降量(0.25 ~ 27.85kg · hm^{-2} · season^{-1})、Na^+季沉降量(0.36 ~ 9.05kg · hm^{-2} · season^{-1})、Mg^{2+}季沉降量(0.27 ~ 2.62kg · hm^{-2} · season^{-1})及电导率(5.13 ~ 285.00μs · cm^{-1})变化范围较大,pH(6.01 ~ 7.93)变化范围较小,Ca^{2+}为主要的盐基离子沉降形式;季节分配上,盐基离子沉降量呈现出夏季较多、春季和秋季较少的特点;来源上,春季气团主要为西北方向,夏季和秋季主要为东南方向。

2019 ~ 2020 年,研究区 Na^+年沉降量变异系数最大,Ca^{2+}年沉降量变异系数最小。K^+年沉降量、Ca^{2+}年沉降量、Na^+年沉降量、Mg^{2+}年沉降量的变化范围分别为 1.64 ~ 9.98kg · hm^{-2} · a^{-1}、8.71 ~ 42.06kg · hm^{-2} · a^{-1}、4.50 ~ 32.27kg · hm^{-2} · a^{-1}、1.03 ~ 7.87kg · hm^{-2} · a^{-1};取样距离间,K^+年沉降量在 D_{2000}处显著低于除 D_{300}外所有取样距离处的测定值,Ca^{2+}年沉降量在 D_{2000}处显著低于除 D_{500}外其他所有取样距离处的测定值,Na^+年沉降量在 D_{300}处显著低于 D_{2000}处的测定值,Mg^{2+}年沉降量在 D_{2000}处显著低于其他 4 个取样距离处的测定值。

综上,研究区降水降尘中盐基离子沉降量与我国西北地区平均水平相当,但低于东部和南部等区域的测定值。夏季盐基离子沉降量较高,主要来源为东南方向。春季和秋季沉降量较低,主要来源分别为西北和东南方向。

3.5.3 氮、硫沉降与盐基离子沉降的关系

研究区混合沉降输入酸度低于其平均 pH,且 Ca^{2+}和 Na^+中和因子高于 1、K^+和 Mg^{2+}中和因子低于 1。K^+年沉降量随 NO_3^-和无机 N 年沉降量的增加而增加,Ca^{2+}和 Mg^{2+}年沉降量均随 SO_4^{2-}、NO_3^-和无机 N 年沉降量的增加而增加,K^+年沉降量与 SO_4^{2-}、NO_3^-、NH_4^+和无机 N 年沉降量均无明显的线性关系。K^+季沉降量与 pH 存在显著负的线性关系,其他 3 种盐基离子季沉降量均与 pH 无显著的线性关系。Ca^{2+}和 Mg^{2+}季沉降量均与电导率有极显著的线性关系。

综上,混合沉降中酸性离子与碱性离子存在较强的相关性;盐基离子与 pH 关系较弱,但整体上有助于中和混合沉降输入酸度,其中 Ca^{2+}占主导作用。

|第 4 章| 荒漠煤矿区植物群落特征

本章研究了 2020 年 8 月份 3 个电厂周边植物群落生物量、多样性、C：N：P 生态化学计量学特征的变化范围，比较了植物群落生物量、多样性、C：N：P 生态化学计量学特征在电厂间及取样距离间的差异，分析了植物群落生物量、多样性、C：N：P 生态化学计量学特征之间的关系。同时，汇总了 2020 ~ 2021 年 8 月份 3 个电厂数据，分析了研究区植物群落多样性的变化范围，探讨了研究区植物多样性在取样距离间的差异。

4.1 研究区植物生物量

4.1.1 植物生物量的变化范围

4.1.1.1 马莲台电厂

2020 年马莲台电厂周边植物群落生物量高度变异，变化范围为 5.10 ~ 98.78g · m^{-2}，平均值为 37.66±6.30g · m^{-2}（图 4-1）。

4.1.1.2 鸳鸯湖电厂

2020 年鸳鸯湖电厂周边植物群落生物量中度变异，变化范围为 15.59 ~ 121.17g · m^{-2}，平均值为 57.87±6.53g · m^{-2}（图 4-1）。

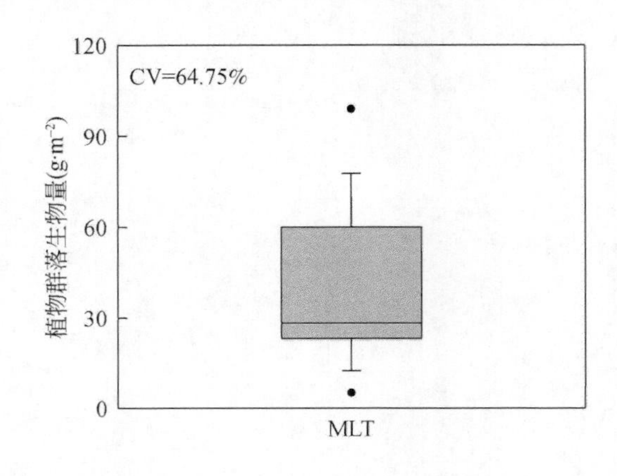

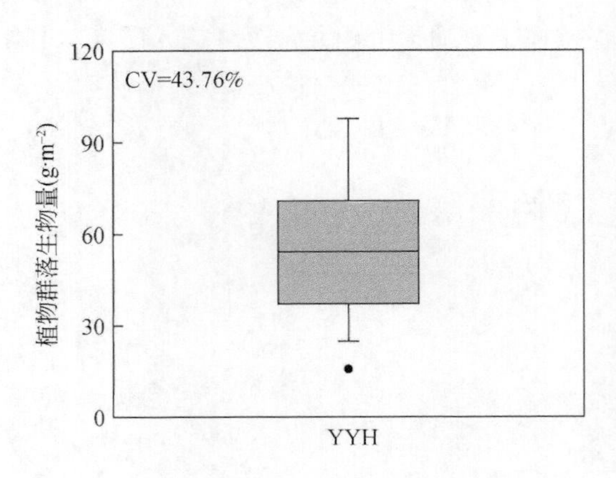

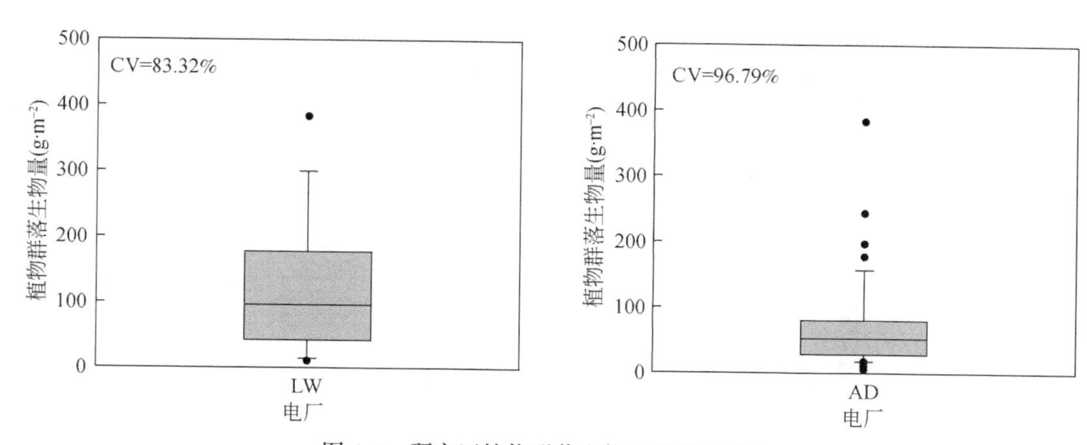

图 4-1　研究区植物群落生物量的变化特点

AD 代表所有数据（n =45）。MLT、YYH、LW 分别代表马莲台电厂（n =15）、鸳鸯湖电厂（n =15）、灵武电厂（n =15）。CV 代表变异系数

4.1.1.3　灵武电厂

2020 年灵武电厂周边植物群落生物量高度变异，变化范围为 10.29 ~ 383.27g · m^{-2}，平均值为 120.16±25.85g · m^{-2}（图 4-1）。

4.1.1.4　研究区

将 3 个电厂 2020 年植物群落生物量进行了整合。整个研究区植物群落生物量高度变异，变化范围为 5.10 ~ 383.27g · m^{-2}，平均值为 71.90±11.03g · m^{-2}（图 4-1）。

4.1.2　电厂间植物生物量的差异

2020 年，马莲台电厂周边植物群落生物量最低，灵武电厂周边植物群落生物量最高（图 4-2）。马莲台电厂和鸳鸯湖电厂间植物群落生物量无显著差异（$p > 0.05$），二者植物群落生物量均显著低于灵武电厂周边的测定值（$p < 0.05$）。

4.1.3　取样距离间植物生物量的差异

4.1.3.1　马莲台电厂

随取样距离增加，2020 年马莲台电厂周边植物群落生物量呈先增加后降低的变化趋势，最大值出现在 D_{1000} 的取样距离处（图 4-3）。5 个取样距离间，植物群落生物量无显著性差异（$p > 0.05$）。

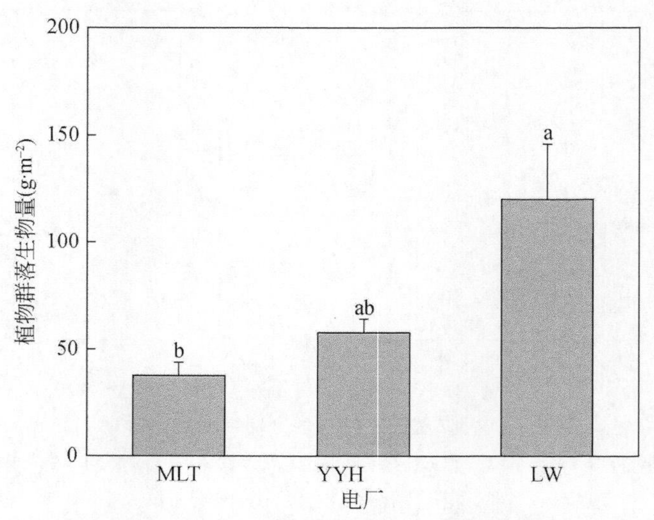

图 4-2 研究区植物群落生物量在电厂间的差异

MLT、YYH、LW 分别代表马莲台电厂（n =15）、鸳鸯湖电厂（n =15）、灵武电厂（n =15）。不同小写字母表示电厂间植物群落生物量的差异显著（$p < 0.05$）

4.1.3.2 鸳鸯湖电厂

随取样距离增加，2020 年鸳鸯湖电厂周边植物群落生物量呈先增加后降低的变化趋势，最大值出现在 D_{1000}的取样距离处（图 4-3）。取样距离间，D_{1000}处的植物群落生物量显著高于 D_{2000}处的测定值（$p < 0.05$），D_{1000}处的测定值与其他 3 个取样距离处的测定值之间无显著性差异（$p > 0.05$）。

4.1.3.3 灵武电厂

随取样距离增加，2020 年灵武电厂周边植物群落生物量呈逐渐增加的变化趋势（图 4-3）。取样距离间，D_{2000}处的植物群落生物量显著高于 D_{100}、D_{300}、D_{500}处的测定值（$p < 0.05$），与 D_{1000}处的测定值无显著性差异（$p > 0.05$）；D_{100}、D_{300}、D_{500}间的测定值无显著性差异（$p > 0.05$）；D_{300}、D_{500}、D_{1000}间的测定值无显著性差异（$p > 0.05$）。

4.1.3.4 研究区

3 个电厂的汇总结果显示（图 4-3），研究区植物群落生物量随取样距离增加而增加（图 4-4）。取样距离间，D_{2000}处植物群落生物量显著高于 D_{100}和 D_{300}处的测定值（$p < 0.05$），与其他 2 个取样距离处的测定值无显著性差异（$p > 0.05$）。

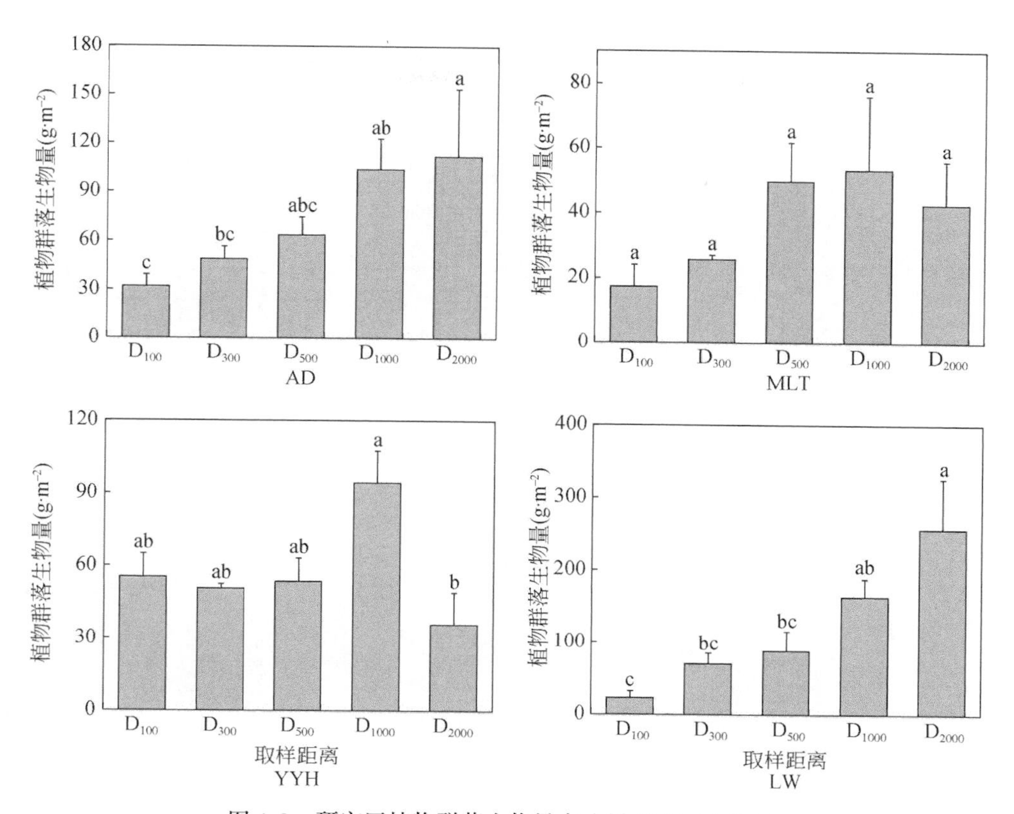

图 4-3　研究区植物群落生物量在取样距离间的差异

AD 代表所有数据（$n=9$）。MLT、YYH、LW 分别代表马莲台电厂（$n=3$）、鸳鸯湖电厂（$n=3$）、灵武电厂（$n=3$）。D_{100}、D_{300}、D_{500}、D_{1000}、D_{2000} 分别代表距离电厂围墙外 100m、300m、500m、1000m、2000m 的取样距离。不同小写字母表示取样距离间植物群落生物量的差异显著（$p<0.05$）

4.2　研究区植物多样性

4.2.1　植物多样性的变化范围

4.2.1.1　马莲台电厂

与植物群落生物量相比，2020 年马莲台电厂周边植物多样性各指数变异系数较小（图 4-4）。其中，Pielou 均匀度指数低等变异，变化范围为 0.70 ~ 1.00，平均值为 0.86±0.02；Patrick 丰富度指数、Shannon-Wiener 多样性指数和 Simpson 优势度指数中等变异，变化范围分别为 3.00 ~ 7.00、0.97 ~ 1.73 和 0.19 ~ 0.49，平均值分别为 4.93±0.33、1.35±0.07 和 0.31±0.02。

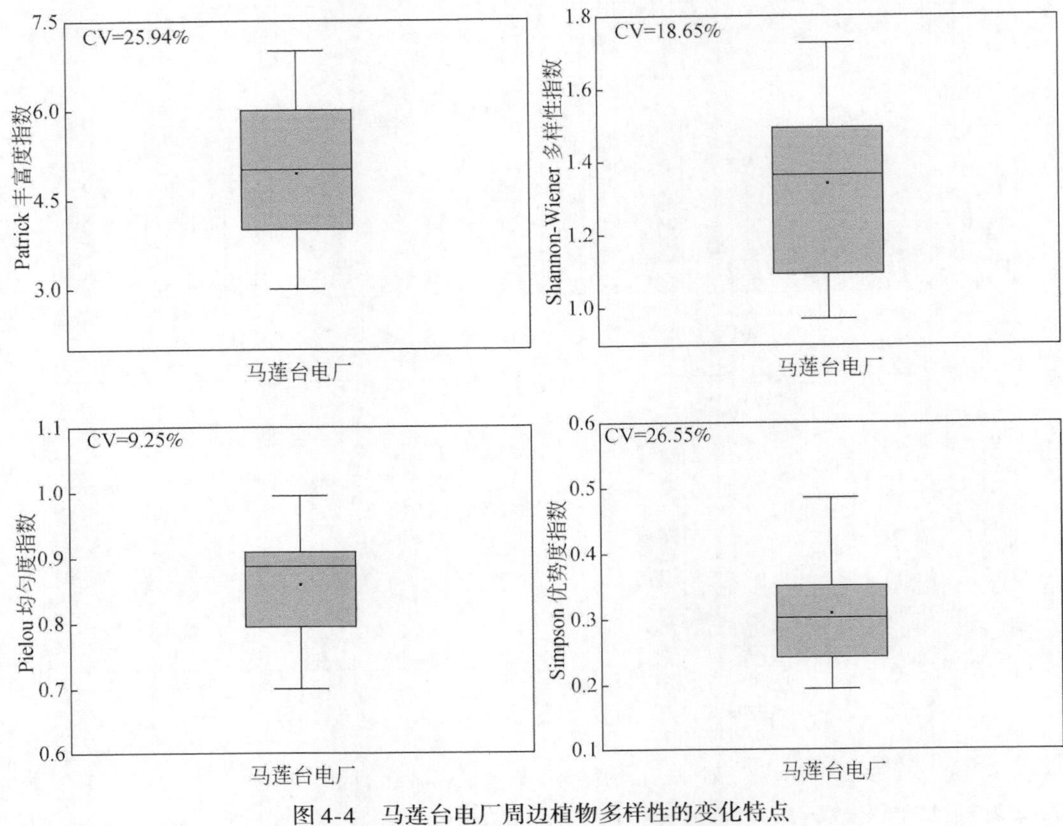

图 4-4　马莲台电厂周边植物多样性的变化特点

CV 代表变异系数。$n=15$

4.2.1.2　鸳鸯湖电厂

如图 4-5 所示，2020 年鸳鸯湖电厂周边 Pielou 均匀度指数的变异系数较小（低于 10.0%），变化范围为 0.65～0.94，平均值为 0.82±0.02；相比之下，Patrick 丰富度指数、Shannon-Wiener 多样性指数和 Simpson 优势度指数的变异系数较大（均高于 30.0%），变化范围分别为 2～8、0.45～1.69 和 0.20～0.72，平均值分别为 4.87±0.49、1.25±0.01 和 0.36±0.04。

4.2.1.3　灵武电厂

2020 年灵武电厂周边 Pielou 均匀度指数的变异系数亦较小，变化范围为 0.56～0.99，平均值为 0.87±0.03（图 4-6）。相比之下，Patrick 丰富度指数、Shannon-Wiener 多样性指数和 Simpson 优势度指数中度变异，其变异系数均高于 30.0%，变化范围分别为 2～6、0.61～1.56 和 0.25～0.67，平均值分别为 3.87±0.38、1.10±0.09 和 0.41±0.04。

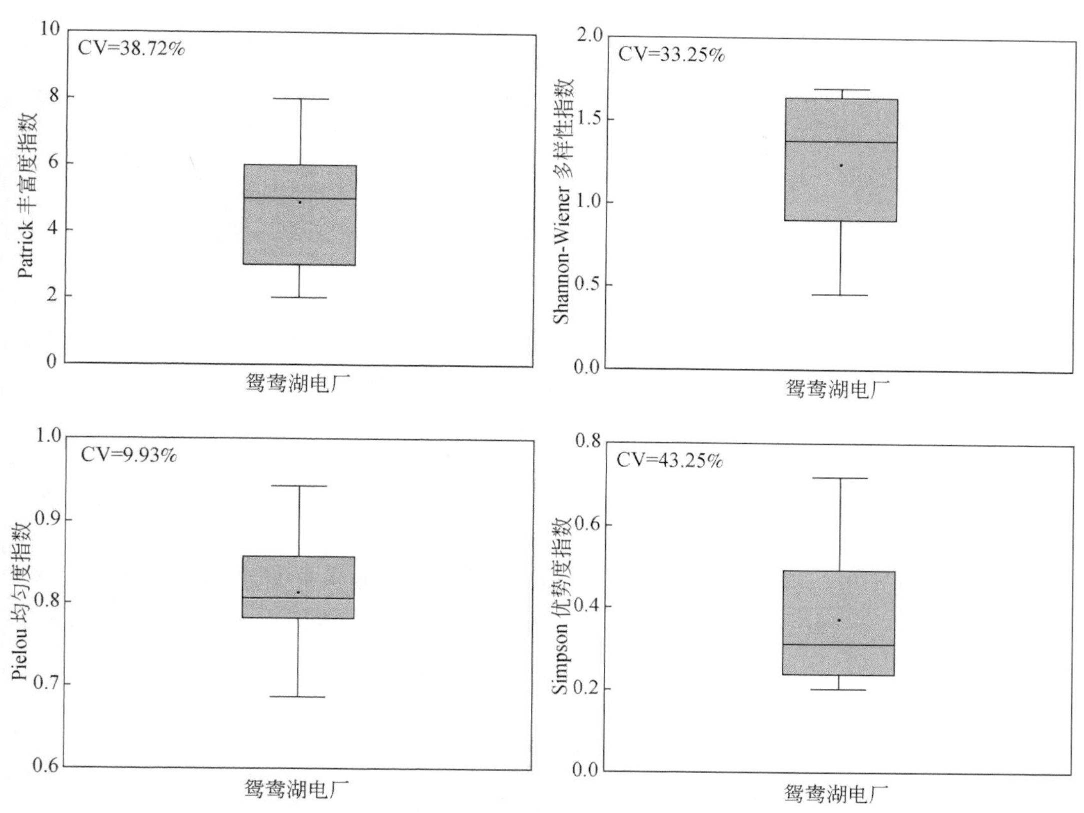

图 4-5　鸳鸯湖电厂周边植物多样性的变化特点

CV 代表变异系数。$n=15$

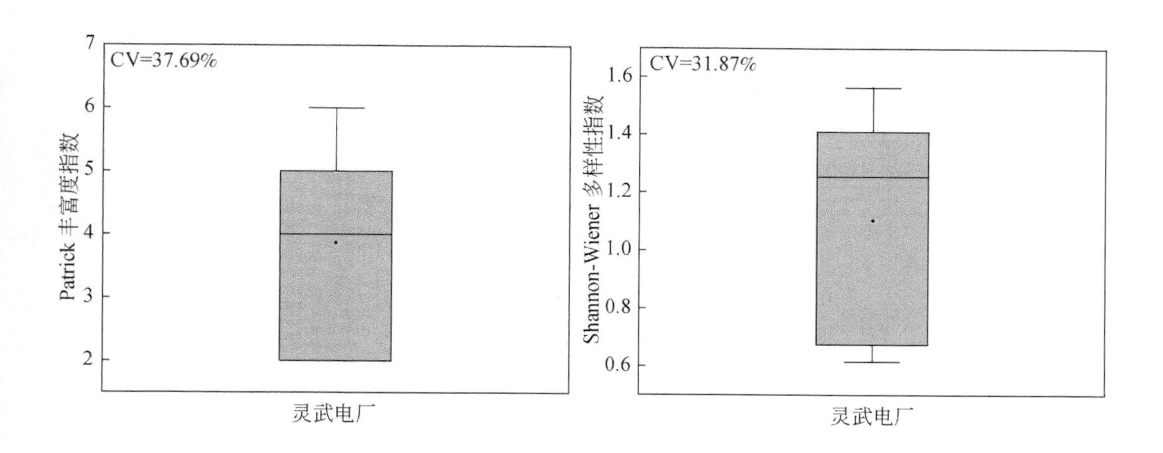

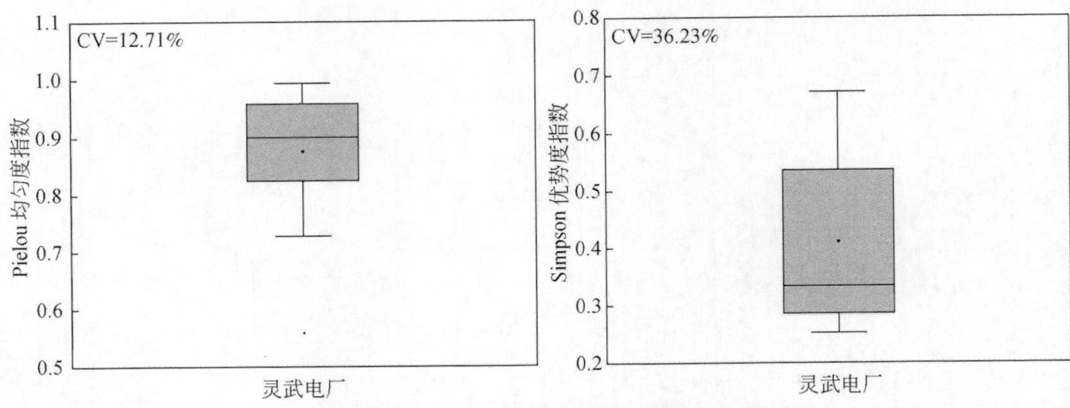

图 4-6　灵武电厂周边植物多样性的变化特点

CV 代表变异系数。$n=15$

4.2.1.4　研究区

将2020年3个电厂周边植物多样性数据进行了汇总，分析了研究区植物多样性的变化特点（图4-7）：Pielou 均匀度指数的变异系数亦较小，变化范围为0.56～0.99，平均值

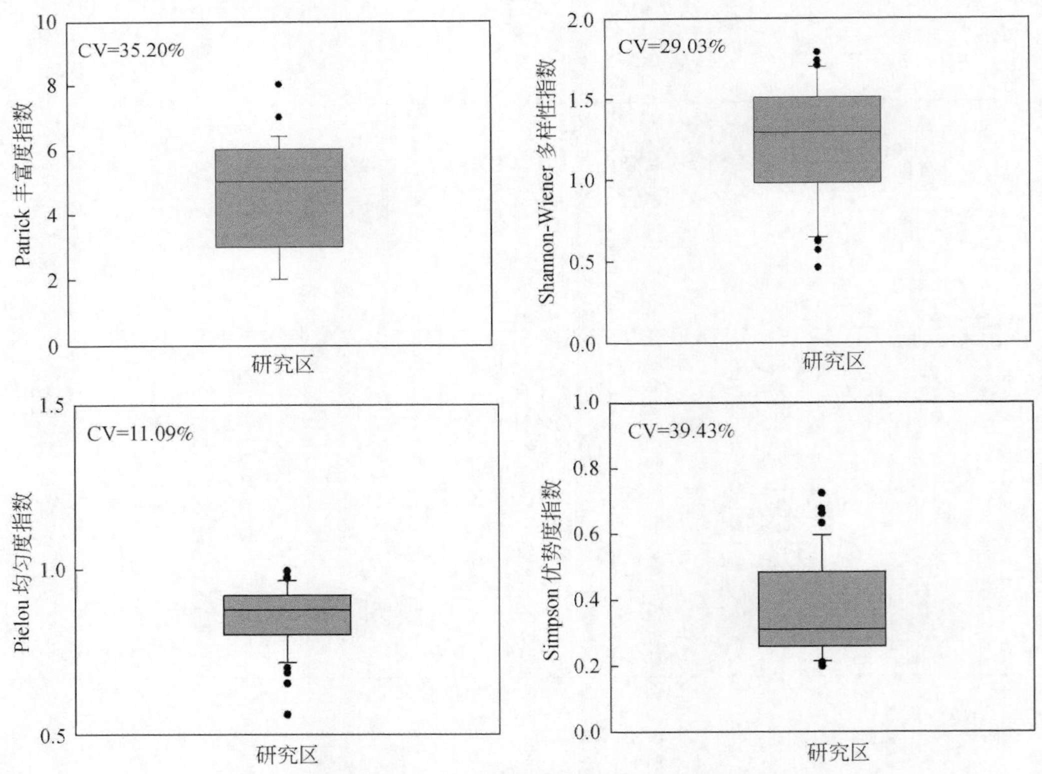

图 4-7　研究区植物多样性的变化特点（2020 年）

CV 代表变异系数。$n=45$

为 0.85±0.01；相比之下，Patrick 丰富度指数、Shannon-Wiener 多样性指数和 Simpson 优势度指数中度变异，其变异系数均高于 30.0%，变化范围分别为 2～8、0.45～1.78 和 0.19～0.72，平均值分别为 4.56±0.24、1.23±0.05 和 0.36±0.02。

汇总了 2020～2021 年 3 个电厂周边植物多样性数据，分析了研究区各指标的变化特点（图 4-8）：Pielou 均匀度指数的变异系数最小（低于 10.0%），变化范围为 0.56～0.99；相比之下，Patrick 丰富度指数、Shannon-Wiener 多样性指数和 Simpson 优势度指数的变异系数较大（均高于 25.0%），变化范围分别为 2～8、0.45～1.73、0.13～0.72。

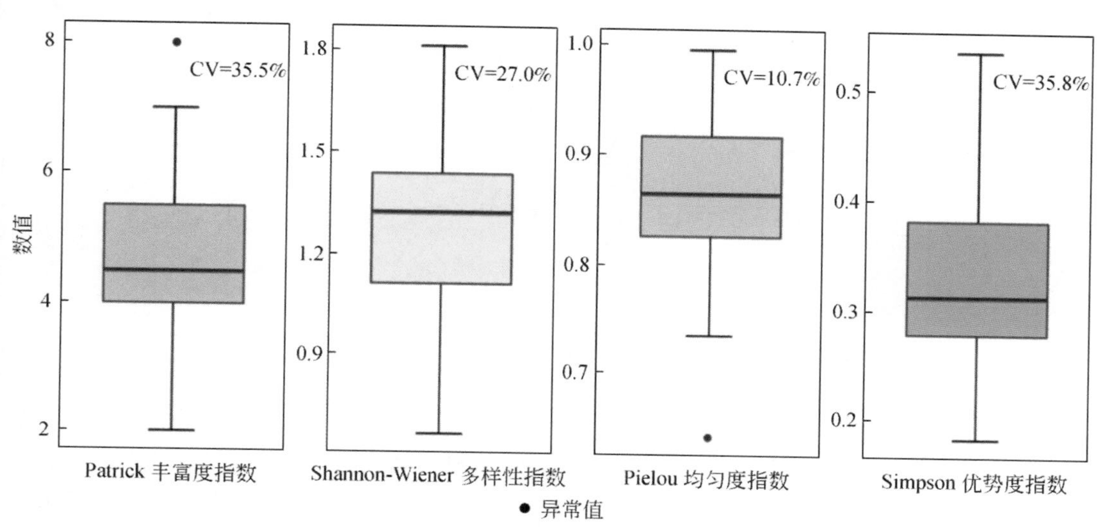

图 4-8 研究区植物多样性的变化特点（2020～2021 年）

CV 代表变异系数。n =90

4.2.2 电厂间植物多样性的差异

与其他 2 个电厂相比，2020 年灵武电厂具有较低的 Patrick 丰富度指数和 Shannon-Wiener 多样性指数、较高的 Simpson 优势度指数和 Pielou 均匀度指数（图 4-9）。但 3 个电厂间，4 个多样性指数均未表现出显著的差异性（p>0.05）。

4.2.3 取样距离间植物多样性的差异

4.2.3.1 马莲台电厂

随取样距离增加，2020 年马莲台电厂周边 Patrick 丰富度指数、Shannon-Wiener 多样性指数、Simpson 优势度指数和 Pielou 均匀度指数均未表现出明显的规律性（图 4-10）。但取样距离间，4 个多样性指数均无显著差异（p>0.05）。

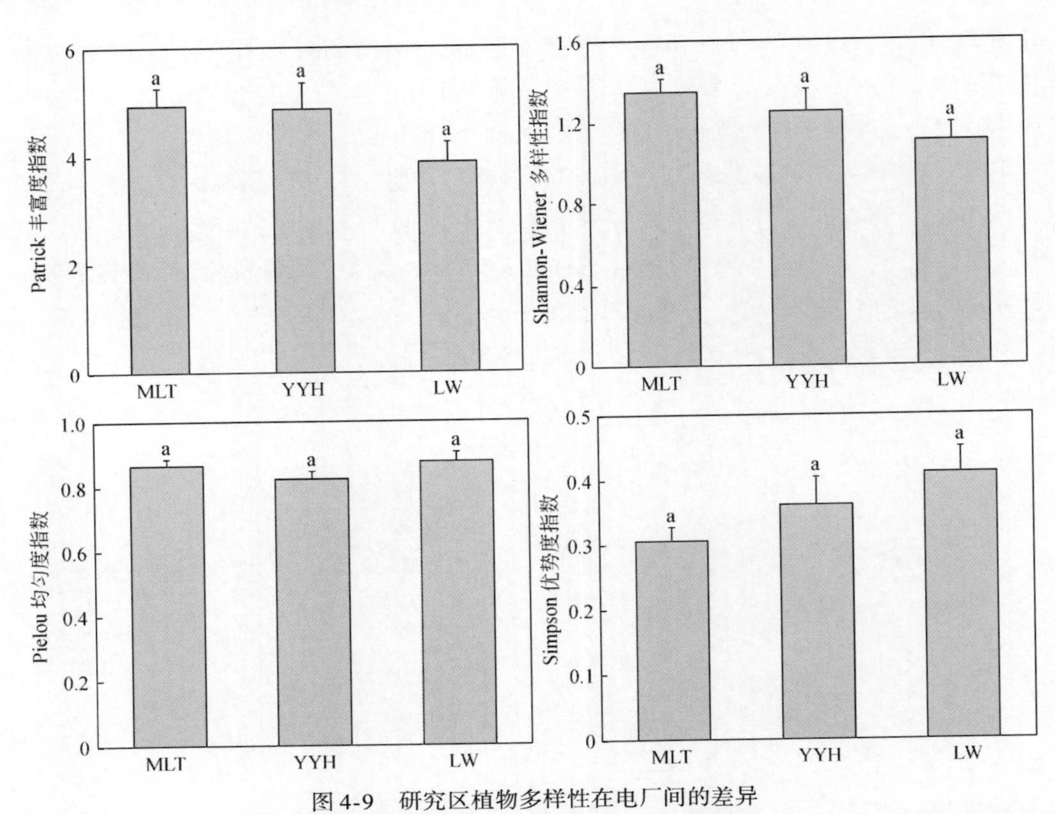

图 4-9　研究区植物多样性在电厂间的差异

MLT、YYH、LW 分别代表马莲台电厂（$n=15$）、鸳鸯湖电厂（$n=15$）、灵武电厂（$n=15$）。不同小写字母表示电厂间植物多样性的差异显著（$p<0.05$）

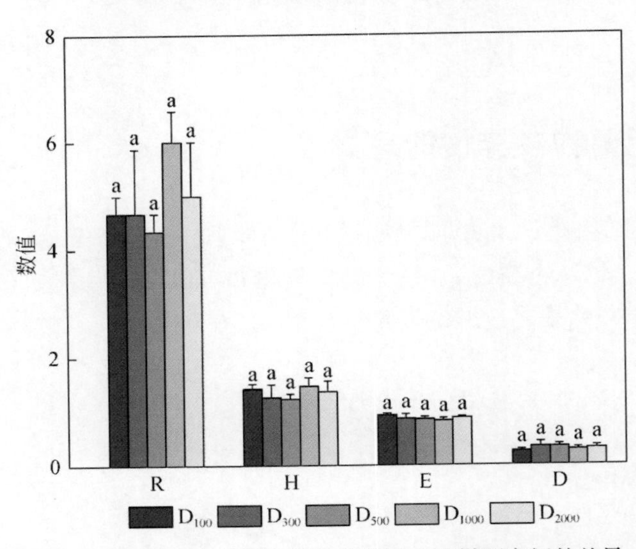

图 4-10　马莲台电厂周边植物多样性在取样距离间的差异

R、H、D、E 分别代表 Patrick 丰富度指数、Shannon-Wiener 多样性指数、Simpson 优势度指数和 Pielou 均匀度指数。D_{100}、D_{300}、D_{500}、D_{1000}、D_{2000} 分别代表距离电厂围墙外 100m、300m、500m、1000m、2000m 的取样距离（$n=9$）。不同小写字母表示取样距离间植物多样性的差异显著（$p<0.05$）

4.2.3.2 鸳鸯湖电厂

随取样距离增加，2020 年鸳鸯湖电厂周边 Patrick 丰富度指数和 Shannon-Wiener 多样性指数均呈先增加后降低的变化趋势，Pielou 均匀度指数变化幅度较小，Simpson 优势度指数呈现出先增加后降低的变化趋势（图 4-11）。但 5 个取样距离间，4 个多样性指数均未表现出显著的差异（$p>0.05$）。

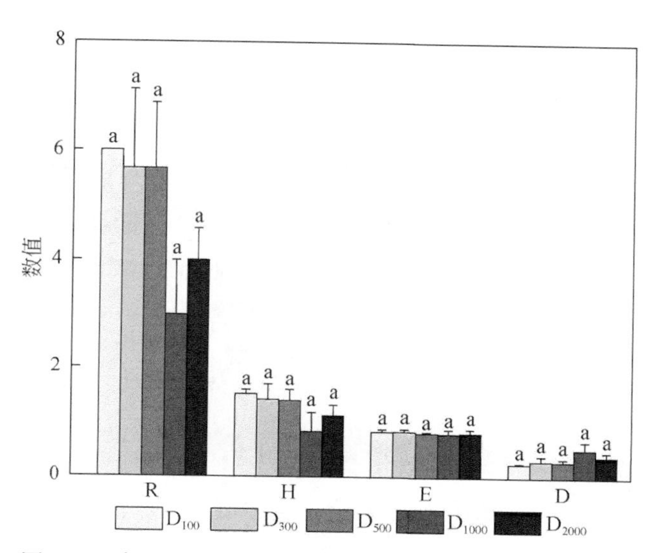

图 4-11　鸳鸯湖电厂周边植物多样性在取样距离间的差异

R、H、D、E 分别代表 Patrick 丰富度指数、Shannon-Wiener 多样性指数、Simpson 优势度指数和 Pielou 均匀度指数。D_{100}、D_{300}、D_{500}、D_{1000}、D_{2000} 分别代表距离电厂围墙外 100m、300m、500m、1000m、2000m 的取样距离（$n=3$）。不同小写字母表示取样距离间植物多样性的差异显著（$p<0.05$）

4.2.3.3 灵武电厂

随取样距离增加，2020 年灵武湖电厂周边 4 个植物多样性指数均未表现出明显的变化规律（图 4-12）。取样距离间，Patrick 丰富度指数在 D_{1000} 处显著低于 D_{100}、D_{500} 和 D_{2000} 处的测定值（$p<0.05$）；Shannon-Wiener 多样性指数在 D_{1000} 处显著低于 D_{100} 和 D_{500} 处的测定值（$p<0.05$）；Pielou 均匀度指数在 D_{2000} 处显著低于 D_{100}、D_{500} 和 D_{1000} 处的测定值（$p<0.05$）；Simpson 优势度指数在 D_{2000} 处显著高于 D_{100} 和 D_{500} 处的测定值（$p<0.05$），与其他取样距离处的测定值无显著差异（$p>0.05$）。

4.2.3.4 研究区

随取样距离增加，2020 年 Simpson 优势度指数在 2020 年呈先增加后略有降低的变化趋势、在 2021 年呈增加趋势，其他 3 个植物多样性指数在 2 个年份均未表现出明显的变

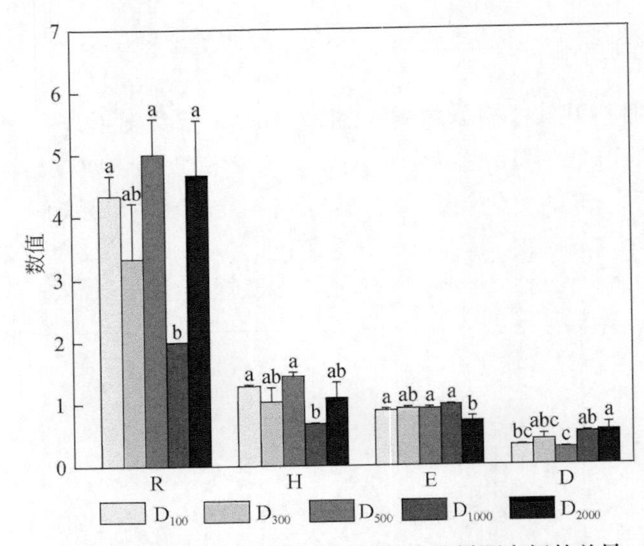

图 4-12　灵武电厂周边植物多样性在取样距离间的差异

R、H、D、E 分别代表 Patrick 丰富度指数、Shannon-Wiener 多样性指数、Simpson 优势度指数和 Pielou 均匀度指数。D_{100}、D_{300}、D_{500}、D_{1000}、D_{2000} 分别代表距离电厂围墙外 100m、300m、500m、1000m、2000m 的取样距离（n =3）。不同小写字母表示取样距离间植物多样性的差异显著（$p < 0.05$）

化规律（图 4-13）。取样距离间，2020 年 Patrick 丰富度指数和 Pielou 均匀度指数无显著差异（$p>0.05$），Shannon-Wiener 多样性指数在 D_{100} 和 D_{500} 处显著高于 D_{1000} 处的测定值（$p < 0.05$），Simpson 优势度指数在 D_{1000} 处显著高于除 D_{2000} 外的其他取样距离处的测定值（$p < 0.05$）；2021 年 4 个植物多样性指数均无显著差异（$p>0.05$）。

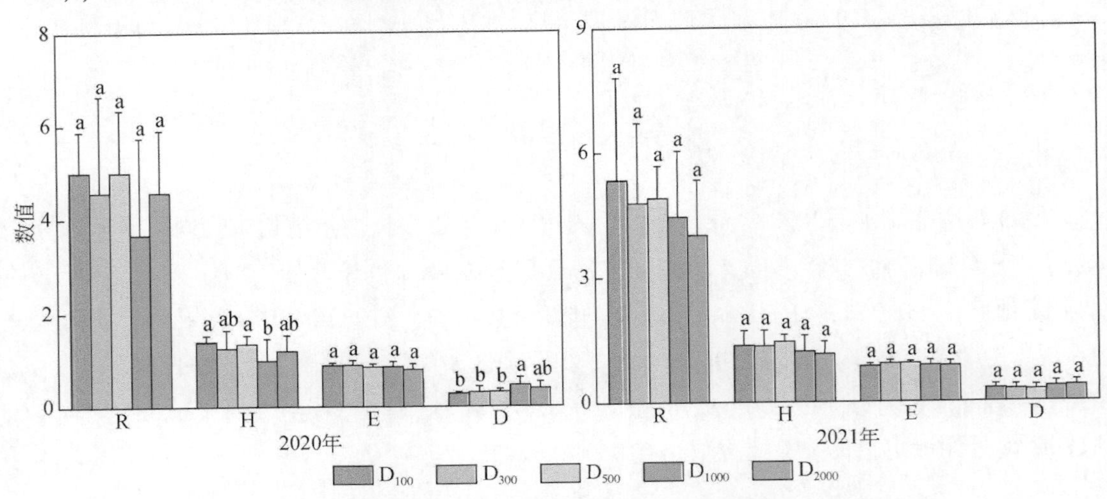

图 4-13　研究区植物多样性在取样距离间的差异（2020 年和 2021 年）

R、H、D、E 分别代表 Patrick 丰富度指数、Shannon-Wiener 多样性指数、Simpson 优势度指数和 Pielou 均匀度指数。D_{100}、D_{300}、D_{500}、D_{1000}、D_{2000} 分别代表距离电厂围墙外 100m、300m、500m、1000m、2000m 的取样距离（n =9）。不同小写字母表示取样距离间植物多样性的差异显著（$p < 0.05$）

将2020年和2021年8月份植物多样性数据进行了整合，分析了研究区4个植物多样指数在取样距离间的差异（图4-14）。随取样距离增加，Simpson优势度指数呈先增加后略有降低的变化趋势，其他3个植物多样性指数未表现出明显的变化规律。取样距离间，Patrick丰富度指数和Pielou均匀度指数无显著差异（$p>0.05$）；Shannon-Wiener多样性指数在D_{100}和D_{500}处显著高于D_{1000}处的测定值（$p<0.05$）；Simpson优势度指数在D_{1000}和D_{2000}处显著高于其他3个取样距离处的测定值（$p<0.05$）。

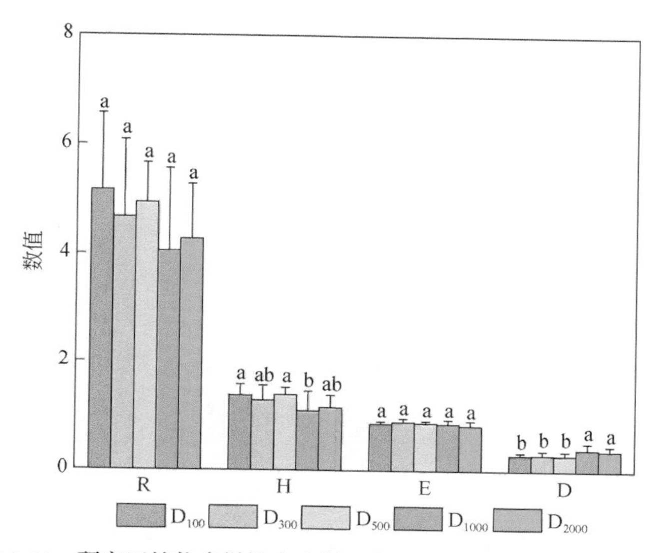

图4-14　研究区植物多样性在取样距离间的差异（2020～2021年）

R、H、D、E分别代表Patrick丰富度指数、Shannon-Wiener多样性指数、Simpson优势度指数和Pielou均匀度指数。D_{100}、D_{300}、D_{500}、D_{1000}、D_{2000}分别代表距离电厂围墙外100m、300m、500m、1000m、2000m的取样距离（$n=18$）。不同小写字母表示取样距离间植物多样性的差异显著（$p<0.05$）

4.3　研究区植物C：N：P生态化学计量学特征

4.3.1　植物多样性的变化范围

4.3.1.1　马莲台电厂

除全C浓度外，2020年马莲台电厂周边植物C：N：P生态化学计量学特征各指标变异系数均较大（图4-15）：全C浓度的变化范围为354.28～459.93$mg \cdot g^{-1}$，平均值为419.97±7.11$mg \cdot g^{-1}$；全N浓度和N：P中度变异，变化范围分别为8.41～21.02$mg \cdot g^{-1}$和18.92～50.43，平均值分别为14.84±1.04$mg \cdot g^{-1}$和7.82±0.58；全P浓度、C：N、

C∶P高度变异，变化范围分别为0.82～3.31mg·g^{-1}、120.24～515.45和5.51～14.37，平均值分别为2.01±0.18mg·g^{-1}、30.57±2.48、241.85±28.92。

4.3.1.2　鸳鸯湖电厂

2020年鸳鸯湖电厂周边植物全C浓度变异系数最小，C∶P和N∶P变异系数最大（图4-15）：全C浓度、全N浓度、全P浓度、C∶N、C∶P和N∶P的变化范围分别为380.46～437.70mg·g^{-1}、9.25～18.51mg·g^{-1}、0.96～2.56mg·g^{-1}、21.35～44.92、148.79～427.77和5.05～14.84，平均值分别为411.66±4.74mg·g^{-1}、14.35±0.70mg·g^{-1}、1.73±0.12mg·g^{-1}、29.87±1.77、256.61±20.47、8.78±0.68。

4.3.1.3　灵武电厂

2020年灵武电厂周边植物全C浓度、全N浓度、C∶N和N∶P中度变异，全P浓度和C∶P高度变异（图4-15）：全C浓度、全N浓度、全P浓度、C∶N、C∶P和N∶P的变化范围分别为355.88～725.74mg·g^{-1}、7.71～18.62mg·g^{-1}、1.62～5.64mg·g^{-1}、21.86～54.60、69.28～260.22和2.82～5.99，平均值分别为416.32±22.89mg·g^{-1}、12.22±0.79mg·g^{-1}、3.22±0.33mg·g^{-1}、35.43±2.21、143.79±13.01、4.02±0.22。

4.3.1.4　研究区

如图4-15所示，2020年研究区植物全C浓度变异系数最小，变化范围为354.28～725.74mg·g^{-1}，平均值为415.9±87.97mg·g^{-1}；全N浓度和C∶N中度变异，变化范围分别为7.71.28～21.02mg·g^{-1}和18.92～54.60，平均值分别为13.80±0.51mg·g^{-1}和31.96±1.28；全P浓度、C∶P和N∶P高度变异，变化范围分别为0.82～5.64mg·g^{-1}、69.28～515.45和2.82～14.84，平均值分别为2.32±0.16mg·g^{-1}、214.09±14.42、6.87±0.43。

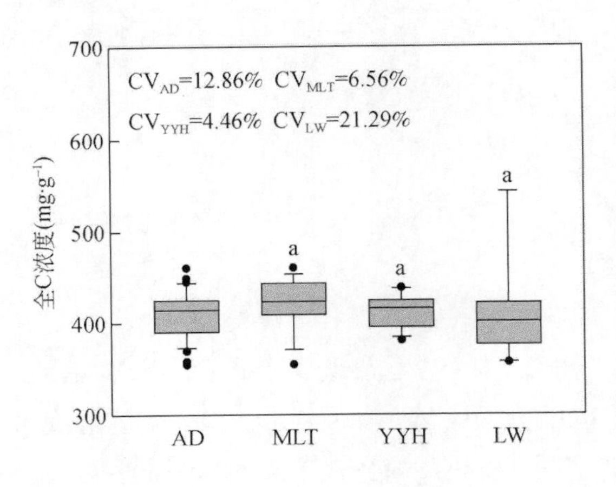

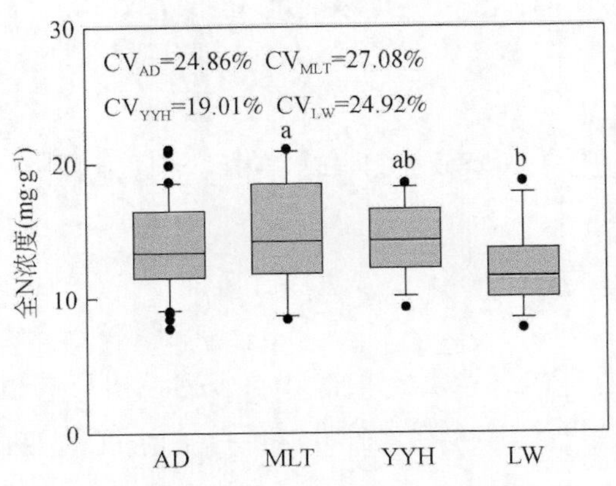

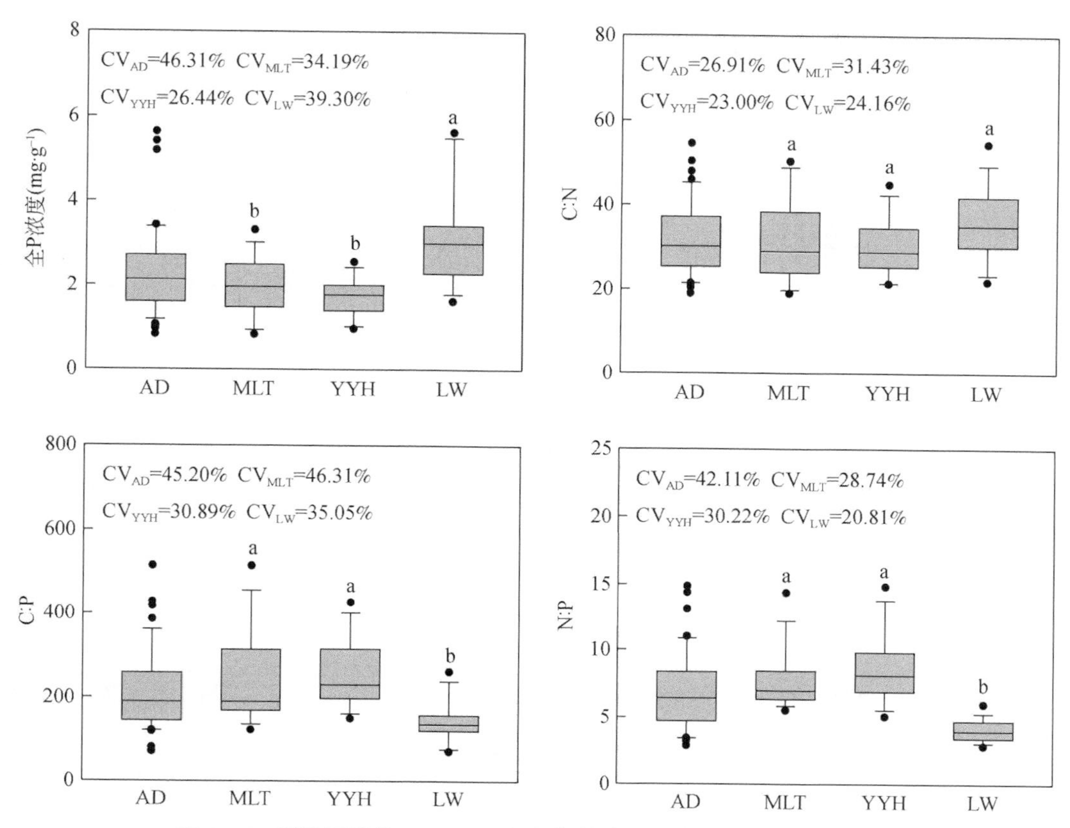

图 4-15　研究区植物 C：N：P 生态化学计量学特征在电厂间的差异

AD 代表 3 个电厂的所有数据（n=45）。MLT、YYH 和 LW 分别代表马莲台电厂（n =15）、鸳鸯湖电厂（n =15）和灵武电厂（n =15）。不同小写字母代表 3 个电厂间各指标的差异显著（p <0.05）

4.3.2　电厂间植物 C：N：P 生态化学计量学特征的差异

电厂间（图 4-15），植物全 C 浓度和 C：P 无显著性差异（p>0.05）；马莲台电厂周边植物全 N 浓度显著高于灵武电厂周边的测定值（p < 0.05），鸳鸯湖电厂周边的测定值与其他 2 个电厂无显著性差异（p>0.05）；灵武电厂周边植物全 P 浓度显著高于马莲台电厂和鸳鸯湖电厂周边的测定值（p < 0.05），马莲台电厂和鸳鸯湖电厂周边的测定值之间无显著性差异（p>0.05）；灵武电厂周边植物 C：P 和 N：P 显著高于马莲台电厂和鸳鸯湖电厂周边的测定值（p < 0.05），马莲台电厂和鸳鸯湖电厂周边的测定值之间无显著性差异（p>0.05）。因此，相较其他 2 个电厂，灵武电厂周边具有较高的植物全 P 浓度、较低的全 N 浓度、C：P 和 N：P。

4.3.3 取样距离间植物 C∶N∶P 生态化学计量学特征的差异

4.3.3.1 马莲台电厂

随取样距离增加，2020 年马莲台电厂周边植物全 C 浓度和 C∶N 呈先增加后降低的变化趋势，全 N 浓度、全 P 浓度、C∶P、N∶P 无明显的规律性（图 4-16）。取样距离间，全 C 浓度在 D_{500} 处显著高于 D_{2000} 处的测定值（$p < 0.05$）；全 N 浓度在 D_{100} 处显著高于 D_{1000} 处的测定值（$p < 0.05$）；全 P 浓度在 D_{100} 和 D_{2000} 处显著高于 D_{300} 和 D_{1000} 处的测定值（$p < 0.05$）；C∶N在 D_{1000} 处显著高于 D_{100} 处的测定值（$p<0.05$）；C∶P 在 D_{300} 处显著高于 D_{2000} 处的测定值（$p<0.05$）；N∶P 在 D_{300} 处显著高于 D_{500} 和 D_{2000} 处的测定值（$p<0.05$）。

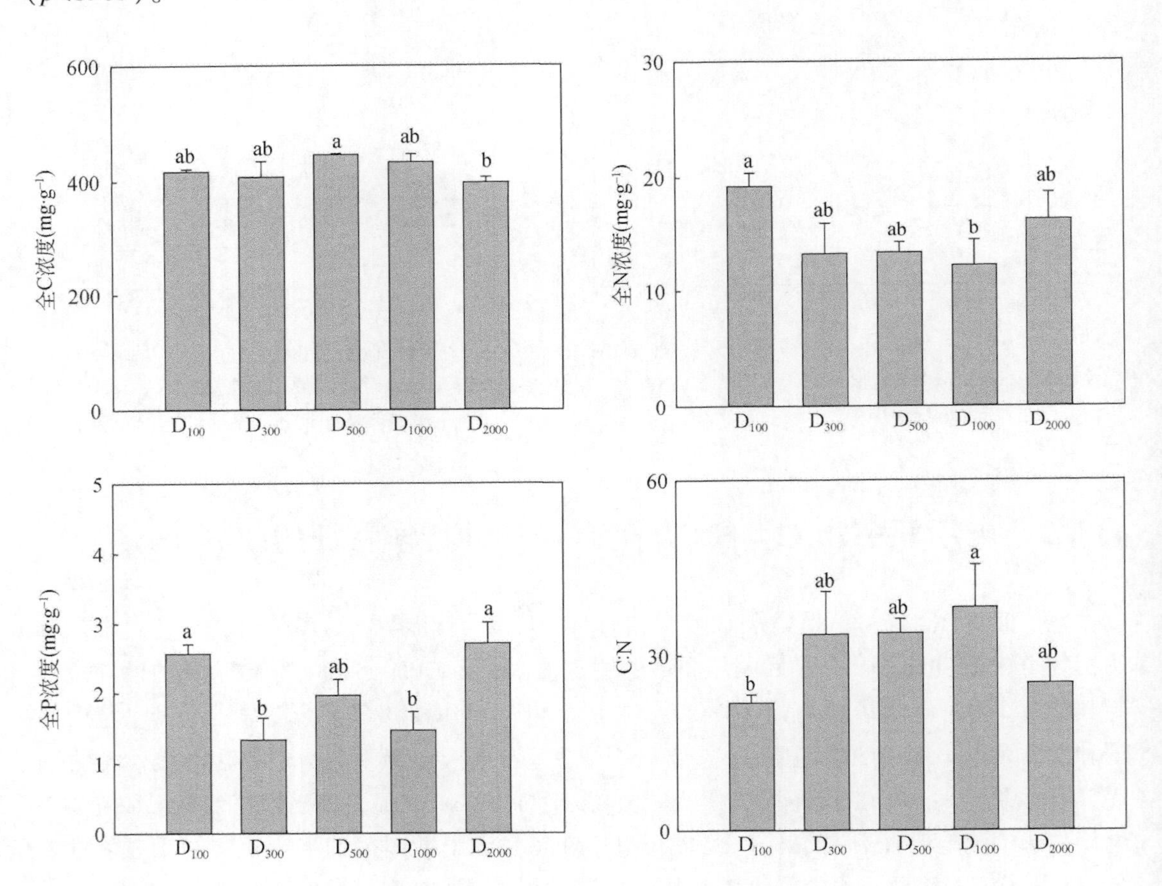

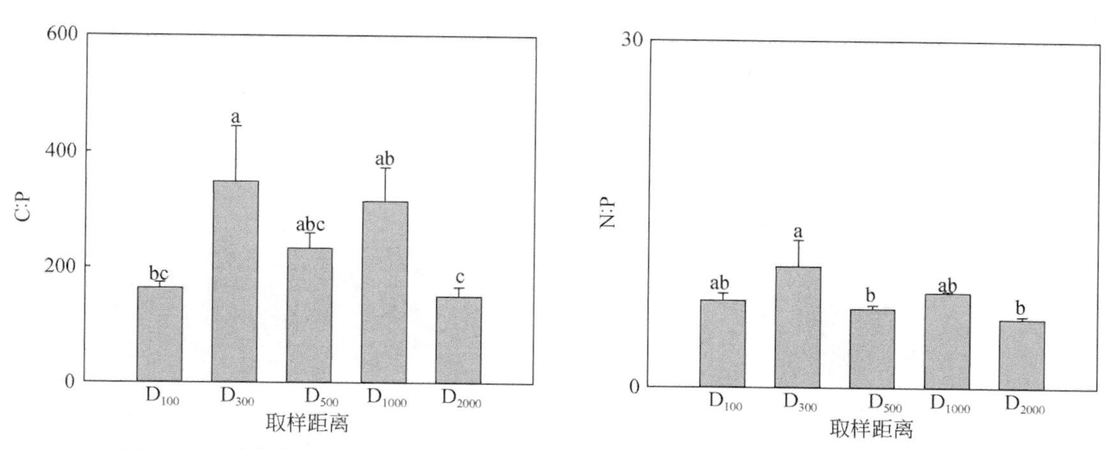

图 4-16　马莲台电厂周边植物 C：N：P 生态化学计量学特征在取样距离间的差异

D_{100}、D_{300}、D_{500}、D_{1000}、D_{2000}分别代表距离电厂围墙外 100m、300m、500m、1000m、2000m 的取样距离（$n=3$）。不同小写字母表示取样距离间植物 C：N：P 生态化学计量学特征的差异显著（$p<0.05$）

4.3.3.2　鸳鸯湖电厂

随取样距离增加，鸳鸯湖电厂周边植物全 C 浓度变化不大，全 N 和全 P 浓度呈先降低后增加的变化趋势，C：N、C：P 和 N：P 呈先增加后降低的变化趋势（图 4-17）。但取样距离间，各指标均无显著性差异（$p>0.05$）。

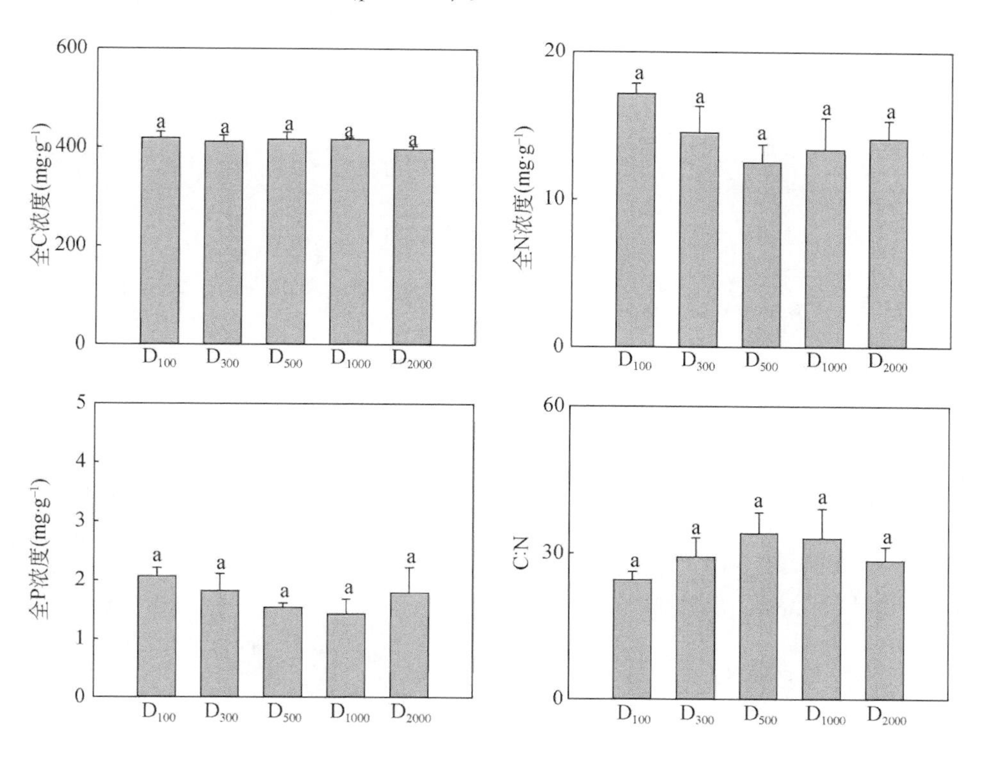

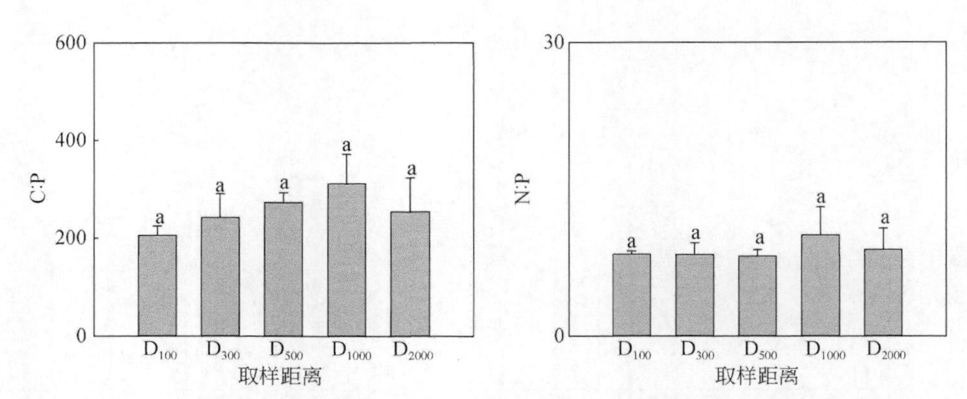

图 4-17　鸳鸯湖电厂周边植物 C∶N∶P 生态化学计量学特征在取样距离间的差异

D_{100}、D_{300}、D_{500}、D_{1000}、D_{2000} 分别代表距离电厂围墙外 100m、300m、500m、1000m、2000m 的取样距离（$n=3$）。不同小写字母表示取样距离间植物 C∶N∶P 生态化学计量学特征的差异显著（$p<0.05$）

4.3.3.3　灵武电厂

随取样距离增加，2020 年灵武电厂周边植物全 C 浓度和全 P 浓度呈先降低后增加的变化趋势，C∶P 呈增加趋势，N∶P 呈先增加后降低趋势，全 N 浓度和 C∶N 规律不明显（图 4-18）。

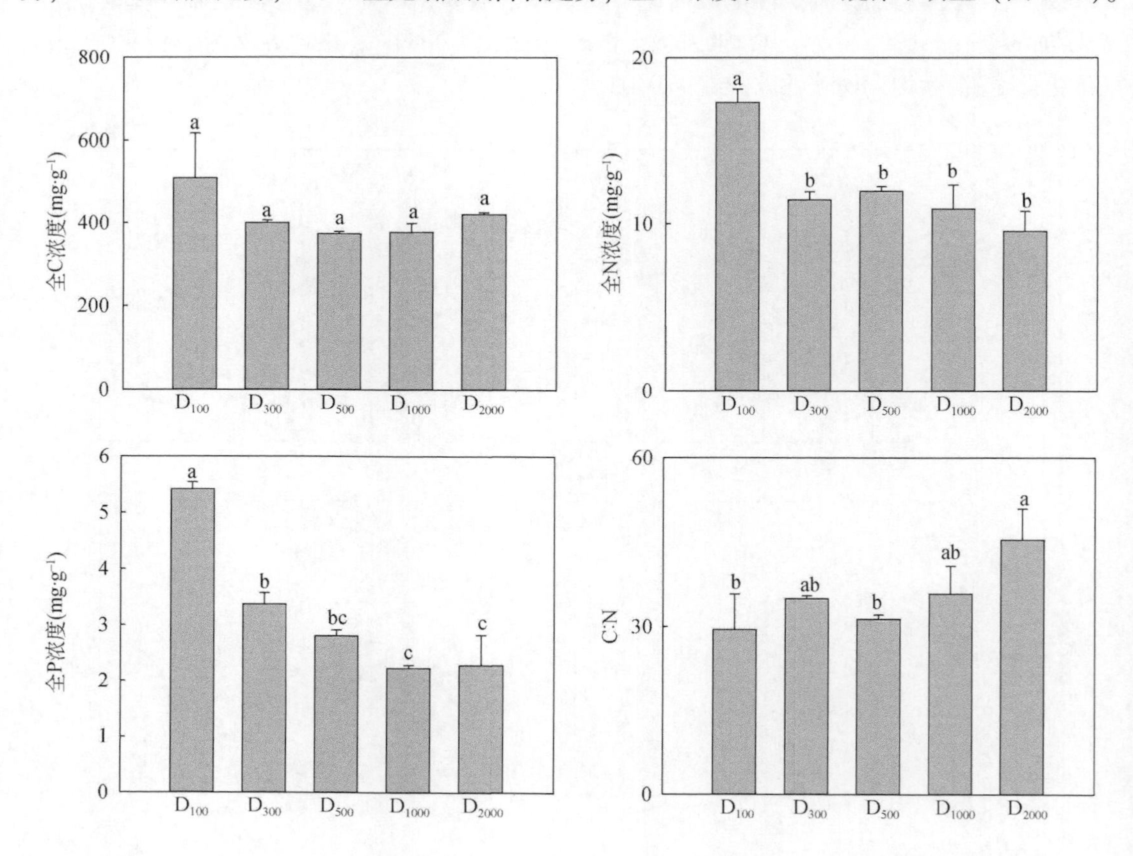

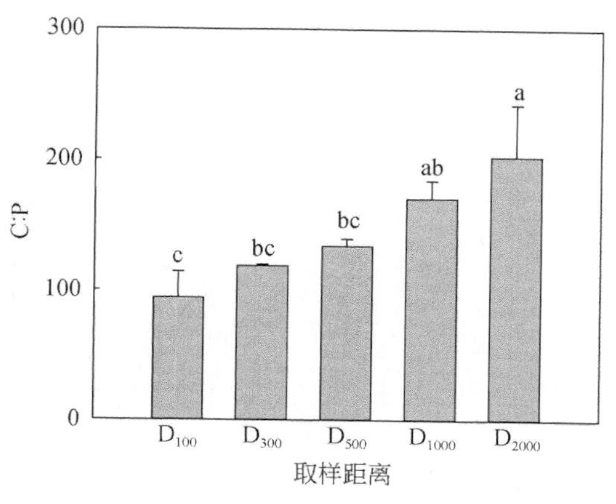

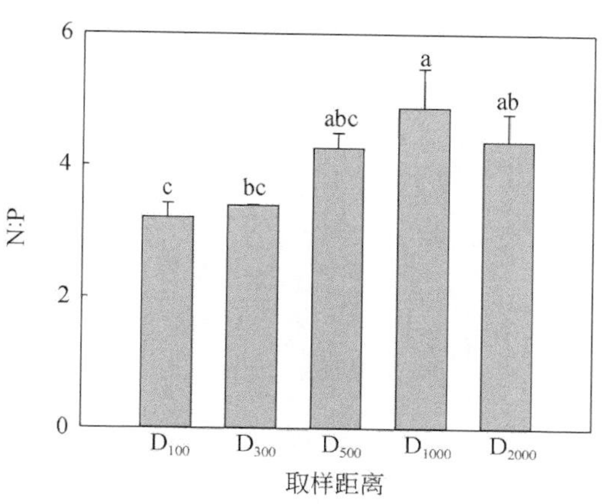

图 4-18　灵武电厂周边植物 C：N：P 生态化学计量学特征在取样距离间的差异

D_{100}、D_{300}、D_{500}、D_{1000}、D_{2000}分别代表距离电厂围墙外 100m、300m、500m、1000m、2000m 的取样距离（$n=3$）。不同小写字母表示取样距离间植物 C：N：P 生态化学计量学特征的差异显著（$p<0.05$）

取样距离间，全 C 浓度无显著性差异（$p>0.05$）；全 N 浓度在 D_{100}处显著高于其他 4 个取样距离处的测定值（$p<0.05$）；全 P 浓度在 D_{100}和 D_{300}处显著高于 D_{1000}和 D_{2000}处的测定值（$p<0.05$）；C：N 在 D_{2000}处显著高于 D_{100}和 D_{500}处的测定值（$p<0.05$）；C：P 在 D_{2000}处显著高于 D_{100}、D_{300}和 D_{500}处的测定值（$p<0.05$）；N：P 在 D_{1000}处显著高于 D_{100}和 D_{300}处的测定值（$p<0.05$）。

4.3.3.4　研究区

将 3 个电厂的数据进行了汇总，结果表明，随取样距离增加，2020 年研究区植物全 C 浓度变化较小，全 N 和全 P 浓度呈先降低后增加的变化趋势，C：N、C：P 和 N：P 呈先降低后增加的变化趋势（图 4-19）。取样距离间，全 C 浓度和 N：P 无显著性差异（$p>0.05$）；全 N 和全 P 浓度在 D_{100}处显著高于其他 4 个取样距离处的测定值（$p<0.05$）；C：N和 C：P 在 D_{1000}处显著高于 D_{100}处的测定值（$p<0.05$）。

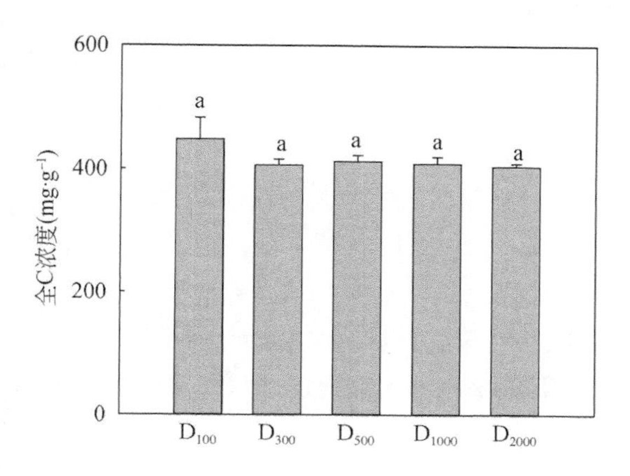

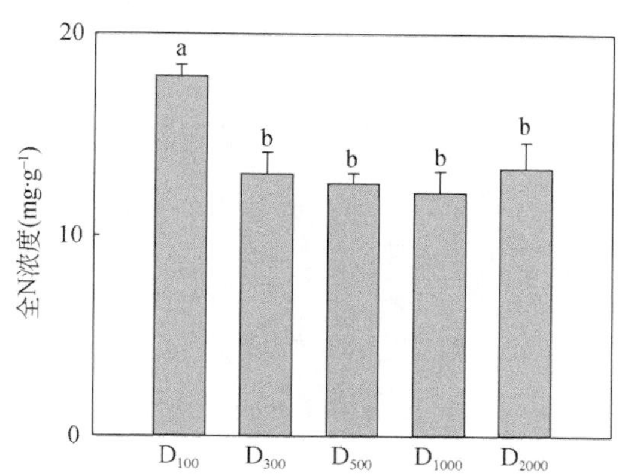

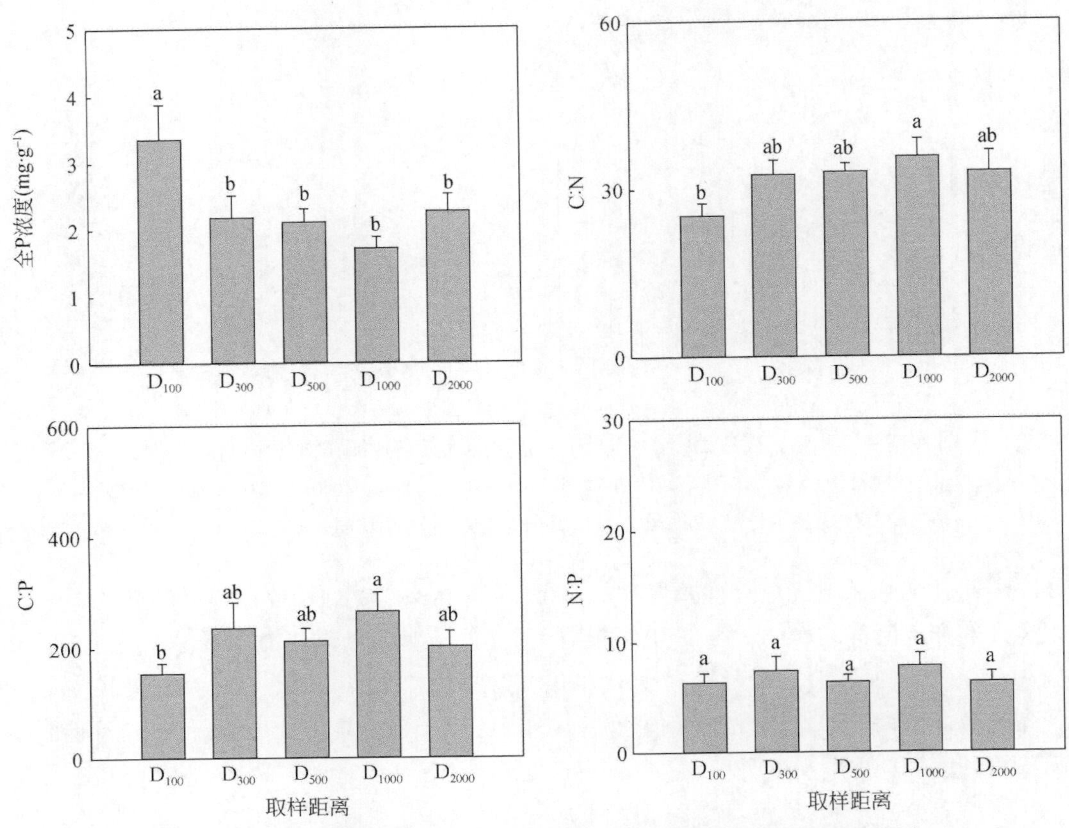

图 4-19　研究区植物 C：N：P 生态化学计量学特征在取样距离间的差异

D_{100}、D_{300}、D_{500}、D_{1000}、D_{2000} 分别代表距离电厂围墙外 100m、300m、500m、1000m、2000m 的取样距离（$n=9$）。不同小写字母表示取样距离间植物 C：N：P 生态化学计量学特征的差异显著（$p < 0.05$）

4.4　研究区植物多样性与生物量和 C：N：P 生态化学计量学特征的关系

4.4.1　植物多样性与生物量的关系

4.4.1.1　马莲台电厂

2020 年马莲台电厂周边植物 Patrick 丰富度指数、Shannon-Wiener 多样性指数、Simpson 优势度指数和 Pielou 均匀度指数均与植物群落生物量无显著的线性关系（$p>0.05$，图 4-20）。

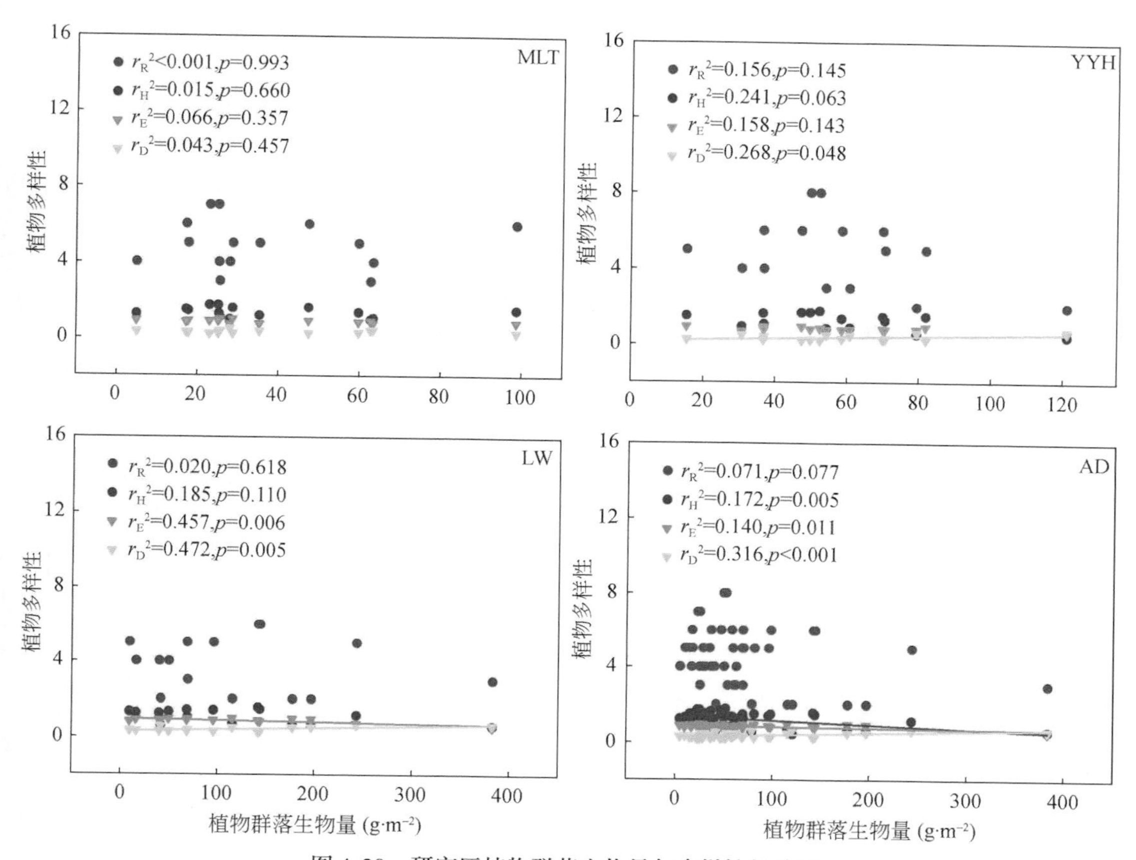

图 4-20 研究区植物群落生物量与多样性的关系

AD 代表所有数据（n =45）。MLT、YYH、LW 分别代表马莲台电厂（n =15）、鸳鸯湖电厂（n =15）、灵武电厂（n =15）。R、H、D、E 分别代表 Patrick 丰富度指数、Shannon-Wiener 多样性指数、Simpson 优势度指数和 Pielou 均匀度指数

4.4.1.2 鸳鸯湖电厂

2020 年鸳鸯湖电厂周边植物 Patrick 丰富度指数、Shannon-Wiener 多样性指数和 Pielou 均匀度指数均与植物群落生物量无显著的线性关系（$p>0.05$，图 4-20），Simpson 优势度指数与植物群落生物量呈显著正的线性关系（$p < 0.05$）。

4.4.1.3 灵武电厂

2020 年灵武电厂周边植物 Patrick 丰富度指数和 Shannon-Wiener 多样性指数均与植物群落生物量无显著的线性关系（图 4-20，$p>0.05$），Simpson 优势度指数与植物群落生物量呈显著正的线性关系（$p < 0.05$），Pielou 均匀度指数与植物群落生物量呈显著负的线性关系（$p < 0.05$）。

4.4.1.4　研究区

2020 年 3 个电厂的汇总结果显示（图 4-20），研究区 Patrick 丰富度指数与植物群落生物量无显著的线性关系（p>0.05），Shannon-Wiener 多样性指数和 Pielou 均匀度指数均与植物群落生物量呈显著负的线性关系（$p < 0.05$），Simpson 优势度指数与植物群落生物量呈显著正的线性关系（$p < 0.05$）。

4.4.2　植物多样性与 C：N：P 生态化学计量学特征的关系

4.4.2.1　马莲台电厂

2020 年马莲台电厂周边各植物多样性指数均与 C：N：P 生态化学计量学特征无显著的线性关系（图 4-21，p>0.05）。

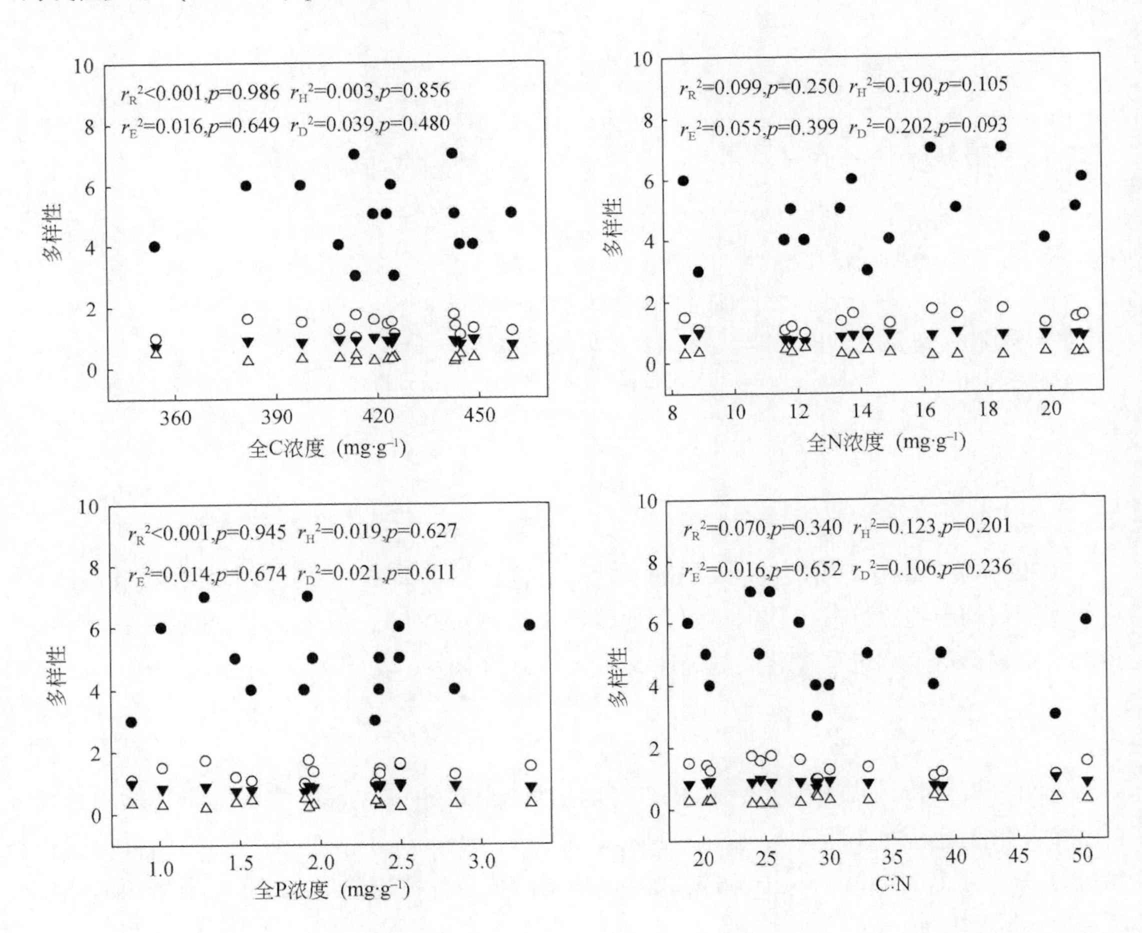

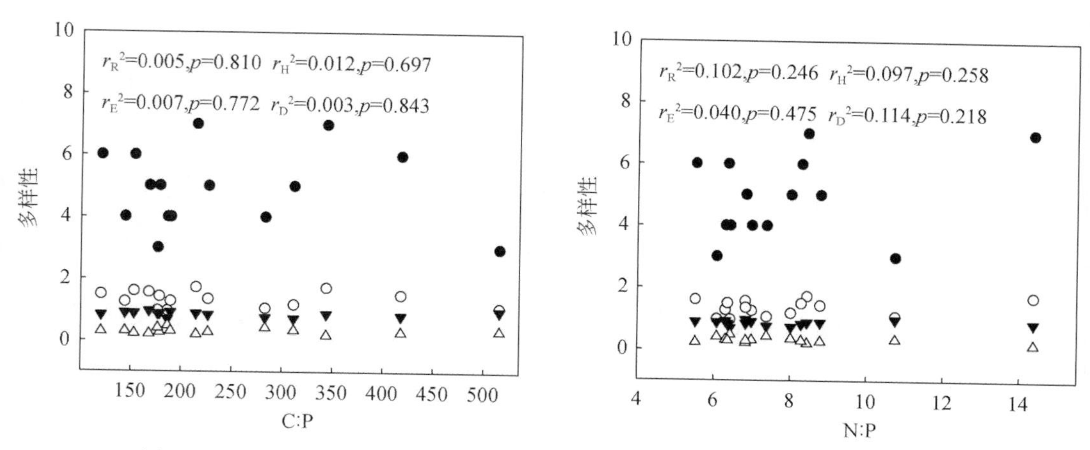

图 4-21　马莲台电厂周边植物多样性与 C∶N∶P 生态化学计量学特征的关系

下角标 R、H、D、E 分别代表 Patrick 丰富度指数（黑色圆圈）、Shannon-Wiener 多样性指数（白色圆圈）、Simpson 优势度指数（白色三角形）和 Pielou 均匀度指数（黑色三角形）。n =15

4.4.2.2　鸳鸯湖电厂

2020 年鸳鸯湖电厂周边植物全 C 浓度和 N∶P 与 4 个多样性指数均无显著的线性关系（$p > 0.05$，图 4-22）。全 N 浓度与 Patrick 丰富度指数和 Shannon-Wiener 多样性指数呈显著正的线性关系（$p < 0.05$），与 Simpson 优势度指数呈显著负的线性关系（$p < 0.05$）。全 P 浓度与 Patrick 丰富度指数、Shannon-Wiener 多样性指数和 Pielou 均匀度指数呈显著正的线性关系（$p < 0.05$），与 Simpson 优势度指数呈显著负的线性关系（$p < 0.05$）。C∶N 与 Shannon-Wiener 多样性指数呈显著负的线性关系（$p < 0.05$），与 Simpson 优势度指数呈显著正的线性关系（$p < 0.05$）。N∶P 与 Patrick 丰富度指数、Shannon-Wiener 多样性指数和 Pielou 均匀度指数呈显著负的线性关系（$p < 0.05$），与 Simpson 优势度指数呈显著正的线性关系（$p < 0.05$）。

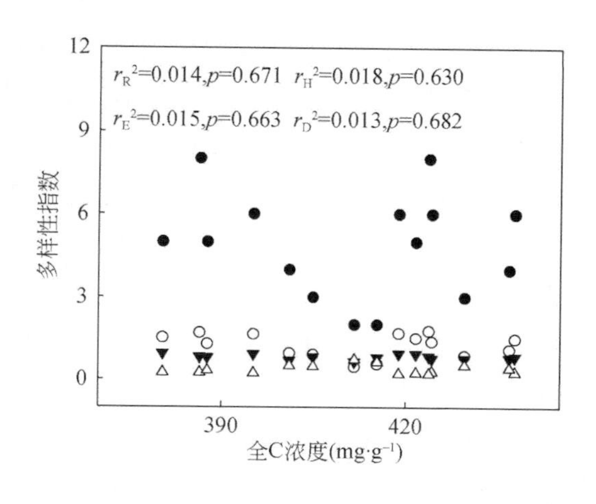

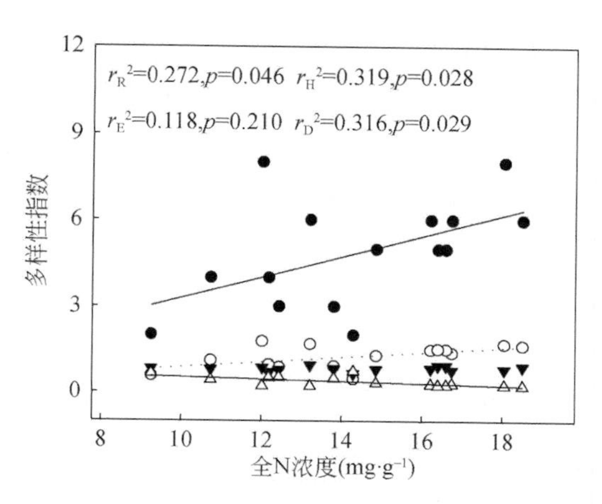

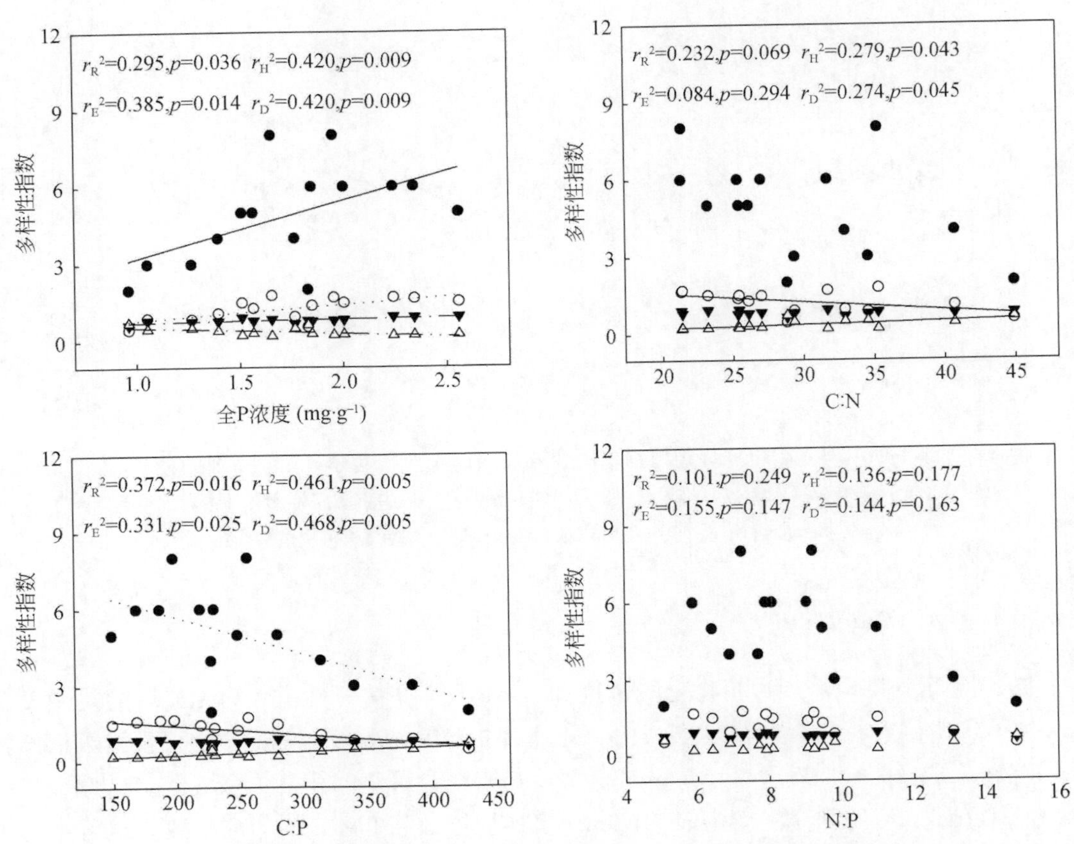

图 4-22　鸳鸯湖电厂周边植物多样性与 C : N : P 生态化学计量学特征的关系

R、H、D、E 分别代表 Patrick 丰富度指数（黑色圆圈）、Shannon-Wiener 多样性指数（白色圆圈）、Simpson 优势度指数（白色三角形）和 Pielou 均匀度指数（黑色三角形）。n =15

4.4.2.3　灵武电厂

如图 4-23 所示，2020 年灵武电厂周边植物全 C 浓度与 4 个多样性指数均无显著的线性关系（$p > 0.05$）；全 N 和全 P 浓度均与 Simpson 优势度指数呈显著负的线性关系（$p < 0.05$）；C : N 和 C : P 与 Simpson 优势度指数呈显著正的线性关系（$p < 0.05$），与 Pielou 均匀度指数呈显著负的线性关系（$p < 0.05$）；N : P 与 Simpson 优势度指数呈显著正的线性关系（$p < 0.05$）。

4.4.2.4　研究区

本书汇总了 3 个电厂周边数据，分析了 2020 年研究区植物 C : N : P 生态化学计量学特征与多样性的关系（图 4-24）。全 C 浓度和 N : P 与 4 个多样性指数均无显著的线性关系（$p > 0.05$）；全 N 浓度与 Patrick 丰富度指数和 Shannon-Wiener 多样性指数呈显著正

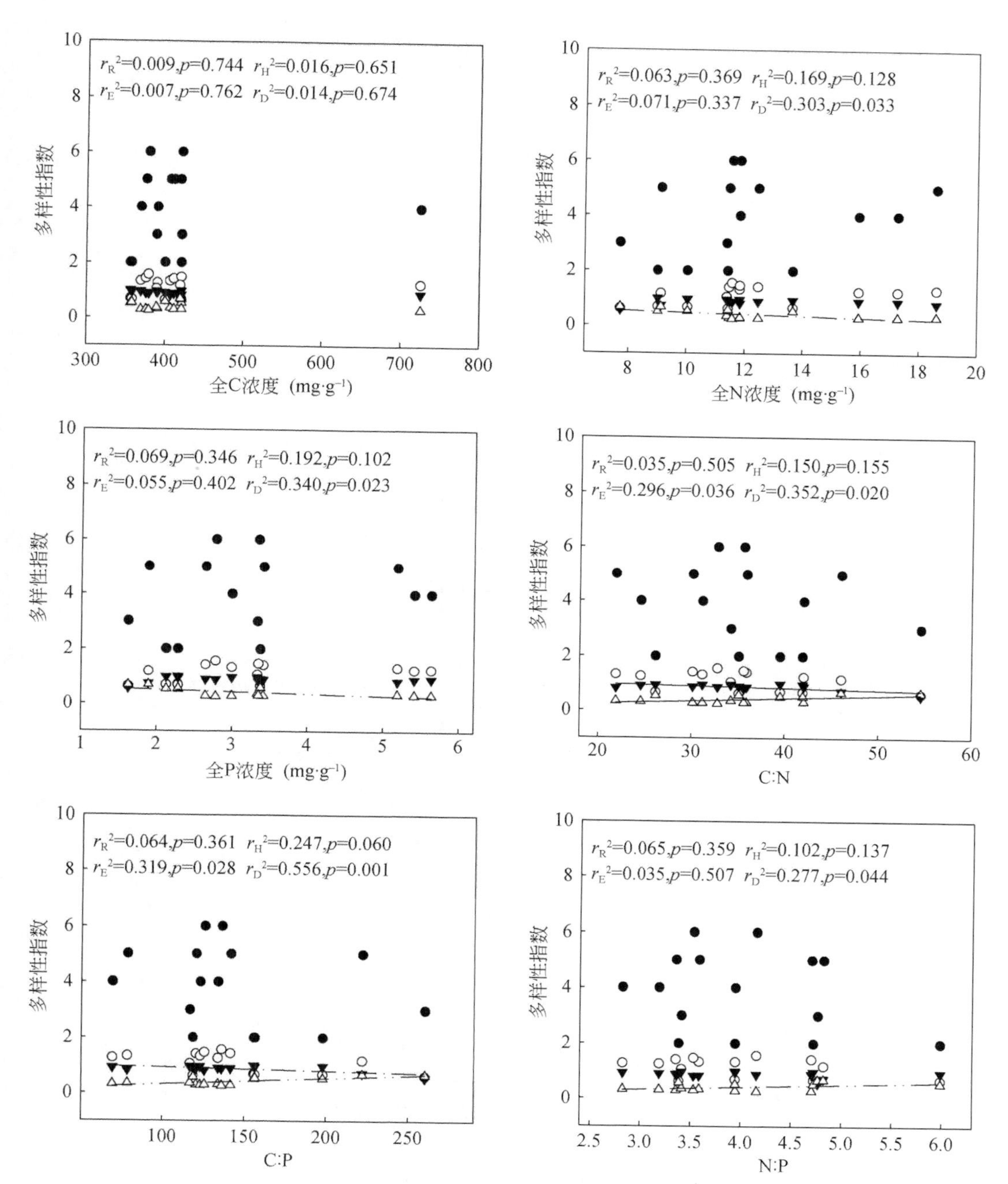

图 4-23 灵武电厂周边植物多样性与 C∶N∶P 生态化学计量学特征的关系

R、H、D、E 分别代表 Patrick 丰富度指数（黑色圆圈）、Shannon-Wiener 多样性指数（白色圆圈）、Simpson 优势度指数（白色三角形）和 Pielou 均匀度指数（黑色三角形）。n =15

的线性关系（$p < 0.05$），与 Simpson 优势度指数呈显著负的线性关系（$p < 0.05$）；全 P 浓度与 Pielou 均匀度指数呈显著正的线性关系（$p < 0.05$）；C∶N 与 Patrick 丰富度指

数和 Shannon-Wiener 多样性指数呈显著负的线性关系（$p < 0.05$），与 Simpson 优势度指数呈显著正的线性关系（$p < 0.05$）；C∶P 与 Pielou 均匀度指数呈显著负的线性关系（$p < 0.05$）。

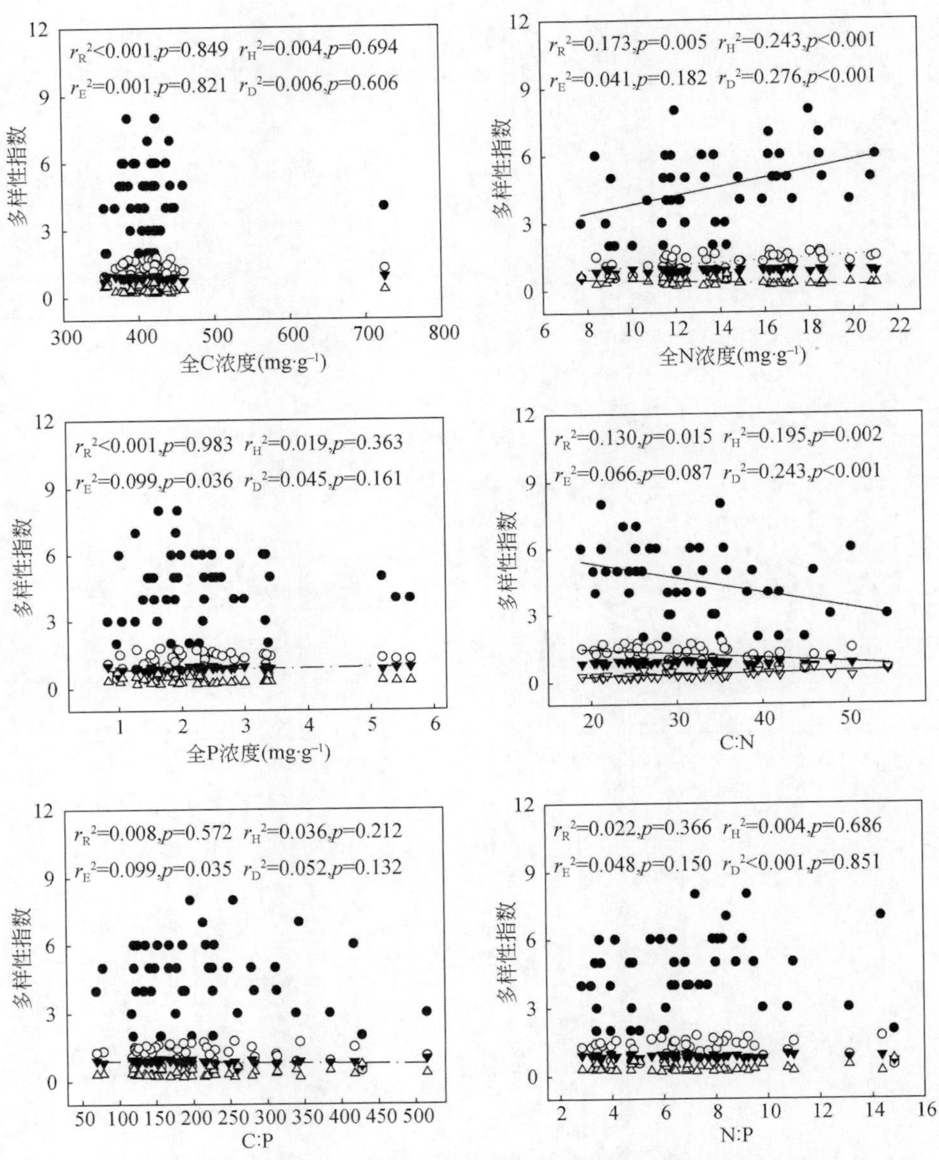

图 4-24　研究区植物多样性与 C∶N∶P 生态化学计量学特征的关系

R、H、D、E 分别代表 Patrick 丰富度指数（黑色圆圈）、Shannon-Wiener 多样性指数（白色圆圈）、Simpson 优势度指数（白色三角形）和 Pielou 均匀度指数（黑色三角形）。$n=45$

4.4.3 植物生物量与 C：N：P 生态化学计量学特征的关系

4.4.3.1 马莲台电厂

2020 年马莲台电厂周边植物全 C 浓度、全 P 浓度、C：P 和 N：P 均与生物量无显著的线性关系（图 4-25，$p > 0.05$），全 N 浓度与生物量呈显著负的线性关系（$p < 0.05$）；C：N 与生物量呈显著正的线性关系（$p < 0.05$）。

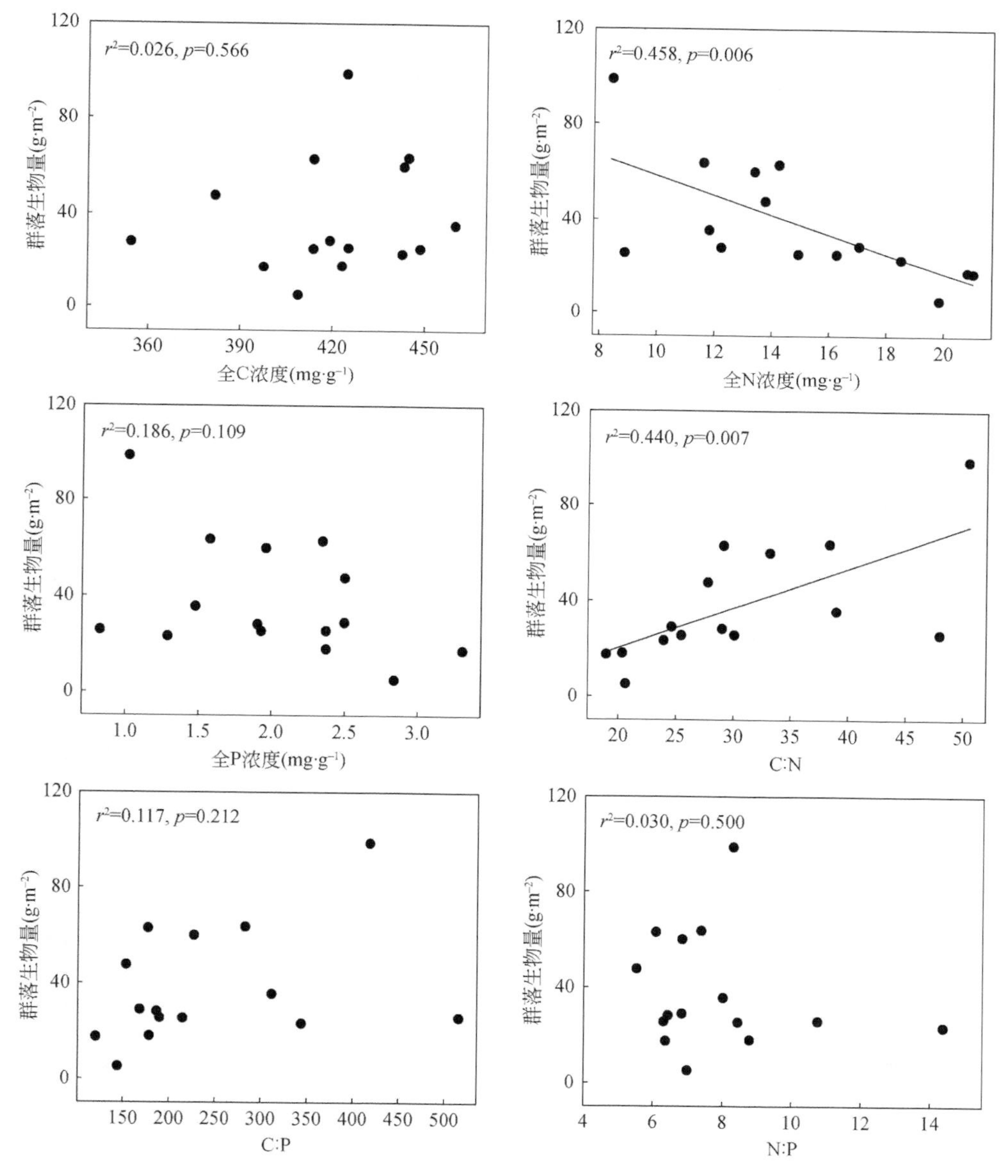

图 4-25 马莲台电厂周边植物群落生物量与 C：N：P 生态化学计量学特征的关系（n =15）

4.4.3.2 鸳鸯湖电厂

2020 年鸳鸯湖电厂周边植物全 C 浓度、全 N 浓度、C : N 均与生物量无显著的线性关系（图4-26，$p > 0.05$），全 P 浓度与生物量呈显著负的线性关系（$p < 0.05$），C : P 和 N : P均与生物量呈显著正的线性关系（$p < 0.05$）。

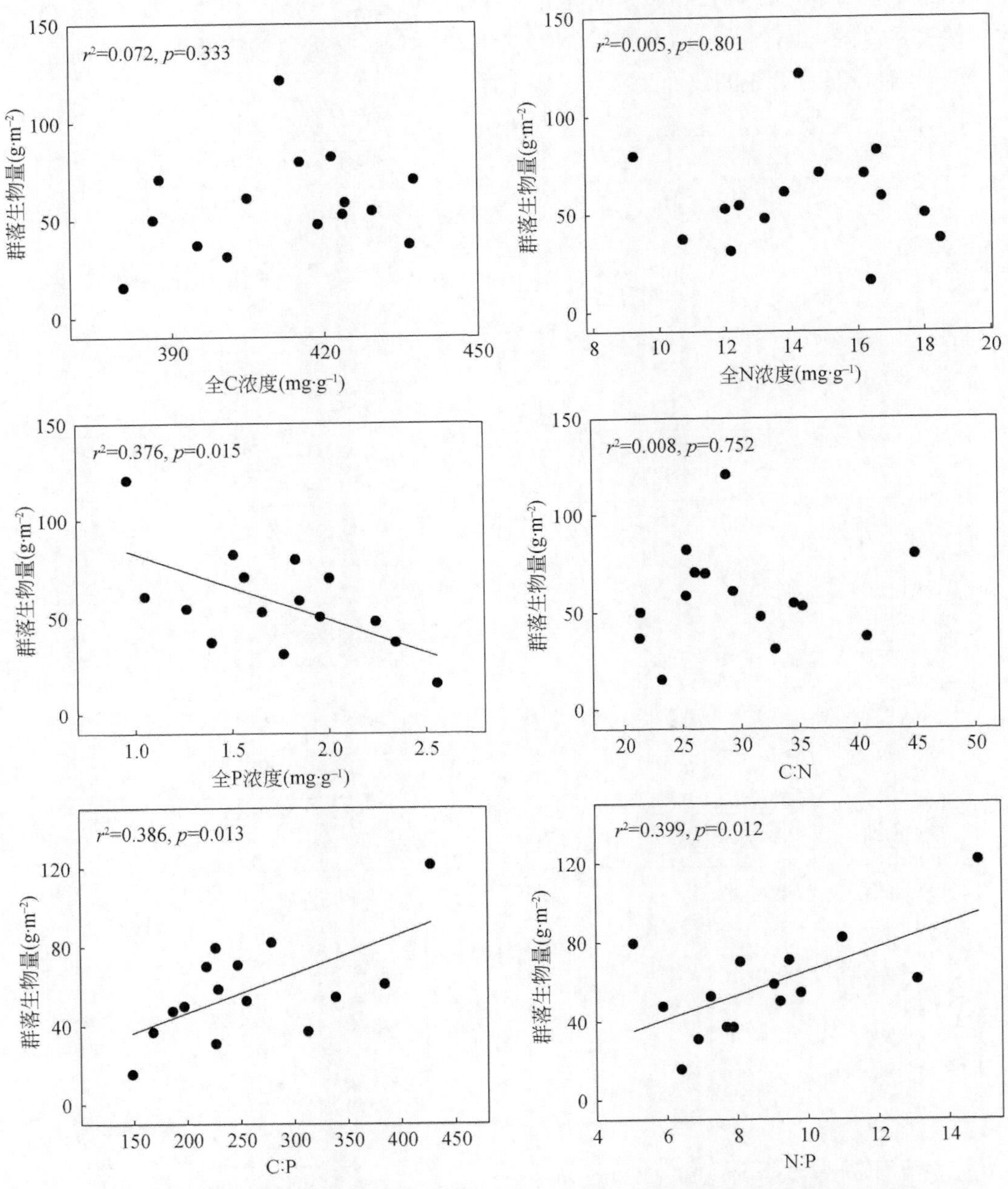

图 4-26 鸳鸯湖电厂周边植物群落生物量与 C : N : P 生态化学计量学特征的关系（n =15）

4.4.3.3 灵武电厂

2020 年灵武电厂周边植物全 C 浓度与生物量无显著的线性关系（图4-27，$p > 0.05$），全 N 和全 P 浓度与生物量呈显著负的线性关系（$p < 0.05$），C : N、C : P 和 N : P 均与生物量呈显著负的线性关系（$p < 0.05$）。

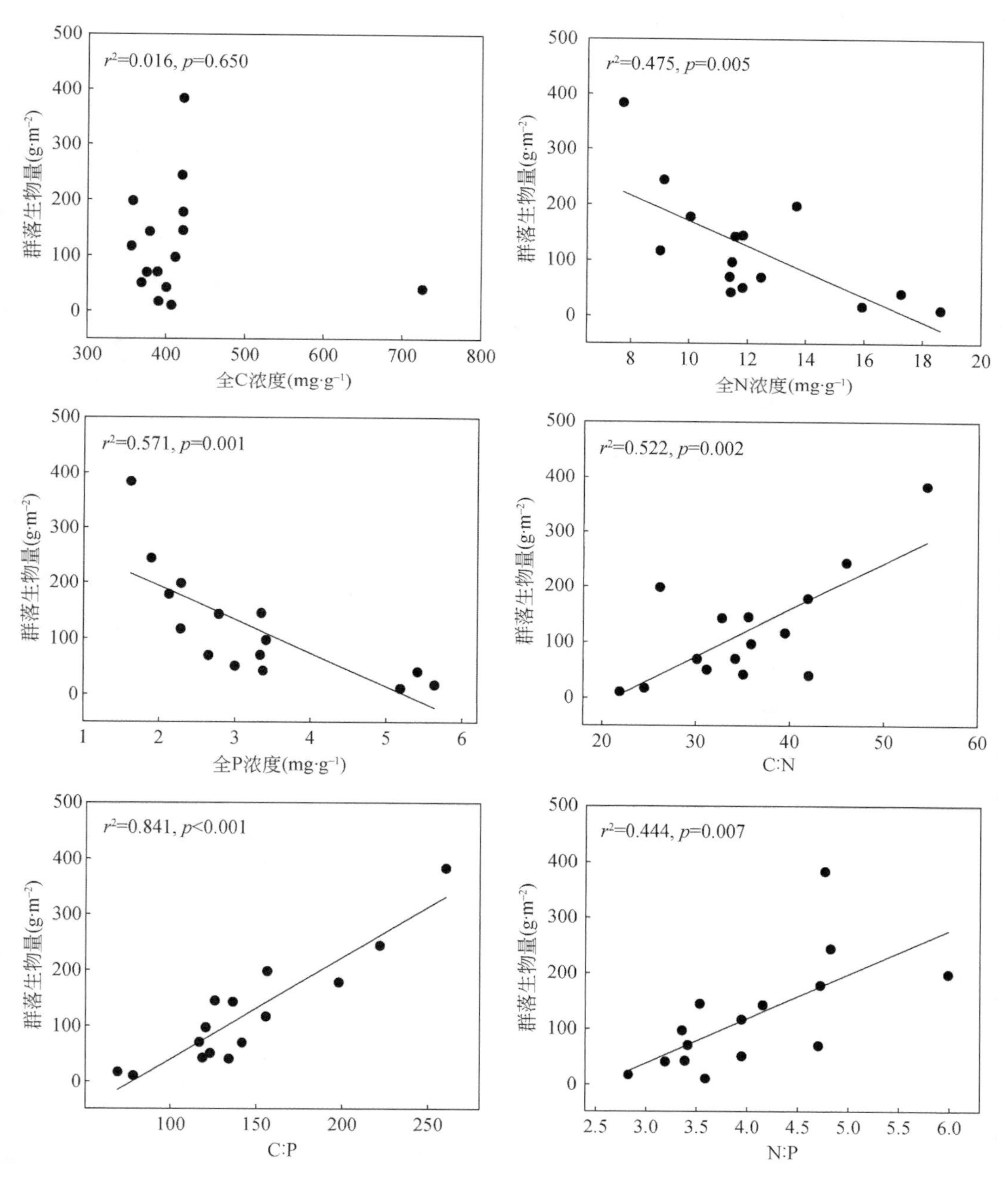

图 4-27 灵武电厂周边植物群落生物量与 C : N : P 生态化学计量学特征的关系（n=15）

4.4.3.4 研究区

本书汇总了3个电厂周边的数据，分析了2020年研究区植物C：N：P生态化学计量学特征与生物量的关系（图4-28）。全C浓度、全P浓度、C：P和N：P均与生物量无显著的线性关系（$p > 0.05$）；全N浓度与生物量呈显著负的线性关系（$p < 0.05$）；C：N与生物量呈显著正的线性关系（$p < 0.05$）。

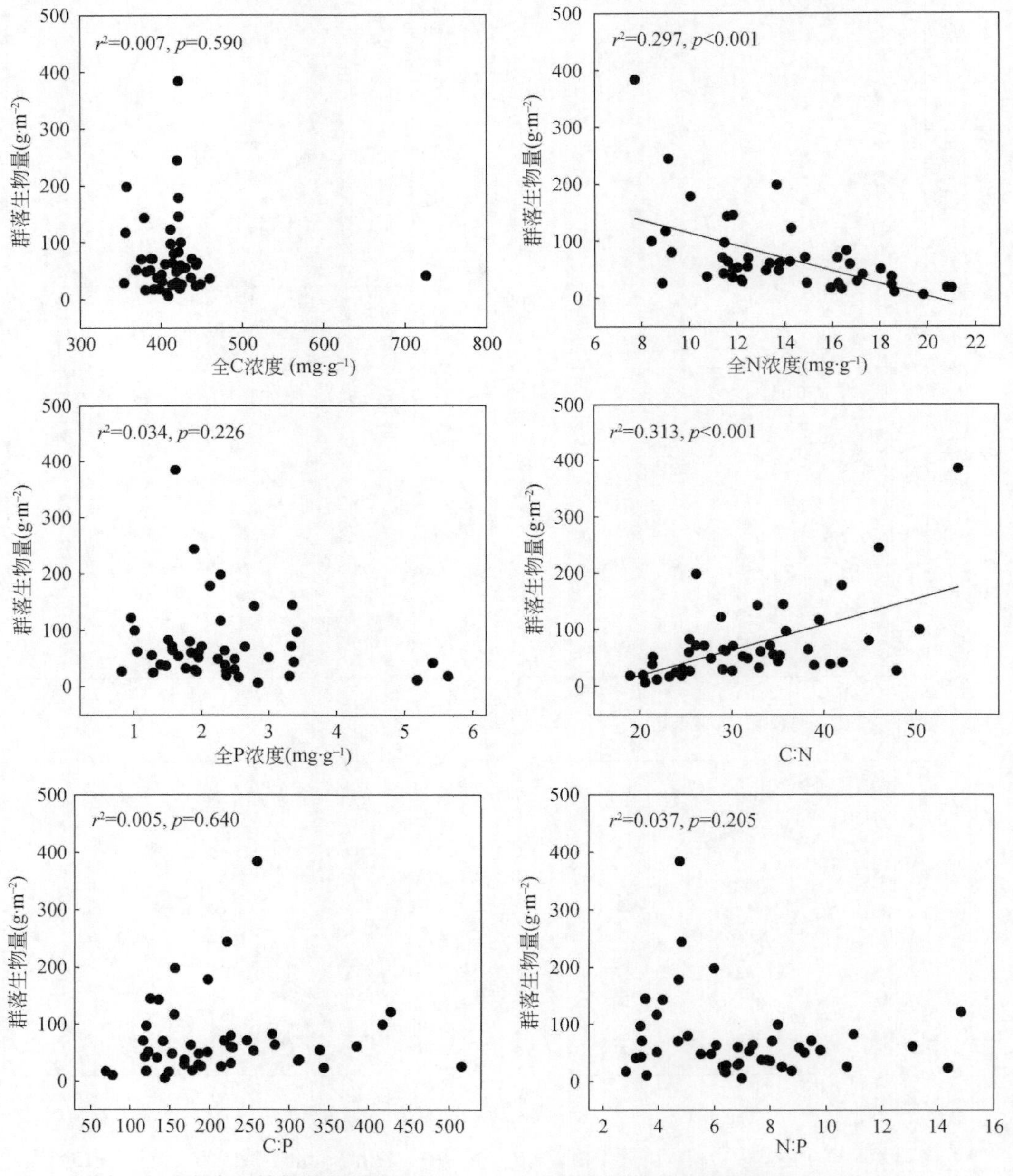

图4-28 研究区植物群落生物量与C：N：P生态化学计量学特征的关系（n =45）

4.5 小　　结

4.5.1 植物生物量变化特征

3个电厂的汇总结果显示，研究区植物群落生物量高度变异，变化范围为5.10～383.27g·m^{-2}；马莲台电厂周边植物生物量较低，灵武电厂周边植物群落生物量较高，鸳鸯湖电厂周边植物群落生物量处于二者之间，但3者间无显著差异；植物群落生物量随取样距离增加而增加。取样距离间，D_{2000}处植物群落生物量显著高于D_{100}和D_{300}处的测定值。

4.5.2 植物多样性变化特征

3个电厂的汇总结果显示，研究区Pielou均匀度指数的变异系数较小，变化范围为0.56～0.99。相比之下，Patrick丰富度指数、Shannon-Wiener多样性指数和Simpson优势度指数中度变异，其变异系数均高于30.0%，变化范围分别为2～8、0.45～1.78和0.19～0.72；总体来看，灵武电厂周边具有较低的Patrick丰富度指数和Shannon-Wiener多样性指数、较高的Simpson优势度指数和Pielou均匀度指数。但3个电厂间，4个多样性指数均未表现出显著的差异性；取样距离间，Patrick丰富度指数和Pielou均匀度指数无显著差异，Shannon-Wiener多样性指数在D_{100}和D_{500}处显著高于D_{1000}处的测定值，Simpson优势度指数在D_{1000}处显著高于除D_{2000}外的其他取样距离处的测定值。

4.5.3 植物C：N：P生态化学计量学特征

3个电厂的汇总结果显示，研究区全C浓度变异系数最小，变化范围为354.28～725.74mg·g^{-1}。全N浓度和C：N中度变异，变化范围分别为7.71.28～21.02mg·g^{-1}和18.92～54.60。全P浓度、C：P和N：P高度变异，变化范围分别为0.82～5.64mg·g^{-1}、69.28～515.45和2.82～14.84；电厂间比较结果表明，灵武电厂周边具有较高的植物全P浓度、较低的全N浓度、C：P和N：P；取样距离间，全C浓度和N：P无显著性差异，全N和全P浓度在D_{100}处显著高于其他4个取样距离处的测定值，C：N和C：P在D_{1000}处显著高于D_{100}处的测定值。

4.5.4 植物多样性与生物量和C：N：P生态化学计量学特征的关系

植物群落生物量与多样性关系较密切：生物量与Patrick丰富度指数无显著的线性关

系；生物量随 Shannon-Wiener 多样性指数和 Pielou 均匀度指数二者增加而降低；生物量随 Simpson 优势度指数的增加而增加。

植物 C : N : P 生态化学计量学特征与生物量关系较弱：全 C 浓度、全 P 浓度、C : P 和 N : P 均与生物量无显著的线性关系；全 N 浓度随生物量的增加而降低；C : N 随生物量的增加而增加。

植物 C : N : P 生态化学计量学特征与多样性关系较密切：全 C 浓度和 N : P 与 4 个多样性指数均无显著的线性关系；全 N 浓度随 Patrick 丰富度指数和 Shannon-Wiener 多样性指数的增加而增加，随 Simpson 优势度指数的增加而降低；全 P 浓度随 Pielou 均匀度指数的增加而增加；C : N 随 Patrick 丰富度指数和 Shannon-Wiener 多样性指数的增加而降低，随 Simpson 优势度指数的增加而增加；C : P 随 Pielou 均匀度指数的增加而降低。

第5章　荒漠煤矿区植物叶片–微生物–土壤C：N：P生态化学计量学特征

本章研究了2018年8月份3个电厂周边植物种叶片、0～20cm微生物、0～60cm土壤C：N：P生态化学计量学特征的变化，比较了植物–微生物–土壤C：N：P生态化学计量学特征在植物种间、电厂间、取样距离间的差异，分析了各组分C、N、P间的关系，探讨了植物和微生物元素内稳性，明确了植物–微生物–土壤C：N：P平衡特征的驱动因素及内在联系。

5.1　研究区植物叶片C：N：P生态化学计量学特征

5.1.1　植物叶片C：N：P生态化学计量学特征的变化范围

5.1.1.1　马莲台电厂

马莲台电厂植物叶片全C浓度的变异系数整体较小，其他植物叶片C：N：P生态化学计量学特征的变异系数较大，尤其是C：N的变异系数（表5-1）。猪毛蒿和甘草叶片全C浓度的变异系数最小，叶片C：P的变异系数最大；臭蒿叶片全C浓度的变异系数最小，叶片全P浓度的变异系数最大；芦苇、针茅和冰草叶片全C浓度的变异系数最小，叶片全N浓度的变异系数最大；针茅叶片全C浓度的变异系数最小，叶片全P浓度的变异系数最大。

表5-1　马莲台电厂周边植物叶片C：N：P生态化学计量学特征的变化特点（n=9）

物种	指标	叶片全C（$mg \cdot g^{-1}$）	叶片全N（$mg \cdot g^{-1}$）	叶片全P（$mg \cdot g^{-1}$）	叶片C：N	叶片C：P	叶片N：P
猪毛蒿 *Artemisia scoparia*	变化范围	403.59～467.42	15.18～35.85	1.46～3.44	12.05～29.93	124.76～317.52	8.07～13.35
	变异系数	5.32%	26.58%	31.63%	32.52%	34.93%	17.08%
	均值±标准差	439.38±23.40	25.17±6.69	2.48±0.78	18.84±6.13	195.54±68.31	10.42±1.78
臭蒿 *Artemisia hedinii*	变化范围	370.95～473.07	13.27～25.34	1.47～4.04	15.88～35.64	99.53～263.57	6.27～12.25
	变异系数	8.32%	19.70%	36.57%	26.96%	25.65%	20.78%
	均值±标准差	401.50±33.40	18.89±3.17	2.14±0.78	22.18±5.98	203.30±52.15	9.28±1.93

续表

物种	指标	叶片全C (mg·g⁻¹)	叶片全N (mg·g⁻¹)	叶片全P (mg·g⁻¹)	叶片C∶N	叶片C∶P	叶片N∶P
芦苇 *Phragmites communis*	变化范围	384.09~459.13	16.08~31.08	1.54~2.39	14.77~26.63	183.66~273.06	7.90~13.03
	变异系数	6.25%	24.08%	16.36%	18.38%	16.26%	14.90%
	均值±标准差	424.27±26.52	20.61±4.96	1.92±0.31	21.38±3.93	225.61±36.67	13.03±7.90
针茅 *Stipa capillata*	变化范围	431.94~508.69	14.07~33.22	1.31~3.42	13.75~31.81	134.41~348.29	6.12~14.38
	变异系数	4.44%	31.35%	28.65%	28.07%	27.78%	28.93%
	均值±标准差	461.06±20.47	22.90±7.18	2.21±0.63	21.80±6.12	223.18±62.01	10.69±3.09
冰草 *Agropyron cristatum*	变化范围	449.76~463.67	11.40~36.46	1.12~2.79	12.72~40.36	200.46~409.91	6.30~18.05
	变异系数	1.17%	43.07%	22.72%	31.80%	30.05%	37.19%
	均值±标准差	457.88±5.37	18.39±7.92	1.86±0.42	28.06±8.92	262.51±78.88	10.07±3.75
甘草 *Glycyrrhiza uralensis*	变化范围	400.39~439.46	19.61~27.83	1.40~2.31	15.53~21.94	173.57~306.75	10.62~14.88
	变异系数	3.08%	12.56%	13.66%	13.15%	15.76%	12.45%
	均值±标准差	420.53±12.96	24.18±3.04	1.86±0.25	17.64±2.32	230.41±36.31	13.11±1.63
6个物种综合	变化范围	370.95~508.69	11.40~36.46	1.12~4.04	12.05~40.36	99.53~409.91	6.12~18.05
	变异系数	6.92%	28.40%	28.44%	30.28%	26.50%	24.34%
	均值±标准差	434.10±30.04	21.69±6.16	2.08±0.59	21.65±6.56	223.42±59.21	10.71±2.61

物种间，冰草叶片全C浓度的变异系数最低，臭蒿叶片全C浓度的变异系数最高；甘草叶片全N浓度的变异系数最低，针茅叶片全N浓度的变异系数最高；甘草叶片全P浓度的变异系数最低，臭蒿叶片全P浓度的变异系数最高；甘草叶片C∶N的变异系数最低，冰草叶片C∶N的变异系数最高；甘草叶片C∶P的变异系数最低，猪毛蒿叶片C∶P的变异系数最高；甘草叶片N∶P的变异系数最低，冰草叶片N∶P的变异系数最高。

叶片C∶N∶P生态化学计量学特征的平均值在物种间差异亦较大，整体表现出甘草较高的叶片全N浓度和N∶P、较低的叶片C∶N，冰草较高的叶片C∶N、较低的叶片全N浓度和N∶P；臭蒿叶片全C浓度最低，针茅叶片全C浓度最高；冰草叶片全N浓度最低，猪毛蒿叶片全N浓度最高；甘草和冰草叶片全P浓度最低，猪毛蒿全P浓度最高；甘草叶片C∶N最低，冰草叶片C∶N最高；猪毛蒿叶片C∶P最低，冰草叶片C∶P最高；臭蒿叶片N∶P最低，甘草叶片N∶P最高。

5.1.1.2 鸳鸯湖电厂

鸳鸯湖电厂植物叶片全C浓度变异系数整体较小，其他植物叶片C∶N∶P生态化学计量学特征变异系数均高于10%（表5-2）。看麦娘和披针叶黄华叶片全C浓度的变异系数最小，叶片全P浓度的变异系数最大；猪毛菜叶片全N浓度的变异系数最小，叶片C∶P的变异系数最大；猪毛蒿叶片全C浓度的变异系数最小，叶片全N浓度的变异系数最

表 5-2 鸳鸯湖电厂周边植物叶片 C : N : P 生态化学计量学特征的变化的特点（$n=12$）

物种	指标	叶片全 C（$mg \cdot g^{-1}$）	叶片全 N（$mg \cdot g^{-1}$）	叶片全 P（$mg \cdot g^{-1}$）	叶片 C : N	叶片 C : P	叶片 N : P
看麦娘 *Alopecurus aequalis*	变化范围	424. 6 ~ 460. 18	19. 80 ~ 28. 73	1. 24 ~ 2. 15	15. 00 ~ 23. 23	198. 54 ~ 341. 37	10. 82 ~ 16. 16
	变异系数	2. 33%	14. 96%	37. 33%	14. 13%	30. 66%	21. 61%
	均值±标准差	432. 78±10. 10	23. 23±3. 48	2. 11±0. 79	19. 11±2. 70	237. 66±72. 87	12. 11±2. 62
猪毛菜 *Salsola collina*	变化范围	279. 90 ~ 506. 39	16. 04 ~ 28. 12	1. 10 ~ 2. 43	11. 63 ~ 18. 57	121. 95 ~ 369. 90	9. 91 ~ 21. 82
	变异系数	19. 08%	18. 39%	19. 75%	21. 01%	30. 19%	16. 92%
	均值±标准差	325. 22±62. 06	23. 09±4. 25	2. 19±0. 43	14. 53±3. 05	156. 37±47. 21	10. 73±1. 82
猪毛蒿 *Artemisia scoparia*	变化范围	436. 88 ~ 486. 58	16. 81 ~ 28. 96	1. 29 ~ 2. 81	15. 42 ~ 26. 63	169. 45 ~ 339. 98	7. 34 ~ 20. 31
	变异系数	3. 56%	27. 08%	25. 52%	27. 34%	20. 13%	23. 24%
	均值±标准差	464. 25±16. 52	27. 05±7. 33	2. 11±0. 54	18. 34±5. 01	230. 41±46. 39	13. 08±3. 04
草木樨状黄芪 *Astragalus melilotoides*	变化范围	405. 12 ~ 464. 69	26. 59 ~ 51. 10	1. 68 ~ 2. 97	8. 53 ~ 15. 24	146. 71 ~ 274. 12	13. 71 ~ 27. 42
	变异系数	2. 37%	7. 32%	20. 63%	9. 43%	19. 47%	21. 51%
	均值±标准差	448. 80±10. 63	46. 28±3. 39	2. 91±0. 60	9. 76±0. 92	160. 02±31. 16	16. 55±3. 56
披针叶黄华 *Thermopsis schischkinii*	变化范围	432. 48 ~ 521. 54	23. 60 ~ 30. 21	1. 07 ~ 2. 79	15. 46 ~ 19. 12	167. 10 ~ 438. 66	10. 81 ~ 23. 16
	变异系数	5. 57%	14. 21%	39. 78%	15. 91%	24. 99%	24. 52%
	均值±标准差	470. 99±26. 23	26. 38±3. 75	1. 38±0. 55	18. 20±2. 90	373. 63±93. 38	20. 63±5. 06
甘草 *Glycyrrhiza uralensis*	变化范围	352. 60 ~ 438. 05	18. 90 ~ 31. 57	1. 07 ~ 2. 54	13. 09 ~ 22. 26	154. 65 ~ 331. 84	7. 75 ~ 21. 15
	变异系数	7. 44%	21. 97%	37. 60%	22. 14%	33. 79%	15. 92%
	均值±标准差	397. 87±29. 61	27. 97±6. 14	2. 02±0. 7	15. 05±3. 33	230. 49±77. 88	14. 86±2. 37
6 个物种综合	变化范围	279. 90 ~ 521. 54	16. 04 ~ 51. 10	1. 07 ~ 2. 97	8. 53 ~ 26. 63	121. 95 ~ 438. 66	7. 34 ~ 27. 42
	变异系数	3. 91%	11. 93%	24. 57%	12. 44%	22. 00%	14. 83%
	均值±标准差	423. 32±16. 56	29. 00±3. 46	2. 12±0. 52	15. 83±1. 97	231. 43±50. 90a	14. 66±2. 17

大；草木樨状黄芪叶片全C浓度的变异系数最小，叶片N∶P浓度的变异系数最大。

物种间，看麦娘叶片全C浓度的变异系数最低，猪毛菜叶片全C浓度的变异系数最高；草木樨状黄芪叶片全N浓度的变异系数最低，甘草叶片全N浓度的最高；猪毛菜叶片全P浓度的变异系数最低，披针叶黄华叶片全P浓度的变异系数最高；草木樨状黄芪叶片C∶N的变异系数最低，猪毛蒿叶片C∶N的变异系数最高；草木樨状黄芪叶片C∶P的变异系数最低，甘草叶片C∶P的变异系数最高；甘草叶片N∶P的变异系数最低，披针叶黄华叶片N∶P的变异系数最高。

叶片C∶N∶P生态化学计量学特征的平均值在物种间差异亦较大：猪毛菜叶片全C浓度最低，披针叶黄华叶片全C浓度最高；猪毛菜叶片全N浓度最低，草木樨状黄芪叶片全N浓度最高；披针叶黄华叶片全P浓度最低，草木樨状黄芪叶片全P浓度最高；草木樨状黄芪叶片C∶N最低，看麦娘叶片C∶N最高；猪毛菜叶片C∶P最低，披针叶黄华叶片C∶P最高；猪毛菜叶片N∶P最低，披针叶黄华叶片N∶P最高。

5.1.1.3 灵武电厂

灵武电厂植物叶片全C浓度变异系数整体较小，其他植物叶片C∶N∶P生态化学计量学特征变异系数较大（表5-3）。拂子茅和冰草叶片全C浓度的变异系数最小，叶片N∶P的变异系数最大；白蜡和旱柳叶片全C浓度的变异系数最小，叶片C∶P的变异系数最大；沙枣叶片全C浓度的变异系数最小，叶片C∶N的变异系数最大；芦苇叶片全C浓度的变异系数最小，叶片全P浓度的变异系数最大。

表5-3 灵武电厂周边植物叶片C∶N∶P生态化学计量学特征的变化特点（n=15）

物种	指标	叶片全C（$mg \cdot g^{-1}$）	叶片全N（$mg \cdot g^{-1}$）	叶片全P（$mg \cdot g^{-1}$）	叶片C∶N	叶片C∶P	叶片N∶P
拂子茅 *Calamagrostis epigeios*	变化范围	406.94～484.10	18.72～24.33	1.86～2.52	16.87～24.25	174.64～234.72	7.62～11.30
	变异系数	4.25%	9.47%	7.69%	11.10%	8.51%	11.16%
	均值±标准差	443.06±4.86	22.01±0.54	2.19±0.04	20.32±0.58	203.42±4.47	10.10±0.29
白蜡 *Fraxinus chinensis*	变化范围	430.96～496.88	15.39～26.38	1.27～2.51	16.37～29.76	172.04～345.25	6.99～14.86
	变异系数	4.38%	18.99%	20.93%	18.35%	22.09%	19.27%
	均值±标准差	452.63±5.12	19.72±0.97	1.90±0.10	23.71±1.12	248.62±14.18	10.60±0.53
旱柳 *Salix matsudana*	变化范围	298.20～444.00	12.73～24.33	1.78～2.73	17.59～31.21	134.22～247.19	6.52～11.92
	变异系数	10.46%	22.12%	12.51%	20.46%	16.58%	21.03%
	均值±标准差	397.95±10.75	18.49±1.06	2.19±0.07	22.31±1.18	184.30±7.89	8.46±0.46
沙枣 *Ziziphus jujube*	变化范围	334.68～498.88	19.68～34.89	1.72～2.90	12.49～23.87	130.97～270.41	8.27～14.85
	变异系数	11.75%	18.82%	12.85%	23.12%	17.20%	18.38%
	均值±标准差	432.26±13.12	26.86±1.31	2.35±0.08	16.63±0.99	186.79±8.29	11.53±0.55

续表

物种	指标	叶片全 C (mg·g^{-1})	叶片全 N (mg·g^{-1})	叶片全 P (mg·g^{-1})	叶片 C∶N	叶片 C∶P	叶片 N∶P
芦苇 *Phragmites australi*	变化范围	363.56~514.08	14.67~26.79	1.50~2.61	16.82~26.51	159.06~269.14	7.06~12.83
	变异系数	8.13%	13.73%	17.36%	11.22%	15.95%	16.16%
	均值±标准差	421.73±8.85	20.04±0.71	1.98±0.09	21.29±0.62	217.67±8.96	10.29±0.43
冰草 *Agropyron cristatum*	变化范围	425.19~516.89	12.95~28.41	1.21~1.96	15.70~34.27	223.14~386.93	7.29~21.14
	变异系数	4.67%	22.34%	14.61%	23.05%	16.95%	34.21%
	均值±标准差	455.73±5.49	20.16±1.16	1.62±0.06	23.70±1.41	287.77±12.60	12.99±1.15
6 个物种综合	变化范围	298.20~516.89	12.73~34.89	1.21~2.90	12.49~34.27	130.97~386.93	6.52~21.14
	变异系数	10.62%	31.62%	19.61%	28.80%	24.60%	32.55%
	均值±标准差	433.89±4.01	21.21±0.49	2.04±0.04	21.33±0.48	221.43±5.53	10.66±0.29

物种间，拂子茅叶片全 C 浓度的变异系数最低，沙枣叶片全 C 浓度的变异系数最高；拂子茅叶片全 N 浓度的变异系数最低，冰草叶片全 N 浓度的变异系数最高；拂子茅叶片全 P 浓度的变异系数最低，白蜡叶片全 P 浓度的变异系数最高；拂子茅叶片 C∶N 的变异系数最低，沙枣叶片 C∶N 的变异系数最高；拂子茅叶片 C∶P 的变异系数最低，白蜡叶片 C∶P 的变异系数最高；拂子茅叶片 N∶P 的变异系数最低，冰草叶片 N∶P 的变异系数最高。

叶片 C∶N∶P 生态化学计量学特征的平均值在物种间差异亦较大：旱柳叶片全 C 浓度最低，冰草叶片全 C 浓度最高；旱柳叶片全 N 浓度最低，沙枣叶片全 N 浓度最高；冰草叶片全 P 浓度最低，沙枣叶片全 P 浓度最高；沙枣叶片 C∶N 最低，白蜡叶片 C∶N 最高；旱柳叶片 C∶P 最低，冰草叶片 C∶P 最高；旱柳叶片 N∶P 最低，冰草叶片 N∶P 最高。

5.1.1.4 研究区

将 3 个电厂所有植物种叶片指标进行了汇总，分析了研究区植物叶片 C∶N∶P 生态化学计量学特征的变化范围（图 5-1）。结果表明，植物种叶片全 C 浓度变异系数较小，全 N 浓度、全 P 浓度、C∶N、C∶P 和 N∶P 的变异系数较大，尤其全 N 浓度和 N∶P；各指标的变化范围分别为 279.90~521.54mg·g^{-1}、11.40~51.10mg·g^{-1}、1.07~2.97mg·g^{-1}、8.53~40.36、100.02~438.66 和 6.30~27.42，平均值分别为 429.85±3.11mg·g^{-1}、23.41±0.50mg·g^{-1}、1.95±0.03mg·g^{-1}、19.86±0.39、230.62±3.86、12.33±0.27。

5.1.2 电厂间植物叶片 C∶N∶P 生态化学计量学特征差异

将 3 个电厂各取样距离上植物叶片指标进行了整理，比较了 3 个电厂间各指标的差

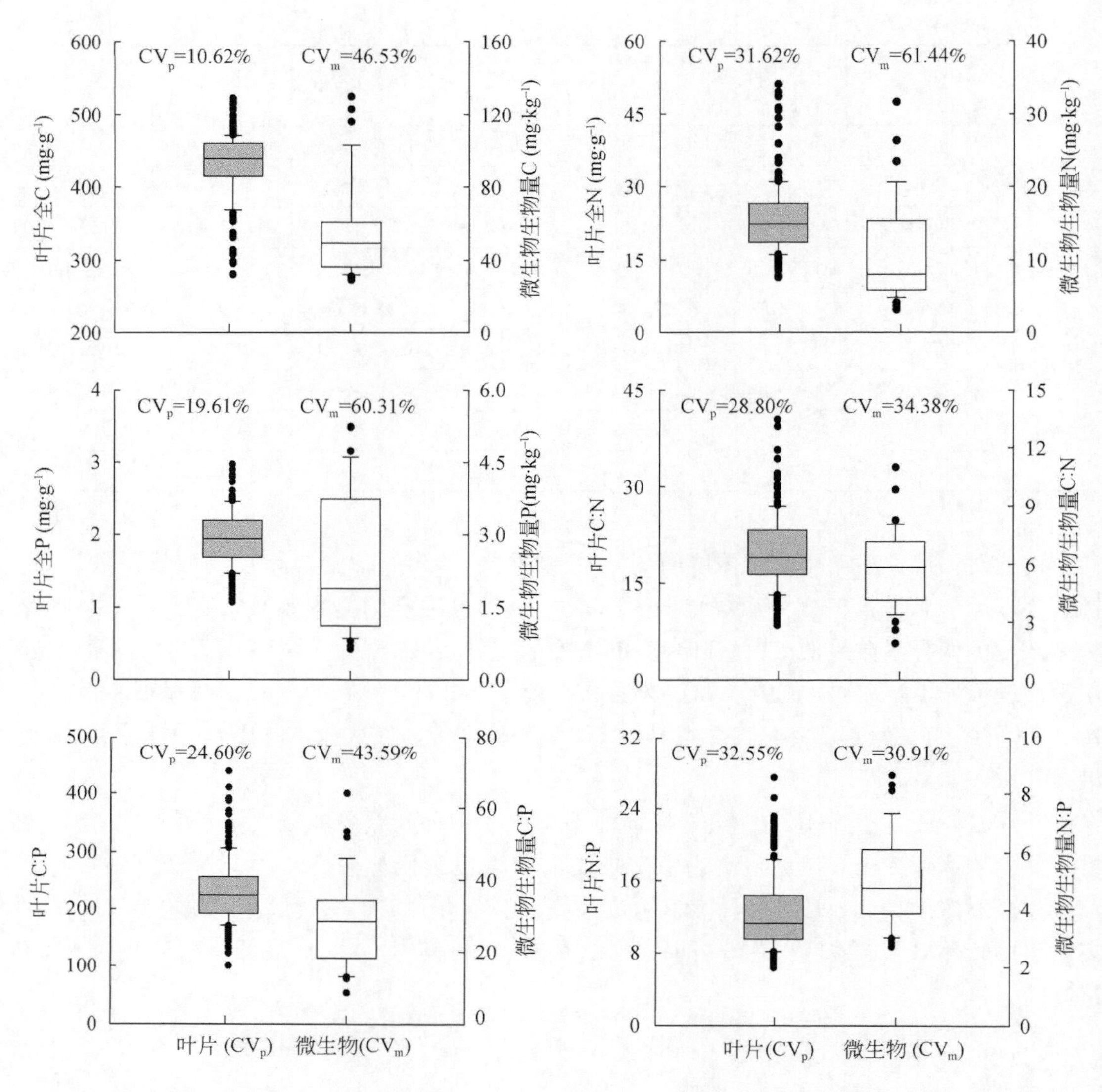

图 5-1　研究区植物叶片（CV_p）和微生物生物量（CV_m）C：N：P 生态化学计量学特征的变化特点

植物叶片：n=216。微生物：n=36

异。结果表明，除叶片全 C 浓度在电厂间无显著性差异外（p>0. 05），其他植物指标在电厂间均存在不同程度的差异（图 5-2）：鸳鸯湖电厂植物叶片全 N 浓度显著高于其他 2 个电厂的测定值（p<0. 05），叶片 C：N 显著低于其他 2 个电厂的测定值（p<0. 05）；灵武电厂植物叶片全 P 浓度显著高于其他 2 个电厂的测定值（p<0. 05），叶片 N：P 显著低于其他 2 个电厂的测定值（p<0. 05）；鸳鸯湖电厂植物叶片 C：P 显著高于灵武电厂的测定值，但与马莲台电厂的测定值无显著性差异（p>0. 05）。总而来看，马莲台电厂具有较低的植物叶片全 P 浓度；鸳鸯湖电厂具有较高的植物叶片全 N 浓度、C：P 和 N：P；灵武电厂具有较低的植物叶片全 N 浓度、C：P 和 N：P、较高的叶片全 P 浓度。

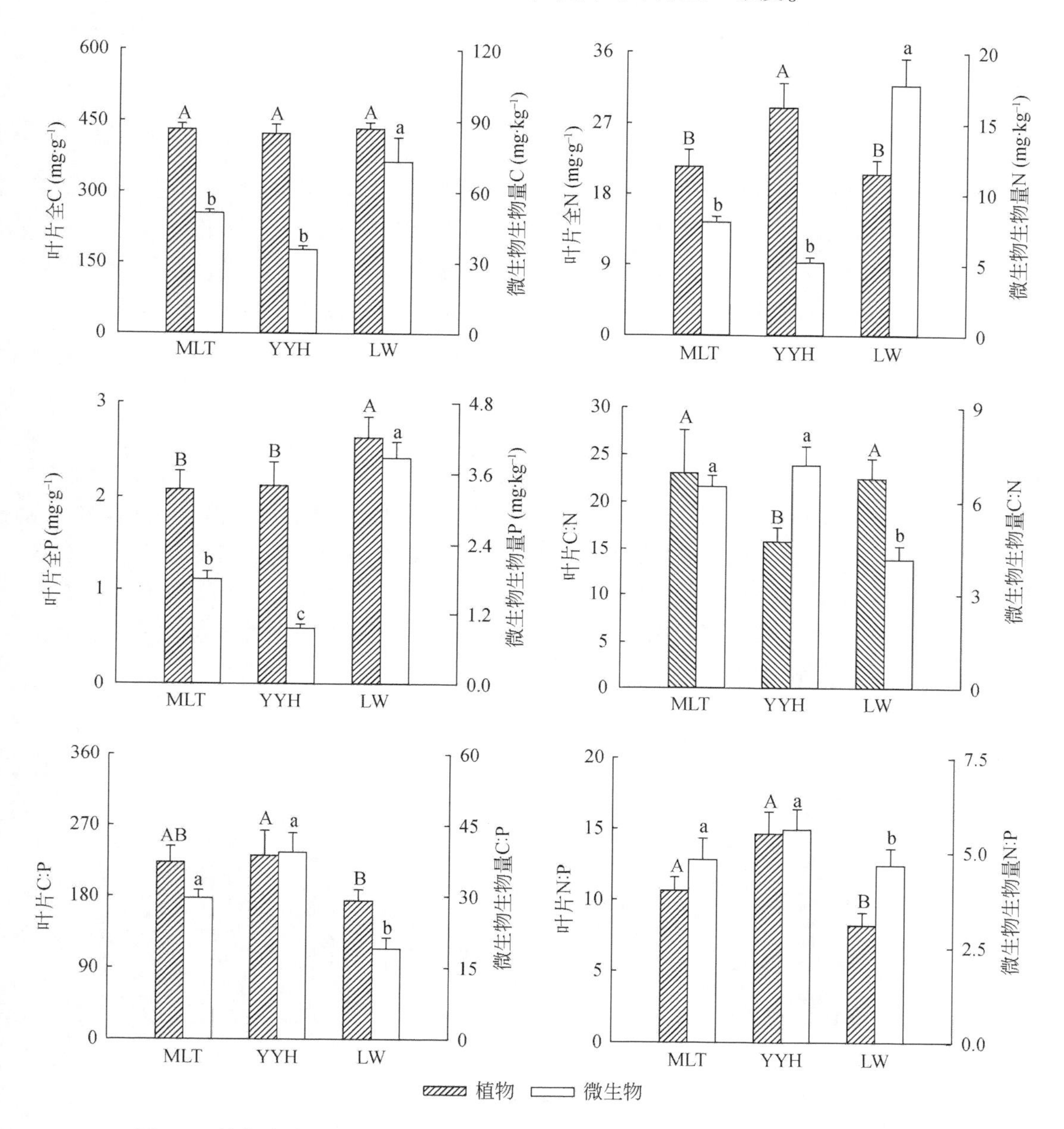

图 5-2 植物叶片和微生物生物量 C：N：P 生态化学计量学特征在电厂间的差异

MLT、YYH、LW 分别代表马莲台（n=54）、鸳鸯湖（n=72）和灵武（n=90）电厂。不同大写字母代表电厂间植物各指标的差异显著（$p<0.05$）。不同小写字母代表电厂间微生物各指标的差异显著（$p<0.05$）

5.1.3 取样距离间植物叶片 C∶N∶P 生态化学计量学特征的差异

5.1.3.1 马莲台电厂

取样距离间比较，马莲台电厂周围6种植物种叶片全C浓度差异较小，全N和全P浓度的差异较大（图5-3）：猪毛蒿、芦苇、针茅、冰草和甘草叶片全C浓度无显著性差异（$p>0.05$），臭蒿叶片全C浓度在D_{500}处显著高于其他2个取样距离的测定值（$p<0.05$）；猪毛蒿叶片全N浓度在D_{100}处显著低于其他2个取样距离的测定值（$p<0.05$），臭蒿叶片全N浓度在D_{100}处显著高于D_{500}处的测定值（$p<0.05$），芦苇叶片全N浓度在D_{100}处显著高于其他2个取样距离的测定值（$p<0.05$），针茅叶片全N浓度在D_{100}处显著高于D_{500}处的测定值（$p<0.05$），冰草叶片全N浓度在D_{100}处显著高于其他2个取样距离的测定值（$p<0.05$），甘草叶片全N浓度在D_{100}处显著高于D_{300}处的测定值（$p<0.05$）；猪毛蒿叶片全P浓度在D_{500}处显著高于其他2个取样距离的测定值（$p<0.05$），臭蒿叶片全P浓度在D_{500}处显著高于D_{100}处的测定值（$p<0.05$），芦苇叶片全P浓度在D_{500}处显著其他2个取样距离的测定值（$p<0.05$），针茅叶片全P浓度无显著性差异（$p>0.05$），冰草叶片全P浓度在D_{500}处显著高于其他2个取样距离的测定值（$p<0.05$），甘草叶片全P浓度在D_{500}处显著高于D_{300}处的测定值（$p<0.05$）。

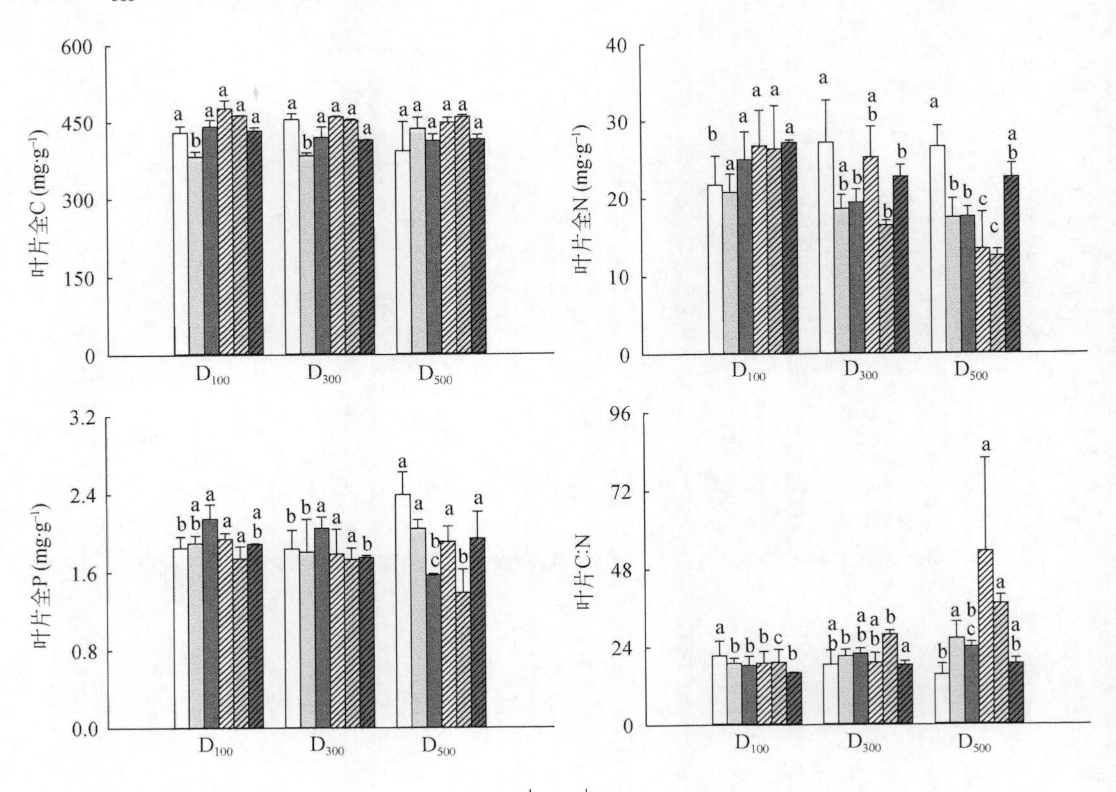

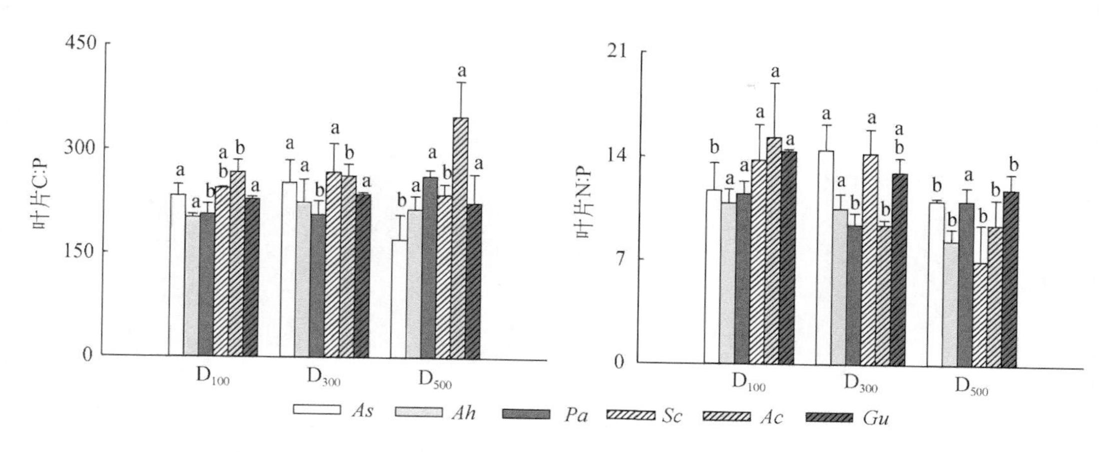

图 5-3　马莲台电厂 6 种植物叶片 C∶N∶P 生态化学计量学特征在取样距离间的差异

D_{100}、D_{300} 和 D_{500} 分别代表距离马莲台电厂围墙外 100m、300m 和 500m 的取样距离（$n=3$）。*As*、*Ah*、*Pa*、*Sc*、*Ac* 和 *Gu* 分别代表猪毛蒿、臭蒿、芦苇、针茅、冰草和甘草。不同小写字母代表各物种各指标在取样距离间的差异显著（$p<0.05$）

6 种植物种叶片 C∶N、C∶P 和 N∶P 在取样距离间也存在不同程度的差异（图 5-3）：猪毛蒿叶片 C∶N 在 D_{100} 处显著高于 D_{500} 处的测定值（$p<0.05$），臭蒿叶片 C∶N 在 D_{500} 处显著高于其他 2 个取样距离的测定值（$p<0.05$），芦苇叶片 C∶N 无显著性差异（$p>0.05$），针茅叶片 C∶N 在 D_{500} 处显著高于其他 2 个取样距离的测定值（$p<0.05$），冰草叶片 C∶N 在 D_{500} 处显著高于其他 2 个取样距离的测定值（$p<0.05$），甘草叶片 C∶N 在 D_{300} 处显著高于 D_{100} 处的测定值（$p<0.05$）；猪毛蒿叶片 C∶P 在 D_{500} 处显著低于其他 2 个取样距离的测定值（$p<0.05$），臭蒿和甘草叶片 C∶P 无显著性差异（$p>0.05$），芦苇叶片 C∶P 在 D_{500} 处显著高于其他 2 个取样距离的测定值（$p<0.05$），针茅叶片 C∶P 在 D_{300} 处显著高于 D_{500} 处的测定值（$p<0.05$），冰草叶片 C∶P 在 D_{500} 处显著高于其他 2 个取样距离的测定值（$p<0.05$）；猪毛蒿叶片 N∶P 在 D_{300} 处显著高于其他 2 个取样距离的测定值（$p<0.05$），臭蒿叶片 N∶P 在 D_{500} 处显著低于其他 2 个取样距离的测定值（$p<0.05$，芦苇叶片 N∶P 在 D_{300} 处显著低于其他 2 个取样距离的测定值（$p<0.05$），针茅叶片 N∶P 在 D_{500} 处显著低于其他 2 个取样距离的测定值（$p<0.05$），冰草叶片 N∶P 在 D_{100} 处显著高于其他 2 个取样距离的测定值（$p<0.05$），甘草叶片 N∶P 在 D_{100} 处显著高于 D_{500} 处的测定值（$p<0.05$）。

将马莲台电厂 6 种植物叶片各指标进行了平均，比较了各指标在取样距离间的差异（图 5-4）：叶片全 C 浓度、全 N 浓度和 C∶P 无显著性差异（$p>0.05$）；D_{100} 处叶片全 N 浓度显著高于 D_{500} 处的测定值（$p<0.05$），D_{300} 处叶片全 N 浓度与 D_{100} 和 D_{500} 处的测定值的差异不显著（$p>0.05$）；D_{100} 处叶片 C∶N 显著低于 D_{500} 处的测定值（$p<0.05$）；D_{100} 处和 D_{300} 处叶片 N∶P 均显著高于 D_{500} 处的测定值（$p<0.05$），但 N∶P 在 D_{100} 和 D_{500} 间差异不显著

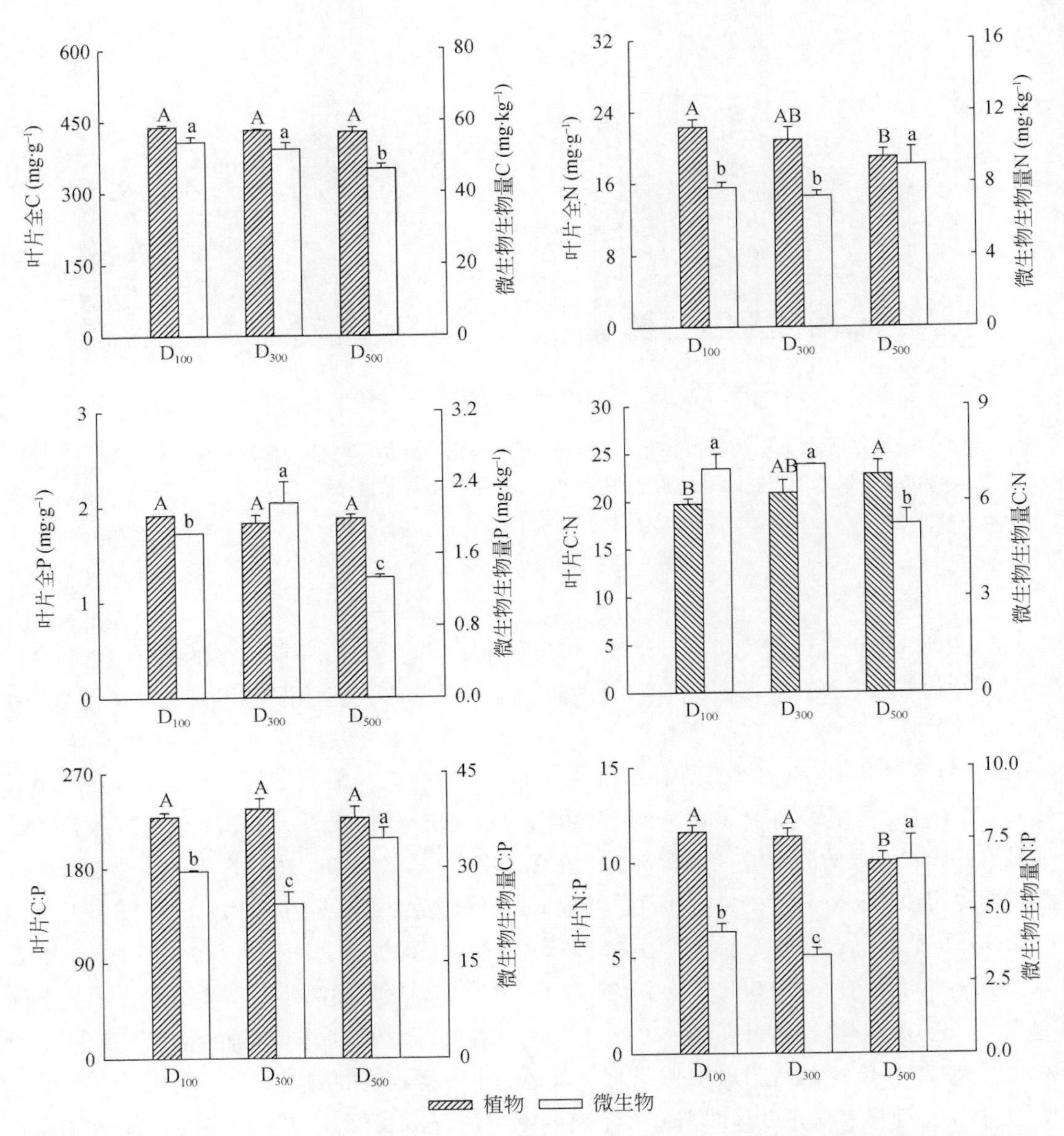

图 5-4　马莲台电厂周边植物叶片和微生物生物量 C：N：P 生态化学计量学特征在取样距离间的差异

D_{100}、D_{300} 和 D_{500} 分别代表距离马莲台电厂围墙外 100m、300m 和 500m 的取样距离。不同大写字母代表取样距离间植物种各指标的差异显著（n=18，p<0.05）。不同小写字母代表取样距离间微生物各指标的差异显著（n=3，p<0.05）

（p<0.05）。

5.1.3.2　鸳鸯湖电厂

取样距离间比较，鸳鸯湖电厂 6 种植物叶片 C：N：P 生态化学计量学特征存在差异，且具有明显的物种差异性（图 5-5）。看麦娘叶片全 C 浓度在 D_{300} 处较高、在 D_{500} 处较低，猪毛菜叶片全 C 浓度在 D_{1000} 处较高、在 D_{100} 处较低，猪毛蒿叶片全 C 浓度在 D_{100} 处较高、在 D_{500} 处较低，草木樨状黄芪叶片全 C 浓度在 4 个取样距离间差异不大，披针叶黄华叶片全 C 浓度在 D_{1000} 处较高、在 D_{500} 处较低，甘草叶片全 C 浓度在 D_{1000} 处较高、在 D_{500} 处较低；看麦娘叶片全 N 浓度在 D_{100} 处较高、在 D_{300} 处较低，猪毛菜叶片全 N 浓度在 D_{100} 处较高、在 D_{500} 处较低，猪毛蒿叶片全 N 浓度在 D_{100} 处较高、在 D_{300} 处较低，草木樨状黄芪叶片全 N 浓度在 D_{100} 处较高、在 D_{500} 处较低，披针叶黄华叶片全 N 浓度在 D_{100} 处较高、在 D_{500} 处较低，甘草叶片全 N 浓度在 D_{100} 处较高、在 D_{500} 处较低；看麦娘、猪毛菜、猪毛蒿、披针叶黄华、甘草叶片全 P 浓度在 D_{100} 处较高、在 D_{500} 较低，草木樨状黄芪叶片全 P 浓度在 D_{300} 处较高、在 D_{500} 较低；看麦娘叶片 C∶N 在 D_{300} 处较高、在 D_{100} 处较低，猪毛菜叶片 C∶N 在 D_{1000} 处较高、在 D_{100} 处较低，猪毛蒿叶片 C∶N 在 D_{300} 处较高、在 D_{100} 处较低，草木樨状黄芪叶片 C∶N 在 D_{300} 处较高、在 D_{1000} 处较低，披针叶黄华叶片C∶N在 D_{500} 处较高、在 D_{100} 处较低，甘草叶片 C∶N 在 D_{500} 处较高、在 D_{100} 处较低；看麦娘叶片 C∶P 在 D_{500} 处较高、在 D_{100} 处较低，猪毛菜叶片 C∶P 在 D_{1000} 处较高、在 D_{100} 处较低，猪毛蒿叶片 C∶P 在 D_{500} 处较高、在 D_{100} 处较低，草木樨状黄芪叶片 C∶P 在 D_{500} 处较高、在 D_{1000} 处较低，披针叶黄华叶片 C∶P 在 D_{500} 处较高、在 D_{100} 处较低，甘草叶片C∶P在 D_{500} 处较高、在 D_{100} 处较低；看麦娘叶片 N∶P 在 D_{500} 处较高、在 D_{100} 处较低，猪毛菜叶片 N∶P 在 D_{500} 处较高、在 D_{100} 处较低，猪毛蒿叶片 N∶P 在 D_{500} 处较高、在 D_{300} 处较低，草木樨状黄芪叶片 N∶P 在 D_{500} 处较高、在 D_{300} 处较低，披针叶黄华叶片 N∶P 在 D_{1000} 处较高、在 D_{100} 处较低，甘草叶片 N∶P 在 D_{500} 处较高、在 D_{100} 处较低。总体来看，除披针叶黄华外，其他五种植物叶片全 C 浓度在各取样距离间无显著差异（$P>0.05$）；4 种植物在 D_{100} 处具有较高的叶片全 N 和全 P 浓度，在 D_{300} 和 D_{500} 处具有较低的值；6 种植物在 D_{100} 处具有较低的叶片 C∶N∶P，在 D_{1000} 处具有较高的值。

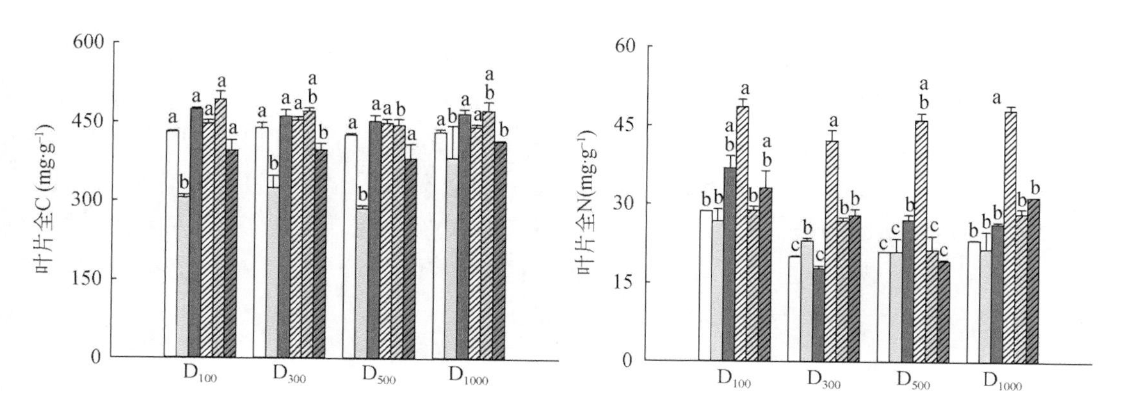

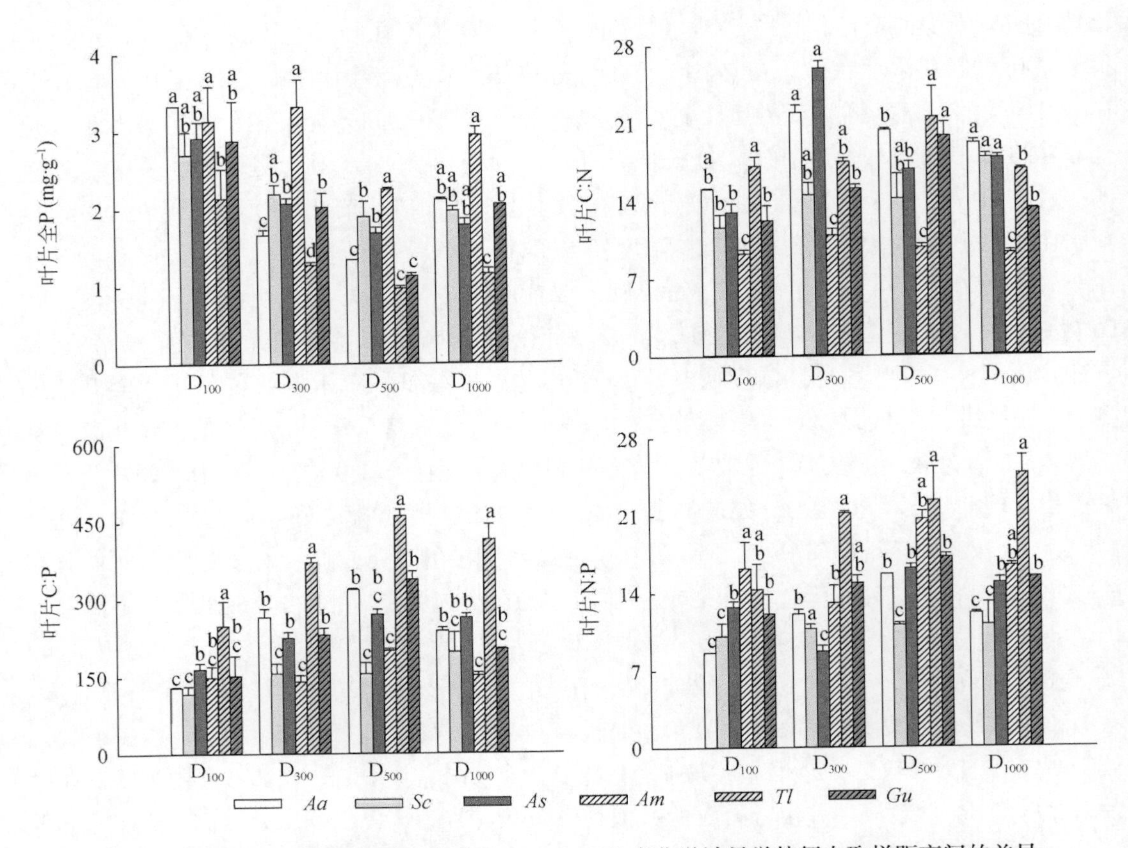

图 5-5　鸳鸯湖电厂周边 6 种植物叶片 C∶N∶P 生态化学计量学特征在取样距离间的差异

D_{100}、D_{300}、D_{500}和 D_{1000}分别代表距离鸳鸯湖电厂围墙外 100m、300m、500m 和 1000m 的取样距离（$n=3$）。*Aa*、*Sc*、*As*、*Am*、*Tl* 和 *Gu* 分别代表看麦娘、猪毛菜、猪毛蒿、草木犀状黄芪、披针叶黄华和甘草。不同小写字母代表各物种各指标在取样距离间的差异显著（$p<0.05$）

将鸳鸯湖电厂 6 种植物种叶片 C∶N∶P 生态化学计量学特征各指标进行了平均，比较了各指标在取样距离间的差异（图 5-6）：D_{1000}处叶片全 C 浓度显著高于 D_{500}处的测定值，与其他 2 个取样距离的测定值无显著性差异（$p>0.05$）；D_{100}处和 D_{1000}处叶片全 N 浓度显著高于其他 2 个取样距离的测定值（$p<0.05$）；D_{100}处叶片全 P 浓度显著高于 D_{500}处和 D_{1000}处的测定值（$p<0.05$）；D_{100}处和 D_{1000}处叶片 C∶N 显著低于其他 2 个取样距离的测定值（$p<0.05$）；D_{1000}处叶片 C∶P 显著高于 D_{100}处的测定值（$p<0.05$）；D_{1000}处叶片 N∶P 均显著高于其他 3 个取样距离的测定值（$p<0.05$）。

5.1.3.3　灵武电厂

取样距离间比较，灵武电厂 6 种植物叶片 C∶N∶P 生态化学计量学特征的差异随物种不同而异（图 5-7）：旱柳叶片全 C 浓度在 D_{300}处较高、在 D_{500}处较低，拂子矛叶片全 C 浓度在 D_{2000}处较高、在 D_{1000}处较低，白蜡叶片全 C 浓度在 D_{100}处较高、在 D_{300}处较低，冰

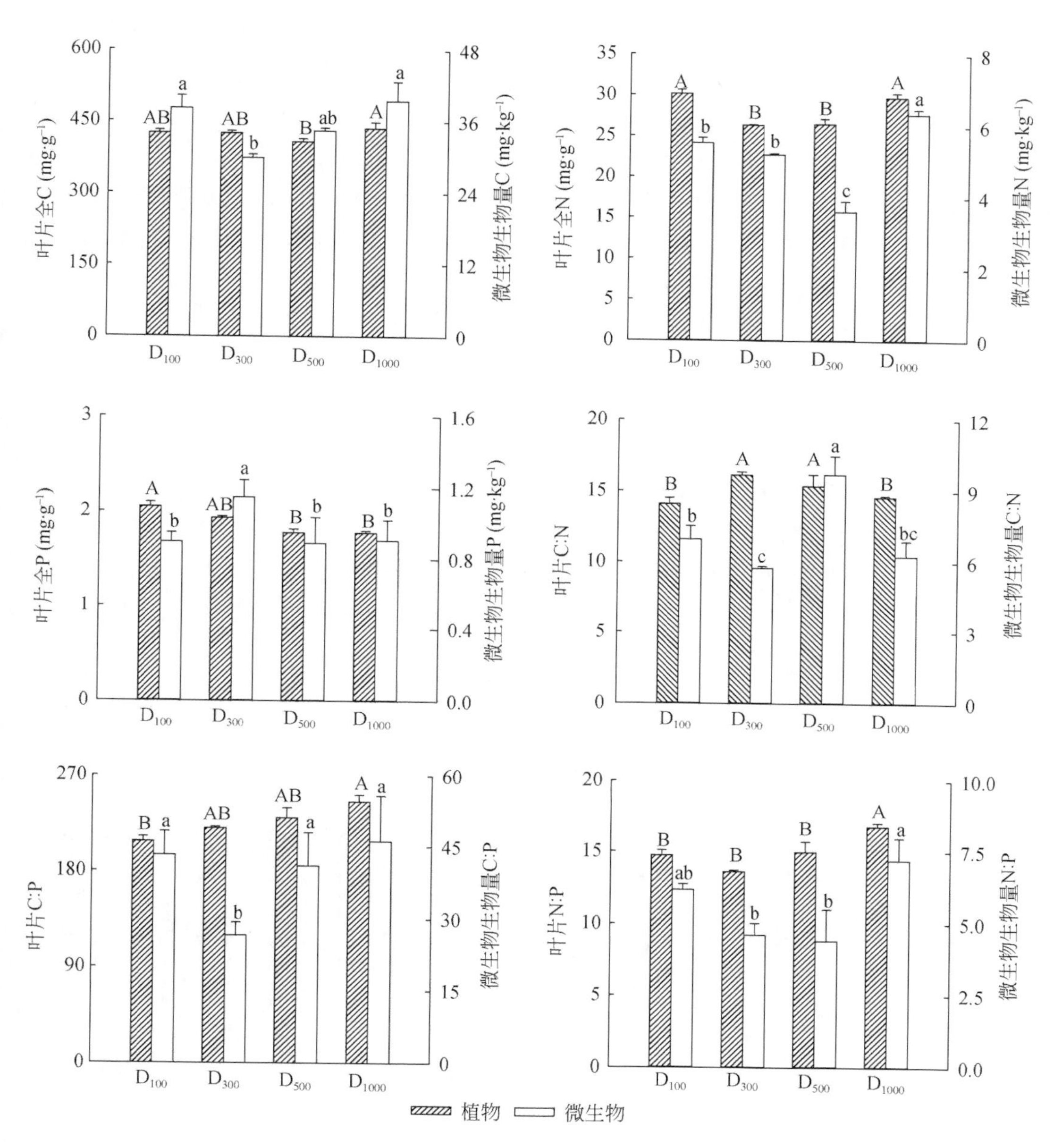

图 5-6 鸳鸯湖电厂周边植物叶片和微生物生物量 C：N：P 生态化学计量学特征在取样距离间的差异

D_{100}、D_{300}、D_{500}和 D_{1000}分别代表距离鸳鸯湖电厂围墙外 100m、300m、500m 和 1000m 的取样距离。大写代表不同取样距离间植物种各指标的差异显著性（n=18）。小写字母代表不同取样距离间微生物各指标的差异显著性（n=3）。字母不同表示差异显著（p<0.05）

草叶片全 C 浓度在 D_{1000}处较高、在 D_{300}处较低，沙枣叶片全 C 浓度在 D_{2000}处较高、在 D_{500}处较低，芦苇叶片全 C 浓度在 D_{100}处较高、在 D_{500}处较低；旱柳叶片全 N 浓度在 D_{300}处较高、在 D_{1000}处较低，拂子矛叶片全 N 浓度在 D_{300}处较高、在 D_{500}处较低，白蜡叶片全 N 浓

度在 D_{1000} 处较高、在 D_{500} 处较低，冰草叶片全 N 浓度在 D_{2000} 处较高、在 D_{500} 处较低，沙枣叶片全 N 浓度在 D_{300} 处较高、在 D_{100} 处较低，芦苇叶片全 N 浓度在 D_{100} 处较高、在 D_{500} 处较低；旱柳叶片全 P 浓度在 D_{2000} 处较高、在 D_{1000} 处较低，拂子矛叶片全 P 浓度在 D_{2000} 处较高、在 D_{100} 处较低，白蜡叶片全 P 浓度在 D_{300} 处较高、在 D_{1000} 处较低，冰草叶片全 P 浓度在 D_{300} 处较高、在 D_{100} 处较低，沙枣叶片全 P 浓度在 D_{2000} 处较高、在 D_{100} 处较低，芦苇叶片全 P 浓度在 D_{2000} 处较高、在 D_{500} 处较低；旱柳叶片 C：N 在 D_{1000} 处较高、在 D_{100} 处较低，拂子矛叶片 C：N 在 D_{500} 处较高、在 D_{100} 处较低，白蜡叶片 C：N 在 D_{500} 处较高、在 D_{300} 处较低，冰草叶片 C：N 在 D_{500} 处较高、在 D_{2000} 处较低，沙枣叶片 C：N 在 D_{100} 处较高、在 D_{500} 处较低，芦苇叶片 C：N 在 D_{500} 处较高、在 D_{100} 处较低；旱柳叶片 C：P 在 D_{1000} 处较高、在 D_{500} 处较低，拂子矛叶片 C：P 在 D_{300} 处较高、在 D_{2000} 处较低，白蜡叶片 C：P 在 D_{1000} 处较高、在 D_{300} 处较低，冰草叶片 C：P 在 D_{1000} 处较高、在 D_{300} 处较低，沙枣叶片 C：P 在 D_{100} 处较高、在 D_{500} 处较低，芦苇叶片 C：P 在 D_{1000} 处较高、在 D_{2000} 处较低；旱柳叶片 N：P 在 D_{300} 处较高、在 D_{500} 处较低，拂子矛叶片 N：P 在 D_{1000} 处较高、在 D_{500} 处较低，白蜡叶片 N：P 在 D_{2000} 处较高、在 D_{500} 处较低，冰草叶片 N：P 在 D_{2000} 处较高、在 D_{300} 处较低，沙枣叶片 N：P 在 D_{300} 处较高、在 D_{100} 处较低，芦苇叶片 N：P 在 D_{1000} 处较高、在 D_{2000} 处较低。

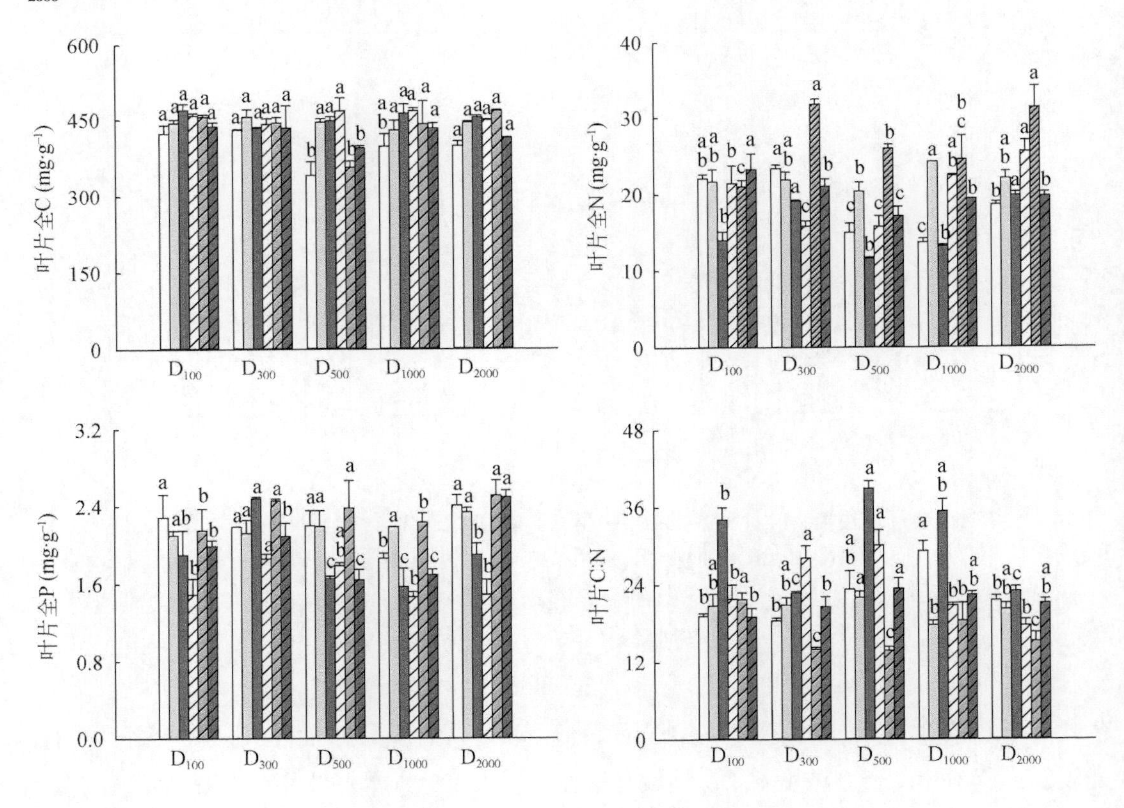

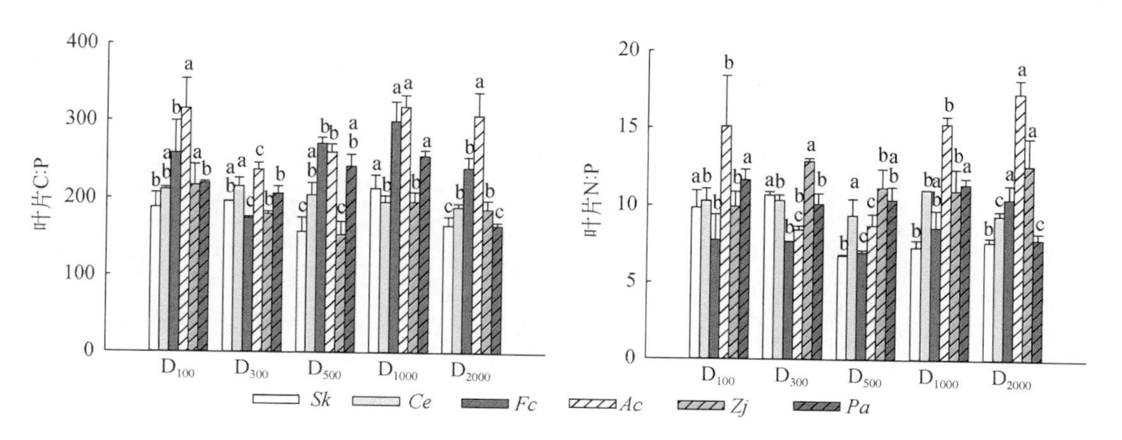

图 5-7 灵武电厂周边 6 种植物叶片 C : N : P 生态化学计量学特征在取样距离间的差异

D_{100}、D_{300}、D_{500}、D_{1000}和 D_{2000}分别代表距离灵武电厂围墙外 100m、300m、500m、1000m 和 2000m 的取样距离（$n=3$）。*Sk*、*Ce*、*Fc*、*Ac*、*Zj* 和 *Pa* 分别代表旱柳、拂子矛、白蜡、冰草、沙枣和芦苇。不同小写字母代表各物种各指标在取样距离间的差异显著（$p<0.05$）

将灵武电厂 6 种植物种叶片 C : N : P 生态化学计量学特征各指标进行了平均，比较了各指标在取样距离间的差异（图 5-8）：叶片全 C 浓度无显著性差异（$p>0.05$）；D_{300}处和 D_{2000}处叶片全 N 浓度显著高于 D_{500}处和 D_{1000}的测定值（$p<0.05$）；D_{300}处和 D_{2000}处叶片全 P 浓度显著高于其他 3 个取样距离处的测定值（$p<0.05$），且 D_{100}和 D_{500}处的测定值显著高于 D_{1000}处的测定值（$p<0.05$）；D_{500}处和 D_{1000}处叶片 C : N 显著高于 D_{300}处和 D_{2000}处的测定值（$p<0.05$）；D_{1000}处叶片 C : P 显著高于 D_{300}、D_{500}、D_{2000}处的测定值（$p<0.05$）；D_{100}处和 D_{1000}处叶片 N : P 均显著高于 D_{500}处的测定值（$p<0.05$）。

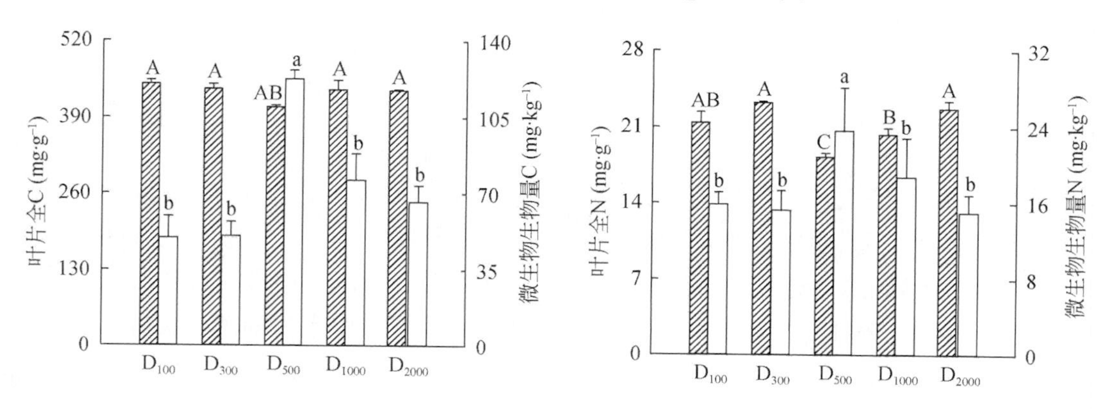

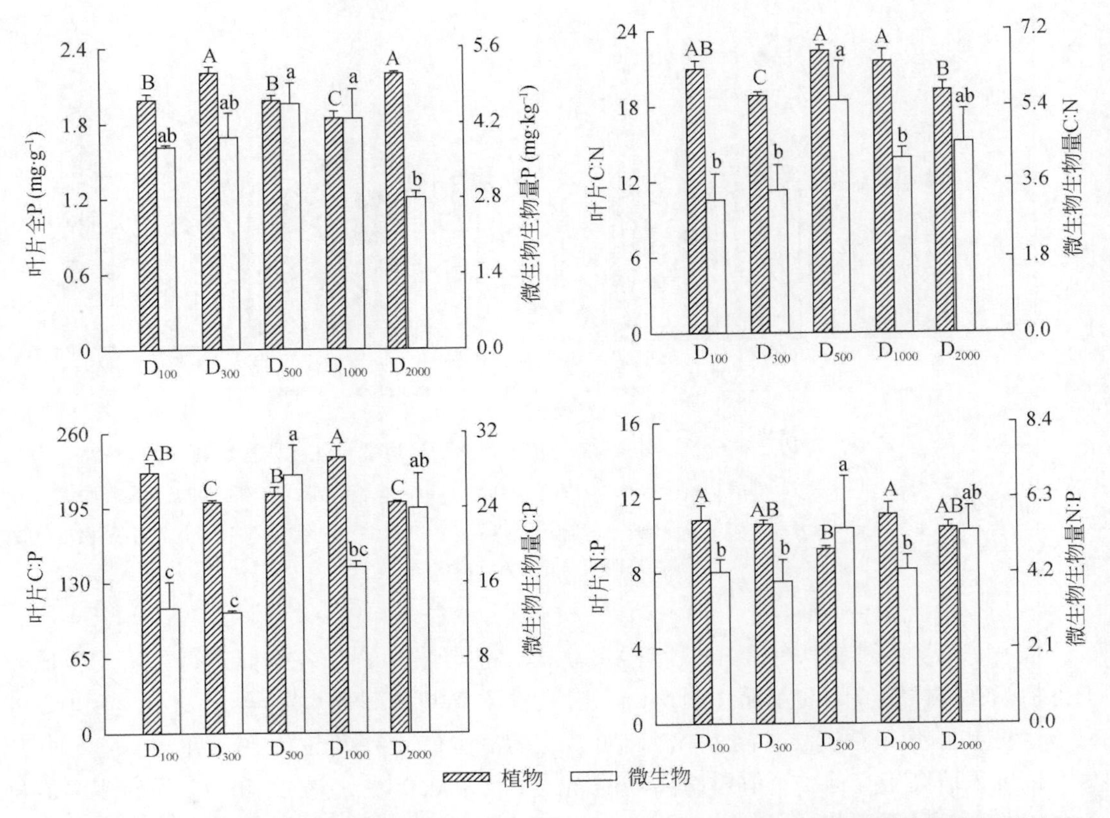

图 5-8　灵武电厂周边植物叶片和微生物生物量 C∶N∶P 生态化学计量学特征在取样距离间的差异

D_{100}、D_{300}、D_{500}、D_{1000}和D_{2000}分别代表距离灵武电厂围墙外 100m、300m、500m、1000m 和 2000m 的取样距离。不同大写字母代表取样距离间植物种各指标的差异显著（$n=18$，$p<0.05$）。不同小写字母代表取样距离间微生物各指标的差异显著（$n=3$，$p<0.05$）

5.1.3.4　研究区

将不同取样距离上 3 个电厂各植物叶片指标进行了整理分析，比较了植物叶片 C∶N∶P 生态化学计量学特征在取样距离上的差异。结果表明（图 5-9）：叶片全 C 浓度在D_{500}处显著低于其他 4 个取样距离处的测定值（$p<0.05$）；叶片全 N 浓度和 C∶N 无显著性差异（$p>0.05$）；叶片全 P 浓度在 D_{1000}处显著低于其他取样距离处的测定值（D_{500}除外）（$p<0.05$）；叶片 C∶P 在 D_{1000}显著高于其他几个取样距离处的测定值（$p<0.05$），在 D_{2000}处显著低于其他几个取样距离的测定值（D_{300}除外）（$p<0.05$）；叶片 N∶P 在 D_{1000}处显著高于 D_{500}和 D_{2000}处的测定值（$p<0.05$）。整体而言，沿取样距离梯度，植物叶片 C∶N∶P 生态化学计量学特征无一致的变化趋势。

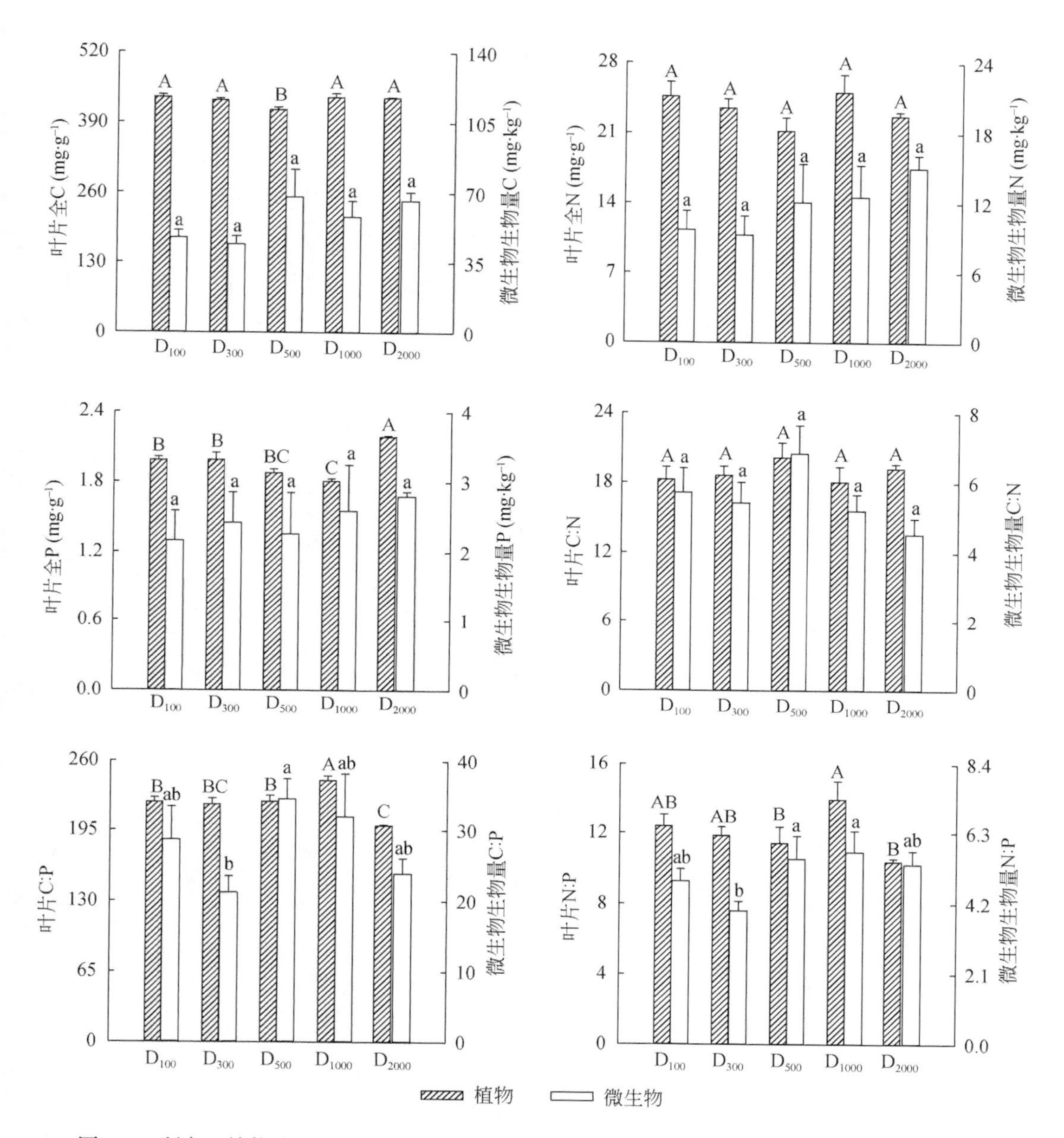

图 5-9 研究区植物叶片和微生物生物量 C：N：P 生态化学计量学特征在取样距离间的差异

D_{100}、D_{300}、D_{500}、D_{1000} 和 D_{2000} 分别代表距离 3 个电厂围墙外 100m、300m、500m、1000m 和 2000m 的取样距离。不同大写字母代表取样距离间植物种各指标的差异显著（$n=54$，$p<0.05$）。不同小写字母代表取样距离间微生物各指标的差异显著性（$n=9$，$p<0.05$）

5.1.4 植物叶片元素间关系

5.1.4.1 马莲台电厂

马莲台电厂周边常见植物叶片全C、全N、全P浓度的线性拟合结果显示（图5-10），叶片全C浓度与全N浓度和全P浓度均无显著的线性关系（$p>0.05$），全N浓度与全P浓度呈极显著正的线性关系（$p<0.001$）。

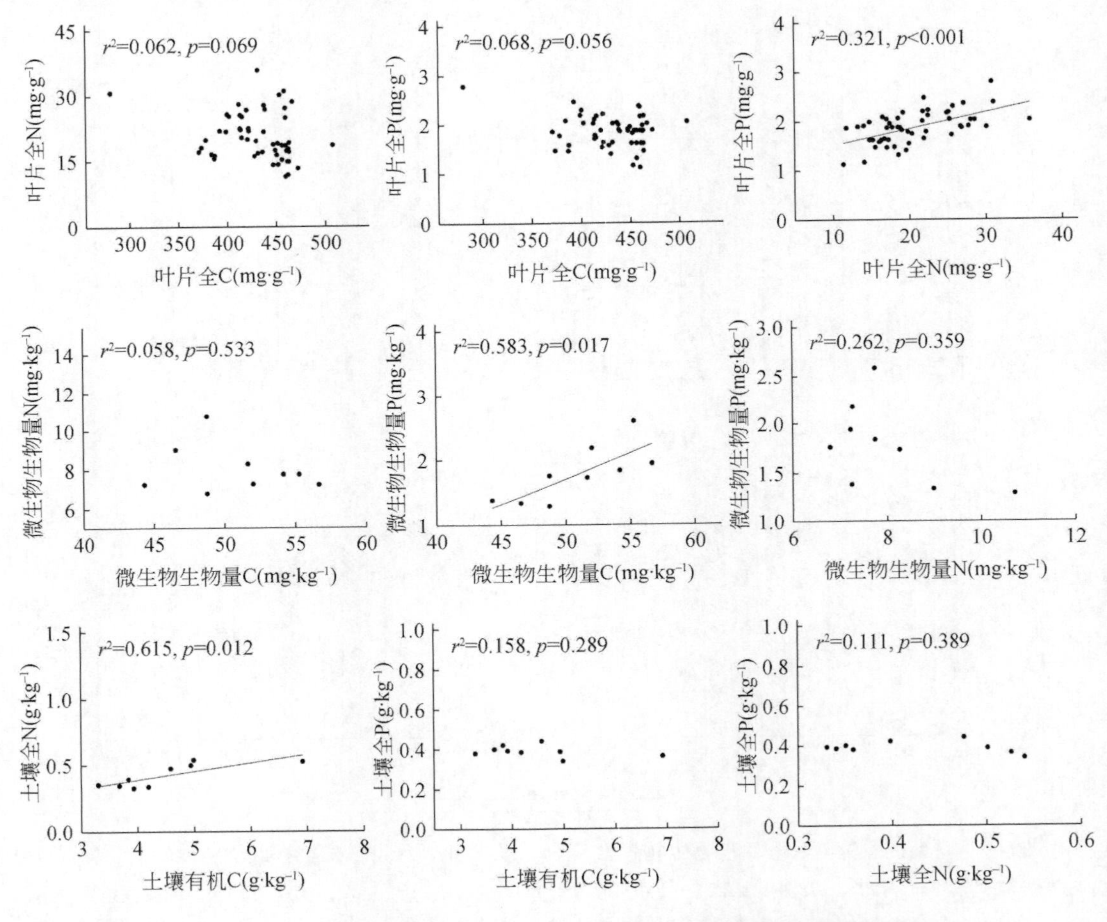

图5-10 马莲台电厂周边植物叶片、微生物和土壤碳、氮、磷拟合关系

植物：n=54。微生物和土壤：n=9

5.1.4.2 鸳鸯湖电厂

鸳鸯湖电厂周边常见植物叶片全C、全N、全P浓度的线性拟合结果显示（图5-11），

叶片全C浓度与全N浓度呈显著正的线性关系（$p<0.05$），与全P浓度无显著的线性关系（$p>0.05$）；全N浓度与全P浓度呈显著正的线性关系（$p<0.05$）。

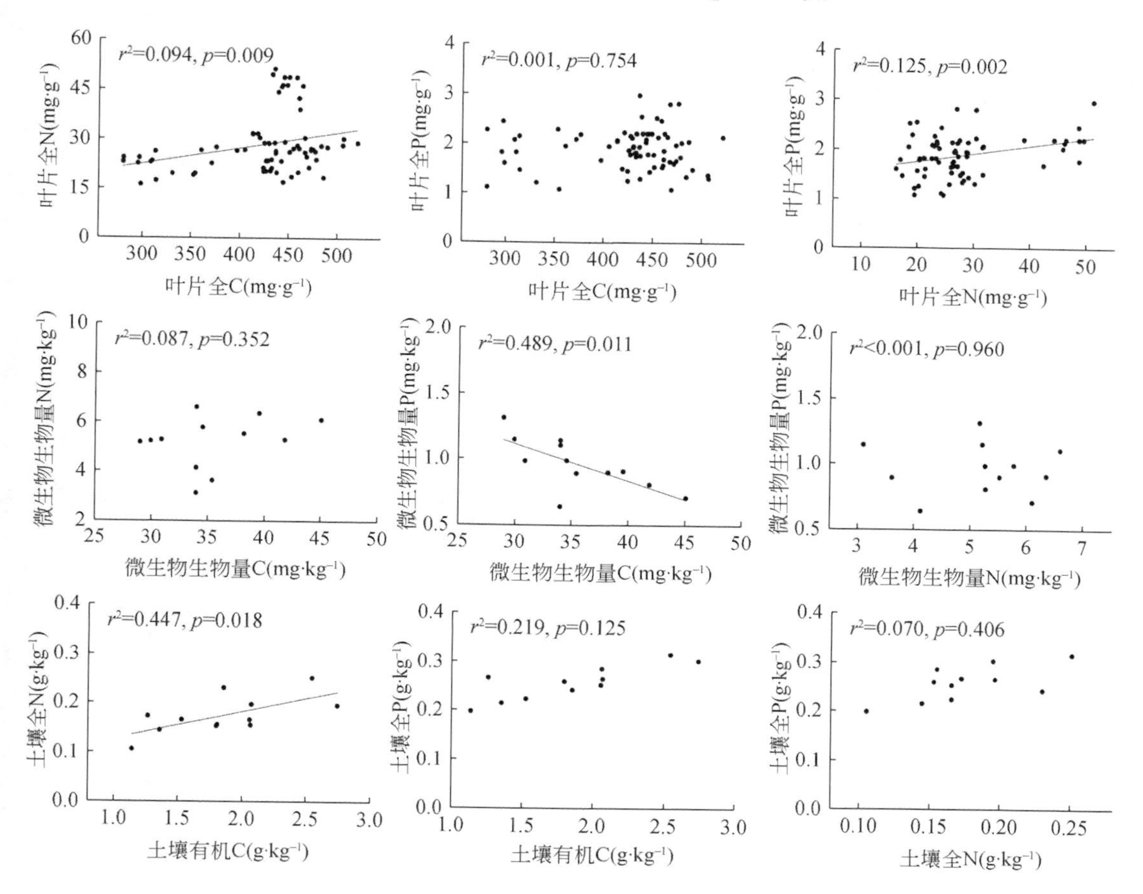

图5-11 鸳鸯湖电厂周边植物叶片、微生物和土壤碳、氮、磷拟合关系

植物：$n=72$。微生物和土壤：$n=12$

5.1.4.3 灵武电厂

灵武电厂周边常见植物叶片全C、全N、全P浓度的线性拟合结果显示（图5-12），叶片全C浓度与全N浓度呈显著正的线性关系（$p<0.05$），与全P浓度无显著的线性关系（$p>0.05$）；全N浓度与全P浓度呈显著正的线性关系（$p<0.05$）。

5.1.4.4 研究区

将3个电厂植物叶片全N、全P和全P浓度进行了汇总，分析了研究区植物叶片三种元素间的线性拟合关系（图5-13）。结果表明，研究区植物叶片全N浓度和全P浓度均与全C浓度无显著的线性关系（$P>0.05$），全N浓度与全P浓度呈显著正的线性关系（$p<0.001$）。

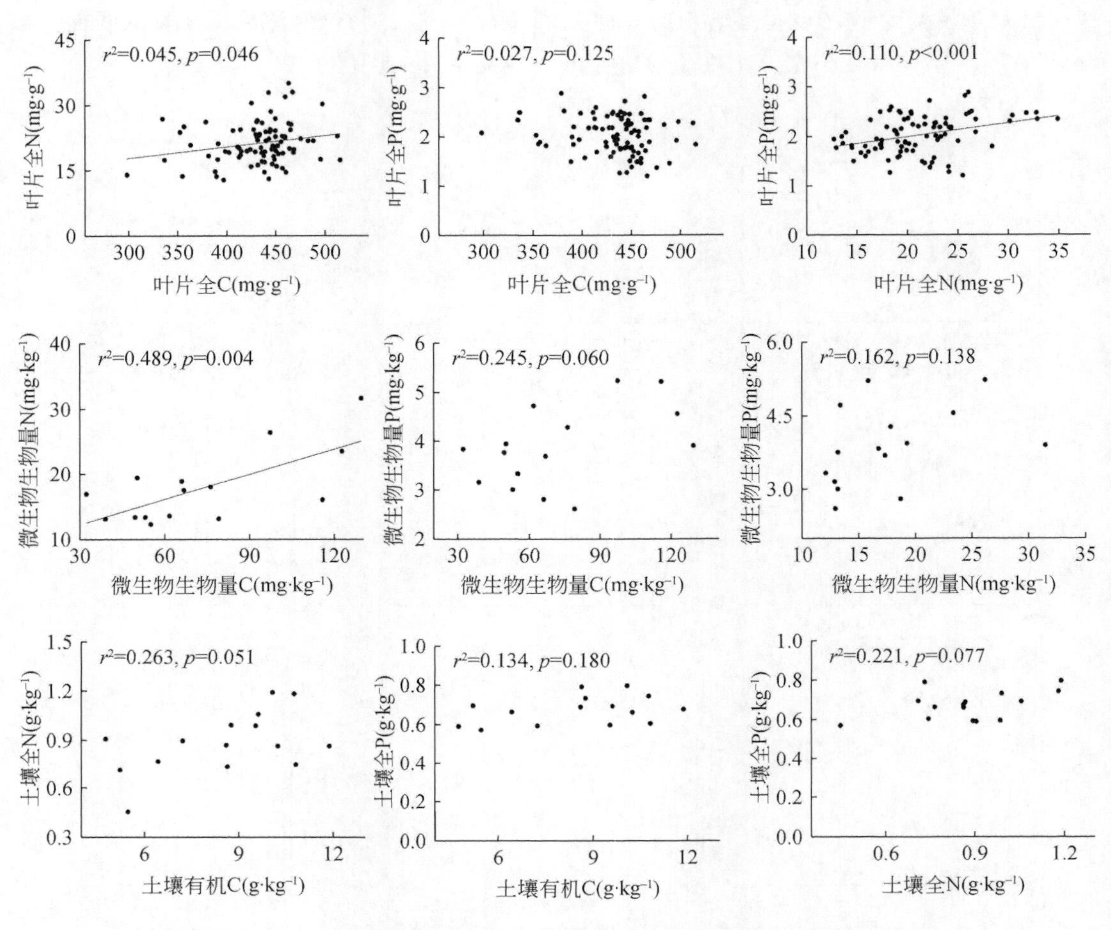

图 5-12　灵武电厂周边植物叶片、微生物和土壤碳、氮、磷拟合关系

植物：$n=90$。微生物和土壤：$n=15$

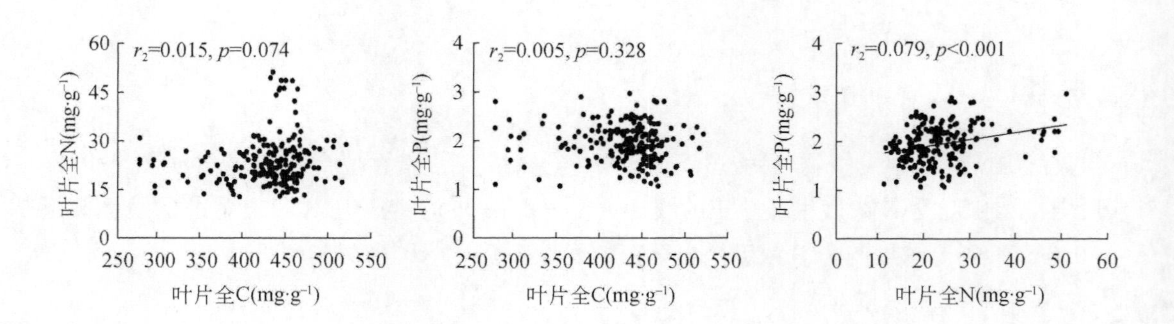

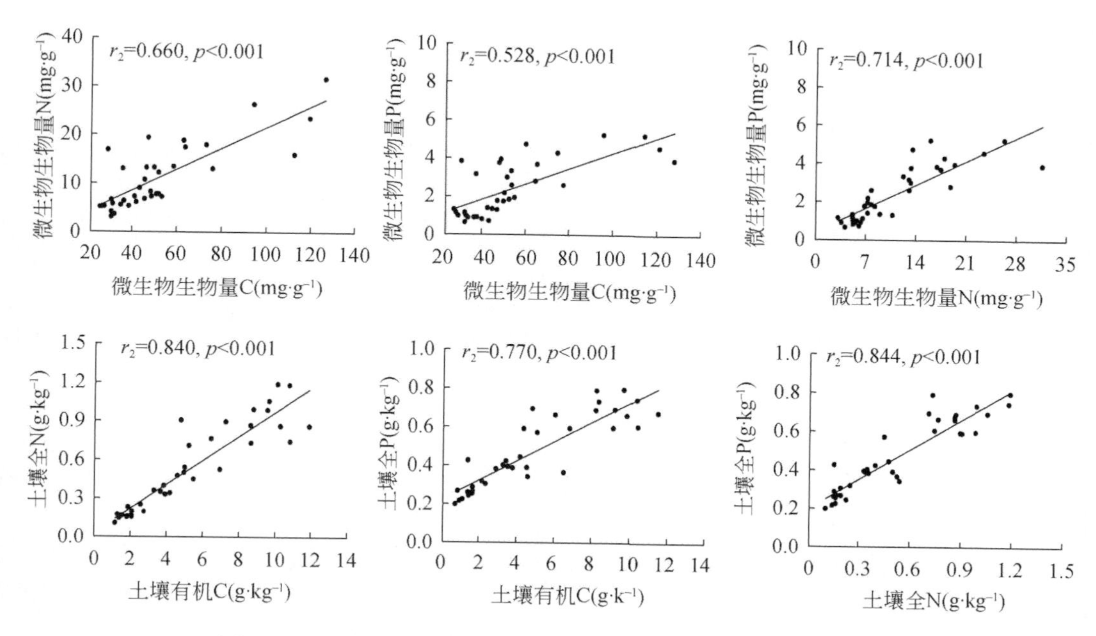

图 5-13　研究区植物叶片、微生物和土壤碳、氮、磷拟合关系

植物：$n=216$。微生物和土壤：$n=36$

5.1.5　植物叶片元素内稳性

5.1.5.1　马莲台电厂

依据 Persson 等提出的内稳性判定阈值，马莲台电厂周边植物叶片全 N 浓度、全 P 浓度和 N : P 均为绝对稳态（图 5-14）。

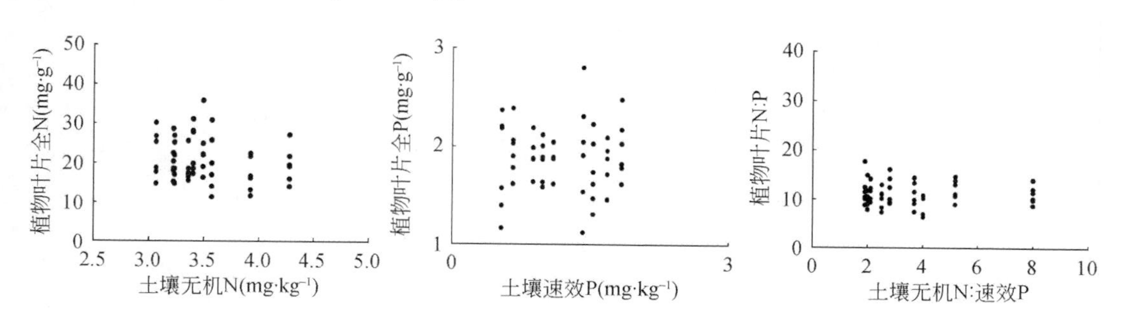

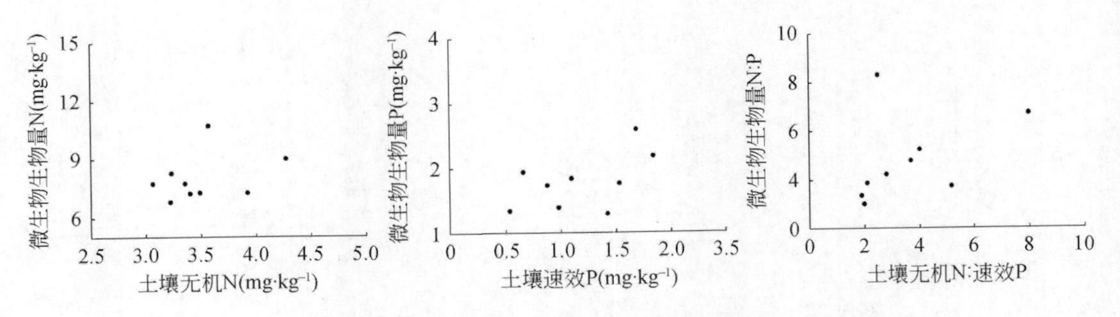

图 5-14　马莲台电厂周边植物叶片和微生物生物量氮、磷、N : P 内稳性

植物：$n=54$。微生物：$n=9$。$p>0.05$ 时，拟合曲线和方程均未列出

5.1.5.2　鸳鸯湖电厂

依据 Persson 等提出的内稳性判定阈值，鸳鸯湖电厂周边植物叶片全 N 浓度、全 P 浓度和 N : P 均为绝对稳态（图 5-15）。

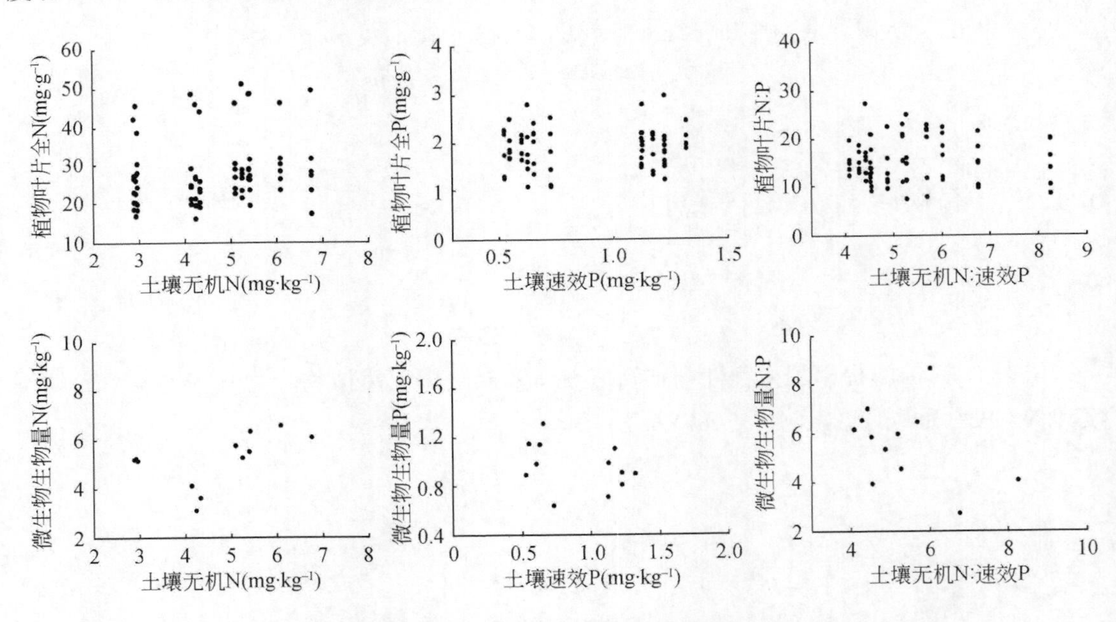

图 5-15　鸳鸯湖电厂周边植物叶片和微生物生物量氮、磷、N : P 内稳性

植物：$n=72$。微生物：$n=12$。$p>0.05$ 时，拟合曲线和方程均未列出

5.1.5.3　灵武电厂

依据 Persson 等提出的内稳性判定阈值，灵武电厂周边植物叶片全 N 浓度、全 P 浓度和 N : P 均为绝对稳态（图 5-16）。

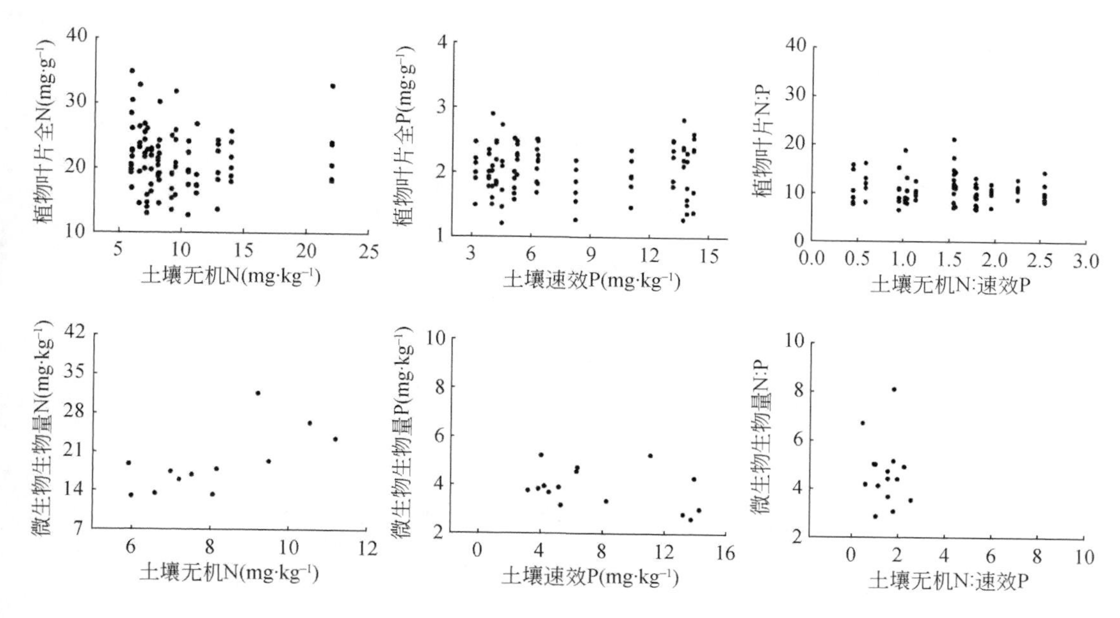

图 5-16 马莲台电厂周边植物叶片和微生物生物量氮、磷、N : P 内稳性

植物：$n=90$。微生物：$n=15$。$p>0.05$ 时，拟合曲线和方程均未列出

5.1.5.4 研究区

将 3 个电厂植物叶片全 N 浓度、全 P 浓度、N : P 和土壤无机 N 浓度、速效 P 浓度、N : P 数据进行了汇总，本书分析了研究区植物叶片全 N 浓度、全 P 浓度和 N : P 内稳性（图 5-17）。依据 Persson 等（2010）提出的内稳性判定阈值，研究区植物叶片全 N 浓度为绝对稳态，全 P 浓度和 N : P 为稳态。

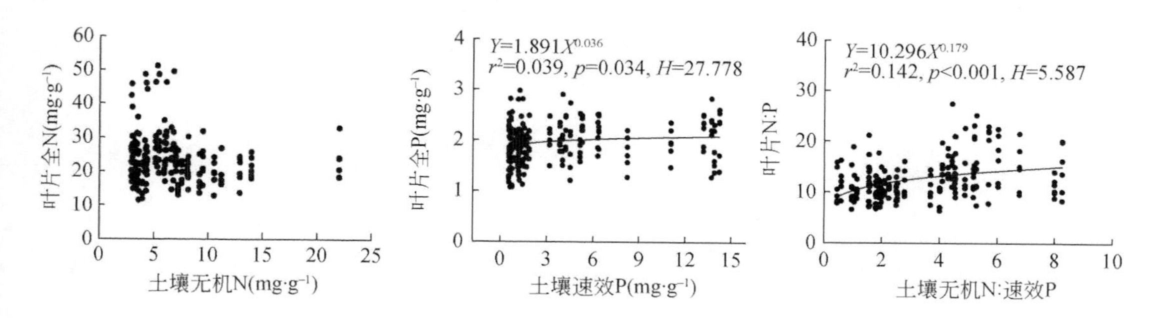

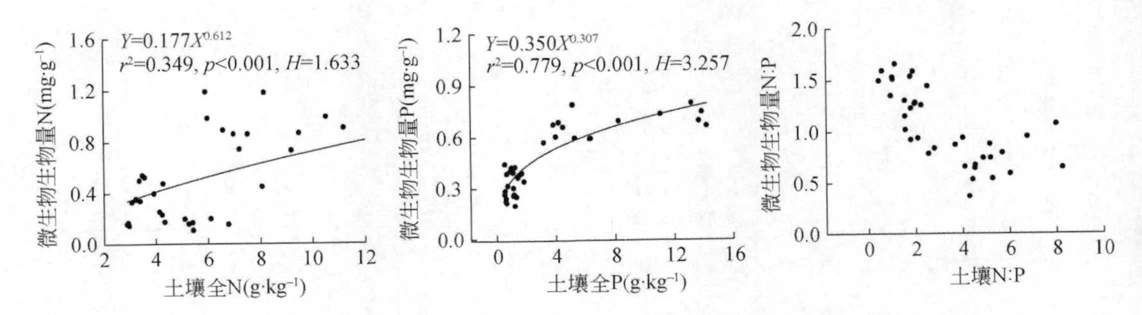

图 5-17　研究区植物叶片和微生物生物量氮、磷、N：P 内稳性

植物：n=216。微生物：n=36。p>0.05 时，拟合曲线和方程均未列出

5.2　研究区微生物生物量 C：N：P 生态化学计量学特征

5.2.1　微生物生物量 C：N：P 生态化学计量学特征的变化范围

5.2.1.1　马莲台电厂

马莲台电厂周边微生物生物量 C 含量有较小变异，生物量 N：P 有较大变异（图 5-18）：生物量 C 含量、N 含量、P 含量、C：N、C：P 和 N：P 的变化范围分别为 44.32 ~ 56.70mg · kg^{-1}、6.80 ~ 10.72mg · kg^{-1}、1.29 ~ 2.59mg · kg^{-1}、5.18 ~ 9.78、21.38 ~ 37.76 和 3.00 ~ 8.30，变异系数分别为 8.13%、15.09%、23.65%、16.43%、17.01%、35.99%，平均值分别为 50.91±1.38mg · kg^{-1}、8.01±0.40mg · kg^{-1}、1.78±0.14mg · kg^{-1}、6.48±0.36、29.55±1.67 和 4.80±0.58。

5.2.1.2　鸳鸯湖电厂

鸳鸯湖电厂周边微生物生物量 C 含量变异较小，生物量 C：N 变异较大（图 5-18）：各指标的变化范围分别为 28.94 ~ 45.08mg · kg^{-1}、3.09 ~ 6.58mg · kg^{-1}、0.80 ~ 1.31mg · kg^{-1}、5.16 ~ 10.99、22.06 ~ 63.98 和 2.71 ~ 8.64，变异系数分别 13.65%、20.74%、20.37%、25.23%、31.77% 和 28.53%，平均值分别为 35.53 ± 1.40mg · kg^{-1}、5.16 ± 0.31mg · kg^{-1}、0.96±0.06mg · kg^{-1}、7.17±0.52、39.24±3.60 和 5.60±0.46。

5.2.1.3　灵武电厂

与其他 2 个电厂相比，灵武电厂周边微生物生物量各指标均具有较大的变异，尤其生物量 C 含量（图 5-18）：各指标的变化范围分别为 32.31～129.57mg·kg^{-1}、12.19～31.60mg·kg^{-1}、2.60～5.24mg·kg^{-1}、1.92～7.27、8.43～33.23 和 2.85～8.10，变异系数分别为 41.63%、31.62%、21.19%、31.81%、37.22%、28.92%，平均值分别为 30.41±7.85mg·kg^{-1}、5.60±1.45mg·kg^{-1}、0.82±0.21mg·kg^{-1}、1.32±0.34、7.07±1.83 和 1.35±0.35。

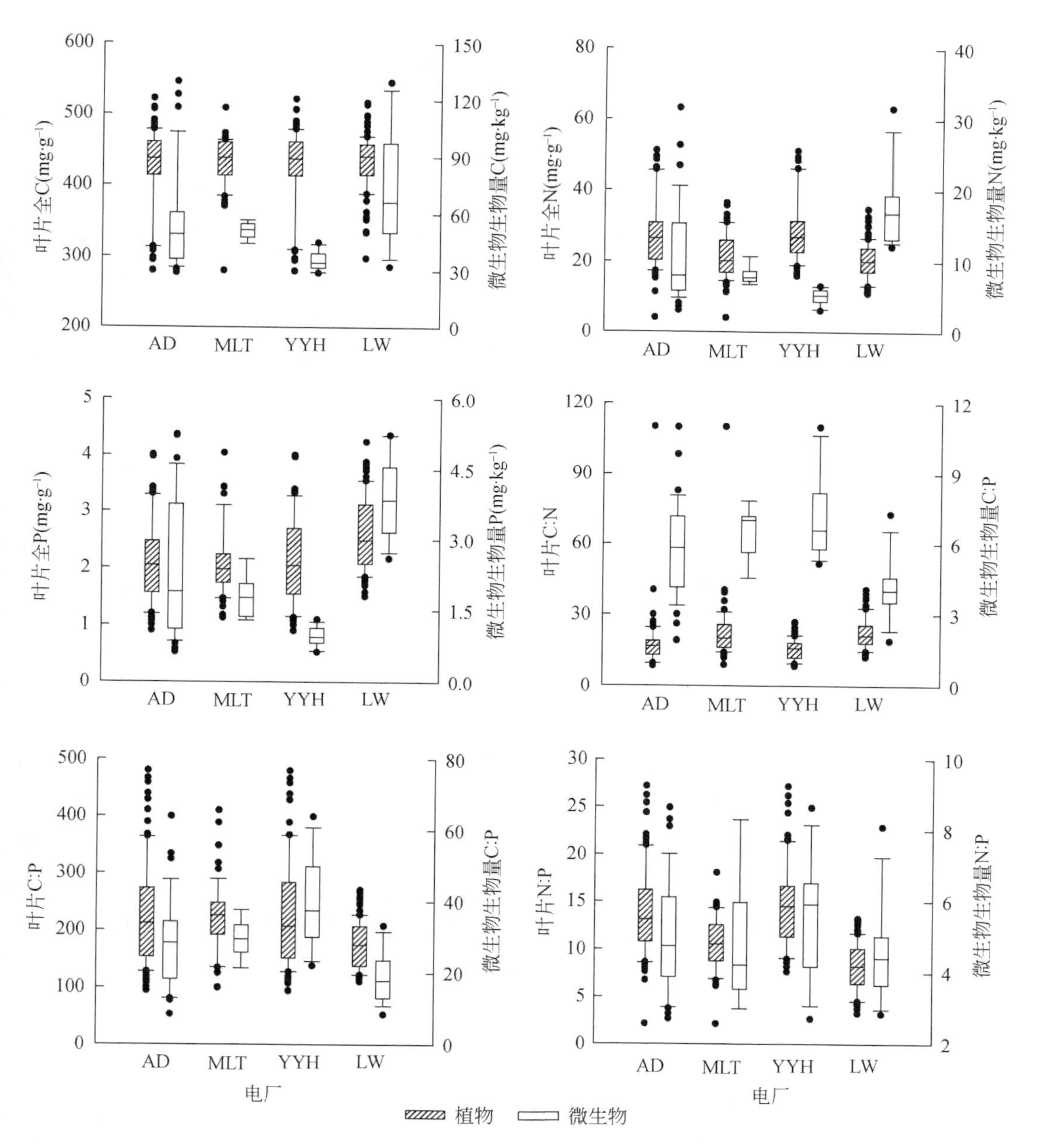

图 5-18　研究区植物叶片和微生物生物量 C∶N∶P 生态化学计量学特征的变化范围

AD 代表所有数据（n=216）。MLT、YYH、LW 分别代表马莲台电厂（n=54）、鸳鸯湖电厂（n=72）和灵武电厂（n=90）

5.2.1.4 研究区

将3个电厂微生物各指标进行了汇总，本书分析了研究区微生物生物量C：N：P生态化学计量学特征的变化范围（图5-18）：微生物生物量C含量、N含量、P含量、C：N、C：P和N：P的变异系数分别为46.53%、61.43%、60.31%、34.38%、43.59%和30.91%，变化范围分别为28.95～129.57mg·kg^{-1}、3.09～31.60mg·kg^{-1}、0.64～5.24mg·kg^{-1}、1.92～10.99、8.43～63.89和2.71～8.64，平均值分别为55.00±4.27mg·kg^{-1}、11.11±1.14mg·kg^{-1}、2.38±0.24mg·kg^{-1}、5.74±0.33、28.39±2.06和5.01±0.26。

5.2.2 电厂间微生物生物量C：N：P生态化学计量学特征差异

将3个电厂不同取样距离上微生物各指标进行了汇总，本书比较了各指标在电厂间的差异，结果表明（图5-2）：灵武电厂周边微生物生物量C、N和P含量均显著高于其他2个电厂的测定值（$p<0.05$），马莲台电厂和鸳鸯湖电厂间微生物生物量C和N含量无显著差异（$p>0.05$），马莲台电厂周边微生物生物量P含量显著高于鸳鸯湖电厂周边的测定值（$p<0.05$）；马莲台电厂和鸳鸯湖电厂周边微生物生物量C：N、C：P和N：P均无显著性差异（$p>0.05$），二者各测定值均高于灵武电厂周边的对应值（$p<0.05$）。

5.2.3 取样距离间微生物生物量C：N：P生态化学计量学特征的差异

5.2.3.1 马莲台电厂

取样距离间比较，马莲台电厂周边微生物生物量C：N：P生态化学计量学特征差异较大，且具有一定的规律性（图5-4）：微生物生物量C含量、P含量以及C：N在100m和300m处显著高于500m处测定值（$p<0.05$），且D_{300}处生物量P含量显著高于D_{100}处的测定值（$p<0.05$）；微生物生物量N含量、C：P和N：P在100m和300m处显著低于500m处的测定值（$p<0.05$），且D_{100}处生物量C：P和N：P显著高于D_{300}处的测定值（$p<0.05$）。

5.2.3.2 鸳鸯湖电厂

取样距离间比较，鸳鸯湖电厂周边微生物生物量C：N：P生态化学计量学特征差异较大，但缺乏一致的规律性（图5-6）：D_{100}和D_{1000}处微生物生物量C含量显著高于D_{300}处的测定值（$p<0.05$）；D_{100}、D_{300}和D_{1000}处微生物生物量N含量显著高于D_{500}处的测定值

（$p<0.05$）；D_{300}处微生物生物量 P 含量显著高于其他 3 个取样距离处的测定值（$p<0.05$）；D_{500}处微生物生物量 C：N 显著高于其他 3 个取样距离的测定值（$p<0.05$），且 D_{100}处生物量 C：N 显著高于 D_{300}处的测定值（$p<0.05$）；D_{300}处微生物生物量 C：P 显著低于其他 3 个取样距离的测定值（$p<0.05$）；D_{1000}处微生物生物量 N：P 显著高于 D_{300}和 D_{500}处的测定值（$p<0.05$）。

5.2.3.3 灵武电厂

沿取样距离梯度，灵武电厂周边微生物生物量 C 含量、N 含量、P 含量和 C：N 表现出先增加后降低的变化特点，生物量 C：P 和 N：P 则无明显的规律性（图 5-8）：生物量 C 和 N 含量均在 500m 处显著高于其他几个取样距离处的测定值（$p<0.05$）；生物量 P 含量在 500m 和 1000m 处显著高于 2000m 处的测定值（$p<0.05$），生物量 C：N、C：P 和 N：P 在 500m 处显著高于 100m、300m 和 1000m 处的测定值（$p<0.05$）。因而，整体而言，灵武电厂周边微生物生物量 C：N：P 生态化学计量学特征在 D_{500}处较高，在 D_{100}和 D_{300}较低。

5.2.3.4 研究区

将不同取样距离上 3 个电厂微生物各指标进行了整理，本书比较了各指标在取样距离间的差异（图 5-9）：微生物生物量 C 含量、N 含量、P 含量和 C：N 在取样距离间无显著性差异（$p>0.05$），C：P 在 300m 处显著低于 500m 处的测定值（$p<0.05$），N：P 在 300m 处显著低于 500m 和 1000m 处的测定值（$p<0.05$）。整体而言，沿取样距离梯度，微生物生物量 C：N：P 生态化学计量学特征无明显的变化规律。

5.2.4 微生物元素间关系

5.2.4.1 马莲台电厂

马莲台电厂周边微生物生物量 C、N、P 含量的线性拟合结果显示（图 5-10），微生物生物量 C 含量与 N 含量无显著的线性关系（$p>0.05$），与生物量 P 含量呈显著正的线性关系（$p<0.05$）；微生物生物量 N 含量与 P 含量无显著的线性关系（$p>0.05$）。

5.2.4.2 鸳鸯湖电厂

鸳鸯湖电厂周边微生物生物量 C、N、P 含量的线性拟合结果显示（图 5-11），微生物生物量 C 含量与 N 含量无显著的线性关系（$p>0.05$），与生物量 P 含量呈显著负的线性关系（$p<0.05$）。

5.2.4.3 灵武电厂

灵武电厂周边微生物生物量C、N、P含量的线性拟合结果显示（图5-12），微生物生物量N含量与生物量P含量无显著的线性关系（$p>0.05$）。

5.2.4.4 研究区

将3个电厂微生物生物量C、N、P含量进行了汇总，本书分析了研究区微生物三种元素间的线性拟合关系（图5-13）。结果表明，微生物生物量C、N、P含量间均存在极显著的线性关系（$p<0.001$）。

5.2.5 微生物生物量元素内稳性

5.2.5.1 马莲台电厂

依据Persson等（2010）提出的内稳性判定阈值，马莲台电厂周边微生物生物量N含量、P含量和N：P均为绝对稳态（图5-14）。

5.2.5.2 鸳鸯湖电厂

依据Persson等（2010）提出的内稳性判定阈值，鸳鸯湖电厂周边微生物生物量N含量、P含量和N：P均为绝对稳态（图5-15）。

5.2.5.3 灵武电厂

依据Persson等（2010）提出的内稳性判定阈值，灵武电厂周边微生物生物量N含量、P含量和N：P均为绝对稳态（图5-16）。

5.2.5.4 研究区

将3个电厂微生物生物量N含量、P含量、N：P和土壤全N含量、全P含量、N：P数据进行了汇总，本书分析了微生物生物量N含量、P含量、N：P的内稳性（图5-17）。结果表明，依据Persson等（2010）提出的内稳性判定阈值，研究区微生物生物量N含量为弱敏感态，生物量P含量为弱稳态，生物量N：P为绝对稳态。

5.3 研究区土壤C：N：P生态化学计量学特征

5.3.1 土壤C：N：P生态化学计量学特征的变化范围

5.3.1.1 马莲台电厂

除全P含量和C：N外，马莲台电厂周围0~20cm土壤C：N：P生态化学计量学特征的变异系数总体较大（图5-19）：有机C含量、全N含量、C：P和N：P的变异系数均大于20.00%，全P含量和C：N变异系数均小于20.00%；有机C含量、全N含量、全P含量、C：N、C：P和N：P的变化范围分别为3.29~6.91g·kg^{-1}、0.34~0.44g·kg^{-1}、0.43~0.44g·kg^{-1}、9.19~13.15、8.64~18.96和0.84~1.58，平均值分别为4.48±0.36g·kg^{-1}、0.42±0.08g·kg^{-1}、0.39±0.00g·kg^{-1}、10.59±0.28、11.58±0.66和1.10±0.05。

与0~20cm相似（图5-19），马莲台电厂周围20~40cm土壤C：N：P生态化学计量学特征亦表现出较大的变异系数：除全P含量外，其他指标的变异系数均高于20.00%；有机C含量、全N含量、全P含量、C：N、C：P和N：P的变化范围分别为2.40~4.88g·kg^{-1}、0.26~0.47g·kg^{-1}、0.28~0.42g·kg^{-1}、8.10~14.25、7.43~17.55和0.78~1.69，平均值分别为3.86±0.24g·kg^{-1}、0.36±0.02g·kg^{-1}、0.35±0.00g·kg^{-1}、10.93±0.18、11.15±0.63和1.04±0.06。

与0~20cm和20~40cm相似（图5-19），马莲台电厂周围40~60cm土壤C：N：P生态化学计量学特征的变异系数亦较大：有机C含量、全P含量、C：P和N：P的变异系数均高于20%，其他2个指标的变异系数则低于20.00%；各指标的变化范围分别为1.73~3.74g·kg^{-1}、0.21~0.34g·kg^{-1}、0.25~0.43g·kg^{-1}、6.78~11.03、5.01~14.02和0.59~1.27，平均值分别为2.55±0.17g·kg^{-1}、0.27±0.01g·kg^{-1}、0.36±0.00g·kg^{-1}、9.38±0.24、7.43±0.63和0.79±0.03。

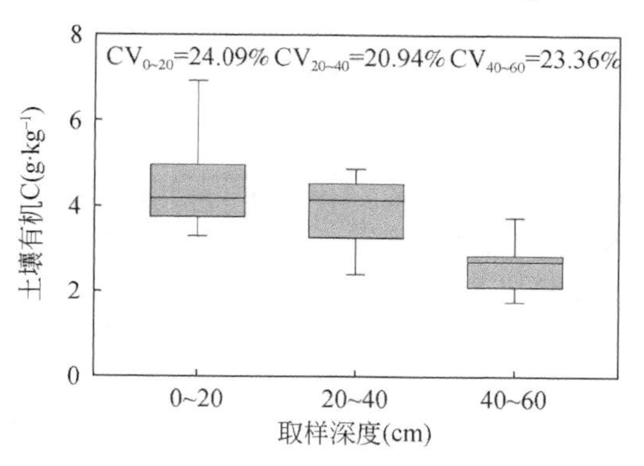

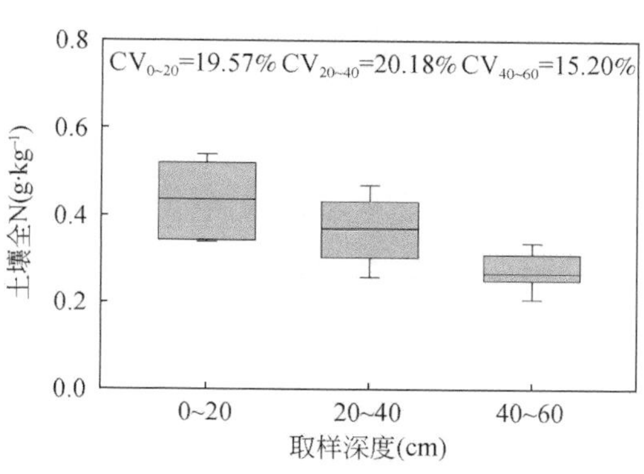

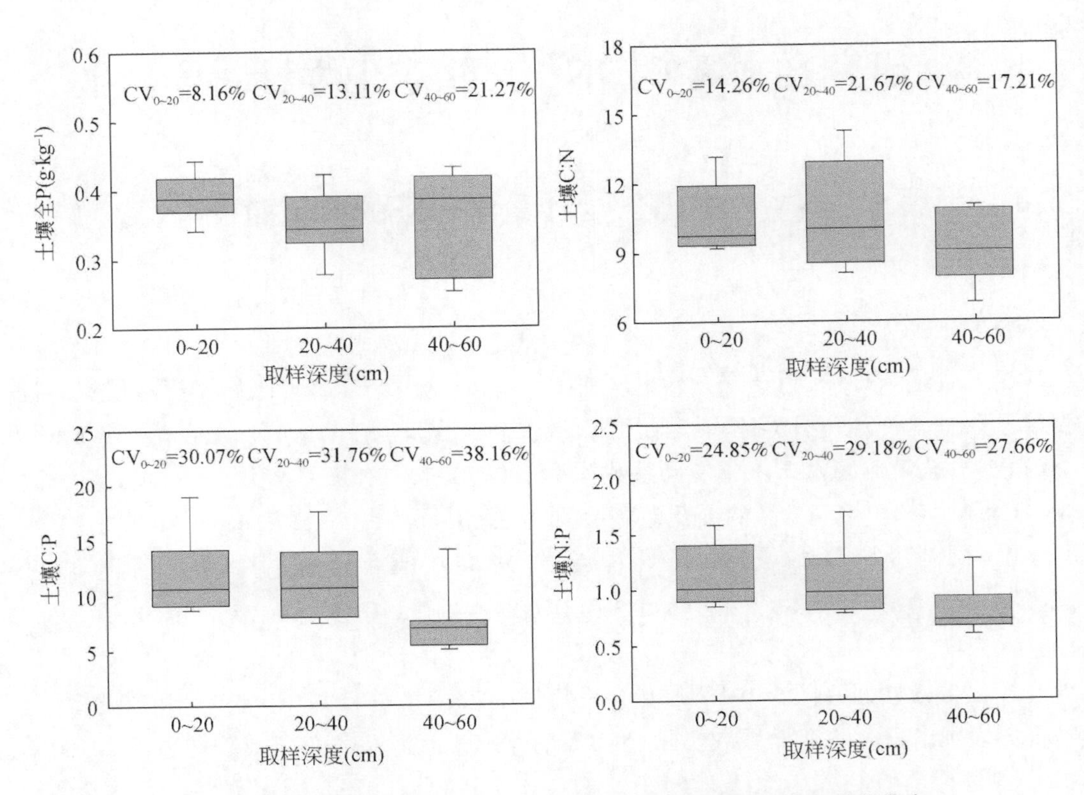

图 5-19　马莲台电厂周边土壤 C：N：P 生态化学计量学特征的变化特点

$CV_{0\sim20}$、$CV_{20\sim40}$和$CV_{40\sim60}$分别代表 0～20cm、20～40cm 和 40～60m 土壤各指标的变异系数。$n=9$

5.3.1.2　鸳鸯湖电厂

鸳鸯湖电厂周围 0～20cm 土壤 C：N：P 生态化学计量学特征各指标的变异系数相近（图 5-20）：除 C：N 外，其他指标的变异系数均高于 20.00%；各指标的变化范围分别为 1.65～2.20g·kg^{-1}、0.15～0.22g·kg^{-1}、0.24～0.33g·kg^{-1}、8.53～12.73、7.16～6.85 和 0.55～0.80，平均值分别为 1.85±0.00g·kg^{-1}、0.17±0.00g·kg^{-1}、0.27±0.01g·kg^{-1}、10.75±0.20、6.91±0.26 和 0.66±0.01。

与 0～20cm 相比（图 5-20），20～40cm 土壤 C：N：P 生态化学计量学特征具有较大的变异系数：除全 P 含量外，各指标的变异系数均高于 30.00%；有机 C 含量、全 N 含量、全 P 含量、C：N、C：P 和 N：P 的变化范围分别为 0.71～3.46g·kg^{-1}、0.07～0.30g·kg^{-1}、0.18～0.40g·kg^{-1}、4.17～15.30、2.96～10.56 和 0.31～0.92，平均值分别为 1.60±0.03g·kg^{-1}、0.16±0.01g·kg^{-1}、0.27±0.01g·kg^{-1}、10.72±0.41、5.79±0.22 和 0.57±0.01。

与 20～40cm 相似（图 5-20），40～60cm 土壤 C：N：P 生态化学计量学特征亦具有较大变异：有机 C 含量、全 N 含量、全 P 含量、C : N、C : P 和 N : P 的变异系数亦均高于 30%；各指标的变化范围分别为 0.53 ~ 2.87g · kg^{-1}、0.06 ~ 0.22g · kg^{-1}、0.17 ~ 0.49g · kg^{-1}、4.04 ~ 15.90、2.57 ~ 12.20 和 0.18 ~ 0.84，平均值分别为 1.36±0.14g · kg^{-1}、0.14±0.01g · kg^{-1}、0.26±0.01g · kg^{-1}、10.27±0.22、5.37±0.55 和 0.56±0.03。

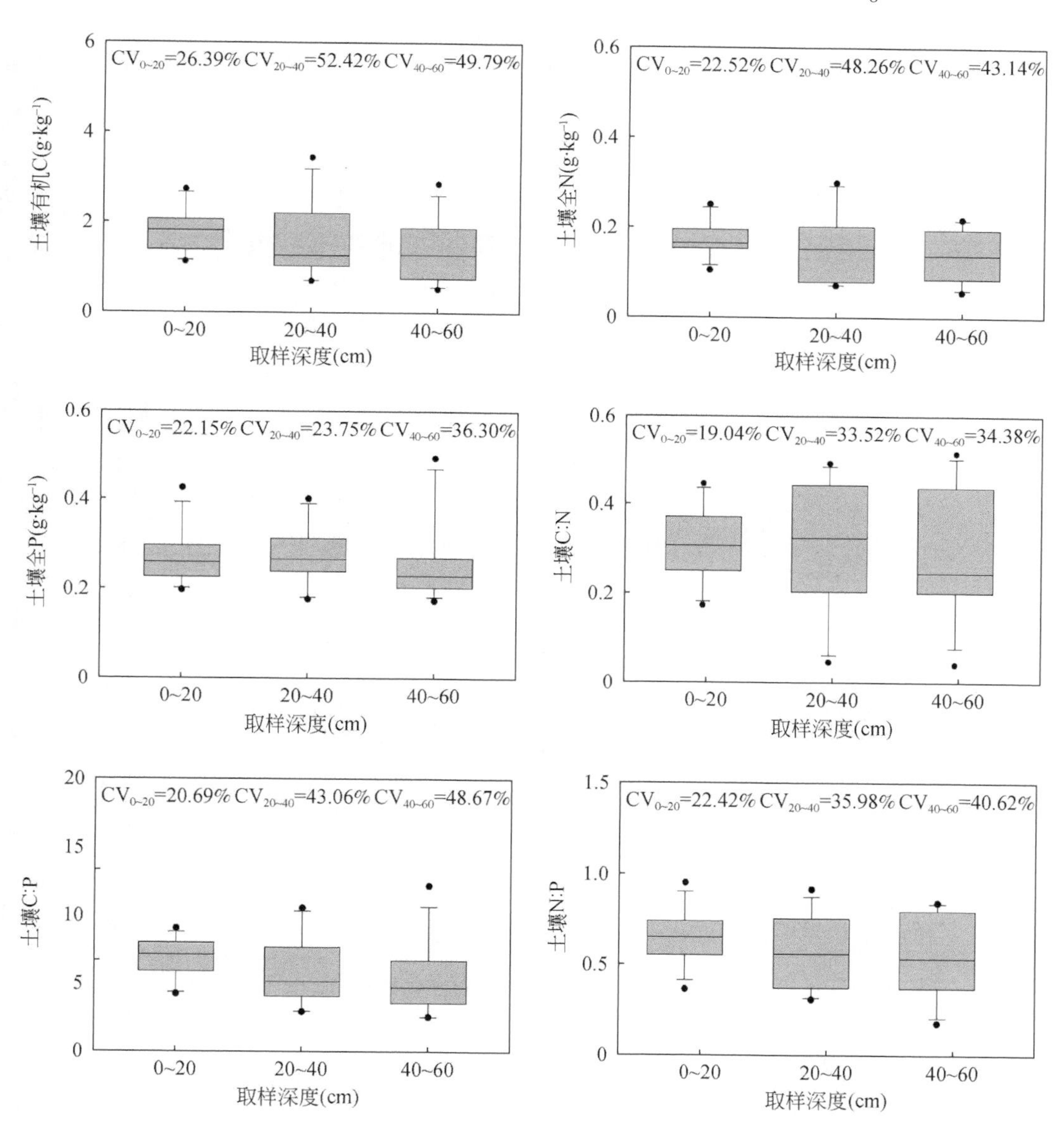

图 5-20 鸳鸯湖电厂周边土壤 C : N : P 生态化学计量学特征的变化特点

$CV_{0\sim20}$、$CV_{20\sim40}$和 $CV_{40\sim60}$分别代表 0 ~ 20cm、20 ~ 40cm 和 40 ~ 60m 土壤各指标的变异系数。$n=12$

5.3.1.3　灵武电厂

与其他2个电厂周围0～20cm土壤相比，灵武电厂周围0～20cm土壤C：N：P生态化学计量学特征变异系数较大（图5-21）：全P含量和N：P变异系数小于20.00%，其他4个指标变异系数大于20.00%；各指标的变化范围分别为5.21～11.88g·kg^{-1}、0.45～1.19g·kg^{-1}、0.57～0.80g·kg^{-1}、5.25～13.79、7.51～17.91和0.79～1.59，平均值分别为8.54±0.23g·kg^{-1}、0.88±0.02g·kg^{-1}、0.67±0.01g·kg^{-1}、9.90±0.46、12.71±0.33和1.31±0.01。

就20～40cm土壤而言，全P含量、C：N、C：P和N：P变异系数小于20.00%，其他2个指标变异系数高于20.00%（图5-21）；各指标的变化范围分别为2.98～7.39g·kg^{-1}、0.33～0.92g·kg^{-1}、0.42～0.70g·kg^{-1}、6.21～10.28、6.20～11.45和0.68～1.56，平均值分别为5.35±0.11g·kg^{-1}、0.67±0.02g·kg^{-1}、0.60±0.02g·kg^{-1}、8.11±0.22、8.92±0.12和1.11±0.03。

40～60cm土壤C：N：P生态化学计量学特征各指标变异系数亦较大，尤其N：P外（图5-21）。各指标的变化范围分别为2.81～8.13g·kg^{-1}、0.32～1.10g·kg^{-1}、0.33～0.75g·kg^{-1}、2.54～17.03、6.07～14.37和0.73～3.34，平均值分别为5.17±0.09g·kg^{-1}、0.62±0.03g·kg^{-1}、0.57±0.01g·kg^{-1}、8.94±0.44、9.27±0.32和1.16±0.13。

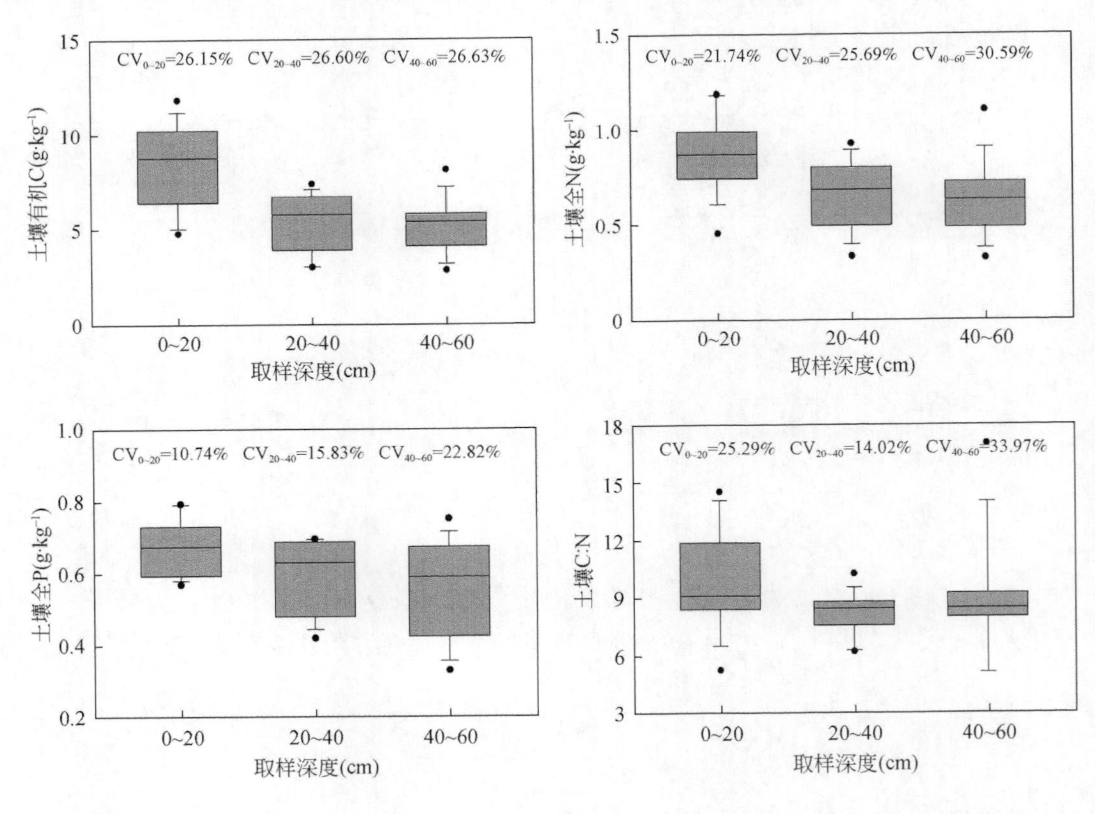

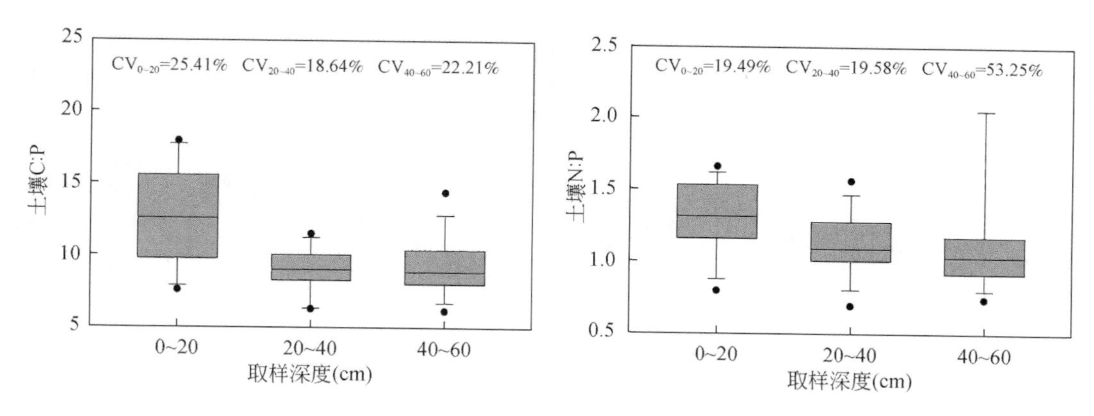

图 5-21 灵武电厂周边土壤 C : N : P 生态化学计量学特征的变化特点

$CV_{0\sim20}$、$CV_{20\sim40}$和$CV_{40\sim60}$分别代表 0 ~ 20cm、20 ~ 40cm 和 40 ~ 60m 土壤各指标的变异系数。$n=15$

5.3.1.4 研究区

将3个电厂各土层土壤指标分别进行了整合，本书计算了研究区各土层土壤 C : N : P 生态化学计量学特征的变异系数（图 5-22）：0 ~ 20cm 土壤 C : N、C : P 和 N : P 变异系数相对较小（<40.00%），有机 C 含量、全 N 含量和全 P 含量的变异系数相对较大（>50.00%）。各指标的变化范围分别为 1.14 ~ 11.88g · kg^{-1}、0.10 ~ 1.19g · kg^{-1}、0.39 ~ 0.08g · kg^{-1}、5.25 ~ 14.55、4.25 ~ 18.96 和 0.37 ~ 1.66，平均值分别为 5.29±0.55g · kg^{-1}、0.53±0.06g · kg^{-1}、0.47±0.03g · kg^{-1}、10.35±0.35、10.49±0.63 和 1.04±0.06；20 ~ 40cm 土壤全 P 含量、C : N、C : P 和 N : P 变异系数相对较小（<40.00%），其他指标变异系数均较大（>50.00%）。各指标的变化范围分别为 0.71 ~ 7.39g · kg^{-1}、0.07 ~ 0.92g · kg^{-1}、0.18 ~ 0.70g · kg^{-1}、4.17 ~ 15.30、2.96 ~ 17.55 和 0.31 ~ 1.69，平均值分别为 3.73±0.66g · kg^{-1}、0.42±0.08g · kg^{-1}、0.43±0.05g · kg^{-1}、9.69±0.93、8.44±1.05 和 0.91±0.11；40 ~ 60cm 土壤 C : N 和 C : P 变异系数相对较小（<40.00%），其他指标

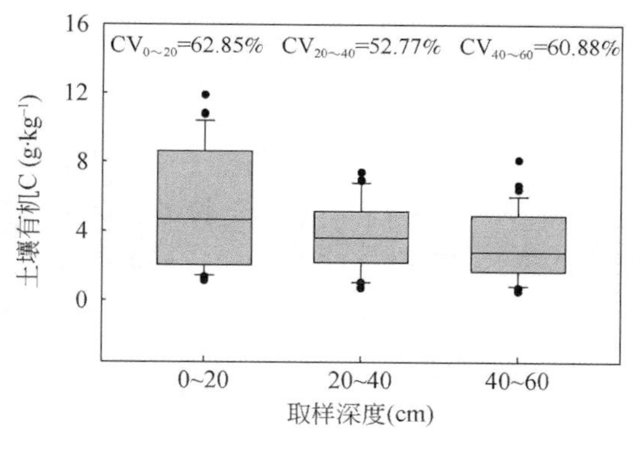

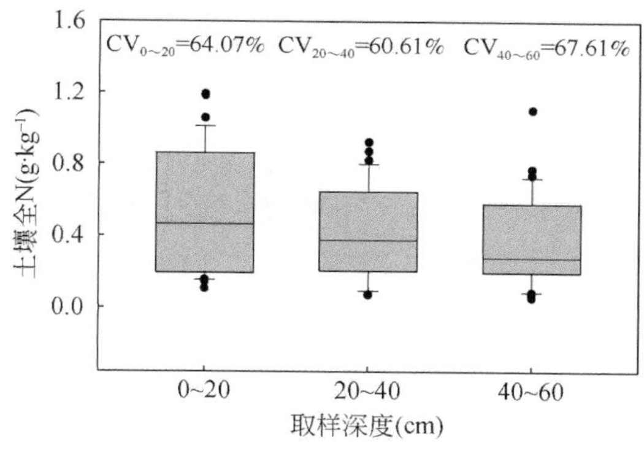

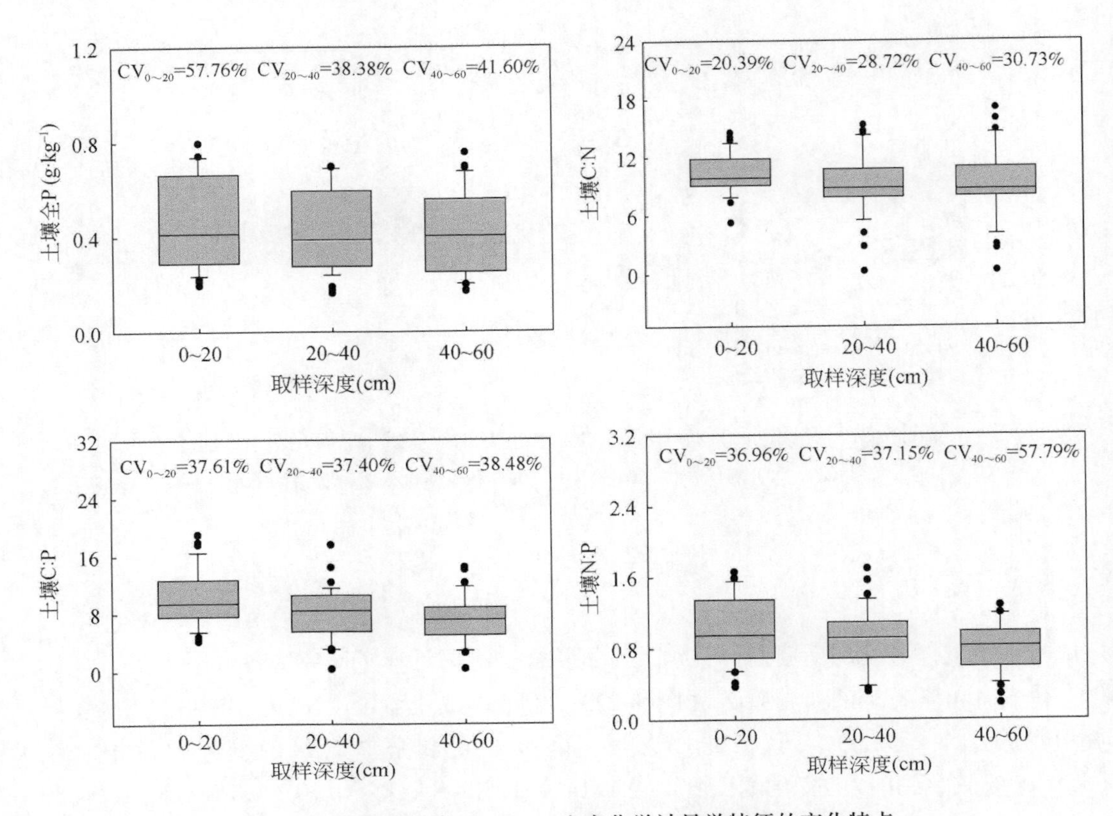

图 5-22 研究区土壤 C∶N∶P 生态化学计量学特征的变化特点

$CV_{0\sim20}$、$CV_{20\sim40}$和 $CV_{40\sim60}$分别代表 0～20cm、20～40cm 和 40～60m 土壤各指标的变异系数。$n=36$

变异系数相对较大（>40.00%）。各指标的变化范围分别为 0.53～8.13g·kg^{-1}、0.06～1.10g·kg^{-1}、0.17～0.75g·kg^{-1}、2.54～17.03、2.57～14.37 和 0.18～3.34，平均值分别为 3.25±0.66g·kg^{-1}、0.37±0.08g·kg^{-1}、0.41±0.06g·kg^{-1}、9.49±0.97、7.51±0.96 和 0.87±0.17。

5.3.2 电厂间土壤 C∶N∶P 生态化学计量学特征差异

将不同取样距离上各土层指标分别进行了整合，本书比较了各土层 C∶N∶P 生态化学计量学特征在电厂间的差异：对 0～20cm 土壤而言（图 5-23），除 C∶N 外，灵武电厂周围各指标较高，鸳鸯湖电厂周围各指标较低，马莲台电厂介于二者之间。具体来说，灵武电厂周围土壤具有显著高的有机 C、全 N 和全 P 含量（$p<0.05$），鸳鸯湖电厂周围土壤有机 C 和全 N 含量显著低于其他 2 个电厂（$p<0.05$）。此外，灵武电厂周围土壤 C∶P 和 N∶P 显著高于鸳鸯湖电厂（$p<0.05$）；对 20～40cm 土壤而言（图 5-24），所有指标在 3 个电厂间的分布特征与 0～20cm 较为一致，即灵武电厂具有较高的土壤有机 C 含量、全 N

含量、全 P 含量、C：P 和 N：P，鸳鸯湖电厂具有相对较低的测定值；对 40 ~ 60cm 土壤而言（图 5-25），所有指标在 3 个电厂间分布特征与 0 ~ 20cm 和 20 ~ 40cm 一致，即除 C：N外其他指标在 3 个电厂的大小依次为灵武电厂>马莲台电厂>鸳鸯湖电厂。

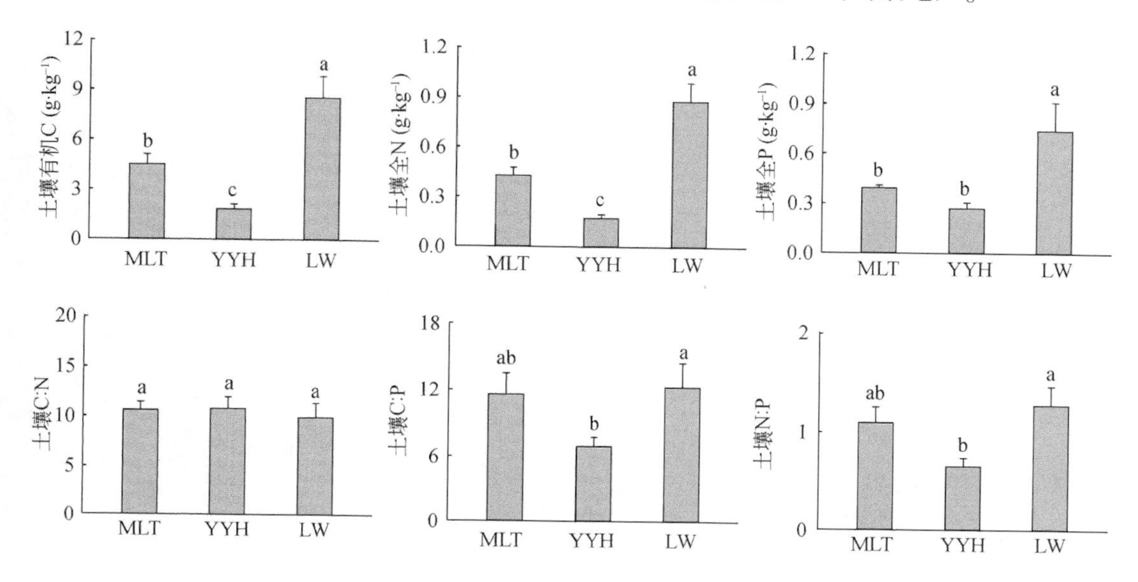

图 5-23　研究区 0 ~ 20cm 土壤 C：N：P 生态化学计量学特征在电厂间的差异

MLT、YYH 和 LW 分别代表马莲台电厂（n=9）、鸳鸯湖电厂（n=12）和灵武电厂（n=15）。不同小写字母代表电厂间各指标的差异显著（p<0.05）

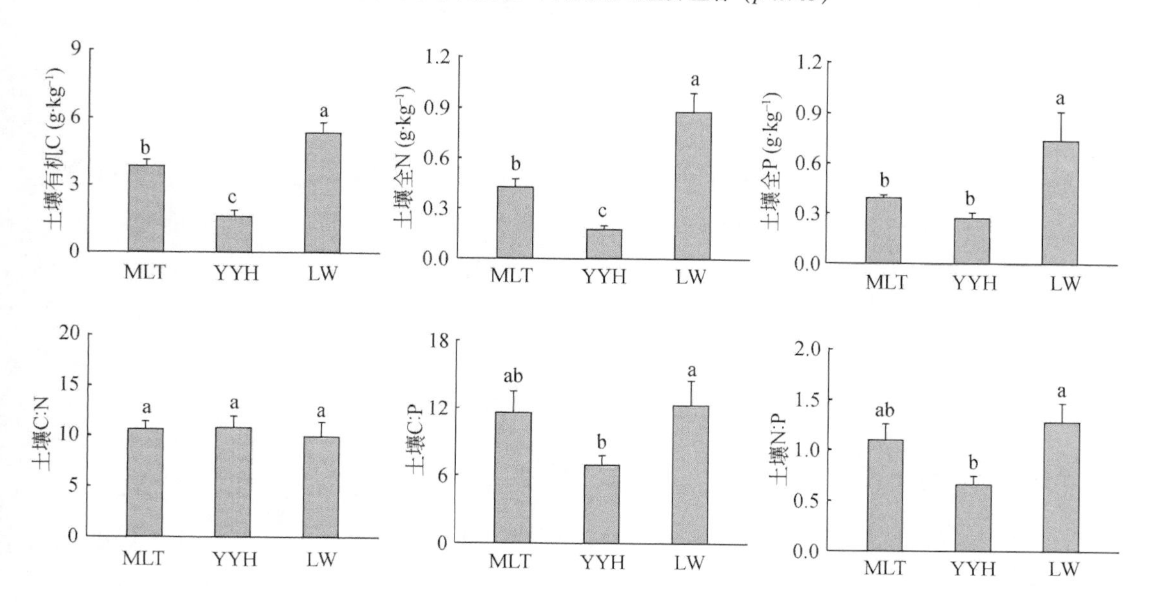

图 5-24　研究区 20 ~ 40cm 土壤 C：N：P 生态化学计量学特征在电厂间的差异

MLT、YYH 和 LW 分别代表马莲台电厂（n=9）、鸳鸯湖电厂（n=12）和灵武电厂（n=15）。不同小写字母代表不同电厂间各指标的差异性（p<0.05）

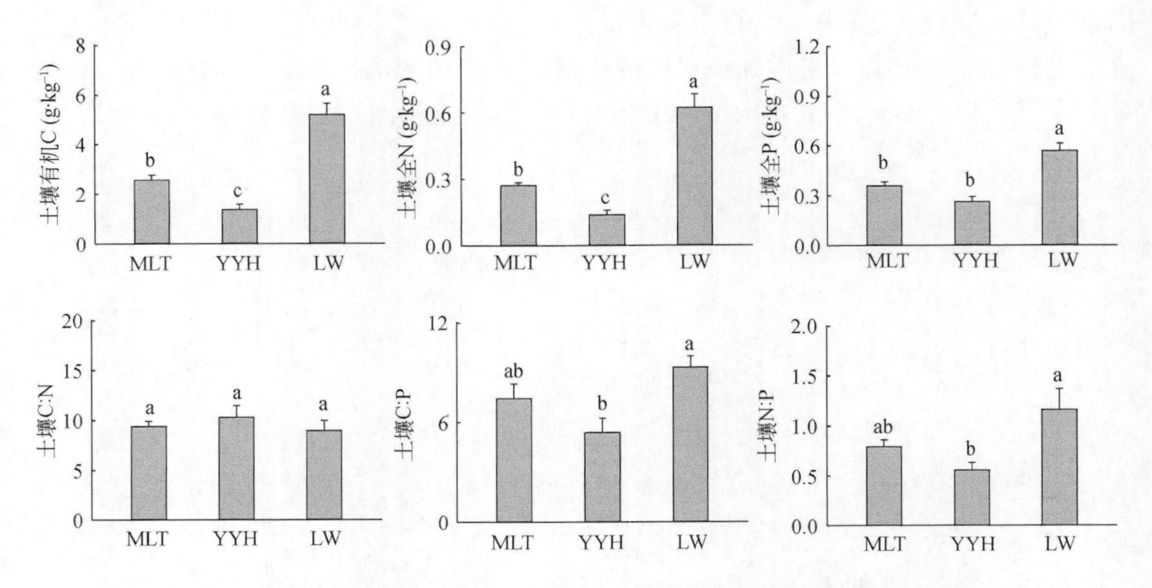

图 5-25　研究区 40 ~ 60cm 土壤 C∶N∶P 生态化学计量学特征在电厂间的差异

MLT、YYH 和 LW 分别代表马莲台电厂（n=9）、鸳鸯湖电厂（n=12）和灵武电厂（n=15）。不同小写字母代表不同电厂间各指标的差异性（p<0.05）

5.3.3　取样距离间土壤 C∶N∶P 生态化学计量学特征的差异

5.3.3.1　马莲台电厂

如图 5-26 所示，0 ~ 20cm 土壤 C∶N∶P 生态化学计量学特征各指标在取样距离间均未表现出显著差异（p>0.05）；20 ~ 40cm 土壤有机 C 含量、全 N 含量、全 P 含量、C∶P 和 N∶P 在取样距离间无显著性差异（p>0.05），C∶N 在 100m 处显著高于 300m 和 500m 处的测定值（p<0.05）；40 ~ 60cm 土壤有机 C 含量、全 N 含量、C∶N 和 C∶P 在取样距离间未表现出显著差异（p>0.05），全 P 含量在 500m 处最大、在 100m 处最小，N∶P 在 300m 处显著高于其他 2 个取样距离处的测定值（p<0.05）。

5.3.3.2　鸳鸯湖电厂

如图 5-27 所示，鸳鸯湖电厂周围 0 ~ 20cm 土壤有机 C 含量、全 P 含量、C∶P 和 N∶P 在取样距离间无显著性差异（p>0.05），全 N 含量在 500m 处显著高于 300m 和 1000m 处的测定值（p<0.05），C∶N 在 100m 处显著高于 500m 处的测定值（p<0.05）；20 ~ 40cm 土壤全 P 含量和 C∶N 在取样距离间无显著性差异（p>0.05），有机 C 含量、全 N 含量和 N∶P 在 300m 处显著高于 1000m 处（p<0.05），C∶P 在 300m 处显著高于 500m 处的测定

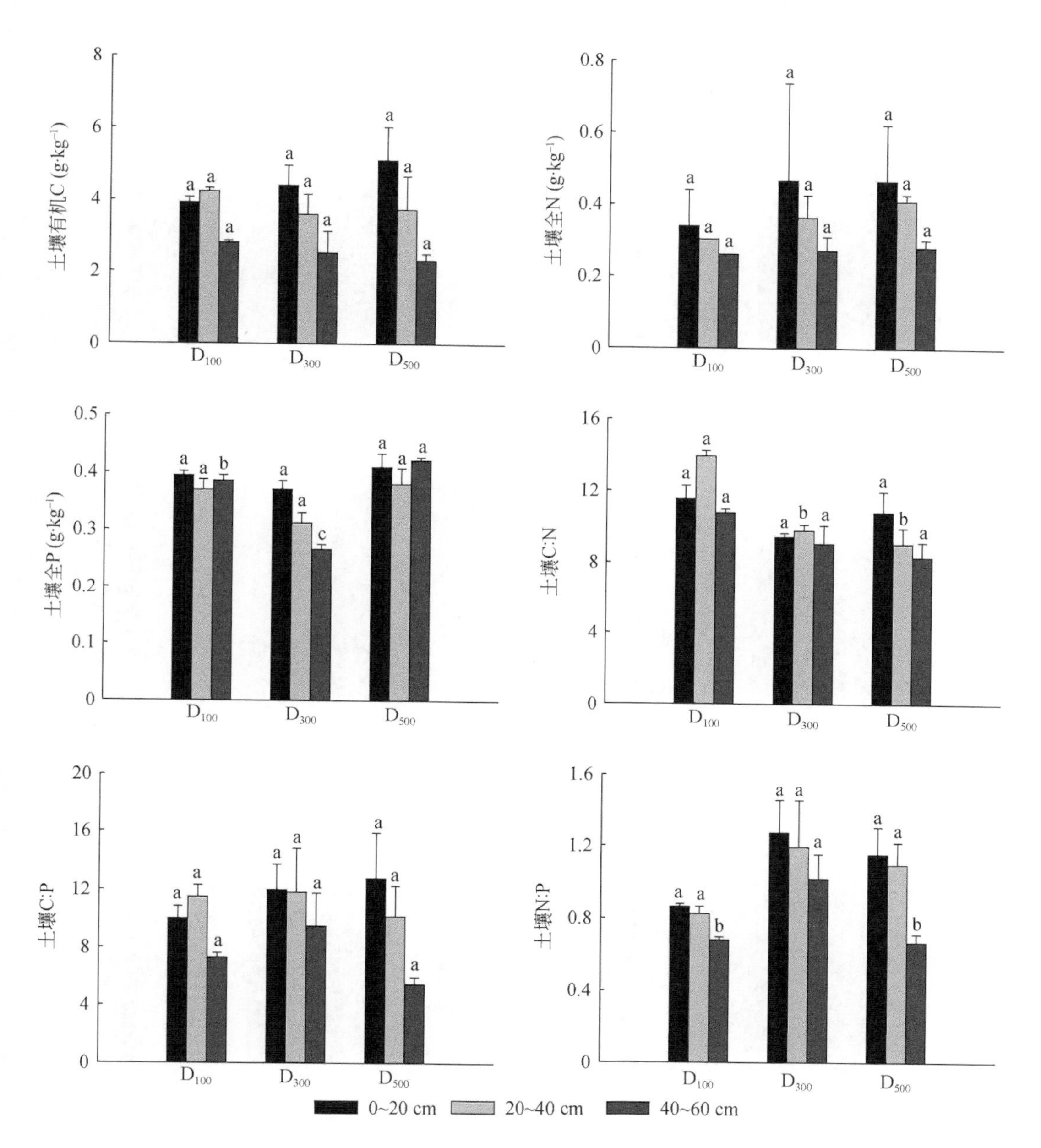

图 5-26　马莲台电厂周边土壤 C：N：P 生态化学计量学特征在取样距离间的差异

D_{100}、D_{300} 和 D_{500} 分别代表距离马莲台电厂围墙外 100m、300m 和 500m 的取样距离（$n=3$）。不同小写字母代表同一深度不同取样距离间各指标的差异显著性（$p<0.05$）

值（$p<0.05$）；40 ~ 60cm 土壤有机 C 含量、C：N 和 C：P 在取样距离间无显著差异（$p>0.05$），全 N 含量在 300m 处显著高于 1000m 处（$p<0.05$），全 P 含量在 500m 处显著高于其他取样距离处（$p<0.05$），N：P 在 300m 处显著高于 500m 和 1000m 处（$p<0.05$）。

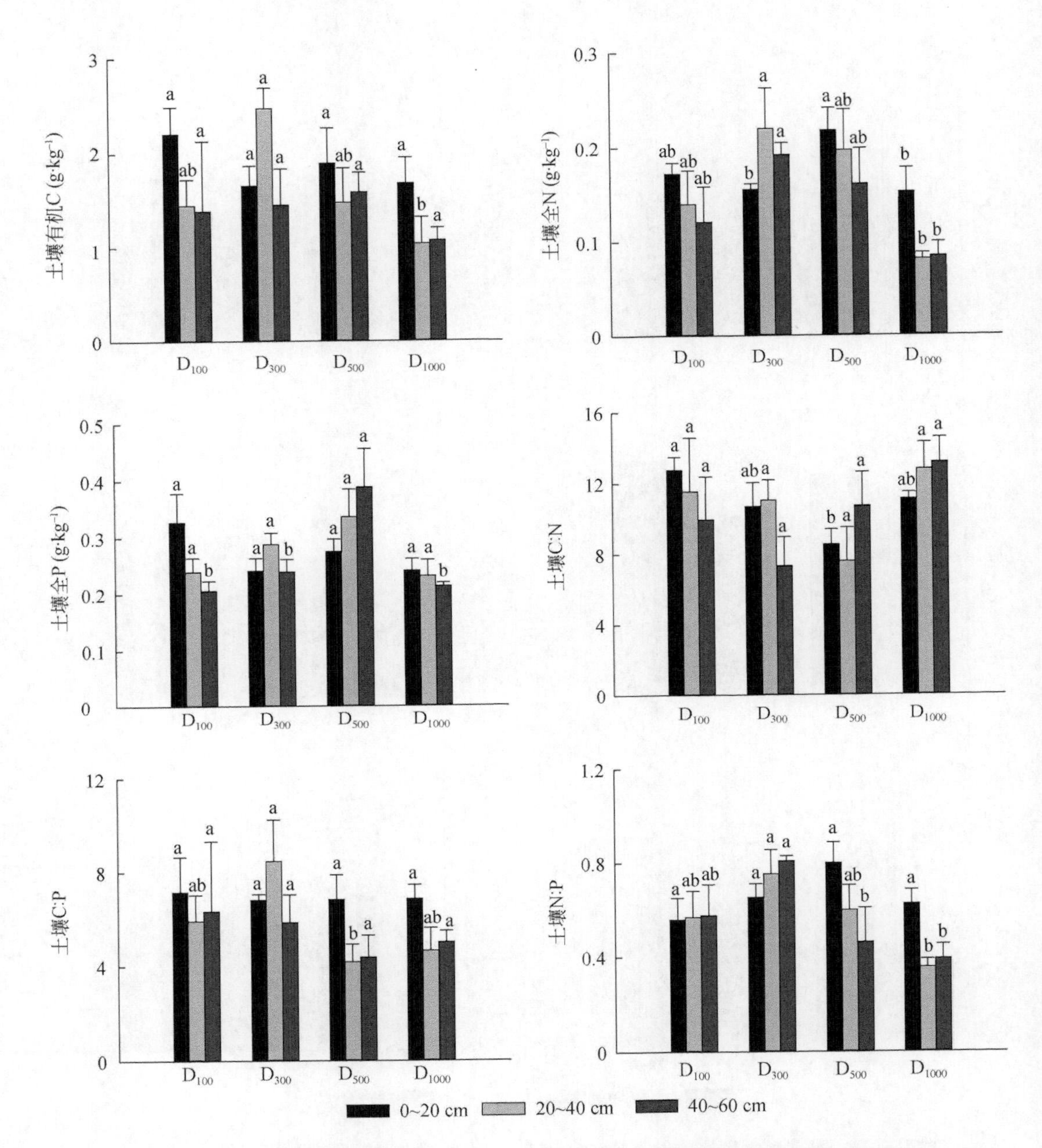

图 5-27　鸳鸯湖电厂周边土壤 C∶N∶P 生态化学计量学特征在取样距离间的差异

D_{100}、D_{300}、D_{500}、D_{1000}分别代表距离鸳鸯湖电厂围墙外 100m、300m、500m 和 1000m 的取样距离（n=3）。不同小写字母代表同一深度不同取样距离间各指标的差异显著（p<0.05）

5.3.3.3　灵武电厂

如图 5-28 所示，0～20cm 土壤全 N 和全 P 含量在 1000m 和 2000m 处显著高于 100m

和300m处的测定值（$p<0.05$），C∶N在100m和500m处显著高于其他3个取样距离处的测定值（$p<0.05$），C∶P在100m和300m处显著高于1000m处的测定值（$p<0.05$），N∶P在100m处显著低于其他取样距离处的测定值（$p<0.05$）；沿取样距离梯度，20～40cm土壤有机C含量、全N含量、C∶P和N∶P呈现出逐渐增加的趋势，全N含量、C∶N和N∶P在取样距离间无显著性差异（$p>0.05$），有机C含量在100m与1000m和2000m间差异显著（$p<0.05$），全P含量在1000m和2000m处显著高于300m和500m处的测定值（$p<0.05$），C∶P在1000m和2000m处显著高于100m处的测定值（$p<0.05$）；40～60cm土壤全N含量、C∶P和N∶P在取样距离间无显著性差异（$p>0.05$），有机C含量在1000m处显著高于100m处和300m处的测定值（$p<0.05$），全P含量在1000m和2000m处显著高于300m和500m处的测定值（$p<0.05$），C∶N在500m处显著高于300m处的测定值（$p<0.05$）。

5.3.3.4　研究区

将3个电厂各土层土壤指标分别进行了整合，本书比较了研究区各土层土壤C∶N∶P生态化学计量学特征在取样距离间的差异。

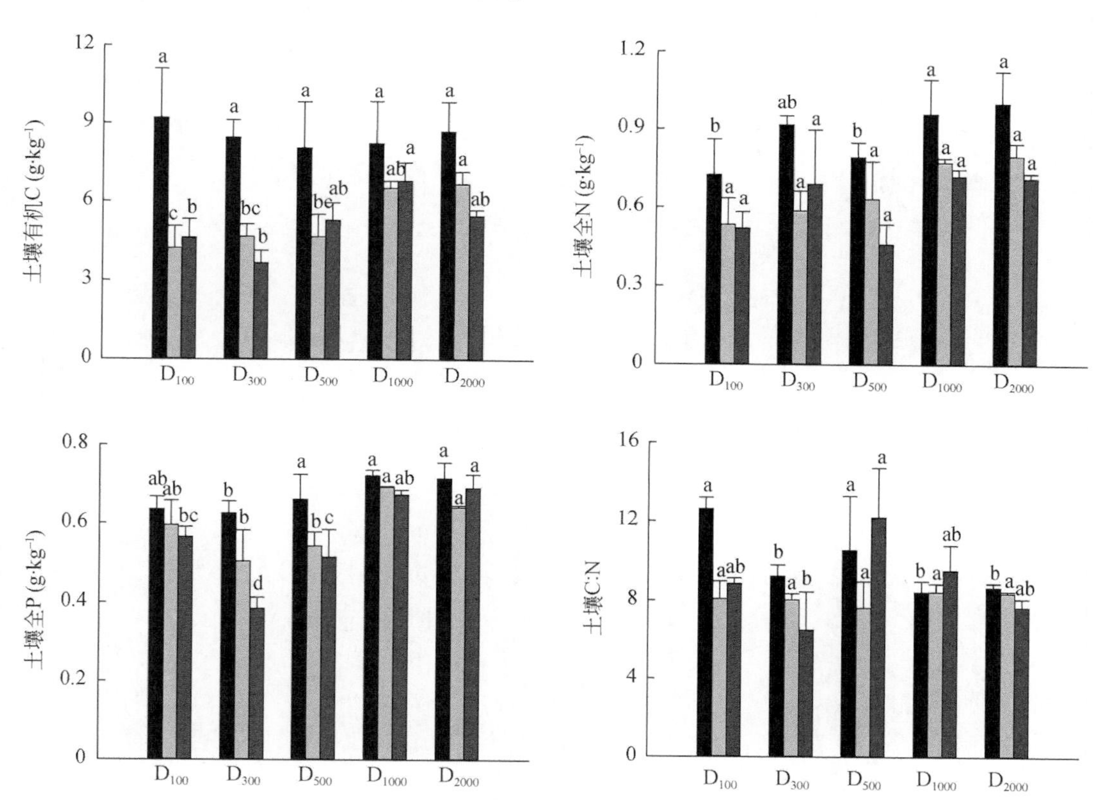

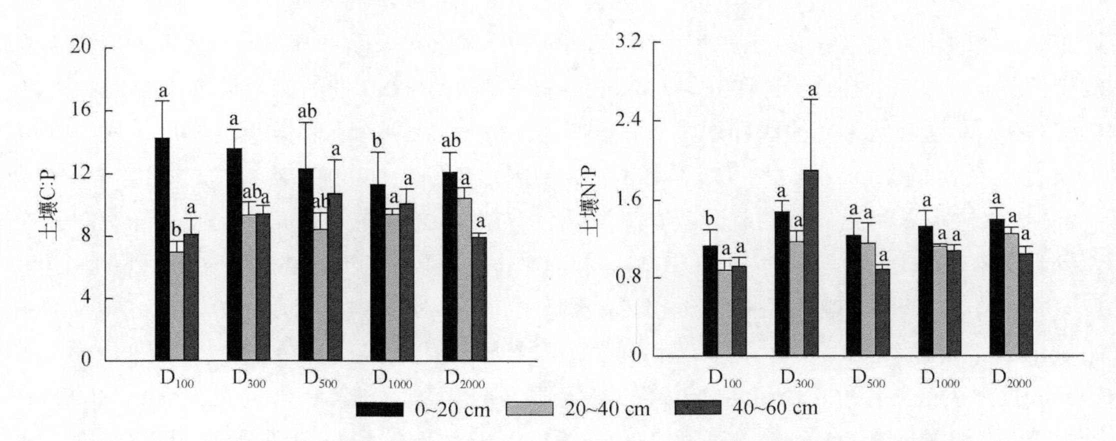

图 5-28　灵武电厂周边土壤 C∶N∶P 生态化学计量学特征在取样距离间的差异

D_{100}、D_{300}、D_{500}、D_{1000}、D_{2000} 分别代表距离灵武电厂围墙外 100m、300m、500m、1000m 和 2000m 的取样距离（$n=3$）。不同小写字母代表同一深度不同取样距离间各指标的差异显著（$p<0.05$）

0～20cm 土壤 C∶N∶P 生态化学计量学特征的单因素分析结果显示（图 5-29）：有机 C 含量和 C∶P 在取样距离间无显著性差异（$p>0.05$），全 N 和全 P 含量在 2000m 处显著高于 100m、300m 和 500m 取样距离处的测定值（$p<0.05$），C∶N 在 100m 处显著高于其他取样距离处的测定值（$p<0.05$），N∶P 在 100m 处显著低于 2000m 处的测定值（$p<0.05$）。整体而言，沿取样距离梯度，全 N 含量、全 P 含量和 N∶P 呈增加趋势，C∶N 表现出相反的变化特点，有机 C 含量和 C∶P 则无明显的变化规律。

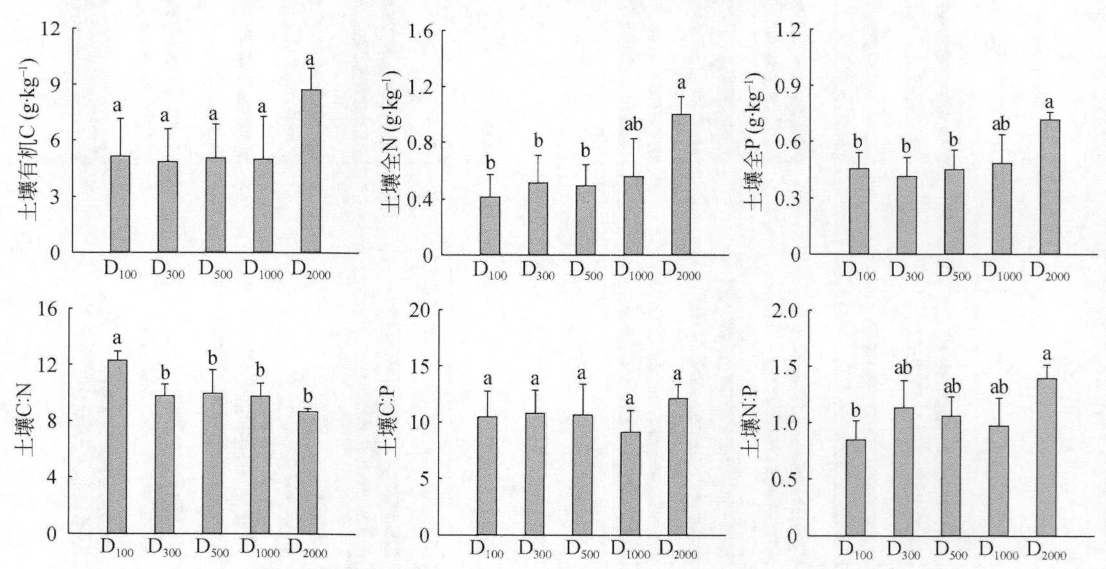

图 5-29　研究区 0～20cm 土壤 C∶N∶P 生态化学计量学特征在取样距离间的差异

D_{100}、D_{300}、D_{500}、D_{1000}、D_{2000} 分别代表距离电厂围墙外 100m、300m、500m、1000m 和 2000m 的取样距离（$n=9$）。不同小写字母代表不同取样距离间各指标的差异显著（$p<0.05$）

20～40cm 土壤 C∶N∶P 生态化学计量学特征的单因素分析结果显示（图 5-30）：C∶P在取样距离间无显著性差异（$p>0.05$），有机 C、全 N 和全 P 含量均在 2000m 处显著高于其他取样距离处的测定值（$p<0.05$），C∶N 在 2000m 处显著高于 300m 处的测定值（$p<0.05$），N∶P 在 2000m 处显著高于 100m 和 1000m 处的测定值（$p<0.05$）。整体而言，沿取样距离梯度，有机 C 含量、全 N 含量和 C∶N 呈增加趋势，全 P 含量、C∶P 和 N∶P 无明显的变化规律。

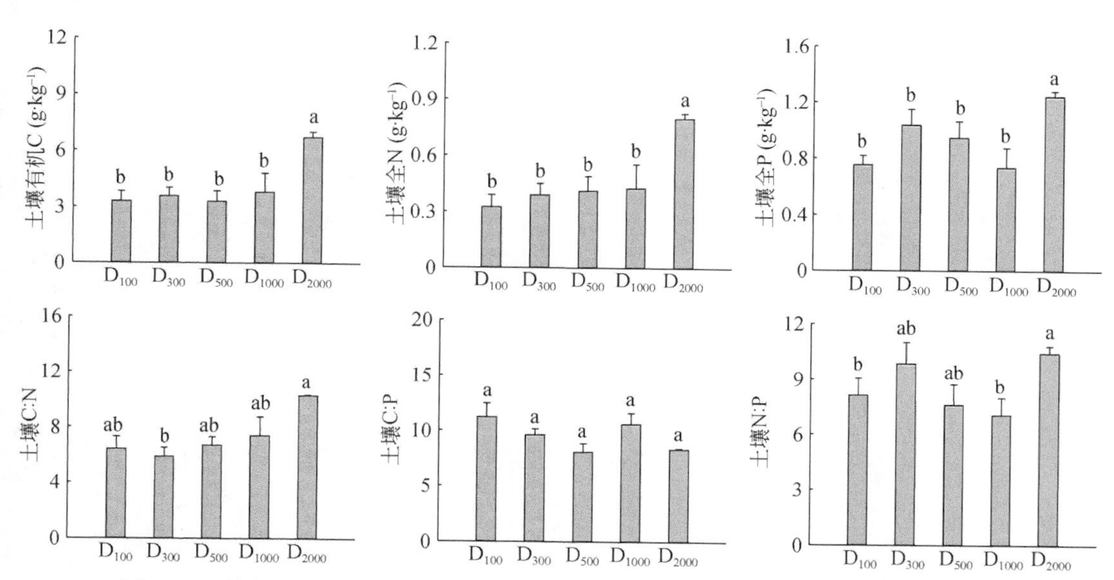

图 5-30　研究区 20～40cm 土壤 C∶N∶P 生态化学计量学特征在取样距离间的差异

D_{100}、D_{300}、D_{500}、D_{1000}、D_{2000} 分别代表距离电厂围墙外 100m、300m、500m、1000m 和 2000m 的取样距离（$n=9$）。不同小写字母代表不同取样距离间各指标的差异显著（$p<0.05$）

40～60cm 土壤 C∶N∶P 生态化学计量学特征的单因素分析结果显示（图 5-31）：C∶P 在取样距离间无显著性差异（$p>0.05$），有机 C 含量和 C∶N 均在 2000m 处达到最大值且均在 2000m 处显著高于 300m 处的测定值（$p<0.05$），全 N 含量在 2000m 处达到最大值且显著高于 100m、300m 和 500m 处的测定值（$p<0.05$），全 P 含量在 300m 处显著高于其他取样距离处的测定值（$p<0.05$），N∶P 在 300m 处达到最大值并显著高于 100m、500m 和 1000m 处的测定值（$p<0.05$）。整体而言，沿取样距离梯度，有机 C 含量、全 N 含量和 C∶N 呈增加趋势，全 P 含量、C∶P 和 N∶P 无明显的变化规律。

5.3.4　土壤元素间关系

5.3.4.1　马莲台电厂

马莲台电厂周边土壤 C、N、P 含量的线性拟合结果显示（图 5-10），土壤有机 C 含量

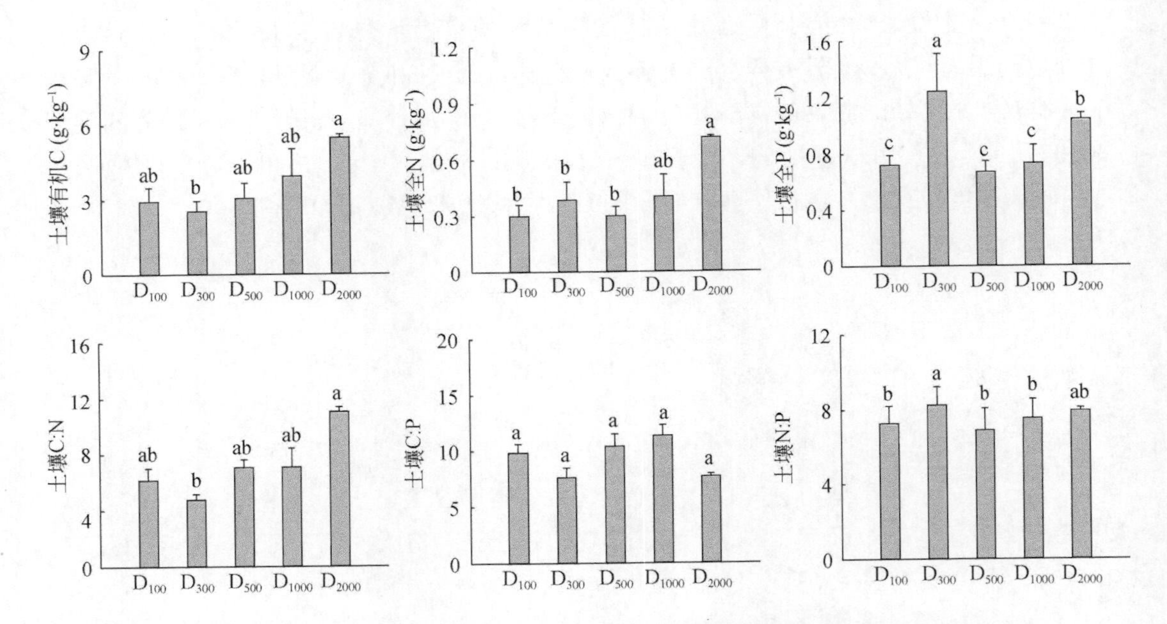

图 5-31　研究区 40～60cm 土壤 C∶N∶P 生态化学计量学特征在取样距离间的差异

D_{100}、D_{300}、D_{500}、D_{1000}、D_{2000}分别代表距离电厂围墙外 100m、300m、500m、1000m 和 2000m 的取样距离（$n=9$）。不同小写字母代表不同取样距离间各指标的差异显著（$p<0.05$）

与全 N 含量呈显著正的线性关系（$p<0.05$），与全 P 含量无显著的线性关系（$p>0.05$）；全 N 含量与全 P 含量无显著的线性关系（$p>0.05$）。

5.3.4.2　鸳鸯湖电厂

鸳鸯湖电厂周边土壤有机 C、全 N、全 P 含量的线性拟合结果显示（图 5-11），土壤有机 C 含量与全 N 含量呈显著正的线性关系（$p<0.05$），与全 P 含量无显著的线性关系（$p>0.05$）；全 N 含量与全 P 含量无显著的线性关系（$p>0.05$）。

5.3.4.3　灵武电厂

灵武电厂周边 0～20cm 土壤有机 C、全 N、全 P 含量的线性拟合结果显示（图 5-12），土壤有机 C 含量、全 N 含量和全 P 含量间均无显著的线性关系（$p>0.05$）。

5.3.4.4　研究区

将 3 个电厂各土层土壤指标分别进行了整合，分析了研究区各土层土壤有机 C、全 N 和全 P 含量之间的关系。0～20cm 土壤有机 C、全 N 和全 P 含量之间关系的拟合结果表明（图 5-13）：有机 C、全 N 和全 P 含量间存在极显著的线性关系（$p<0.001$），即全 N 和全 P 含量均分别随有机 C 含量的增加而增加，且全 P 与全 N 含量的变化同步。

20～40cm 土壤有机 C、全 N 和全 P 含量之间关系的拟合结果表明（图 5-32）：有机 C、全 N 和全 P 含量间亦存在极显著的线性关系（$p<0.001$），即全 N 和全 P 含量均随有机 C 含量的增加而增加，且全 P 与全 N 含量的变化同步。

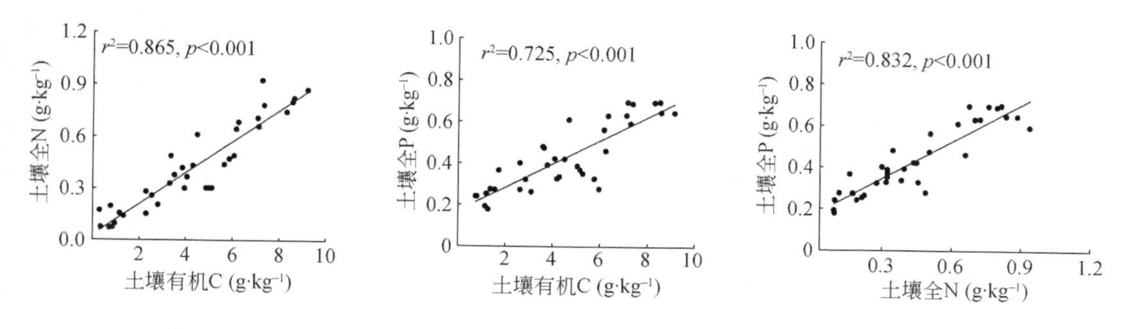

图 5-32　研究区 20～40cm 土壤有机碳、全氮、全磷含量的拟合关系（$n=36$）

40～60cm 土壤有机 C、全 N 和全 P 之间关系的拟合结果表明（图 5-33）：三种元素间亦存在极显著的线性关系（$p<0.001$），与 0～20cm 和 20～40cm 拟合结果相似。

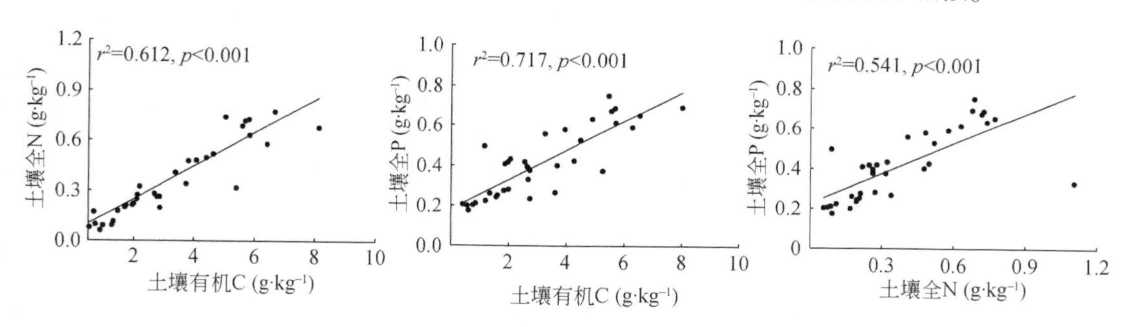

图 5-33　研究区 40～60cm 土壤有机碳、全氮、全磷含量的拟合关系（$n=36$）

5.4　研究区植物-微生物-土壤 C∶N∶P 生态化学计量学特征的驱动因素

5.4.1　植物 C∶N∶P 生态化学计量学特征

5.4.1.1　马莲台电厂

所有环境因子中（表 5-4），对马莲台电厂周边常见植物叶片 C∶N∶P 生态化学计量学特征影响较大的因子包括混合沉降 NO_3^-/NH_4^+、土壤磷酸酶活性、混合沉降 pH 和 Mg^{2+} 季沉降量（贡献率>10.0%），但这些因子的影响均未达到显著性水平（p>0.05）。其中，植物叶片全C与土壤电导率存在较强的正相关关系，与混合沉降 NO_3^-/NH_4^+ 和土壤磷酸酶活性存在较强的负相关关系；植物叶片全N浓度和N：P与 NH_4^+ 月沉降量、土壤 NH_4^+ 浓度和土壤电导率存在较强的正相关关系，与混合沉降 NO_3^-/NH_4^+ 存在较强的负相关关系；植物叶片全P浓度与土壤磷酸酶活性和 NH_4^+ 月沉降量存在较强的正相关关系，与土壤电导率和混合沉降 NO_3^-/NH_4^+ 存在较强的负相关关系；植物叶片C：N与混合沉降 NO_3^-/NH_4^+ 存在较强的正相关关系，与土壤电导率、NH_4^+ 月沉降量、土壤 NH_4^+ 浓度和土壤磷酸酶活性存在较强的负相关关系（图5-34）。

表5-4　马莲台电厂周边植物叶片C：N：P生态化学计量学特征与环境因子冗余分析中各因子的条件效应

环境因子	DNO_3^-/NH_4^+	SPA	DpH	DMg^{2+}	SEC	SNH_4^+	DNH_4^+	SAP
贡献率/%	36.4	15.4	19.3	10.1	6.6	6.9	3.9	1.5
F	4.0	1.9	3.3	2.1	1.6	2.6	2.6	<0.1
p	0.054	0.186	0.096	0.180	0.264	0.184	0.294	1.000

注：DNH_4^+、DNO_3^-/NH_4^+、DMg^{2+}、DpH、SEC、SNH_4^+、SAP、SPA分别代表 NH_4^+ 月沉降量、NO_3^- 和 NH_4^+ 月沉降量比值、Mg^{2+} 季沉降量、混合沉降pH、土壤电导率、土壤 NH_4^+-N浓度、土壤速效P浓度、土壤磷酸酶活性

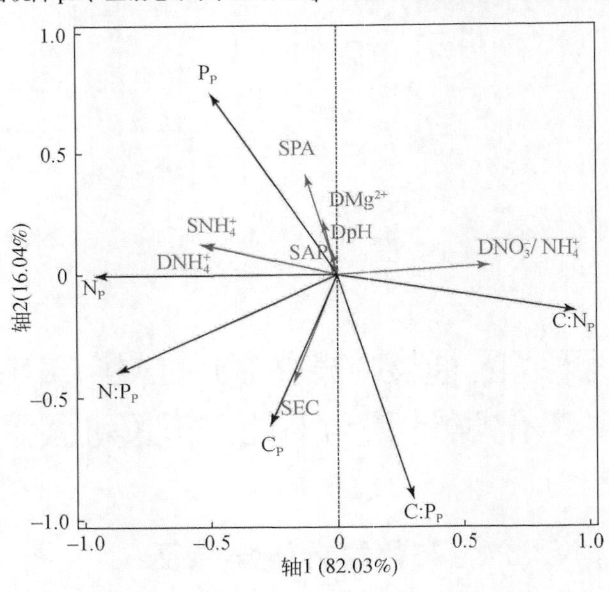

图5-34　马莲台电厂周边植物叶片C：N：P生态化学计量学特征与环境因子关系的冗余分析

C_P、N_P、P_P、C：N_P、C：P_P、N：P_P分别代表叶片全C浓度、全N浓度、全P浓度、C：N、C：P和N：P。DNH_4^+、DNO_3^-/NH_4^+、DMg^{2+}、DpH、SEC、SNH_4^+、SAP、SPA分别代表 NH_4^+ 月沉降量、NO_3^- 和 NH_4^+ 月沉降量比值、Mg^{2+} 季沉降量、混合沉降pH、土壤电导率、土壤 NH_4^+-N浓度、土壤速效P浓度、土壤磷酸酶活性

5.4.1.2 鸳鸯湖电厂

所有环境因子中（表 5-5），对鸳鸯湖电厂周边常见植物叶片 C：N：P 生态化学计量学特征影响显著的因子包括土壤速效 P 浓度、无机 N 月沉降量和 Mg^{2+} 季沉降量（$p<0.05$）。其中，植物叶片全 C 和全 N 浓度与土壤速效 P 浓度和磷酸酶活性存在较强的正相关关系，与混合沉降电导率和 NH_4^+ 月沉降量存在较强的负相关关系；植物叶片全 P 浓度与土壤电导率和 Ca^{2+} 季沉降量存在较强的正相关关系，与无机 N 月沉降量和 Mg^{2+} 季沉降量存在较强的负相关关系；植物叶片 C：N 与混合沉降电导率和 Mg^{2+} 季沉降量存在较强的正相关关系，与土壤速效 P 浓度和磷酸酶活性存在较强的负相关关系；植物叶片 C：P 和 N：P 与无机 N 月沉降量和 Mg^{2+} 季沉降量存在较强的正相关关系，与 Ca^{2+} 季沉降量和 NH_4^+ 月沉降量存在较强的负相关关系（图 5-35）。

表 5-5 鸳鸯湖电厂周边植物叶片 C：N：P 生态化学计量学特征与环境因子冗余分析中各因子的条件效应

环境因子	SAP	DIN	DMg^{2+}	SPA	DCa^{2+}	DpH	DEC	SNH_4^+	SEC	SMg^{2+}	DNH_4^+
贡献率/%	40.3	29.1	9.1	5.6	5.3	4.8	3.5	1.4	0.4	0.4	0.3
F	6.7	8.5	3.4	2.4	3	4	6	4.2	1.1	1.4	<0.1
p	0.006	0.012	0.034	0.104	0.076	0.074	0.022	0.066	0.43	0.434	1

注：DNH_4^+、DIN、DCa^{2+}、DMg^{2+}、DpH、DEC、SEC、SNH_4^+、SAP、SMg^{2+}、SPA 分别代表 NH_4^+ 月沉降量、无机 N 月沉降量、Ca^{2+} 季沉降量、Mg^{2+} 季沉降量、混合沉降 pH、混合沉降电导率、土壤电导率、土壤 NH_4^+-N 浓度、土壤速效 P 浓度、土壤 Mg^{2+} 浓度和土壤磷酸酶活性

5.4.1.3 灵武电厂

所有环境因子中（表 5-6），对灵武电厂周边常见植物叶片 C：N：P 生态化学计量学特征影响显著的因子包括混合沉降 NO_3^-/NH_4^+、土壤 pH 和 SO_4^{2-} 月沉降量（$p<0.05$）。其中，植物叶片全 C 浓度和 N：P 与土壤 Ca^{2+} 浓度和 Na^+ 季沉降量存在较强的正相关关系，与土壤 pH 和脲酶活性存在较强的负相关关系；植物叶片全 N 浓度与混合沉降 pH 和土壤 Ca^{2+} 浓度存在较强的正相关关系，与混合沉降 NO_3^-/NH_4^+、SO_4^{2-} 月沉降量、土壤 pH 存在较强的负相关关系；植物叶片全 P 浓度与混合沉降 pH 和土壤脲酶活性存在较强的正相关关系，与混合沉降 NO_3^-/NH_4^+ 和 SO_4^{2-} 月沉降量存在较强的负相关关系；植物叶片 C：N 与混合沉降 NO_3^-/NH_4^+、SO_4^{2-} 月沉降量、土壤 pH 存在较强的正相关关系，与混合沉降 pH 和土壤 Ca^{2+} 浓度存在较强的负相关关系；植物叶片 C：P 与 Mg^{2+} 季沉降量和混合沉降 NO_3^-/NH_4^+ 存在较强的正相关关系，与混合沉降 pH 和土壤脲酶活性存在较强的负相关关系（图 5-36）。

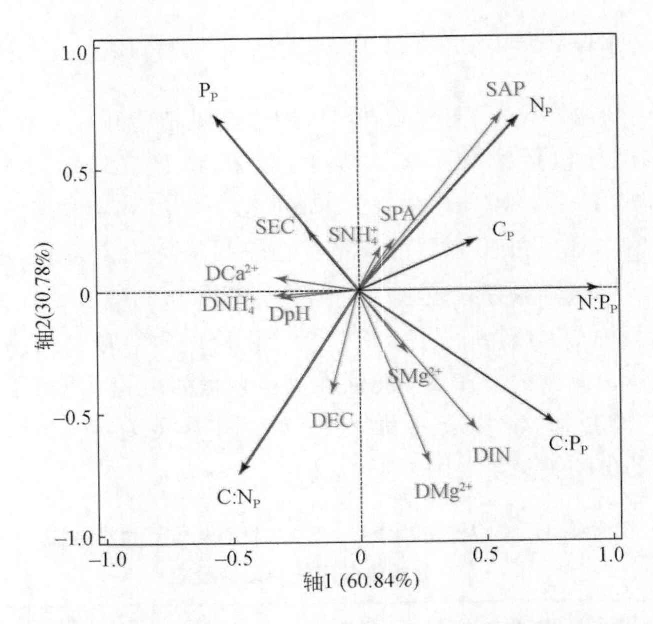

图5-35　鸳鸯湖电厂周边植物叶片 C：N：P 生态化学计量学特征与环境因子关系的冗余分析

C_P、N_P、P_P、C：N_P、C：P_P、N：P_P分别代表叶片全 C 浓度、全 N 浓度、全 P 浓度、C：N、C：P 和 N：P。DNH_4^+、DIN、DCa^{2+}、DMg^{2+}、DpH、DEC、SEC、SNH_4^+、SAP、SMg^{2+}、SPA 分别代表 NH_4^+ 月沉降量、无机 N 月沉降量、Ca^{2+} 季沉降量、Mg^{2+} 季沉降量、混合沉降 pH、混合沉降电导率、土壤电导率、土壤 NH_4^+-N 浓度、土壤速效 P 浓度、土壤 Mg^{2+} 浓度和土壤磷酸酶活性

表 5-6　灵武电厂周边植物叶片 C：N：P 生态化学计量学特征与环境因子冗余分析中各因子的条件效应

环境因子	DNO_3^- /NH_4^+	SpH	DSO_4^{2-}	SUA	SNH_4^+	DNa^+	SEC	SAP	SCa^{2+}	SPA	DMg^{2+}	DpH	SNO_3^-
贡献率/%	34.2	20.6	12.9	7.6	5.4	4.1	3.4	3.1	2.2	2.0	1.9	1.9	1.0
F	6.2	4.8	3.7	2.4	1.9	1.5	1.3	1.3	0.6	0.7	0.7	0.6	0.2
p	0.004	0.026	0.022	0.126	0.170	0.210	0.294	0.306	0.544	0.452	0.492	0.494	0.800

注：DSO_4^{2-}、DNO_3^-/NH_4^+、DNa^+、DMg^{2+}、DpH、SpH、SEC、SNH_4^+、SNO_3^-、SAP、SCa^{2+}、SUA、SPA 分别代表 SO_4^{2-} 月沉降量、NO_3^- 和 NH_4^+ 月沉降量比值、Na^+ 季沉降量、Mg^{2+} 季沉降量、混合沉降 pH、土壤 pH、土壤电导率、土壤 NH_4^+-N 浓度、土壤 NO_3^--N 浓度、土壤速效 P 浓度、土壤 Ca^{2+} 浓度、土壤脲酶活性、土壤磷酸酶活性

5.4.1.4　研究区

所有环境因子中（表5-7），对植物叶片 C：N：P 生态化学计量学特征影响显著的因子依次为 SO_4^{2-} 月沉降量、NO_3^- 月沉降量、土壤蔗糖酶活性、无机 N 月沉降量、土壤 Ca^{2+} 浓度和土壤含水量（$p<0.05$）。SO_4^{2-} 月沉降量、土壤蔗糖酶活性、土壤 Ca^{2+} 浓度和土壤含水量与植物叶片 C：N 正相关，与植物叶片全 N 浓度及 N：P 负相关；NO_3^- 和无机 N 月沉

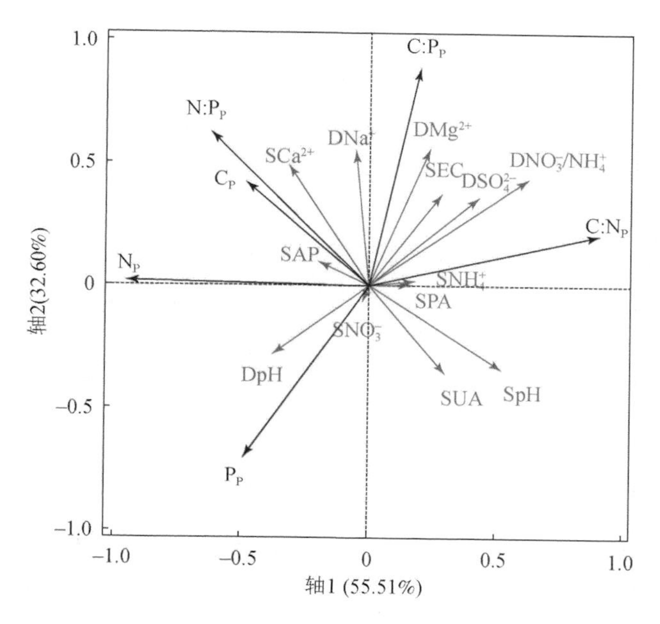

图 5-36　灵武电厂周边植物叶片 C：N：P 生态化学计量学特征与环境因子关系的冗余分析

C_P、N_P、P_P、C：N_P、C：P_P、N：P_P分别代表叶片全 C 浓度、全 N 浓度、全 P 浓度、C：N、C：P 和 N：P。DSO_4^{2-}、DNO_3^-/NH_4^+、DNa^+、DMg^{2+}、DpH、SpH、SEC、SNH_4^+、SNO_3^-、SAP、SCa^{2+}、SUA、SPA 分别代表 SO_4^{2-} 月沉降量、NO_3^- 和 NH_4^+ 月沉降量比值、Na^+季沉降量、Mg^{2+}季沉降量、混合沉降 pH、土壤 pH、土壤电导率、土壤 NH_4^+-N 浓度、土壤 NO_3^--N 浓度、土壤速效 P 浓度、土壤 Ca^{2+}浓度、土壤脲酶活性、土壤磷酸酶活性

降量与植物叶片全 N 浓度、C：P 及 N：P 正相关，与植物叶片全 C 浓度、全 P 浓度及 C：P 负相关（图 5-37）。

表 5-7　研究区植物叶片 C：N：P 生态化学计量学特征与环境因子冗余分析中各因子的条件效应

项目	ASF	DSO_4^{2-}	DNO_3^-	IA	DTIN	Ca^{2+}	SW
F	5.231	33.072	21.243	11.352	7.173	5.953	5.785
r^2	0.861	0.287	0.184	0.110	0.006	0.015	0.025
p	0.001	0.001	0.001	0.001	0.002	0.006	0.006

注：ASF 代表所有土壤因子。DSO_4^{2-}、DNO_3^-、DTIN、IA、Ca^{2+}、SW 分别代表 SO_4^{2-} 月沉降量、NO_3^- 月沉降量、无机 N 月沉降量、土壤蔗糖酶活性、土壤 Ca^{2+}浓度和土壤含水量

5.4.2　微生物生物量 C：N：P 生态化学计量学特征

5.4.2.1　马莲台电厂

所有环境因子中（表 5-8），对马莲台电厂周边微生物生物量 C：N：P 生态化学计量

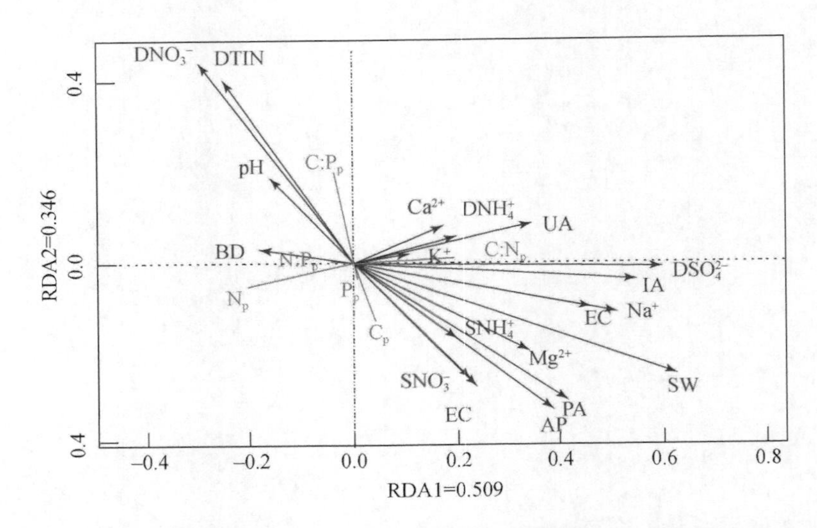

图 5-37　研究区植物叶片 C : N : P 生态化学计量学特征与环境因子关系的冗余分析

C_p、N_p、P_p、C : N_p、C : P_p、N : P_p分别代表叶片全 C、全 N、全 P、C : N、C : P 和 N : P。DSO_4^{2-}、DNO_3^-、DTIN、DNH_4^+ 代表 SO_4^{2-}、NO_3^-、无机 N、NH_4^+ 月沉降量。SNH_4^+、SNO_3^-、EC、AP、SW、pH、BD、K^+、Ca^{2+}、Na^+、Mg^{2+}、IA、UA、PA 分别代表土壤 NH_4^+-N 浓度、NO_3^--N 浓度、无机 N 浓度、速效 P 浓度、含水量、pH、容重、电导率、K^+浓度、Ca^{2+}浓度、Na^+浓度、Mg^{2+}浓度、蔗糖酶活性、脲酶活性、磷酸酶活性

学特征影响较大的因子包括土壤磷酸酶活性、土壤 NH_4^+-N 浓度、土壤速效 P 浓度、NH_4^+月沉降量和混合沉降 NO_3^-/NH_4^+（贡献率>10.0%），但这些指标的影响均未达到显著性水平（$p>0.05$）。其中，微生物生物量 C 和 P 含量与土壤速效 P 和 NH_4^+-N 浓度存在较强的正相关关系，与 NH_4^+ 月沉降量和 Mg^{2+}季沉降量存在较强的负相关关系；微生物生物量 N 含量与土壤磷酸酶活性和混合沉降 NO_3^-/NH_4^+ 存在较强的正相关关系，与 NH_4^+ 月沉降量和土壤电导率存在较强的负相关关系；微生物生物量 C : N 与土壤电导率和 Mg^{2+}季沉降量存在较强的正相关关系，与土壤磷酸酶活性和混合沉降 NO_3^-/NH_4^+ 存在较强的负相关关系；微生物生物量 C : P 和 N : P 与混合沉降 NO_3^-/NH_4^+ 和 NH_4^+ 月沉降存在较强的正相关关系，与土壤速效 P 浓度和电导率存在较强的负相关关系（图 5-38）。

表 5-8　马莲台电厂周边微生物生物量 C : N : P 生态化学计量学特征与环境因子冗余分析中各因子的条件效应

环境因子	SPA	SNH_4^+	SAP	DNH_4^+	DNO_3^-/NH_4^+	DMg^{2+}	SEC	DpH
贡献率/%	23.7	20.1	17.2	11.8	10.9	8.6	5.0	2.7
F	2.4	2.6	1.5	1.7	2.0	2.2	1.8	<0.1
p	0.124	0.164	0.248	0.286	0.218	0.270	0.374	1.000

注：DNH_4^+、DNO_3^-/NH_4^+、DMg^{2+}、DpH、SEC、SNH_4^+、SAP 和 SPA 分别代表 NH_4^+ 月沉降量、NO_3^- 和 NH_4^+ 月沉降量比值、Mg^{2+}季沉降量、混合沉降 pH、土壤电导率、土壤 NH_4^+-N 浓度、土壤速效 P 浓度、土壤磷酸酶活性

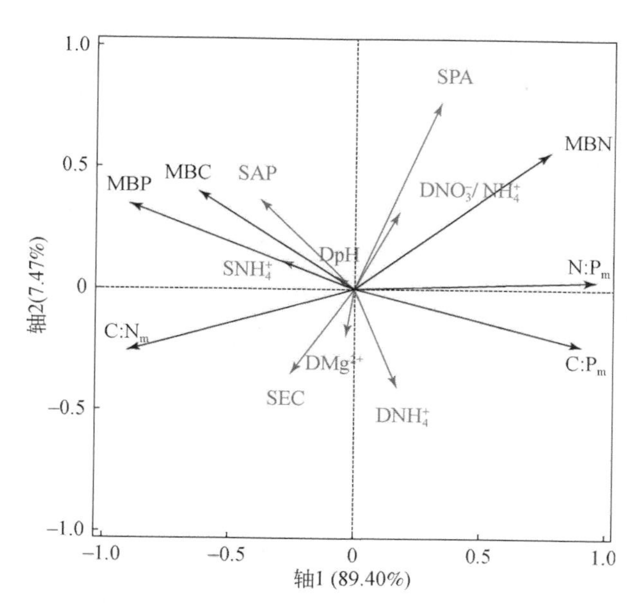

图 5-38 马莲台电厂周边微生物生物量 C∶N∶P 生态化学计量学特征与环境因子关系的冗余分析

MBC、MBN、MBP、C∶N_m、C∶P_m、N∶P_m分别代表微生物生物量 C 含量、N 含量、P 含量、C∶N、C∶P 和 N∶P。DNH$_4^+$、DNO$_3^-$/NH$_4^+$、DMg^{2+}、DpH、SEC、SNH$_4^+$、SAP 和 SPA 分别代表 NH$_4^+$ 月沉降量、NO$_3^-$ 和 NH$_4^+$ 月沉降量比值、Mg^{2+}季沉降量、混合沉降 pH、土壤电导率、土壤 NH$_4^+$-N 浓度、土壤速效 P 浓度、土壤磷酸酶活性

5.4.2.2 鸳鸯湖电厂

所有环境因子中（表 5-9），对鸳鸯湖电厂周边微生物生物量 C∶N∶P 生态化学计量学特征影响显著的因子包括土壤速效 P 浓度、土壤 NH$_4^+$-N 浓度、混合沉降电导率和土壤电导率（p<0.05）。其中，微生物生物量 C 含量和 C∶P 与土壤 NH$_4^+$-N 和速效 P 浓度存在较强的正相关关系，与混合沉降电导率和 Mg^{2+}季沉降量存在较强的负相关关系；微生物生物量 N 含量和 N∶P 与土壤磷酸酶活性和速效 P 浓度存在较强的正相关关系，与土壤 NH$_4^+$-N 浓度、土壤电导率和混合沉降电导率存在较强的负相关关系；微生物生物量 P 含量与混合沉降电导率、Ca^{2+}季沉降量和 Mg^{2+}季沉降量存在较强的正相关关系，与土壤 NH$_4^+$-N 和速效 P 浓度存在较强的负相关关系；微生物生物量 C∶N 与土壤 NH$_4^+$-N 浓度和电导率存在较强的正相关关系，与土壤磷酸酶活性和速效 P 浓度存在较强的负相关关系（图 5-39）。

表 5-9 鸳鸯湖电厂周边微生物生物量 C∶N∶P 生态化学计量学特征与环境因子冗余分析中各因子的条件效应

环境因子	SAP	SNH$_4^+$	DCa^{2+}	DEC	SEC	DIN	DNH$_4^+$	DpH	SMg^{2+}	SPA	DMg^{2+}
贡献率/%	32.4	18.4	14.3	13.5	7.1	6.6	2.2	1.8	1.6	1.2	0.8

续表

环境因子	SAP	SNH_4^+	DCa^{2+}	DEC	SEC	DIN	DNH_4^+	DpH	SMg^{2+}	SPA	DMg^{2+}
F	4.8	3.4	3.3	4.4	4.7	2.7	1.6	1.5	2.0	1.0	<0.1
p	0.024	0.046	0.060	0.046	0.026	0.086	0.294	0.282	0.350	0.424	1.000

注：DNH_4^+、DIN、DCa^{2+}、DMg^{2+}、DpH、DEC、SEC、SNH_4^+、SAP、SMg^{2+}、SPA 分别代表 NH_4^+ 月沉降量、无机 N 月沉降量、Ca^{2+}季沉降量、Mg^{2+}季沉降量、混合沉降 pH、混合沉降电导率、土壤电导率、土壤 NH_4^+-N 浓度、土壤速效 P 浓度、土壤 Mg^{2+}浓度和土壤磷酸酶活性

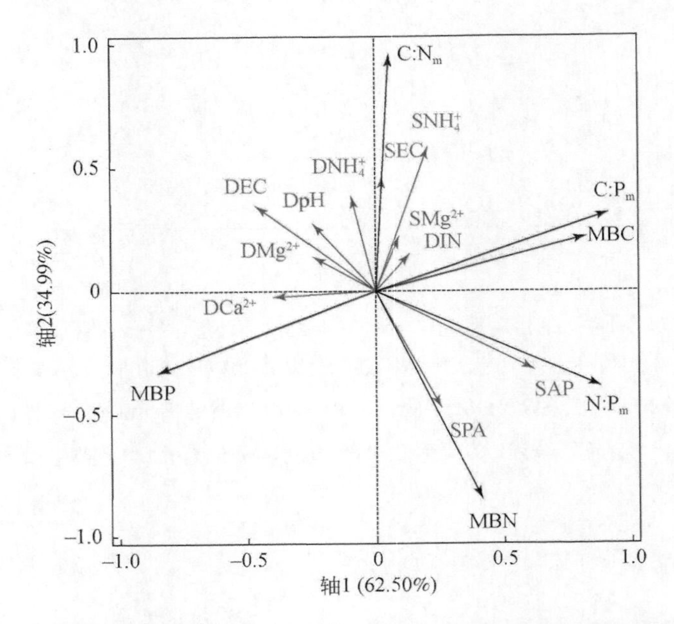

图 5-39　鸳鸯湖电厂周边微生物生物量 C∶N∶P 生态化学计量学特征与环境因子关系的冗余分析

MBC、MBN、MBP、C∶N_m、C∶P_m、N∶P_m 分别代表微生物生物量 C 含量、N 含量、P 含量、C∶N、C∶P 和 N∶P。DNH_4^+、DIN、DCa^{2+}、DMg^{2+}、DpH、DEC、SEC、SNH_4^+、SAP、SMg^{2+}、SPA 分别代表 NH_4^+ 月沉降量、无机 N 月沉降量、Ca^{2+}季沉降量、Mg^{2+}季沉降量、混合沉降 pH、混合沉降电导率、土壤电导率、土壤 NH_4^+-N 浓度、土壤速效 P 浓度、土壤 Mg^{2+}浓度和土壤磷酸酶活性

5.4.2.3　灵武电厂

所有环境因子中（表 5-10），对灵武电厂周边微生物生物量 C∶N∶P 生态化学计量学特征影响较大的因子包括土壤速效 P 和 Ca^{2+}浓度（贡献率>10.0%），但仅速效 P 浓度的影响达到显著性水平（$p<0.05$）。其中，微生物生物量 C 含量和 C∶N 与土壤 pH 和混合沉降 NO_3^-/NH_4^+ 存在较强的正相关关系，与土壤 Ca^{2+}和 NH_4^+-N 浓度存在较强的负相关关系；微生物生物量 P 含量和 C∶N 与土壤 pH 和电导率存在较强的正相关关系，与混合沉降 Mg^{2+}季沉降量和土壤 Ca^{2+}浓度存在较强的负相关关系；微生物生物量 N 含量和 N∶P 与

混合沉降 Mg^{2+} 季沉降量和土壤脲酶活性存在较强的正相关关系，与土壤电导率和 NH_4^+-N 浓度存在较强的负相关关系（图 5-40）。

表 5-10　灵武电厂周边微生物生物量 C：N：P 生态化学计量学特征与环境因子冗余分析中各因子的条件效应

环境因子	SAP	SCa^{2+}	DMg^{2+}	SEC	SPA	DNa^+	SNO_3^-	SpH	DpH	SUA	SNH_4^+	DSO_4^{2-}	DNO_3^-/NH_4^+
贡献率/%	22.3	16.8	9.5	8.6	7.6	6.4	5.5	5.3	4.7	4.5	4.3	3.7	0.8
F	4.7	2.5	1.5	2.0	1.2	1.8	1.3	1.8	2.2	1.1	1.0	0.8	0.2
p	0.026	0.092	0.216	0.140	0.298	0.194	0.262	0.282	0.216	0.384	0.376	0.472	0.812

注：DSO_4^{2-}、DNO_3^-/NH_4^+、DNa^+、DMg^{2+}、DpH、SpH、SEC、SNH_4^+、SNO_3^-、SAP、SCa^{2+}、SUA、SPA 分别代表 SO_4^{2-} 月沉降量、NO_3^- 和 NH_4^+ 月沉降量比值、Na^+ 季沉降量、Mg^{2+} 季沉降量、混合沉降 pH、土壤 pH、土壤电导率、土壤 NH_4^+-N 浓度、土壤 NO_3^--N 浓度、土壤速效 P 浓度、土壤 Ca^{2+} 浓度、土壤脲酶活性、土壤磷酸酶活性

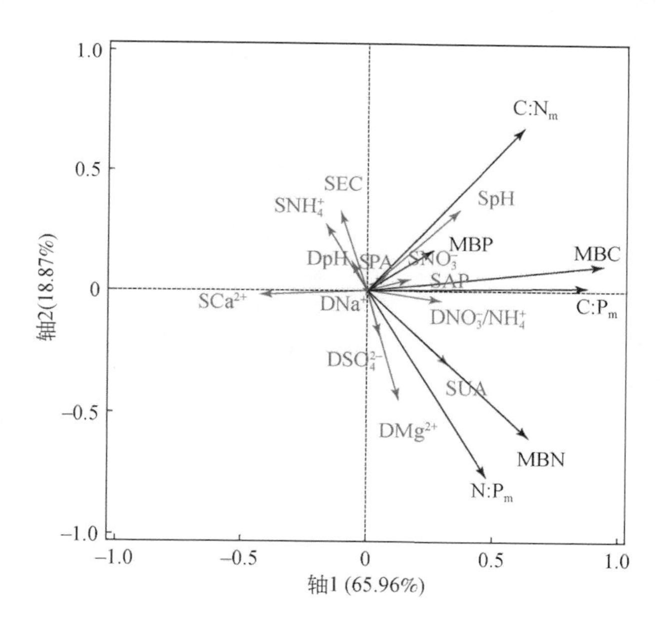

图 5-40　灵武电厂周边微生物生物量 C：N：P 生态化学计量学特征与环境因子关系的冗余分析

MBC、MBN、MBP、C：N_m、C：P_m、N：P_m 分别代表微生物生物量 C 含量、N 含量、P 含量、C：N、C：P 和 N：P。DSO_4^{2-}、DNO_3^-/NH_4^+、DNa^+、DMg^{2+}、DpH、SpH、SEC、SNH_4^+、SNO_3^-、SAP、SCa^{2+}、SUA、SPA 分别代表 SO_4^{2-} 月沉降量、NO_3^- 和 NH_4^+ 月沉降量比值、Na^+ 季沉降量、Mg^{2+} 季沉降量、混合沉降 pH、土壤 pH、土壤电导率、土壤 NH_4^+-N 浓度、土壤 NO_3^--N 浓度、土壤速效 P 浓度、土壤 Ca^{2+} 浓度、土壤脲酶活性、土壤磷酸酶活性

5.4.2.4 研究区

表5-11中，对微生物生物量C：N：P生态化学计量学特征影响显著的环境因子依次为SO_4^{2-}月沉降量、无机N月沉降量、NO_3^-月沉降量、土壤脲酶活性、土壤磷酸酶活性和土壤含水量（$p<0.05$）。其中，SO_4^{2-}月沉降量、土壤脲酶活性、土壤磷酸酶活性和土壤含水量与微生物生物量C、N、P含量正相关，与微生物生物量C：N：P生态化学计量比负相关；无机N和NO_3^-月沉降量与以上指标负相关（图5-41）。

表5-11 研究区微生物生物量C：N：P生态化学计量学特征与环境因子冗余分析中各因子的条件效应

项目	AF	DSO_4^{2-}	DTIN	DNO_3^-	UA	PA	SW
F	10.012	86.972	39.497	14.599	13.614	10.171	3.961
r^2	0.922	0.422	0.073	0.002	0.199	0.087	0.052
p	0.001	0.001	0.001	0.001	0.001	0.004	0.043

注：AF代表所有因子。DSO_4^{2-}、DTIN、DNO_3^-分别代表SO_4^{2-}、无机N、NO_3^-月沉降量。UA、PA、SW分别代表土壤脲酶活性、磷酸酶活性和含水量

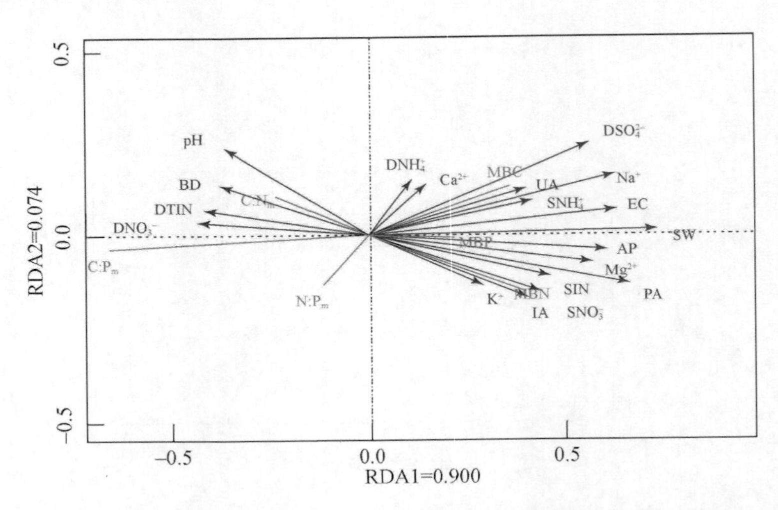

图5-41 研究区微生物生物量C：N：P生态化学计量学特征与环境因子关系的冗余分析

MBC、MBN、MBP、C：N_m、C：P_m、N：P_m分别代表微生物生物量C含量、N含量、P含量、C：N、C：P和N：P。DSO_4^{2-}、DNO_3^-、DTIN、DNH_4^+代表SO_4^{2-}、NO_3^-、无机N、NH_4^+月沉降量。SNH_4^+、SNO_3^-、SIN、AP、SW、pH、BD、K^+、Ca^{2+}、Na^+、Mg^{2+}、IA、UA、PA分别代表土壤NH_4^+-N浓度、NO_3^--N浓度、无机N浓度、速效P浓度、含水量、pH、容重、电导率、K^+浓度、Ca^{2+}浓度、Na^+浓度、Mg^{2+}浓度、蔗糖酶活性、脲酶活性、磷酸酶活性

5.4.3 土壤 C：N：P 生态化学计量学特征

5.4.3.1 马莲台电厂

所有环境因子中（表5-12），对马莲台周边土壤 C：N：P 生态化学计量学特征影响较大的因子包括土壤磷酸酶活性、混合沉降 pH、土壤 NH_4^+-N 浓度、土壤电导率、NH_4^+ 月沉降量和土壤速效 P 浓度（贡献率>10.0%），但仅土壤 NH_4^+-N 浓度的影响达到显著性水平（$p<0.05$）。其中，土壤有机 C 含量和 C：P 与土壤磷酸酶活性和混合沉降 NO_3^-/NH_4^+ 存在较强的正相关关系，与 Mg^{2+} 季沉降量、土壤 NH_4^+-N 浓度和土壤电导率存在较强的负相关关系；土壤全 N 含量和 N：P 与土壤速效 P 浓度和混合沉降 NO_3^-/NH_4^+ 存在较强的正相关关系，与土壤 NH_4^+-N 浓度和 Mg^{2+} 季沉降量存在较强的负相关关系；土壤全 P 含量与 Mg^{2+} 季沉降量、土壤 NH_4^+-N 浓度和土壤电导率存在较强的正相关关系，与土壤速效 P 浓度和磷酸酶活性存在较强的负相关关系；土壤 C：N 与土壤 NH_4^+-N 浓度和混合沉降 pH 存在较强的正相关关系，与土壤速效 P 浓度和电导率存在较强的负相关关系（图5-42）。

表5-12 马莲台电厂周边土壤 C：N：P 生态化学计量学特征与环境因子冗余分析中各因子的条件效应

环境因子	SPA	DpH	SNH_4^+	SEC	DNH_4^+	SAP	DNO_3^-/NH_4^+	DMg^{2+}
贡献率/%	31.5	17.9	13.1	12.3	12.1	10.6	2.4	0.2
F	3.2	2.1	10.3	1.8	2.3	1.3	14.2	<0.1
p	0.088	0.154	0.032	0.264	0.216	0.292	0.084	1.000

注：DNH_4^+、DNO_3^-/NH_4^+、DMg^{2+}、DpH、SEC、SNH_4^+、SAP、SPA 分别代表 NH_4^+ 月沉降量、NO_3^- 和 NH_4^+ 月沉降量比值、Mg^{2+} 季沉降量、混合沉降 pH、土壤电导率、土壤 NH_4^+-N 浓度、土壤速效 P 浓度、土壤磷酸酶活性

5.4.3.2 鸳鸯湖电厂

所有环境因子中（表5-13），对鸳鸯湖电厂周边土壤 C：N：P 生态化学计量学特征影响较大的因子包括无机 N 月沉降量、混合沉降电导率、土壤电导率（贡献率>10.0%），但这几个指标的影响均未达到显著性水平（$p>0.05$）。其中，土壤有机 C 含量与土壤磷酸酶活性和速效 P 浓度存在较强的正相关关系，与混合沉降电导率、无机 N 月沉降量和 Mg^{2+} 季沉降量存在较强的负相关关系；土壤全 N 含量和 N：P 与混合沉降电导率、Mg^{2+} 季沉降量和无机 N 月沉降量存在较强的正相关关系，与土壤速效 P 浓度和电导率存在较强的负相关关系；土壤 C：N 和全 P 含量与土壤速效 P 浓度和电导率存在较强的正相关关系，与混合沉降电导率、Mg^{2+} 季沉降量、无机 N 月沉降量存在较强的负相关关系；土壤 C：P 与土壤磷酸酶活性和 Mg^{2+} 季沉降量存在较强的正相关关系，与混合沉降 pH 和土壤 NH_4^+-N 浓度存在较强的负相关关系（图5-43）。

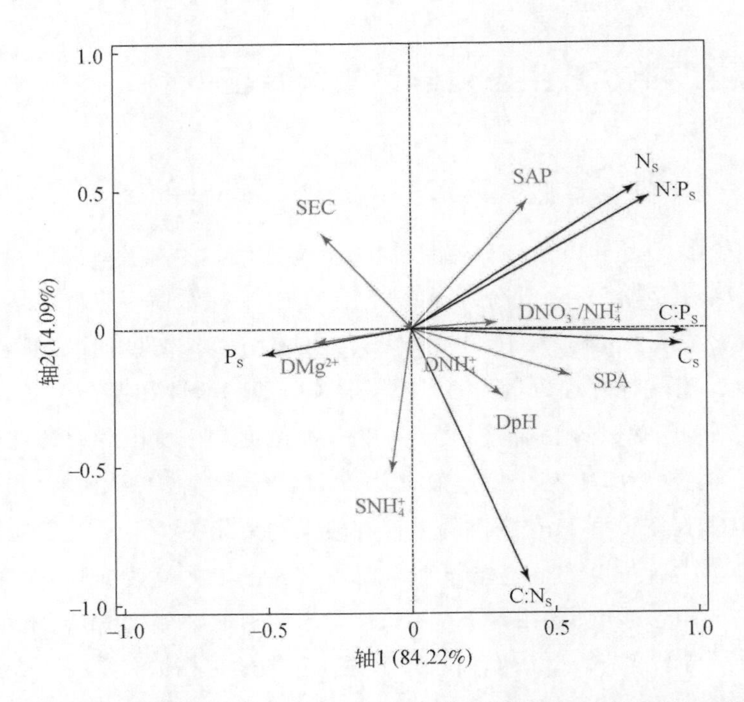

图 5-42　马莲台电厂周边土壤 C：N：P 生态化学计量学特征与环境因子关系的冗余分析

C_s、N_s、P_s、C：N_s、C：P_s、N：P_s分别代表土壤有机 C 含量、全 N 含量、全 P 含量、C：N、C：P、N：P。DNH_4^+、DNO_3^-/NH_4^+、DMg^{2+}、DpH、SEC、SNH_4^+、SAP 和 SPA 分别代表 NH_4^+ 月沉降量、NO_3^- 和 NH_4^+ 月沉降量比值、Mg^{2+}季沉降量、混合沉降 pH、土壤电导率、土壤 NH_4^+-N 浓度、土壤速效 P 浓度和土壤磷酸酶活性

表 5-13　鸳鸯湖电厂周边土壤 C：N：P 生态化学计量学特征与环境因子冗余分析中各因子的条件效应

环境因子	DIN	DEC	SEC	SPA	DMg^{2+}	DNH_4^+	SAP	DCa^{2+}	SNH_4^+	DpH	SMg^{2+}
贡献率/%	26.8	15.0	10.3	9.3	8.3	6.4	6.1	5.5	5.0	4.6	2.8
F	<0.1	1.8	1.3	1.1	1	0.2	0.5	0.6	0.5	0.5	0.2
p	1.000	0.206	0.314	0.350	0.378	0.716	0.574	0.526	0.638	0.630	0.788

注：DNH_4^+、DIN、DCa^{2+}、DMg^{2+}、DpH、DEC、SEC、SNH_4^+、SAP、SMg^{2+}、SPA 分别代表 NH_4^+ 月沉降量、无机 N 月沉降量、Ca^{2+}季沉降量、Mg^{2+}季沉降量、混合沉降 pH、混合沉降电导率、土壤电导率、土壤 NH_4^+-N 浓度、土壤速效 P 浓度、土壤 Mg^{2+}浓度和土壤磷酸酶活性

5.4.3.3　灵武电厂

所有环境因子中（表 5-14），对灵武电厂周边土壤 C：N：P 生态化学计量学特征影响较大的因子包括土壤 NO_3^--N 浓度、NH_4^+-N 浓度、pH 和磷酸酶活性（贡献率>10.0%），但这几个指标的影响均未达到显著性水平（$p>0.05$）。其中，土壤有机 C 含量和 C：P 与土壤 Ca^{2+}浓度和脲酶活性存在较强的正相关关系，与土壤 NH_4^+-N 和 NO_3^--N 浓度存在较强的

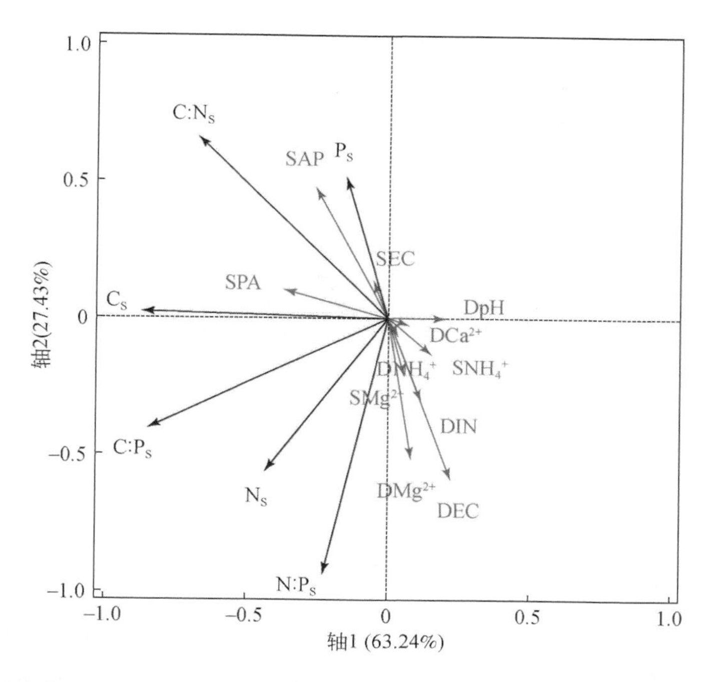

图 5-43　鸳鸯湖电厂周边土壤 C：N：P 生态化学计量学特征与环境因子关系的冗余分析

C_s、N_s、P_s、C：N_s、C：P_s、N：P_s分别代表土壤有机 C 含量、全 N 含量、全 P 含量、C：N、C：P、N：P。DNH_4^+、DIN、DCa^{2+}、DMg^{2+}、DpH、DEC、SEC、SNH_4^+、SAP、SPA、SMg^{2+}分别代表 NH_4^+ 月沉降量、无机 N 月沉降量、Ca^{2+} 季沉降量、Mg^{2+}季沉降量、混合沉降 pH、混合沉降电导率、土壤电导率、土壤 NH_4^+-N 浓度、土壤速效 P 浓度、土壤 Mg^{2+}浓度、土壤磷酸酶活性

负相关关系；土壤全 N 含量、全 P 含量和 N：P 与土壤速效 P 浓度和混合沉降 pH 存在较强的正相关关系，与土壤 pH 和 NO_3^- 月沉降量存在较强的负相关关系；C：N 与土壤磷酸酶活性和 SO_4^{2-} 月沉降量存在较强的正相关关系，与土壤速效 P 浓度和 NH_4^+ 月沉降量存在较强的负相关关系（图 5-44）。

表 5-14　灵武电厂周边土壤 C：N：P 生态化学计量学特征与环境因子冗余分析中各因子的条件效应

环境因子	SNO_3^-	SNH_4^+	SpH	SPA	SCa^{2+}	SEC	DpH	DNa^+	DNO_3^-/NH_4^+	DSO_4^{2-}	SAP	SUA	DMg^{2+}
贡献率/%	18.6	17.4	11.0	10.3	8.2	6.7	5.5	5.4	5.3	4.0	3.8	2.6	1.3
F	3.5	2.7	2.3	4.4	1.8	1.6	1.4	4.1	1.2	1.0	0.9	3.9	21.7
p	0.060	0.064	0.118	0.054	0.180	0.196	0.278	0.090	0.304	0.392	0.408	0.158	0.088

注：DSO_4^{2-}、DNO_3^-/NH_4^+、DNa^+、DMg^{2+}、DpH、SpH、SEC、SNH_4^+、SNO_3^-、SAP、SCa^{2+}、SUA、SPA 分别代表 SO_4^{2-} 月沉降量、NO_3^- 和 NH_4^+ 月沉降量比值、Na^+季沉降量、Mg^{2+}季沉降量、混合沉降 pH、土壤 pH、土壤电导率、土壤 NH_4^+-N 浓度、土壤 NO_3^--N 浓度、土壤速效 P 浓度、土壤 Ca^{2+}浓度、土壤脲酶活性、土壤磷酸酶活性

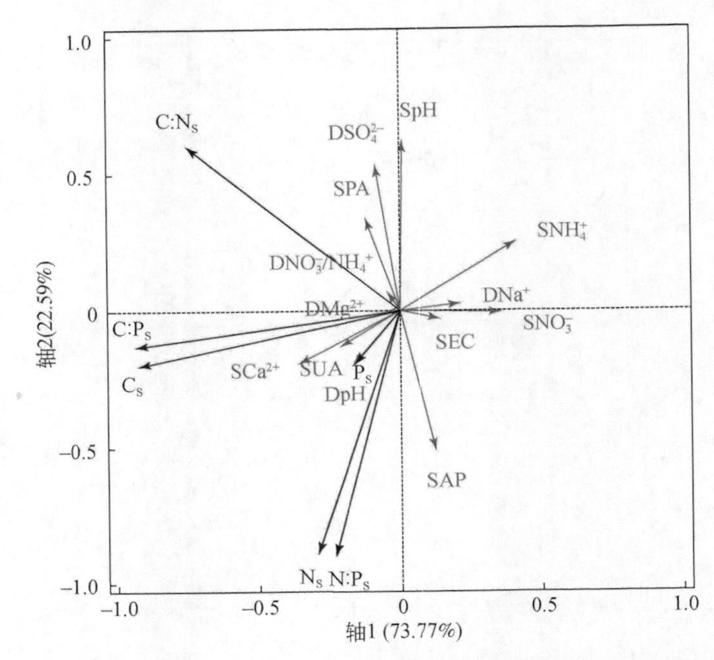

图 5-44 灵武电厂周边土壤 C∶N∶P 生态化学计量学特征与环境因子关系的冗余分析

C_s、N_s、P_s、C∶N_s、C∶P_s、N∶P_s分别代表土壤有机 C 含量、全 N 含量、全 P 含量、C∶N、C∶P、N∶P。DSO_4^{2+}、DNO_3^-/NH_4^+、DNa^+、DMg^{2+}、DpH、SpH、SEC、SNH_4^+、SNO_3^-、SAP、SCa^{2+}、SUA、SPA 分别代表 SO^{2+4} 月沉降量、NO_3^- 和 NH_4^+ 月沉降量比值、Na^+季沉降量、Mg^{2+}季沉降量、混合沉降 pH、土壤 pH、土壤电导率、土壤 NH_4^+-N 浓度、土壤 NO_3^--N 浓度、土壤速效 P 浓度、土壤 Ca^{2+}浓度、土壤脲酶活性和土壤磷酸酶活性

5.4.3.4 研究区

所有环境因子中（表 5-15），对研究区土壤 C∶N∶P 生态化学计量学特征影响显著的因子依次为 SO_4^{2-} 月沉降量、无机 N 月沉降量、土壤脲酶活性、NH_4^+ 月沉降量和 NO_3^- 月沉降量、土壤蔗糖酶活性和土壤 Mg^{2+}浓度（$p<0.05$）。其中，SO_4^{2-} 月沉降量和土壤脲酶活性与土壤有机 C、全 N、全 P 含量均存在较强的正相关关系，与土壤 C∶N 存在较强的负相关关系；无机 N 和 NO_3^- 月沉降量与 SO_4^{2-} 月沉降量的效应大致相反；NH_4^+ 月沉降量与土壤 C∶P 和 N∶P 存在较强的正相关关系（图 5-45）。

表 5-15 研究区土壤 C∶N∶P 生态化学计量学特征与环境因子冗余分析中各因子的条件效应

项目	AF	DSO_4^{2-}	DTIN	UA	DNH_4^+	DNO_3^-	IA	Mg^{2+}
F	6.604	40.806	28.269	15.564	9.242	8.848	3.710	3.571
r^2	0.887	0.288	0.053	0.322	0.051	0.026	0.012	0.044
p	0.001	0.001	0.001	0.001	0.003	0.008	0.055	0.066

注：AF、DSO_4^{2-}、DTIN、UA、DNH_4^+、DNO_3^-、IA 和 Mg^{2+}分别代表全部因子、SO_4^{2-} 月沉降量、无机 N 月沉降量、土壤脲酶活性、NH_4^+ 月沉降量、NO_3^- 月沉降量、土壤蔗糖酶活性和土壤 Mg^{2+}浓度

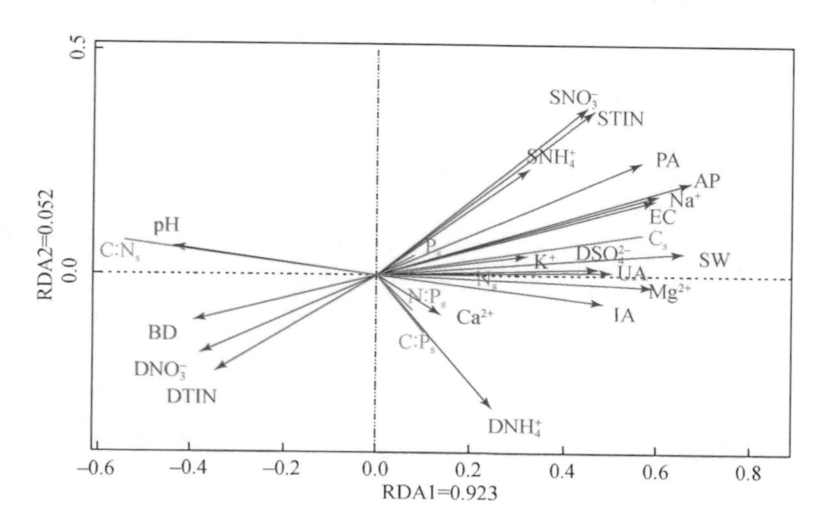

图 5-45　研究区土壤 C∶N∶P 生态化学计量学特征与环境因子关系的冗余分析

C_s、N_s、P_s、C∶N_s、C∶P_s、N∶P_s分别代表土壤有机 C 含量、全 N 含量、全 P 含量、C∶N、C∶P、N∶P。SNH_4^+、SNO_3^-、SW、pH、BD、PA、K^+、Ca^{2+}和 Na^+分别代表土壤 NH_4^+-N 浓度、NO_3^--N 浓度、含水量、pH、容重、磷酸酶活性、K^+浓度、Ca^{2+}浓度和 Na^+浓度

5.4.4　植物–微生物–土壤 C∶N∶P 生态化学计量学特征的内在联系

5.4.4.1　马莲台电厂

图 5-46 分析了马莲台电厂周边常见植物叶片、微生物、土壤间 C∶N∶P 生态化学计量学特征的相关性。植物与微生物和土壤间，植物叶片全 C 浓度与微生物生物量 P 含量、土壤有机 C 含量、土壤 C∶P 显著负相关（$p<0.05$）；植物叶片 C∶P 与土壤有机 C 含量和 C∶P 显著负相关（$p<0.05$）；植物叶片全 N 浓度、全 P 浓度、C∶N、N∶P 与微生物–土壤 C∶N∶P 生态化学计量学特征均无显著的相关性（$p>0.05$）。微生物与土壤间，微生物生物量 N 含量与土壤有机 C 含量和 C∶P 显著正相关（$p<0.05$）；微生物生物量 C 含量、P 含量、C∶N、C∶P、N∶P 与土壤–植物 C∶N∶P 生态化学计量学特征均无显著的相关性（$p>0.05$）。

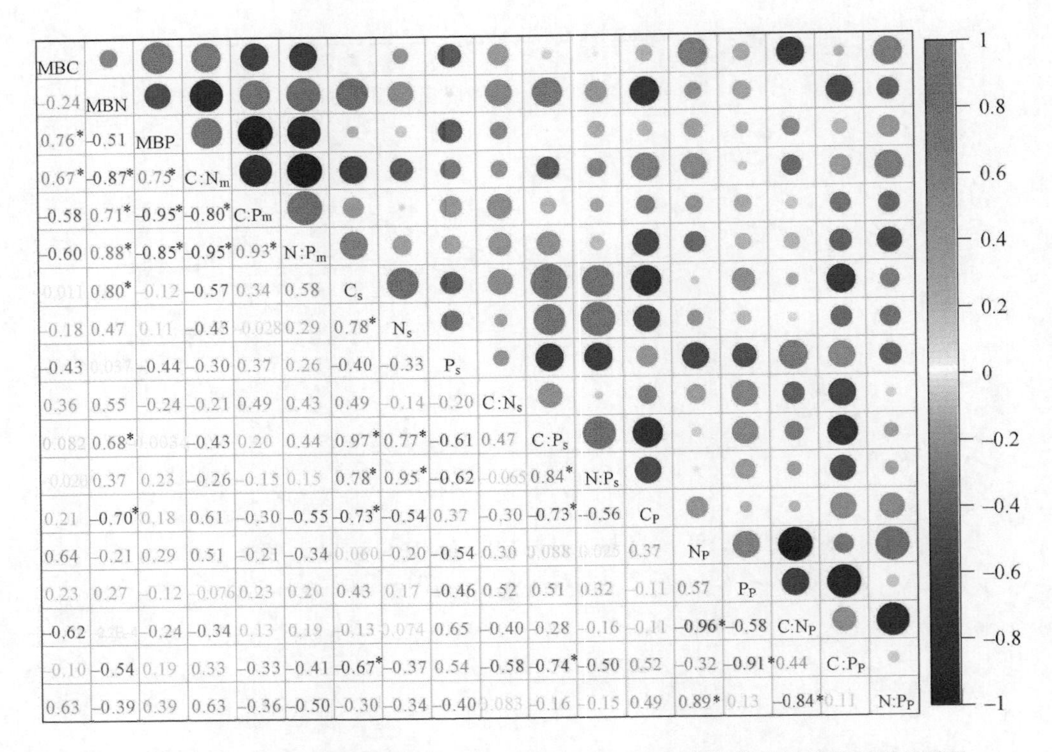

图 5-46 马莲台电厂周边植物-微生物-土壤 C：N：P 生态化学计量学特征的相关性

C_P、N_P、P_P、C：N_P、C：P_P、N：P_P 分别代表植物叶片全 C 浓度、全 N 浓度、全 P 浓度、C：N、C：P、N：P。MBC、MBN、MBP、C：N_m、C：P_m、N：P_m 分别代表微生物生物量 C 含量、N 含量、P 含量、C：N、C：P、N：P。C_s、N_s、P_s、C：N_s、C：P_s、N：P_s 分别代表土壤有机 C 含量、全 N 含量、全 P 含量、C：N、C：P、N：P。红圈和蓝圈分别代表正相关和负相关。* 代表 $p<0.05$

5.4.4.2 鸳鸯湖电厂

图 5-47 分析了鸳鸯湖电厂周边常见植物叶片、微生物、土壤间 C：N：P 生态化学计量学特征的相关性。植物与微生物和土壤间，植物叶片全 C 浓度与微生物生物量 N 含量显著正相关（$p<0.05$），与微生物生物量 C：N 显著负相关（$p<0.05$）；植物叶片全 N 浓度与微生物生物量 C 含量、N 含量、N：P 及土壤 C：N 显著正相关（$p<0.05$）；植物叶片 C：N与微生物生物量 P 含量显著正相关（$p<0.05$），与微生物生物量 C 含量、C：P 和 N：P显著负相关（$p<0.05$）；植物叶片 N：P 与微生物生物量 C 含量、C：P 和 N：P 显著正相关（$p<0.05$）；植物叶片全 P 浓度和 C：P 与微生物-土壤 C：N：P 生态化学计量学特征均无显著的相关性（$p>0.05$）。微生物与土壤间，微生物生物量 N 含量与土壤有机 C 含量和 C：P 显著正相关（$p<0.05$）；微生物生物量 N 含量与土壤 C：N 显著正相关（$p<0.05$）；除此之外，微生物各指标均与土壤 C：N：P 生态化学计量学特征无显著的相关性（$p>0.05$）。

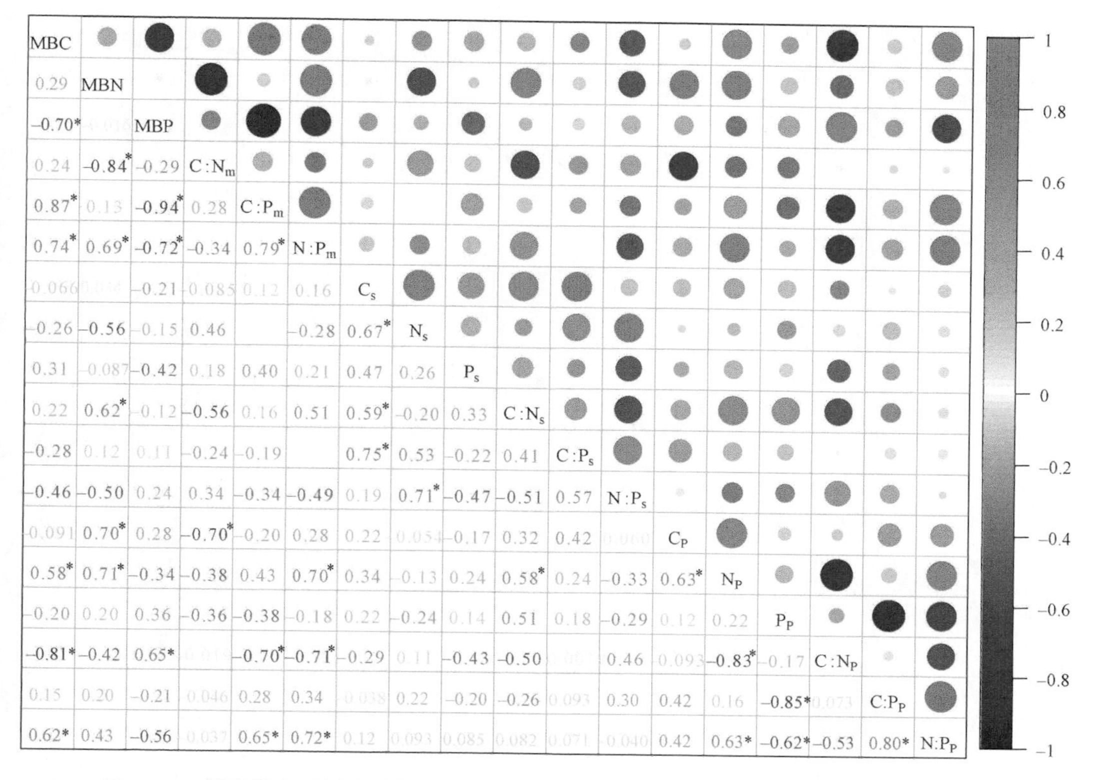

图 5-47 鸳鸯湖电厂周边植物-微生物-土壤 C：N：P 生态化学计量学特征的相关性

C_P、N_P、P_P、C：N_P、C：P_P、N：P_P 分别代表植物叶片全 C 浓度、全 N 浓度、全 P 浓度、C：N、C：P、N：P。MBC、MBN、MBP、C：N_m、C：P_m、N：P_m 分别代表微生物生物量 C 含量、N 含量、P 含量、C：N、C：P、N：P。C_s、N_s、P_s、C：N_s、C：P_s、N：P_s 分别代表土壤有机 C 含量、全 N 含量、全 P 含量、C：N、C：P、N：P。红圈和蓝圈分别代表正相关和负相关。* 代表 $p<0.05$

5.4.4.3 灵武电厂

图 5-48 分析了灵武电厂周边常见植物叶片、微生物、土壤间 C：N：P 生态化学计量学特征的相关性。植物与微生物和土壤间，植物叶片全 N 浓度与微生物生物量 C 和 P 含量显著负相关（$p<0.05$）；植物叶片 C：N 与微生物生物量 C、N、P 含量显著正相关（$p<0.05$）；植物叶片各指标均与土壤 C：N：P 生态化学计量学特征无显著的相关性（$p>0.05$）。微生物与土壤间，微生物生物量 N 含量和 N：P 均与土壤全 P 含量显著正相关（$p<0.05$）；除此之外，微生物各指标均与土壤 C：N：P 生态化学计量学特征无显著的相关性（$p>0.05$）。可见，灵武电厂周边植物-微生物-土壤 C：N：P 生态化学计量学特征的相关性弱，尤其土壤与其他 2 个组分间。

5.4.4.4 研究区

将 3 个电厂周围植物-微生物-土壤各指标进行了整理汇总，分析了研究区 3 个组分间

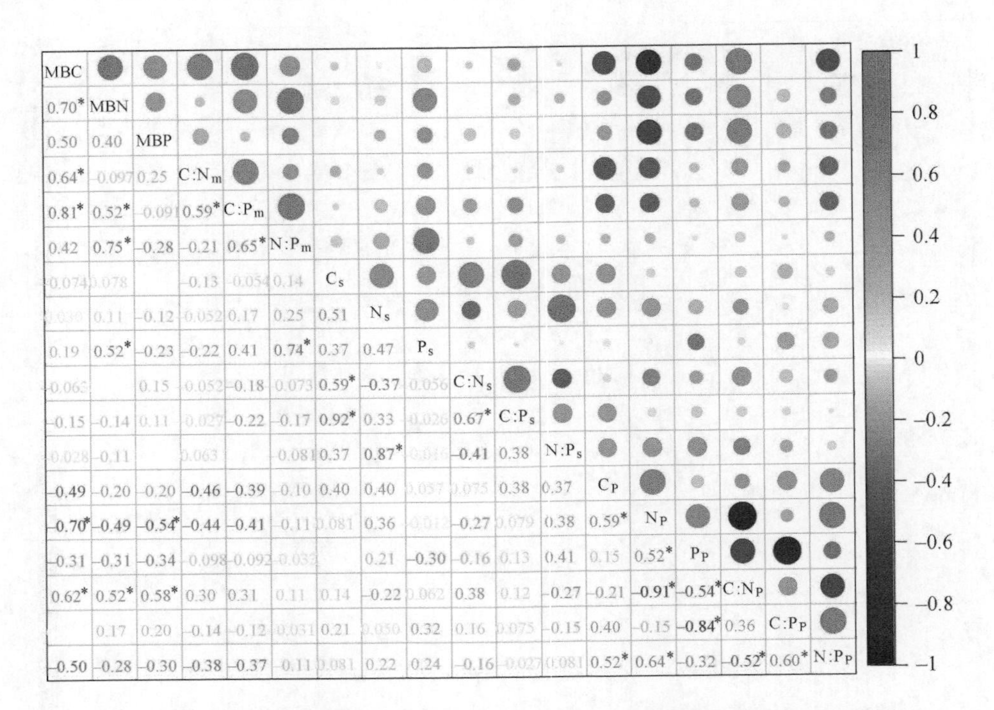

图 5-48　灵武电厂周边植物–微生物–土壤 C∶N∶P 生态化学计量学特征的相关性

C_P、N_P、P_P、C∶N_P、C∶P_P、N∶P_P 分别代表植物叶片全 C 浓度、全 N 浓度、全 P 浓度、C∶N、C∶P、N∶P。MBC、MBN、MBP、C∶N_m、C∶P_m、N∶P_m 分别代表微生物生物量 C 含量、N 含量、P 含量、C∶N、C∶P、N∶P。C_s、N_s、P_s、C∶N_s、C∶P_s、N∶P_s 分别代表土壤有机 C 含量、全 N 含量、全 P 含量、C∶N、C∶P、N∶P。红圈和蓝圈分别代表正相关和负相关。* 代表 $p<0.05$

C∶N∶P 生态化学计量学特征的相关性（图 5-49）。植物与微生物和土壤间，植物叶片全 C 浓度与微生物生物量 C∶N 和 C∶P 显著负相关（$p<0.05$）；植物叶片全 N 浓度和 N∶P 均与微生物生物量 C∶N 和 C∶P 显著正相关（$p<0.05$），与微生物生物量 C 含量、N 含量、P 含量、土壤有机 C 含量、全 N 含量、全 P 含量、C∶P、N∶P 显著负相关（$p<0.05$）；植物叶片全 P 浓度与微生物生物量 N 含量、P 含量、土壤有机 C 含量、全 N 含量、全 P 含量、C∶P、N∶P 显著正相关（$p<0.05$），与微生物生物量 C∶N 和 C∶P 显著负相关（$p<0.05$）；植物叶片 C∶N 与微生物生物量 C 含量、N 含量、P 含量、土壤有机 C 含量、全 N 含量、全 P 含量、C∶P、N∶P 显著正相关（$p<0.05$），与微生物生物量 C∶N 和 C∶P 显著负相关（$p<0.05$）；植物叶片 C∶P 与微生物和土壤 C∶N∶P 生态化学计量学特征均无显著的相关性（$p>0.05$）。微生物与土壤间，微生物生物量 C、N、P 含量均与土壤有机 C 含量、全 N 含量、全 P 含量、C∶P 和 N∶P 显著正相关（$p<0.05$），微生物生物量 C∶N 和 C∶P 均与土壤有机 C 含量、全 N 含量、全 P 含量、C∶P 和 N∶P 显著负相关（$p<0.05$）；微生物生物量 N∶P 与土壤 C∶N∶P 生态化学计量学特征均无显著的相关性（$p>0.05$）。可见，就整个研究区而言，植物–微生物–土壤 C∶N∶P 生态化学计量学特征之间的相关性十分密切。

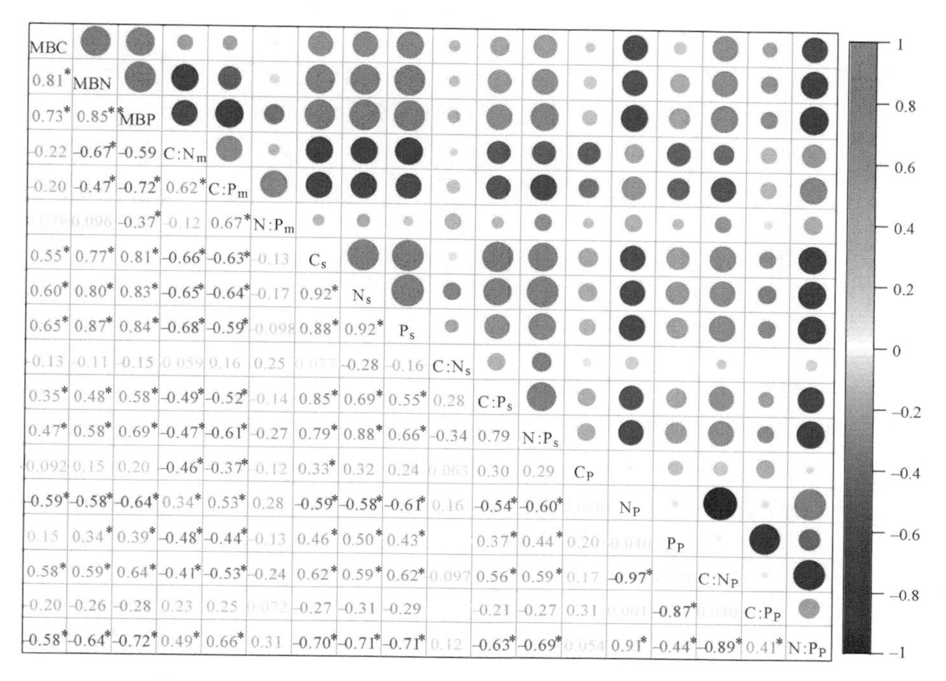

图 5-49 研究区植物-微生物-土壤 C：N：P 生态化学计量学特征的相关分析

C_P、N_P、P_P、C：N_P、C：P_P、N：P_P 分别代表植物叶片全 C 浓度、全 N 浓度、全 P 浓度、C：N、C：P、N：P。MBC、MBN、MBP、C：N_m、C：P_m、N：P_m分别代表微生物生物量 C 含量、N 含量、P 含量、C：N、C：P、N：P。C_s、N_s、P_s、C：N_s、C：P_s、N：P_s分别代表土壤有机 C 含量、全 N 含量、全 P 含量、C：N、C：P、N：P。红圈和蓝圈分别代表正相关和负相关。* 代表 $p<0.05$

5.5 基于生态化学计量学的煤矿区离子沉降效应分析

5.5.1 植物-微生物-土壤 C：N：P 生态化学计量学特征

5.5.1.1 马莲台电厂

马莲台电厂周边常见植物叶片全 C 浓度变异较小，而全 N 和全 P 浓度变异较大。一方面，在植物组织中，C 属于结构性物质，占植物叶片的比重恒定；N 和 P 是植物体内蛋白质和遗传物质的重要组成元素，随植物生长阶段和养分限制格局的不同会有较大不同（黄小波等，2016）。另一方面，植物叶片对环境变化较为敏感，研究区较高的 N 沉降也可能会引起叶片 N 浓度的升高，同时导致 P 的协同吸收（冯婵莹等，2019）。马莲台电厂周边常见植物叶片全C（431.82mg·g^{-1}）和全N浓度（21.51mg·g^{-1}）近似于全球和全国叶片的平均水平，但远高于阿拉善荒漠地区55种典型植物的平均值（张珂等，2014b），全P浓度（2.08mg·g^{-1}）均略高于后三者（Elser et al.，2000；Han et al.，2005）。造成这种结果的可能解释为：①不同生长型和生活型的植物具有不同的养分利用策略（张珂等，2014b）。本研究区植物组成以半灌木为主，故全C和全N浓度略高于荒漠地区其他生活型植物；②低的土壤养分条件下植物体内仍可能具有高的养分含量。这可能是植物在贫瘠养分环境下的生长策略（王宝荣等，2017）。本研究区土壤有机C、全N、全P含量虽低于全球范围，但高于阿拉善荒漠地区，可能是土壤养分含量的差距造成了叶片养分浓度的差异。叶片C∶N、C∶P在一定程度上反映植物的养分利用效率，具有重要生态学意义，而N∶P则可以判断养分限制状况。马莲台电厂周边植物叶片C∶N、C∶P和N∶P的平均值分别为21.65、223.42和10.71。其中，C∶N和C∶P远低于阿拉善荒漠地区，高于全球平均水平，但N∶P低于全球和全国以及阿拉善荒漠地区植物叶片的（Elser et al.，2000；Han et al.，2005；张珂等，2014b）。表现了研究区植物较高的养分利用效率，也反映了植物群落的N限制格局。

微生物生物量是指土壤中体积小于50μm^{3}的生物总量，是活的土壤有机质部分，可以敏感地反映土壤性质的变化程度和过程（Classen et al.，2007）。马莲台电厂周边土壤微生物生物量C、N、P含量分别为50.01mg·kg^{-1}、8.01mg·kg^{-1}和1.78mg·kg^{-1}，远低于宁夏荒漠草原和腾格里沙漠植被恢复区的测定值（张义凡等，2017），表现出了研究区土壤的低生物活性。此外，除微生物生物量N含量外，微生物生物量C∶N∶P生态化学计量学特征在不同取样距离间皆表现出显著差异。以往研究认为微生物的生长繁殖需要土壤养分作为供给，土壤C∶N∶P生态化学计量学特征会显著影响微生物生物量C∶N∶P生态化学计量学特征（周正虎和王传宽，2016）。本研究区土壤养分分布特征与微生物生物量并不相符，说明系统可能受到外部环境的干扰。微生物通过对不同功能酶的释放来适应土壤养分状况。因此，微生物生物量C∶P可以作为微生物矿化有机质释放P或是吸收固持P潜力的一种指标（彭佩钦等，2005），其值一般在7～30。C∶P较大说明微生物对土壤有效P有同化趋势，易出现与植物的P竞争。

土壤C∶N∶P生态化学计量学特征是反映土壤有机质组成和质量程度的一个重要指标，其各组分之间的比值反映了土壤内部C、N、P的循环，是土壤C∶N∶P平衡特征的重要参数（王绍强和于贵瑞，2008）。马莲台电厂周边土壤有机C和全N含量的空间变异性较大，全P含量的变异较小。研究认为，土壤有机C和全N主要受枯落物分解以及植物吸收利用的影响（Wang et al.，2011；闫俊华等，2010），因而存在着较大的空间变异性；而P主要受土壤母质的影响，因而变异性较小。与有机C和全N含量相比，土壤C∶N相对稳定，变异系数为13.61%。这一结果符合生态化学计量学基本原理，即有机物质的形成需要C与其他营养元素形成一定的比例（Sterner & Elser，2002），与黄土丘陵区的研究结果相似（朱秋莲等，2013）。马莲台电厂0～20cm土壤有机C、全N和全P含量的平均值（4.48g · kg^{-1}、0.42g · kg^{-1}和 0.39g · kg^{-1}）远低于全国土壤（10.32g · kg^{-1}、1.86g · kg^{-1}和 0.78g · kg^{-1}）（Tian et al., 2010）和北方典型风沙区土壤（12.2g · kg^{-1}、1.2g · kg^{-1}和 0.8g · kg^{-1}）（孙小东等，2018）的平均值，反映了该地区较低的养分供给水平。导致这种情况的因素除成土母质外，降水等气候条件的限制也会导致凋落物减少和质量降低，使得输送到土壤中有机质量降低（罗艳等，2017）。土壤 C : N、C : P 常作为土壤肥力的指标，N : P 则在一定程度上反应土壤的养分限制状况。研究区土壤 C : N、C : P 和 N : P 平均值分别为 10.59、11.58 和 10.10。其中，C : N 与全国土壤（12.3、52.64 和 4.2）和北方典型风沙区（10.1、15.7 和 1.63）相近，C : P 低于全国土壤和北方典型风沙区，N : P 远高于全国土壤和北方典型风沙区。以上结果表明，马莲台电厂周边区土壤 P 供给能力和有效性低，可能存在 P 限制。

5.5.1.2 鸳鸯湖电厂

叶片全 C、N、P 浓度可反映植物通过光合作用固定 CO_2 以及摄取环境 N 和 P 的能力。本研究中，鸳鸯湖电厂周边植物叶片全 C 浓度在各取样距离上无显著差异，平均值为 423.32mg · g^{-1}，低于全球尺度（461.60mg · g^{-1}）（Reich & Oleksyn, 2004）和全国水平（438.00mg · g^{-1}）（He et al., 2006）的观测值，但与内蒙古科尔沁沙地 60 种主要植物（424.20mg · g^{-1}）的平均值接近（宁志英等，2017），表明鸳鸯湖电厂周边区植物叶片有机化合物含量较低，C 储存能力较全球和全国植物弱；植物叶片全 N 和全 P 浓度在 D_{100} 取样距离处较高，之后随取样距离增大而增加，符合火电厂高架源排放的污染物浓度在主风向的变化规律（佟海，2016），但同时又受到降尘量空间分布特征（刘平等，2010）以及降水等气象因子的综合影响（裴旭倩，2015）。植物叶片全 N 和全 P 浓度平均值分别为 29.00mg · g^{-1}和 2.12mg · g^{-1}，远高于全球尺度（N：20.60mg · g^{-1}；P：1.80mg · g^{-1}）（Elser et al., 2000）、全国尺度草本植物（N：18.6mg · g^{-1}；P：1.2mg · g^{-1}）（Han et al., 2005）以及青藏高原草地植物（N：23.2mg · g^{-1}；P：1.70mg · g^{-1}）（杨阔等，2010）的观测值，也高于其他同类型地区的观测值，如宁夏草原优势植物（N：22.47mg · g^{-1}；P：1.83mg · g^{-1}）（李明雨等，2019）、内蒙古科尔沁沙地主要植物（N：25.60mg · g^{-1}；P：2.10mg · g^{-1}）（宁志英等，2017）以及我国北方典型荒漠及荒漠化地区主要植物（N：24.45mg · g^{-1}；P：1.74mg · g^{-1}）（李玉霖等，2010）的平均值，反映了干旱半干旱环境下较强的植物 N 摄取能力（Skujins et al., 1981；He et al., 2008）和较高的土壤 P 供给水平（Elser et al., 2000；汪涛等，2008）。此外，由于叶片对环境变化较为敏感，较高的叶片全 N 和 P 浓度也间接地反映了研究区周边可能具有较高的 N 沉降量，以及植物根系对 P 的协同吸收（翁俊，2005），但还需结合研究区 N 沉降量的实测数据进行深入探讨。

植物体元素组成中，C 属于结构性物质，受环境影响较小；N 和 P 属于功能性物质，受环境影响较大（Sterner & Elser, 2002）。因而，鸳鸯湖电厂周围植物叶片 C : N、C : P 和 N : P 主要受其全 N 和全 P 浓度变化幅度的影响，表现出先增加后降低的变化规律，且

在 D_{100} 取样距离处呈现出较低的值、在 D_{500} 取样距离处表现出较高的值。植物叶片 C：N：P 生态化学计量学特征可以指示植物生长过程中的养分受限状况。一般而言，较高的 C：N 或较低的 N：P 可指示主要受 N 限制，较高的 C：P 或 N：P 则表示主要为 P 限制（Elser et al.，2010）。目前，已有较多研究探讨了叶片 C：N：P 生态化学计量学特征在表征生态系统 C 饱和状态和养分受限类型方面的重要作用（尤其是叶片 N：P）。但受研究区域植被类型和土壤性质等多方面的综合影响，各研究报道的指示阈值尚存在较大差异。例如，Koerselman & Meuleman（1996）认为 N：P<14 时，植物主要受 N 限制，N：P>16 时主要受 P 限制。而 Güsewell（2004）认为界定阈值应分别为 N：P<10 和 N：P>20。本研究中，平均叶片 C：N 和 C：P 分别为 15.83 和 231.43，低于全球尺度（C：N 为 23.80、C：P 为 300.90）（Elser et al.，2000；Reich & Oleksyn，2004）的观测值；平均叶片 N：P 为 14.66，高于全球水平（13.80）和人为干扰较小的荒漠植物（11.53）（张珂等，2014a）以及沙地主要植物（12.90）（宁志英等，2017）的观测值。依据 Koerselman & Meuleman（1996）和 Güsewell（2004）提出的阈值范围，以上结果意味着与全球尺度和受人为干扰较小的干旱区植物相比，研究区周围植物主要受 N 和 P 的共同限制，且随着取样距离增加有增大趋势。

微生物是生态系统的重要组成部分，其含量的多少是衡量土壤养分高低和供给变化的重要依据。本研究中，沿取样距离梯度，微生物生物量 P 含量无显著的变化规律，微生物生物量 C 和 N 含量均在 D_{1000} 取样距离处表现出较高的值，可能与火电厂高架源排放的污染物浓度在主风向的变化规律有关（佟海，2016），即一定距离范围内（2～4km），离火电厂越远 N 沉降速率越快。较高的 N 沉降量缓解了微生物生长 N 限制，刺激了微生物生长和繁殖，因而促进了微生物生物量 C 和 N 的积累。4 个取样距离上，微生物生物量 C、N 和 P 含量的变化范围分别为 28.90～45.10mg·kg^{-1}、3.10～6.60mg·kg^{-1} 和 0.60～1.30mg·kg^{-1}，远低于我国高寒草原和温带草原（Zhao et al.，2017）、陕西黄土高原废弃地和刺槐人工林（Zhang et al.，2019b）以及宁夏固原天然草地（从怀军等，2010），但与宁夏荒漠草原微生物量生物量 C 和 N 含量较为接近（张义凡等，2017）。一般认为，土壤微生物生物量生物与土壤有机质含量正相关（张成霞和南志标，2010）。干旱半干旱区由于水分和温度的限制，地表植被覆盖度小，导致输入到土壤中的有机质少；此外，与其他类型土壤相比，研究区内广泛分布的风沙土不仅有机质水平较低，而且保水保肥能力也较弱（王绍强等，2000；吴乐知等，2006），抑制了鸳鸯湖电厂周边微生物活性和生物量积累。

微生物生物量 C：N：P 生态化学计量比决定了微生物活动的方向（固持或矿化）以及凋落物分解过程中养分释放与否，因此调控着土壤有机 C 水平以及 N 和 P 的有效性（Heuck et al.，2015）。本研究中，受微生物生物量 C、N、P 含量变化的影响，C：N 和 C：P没有表现出明显的距离变化规律，N：P 则在 D_{1000} 取样距离处表现出较高的值，意味着随着距离增加微生物矿化有机 N 的能力升高，但同时其生长 P 受限性风险随之增强。全球尺度上，微生物生物量 C：N（3～24，摩尔比）和 N：P（1～55，摩尔比）变化幅度较小，但 C：P 变化幅度较大（平均值为 59.5，摩尔比）（Cleveland & Liptzin，2007）。本书研究中，微生物生物量 C：N、C：P 和 N：P 变化幅度较大（尤其 C：P），转换后的微生物生物量 C：N、C：P 和 N：P 摩尔比的变化范围分别为 6.69～11.31、68.44～118.98 和 9.74～15.93，处于全球数据的变化范围之内，但是高于我国高山草地（C：N 为 6.2）（Zhao et al.，2017）和黄土高原（C：N、C：P 和 N：P 的变化范围分别为4.63～11.53、28.48～28.72 和 1.45～5.82）的报道值（任成杰，2018）。此外，微生物可以通过调节自身元素比例、促进酶的分泌和增加外界营养物质的输入来适应土壤资源的变化，使其元素化学计量比保持相对的稳定性（Zhao et al.，2017；Xue et al.，2019），也即微生物生物量 C：N：P 生态化学计量比符合红场比“Redfield ratio”（Cleveland & Liptzin，2007）。本书研究中，微生物生物量 C：N、C：P 和 N：P 变异系数均较大，分别为 25.24%、31.78% 和 28.57%，意味着研究区长期 N 累积沉降可能会导致微生物生物量 C、N、P 耦合关系发生改变（王传杰等，2018）。

土壤全 N 和全 P 含量不仅与植物生长发育密切相关，而且影响着微生物活动方向（固持或矿化）。本研究中，沿取样距离梯度，土壤全 P 含量无显著的变化规律。这是因为土壤中 P 是一种沉积性矿物，来源主要为成土母质、植物地上凋落物以及地下部分 P 输入；其含量的高低受成土母质的影响较大（Wang et al.，2011）；全 N 含量在 D_{500} 处较高，与植物和微生物生物量 N 含量的变化较为一致。全球尺度上，土壤有机 C 和全 N 含量的变化范围分别为 1108～39 083mmol · kg^{-1} 和 21～1300mmol · kg^{-1}（Cleveland et al.，2007）。全国尺度上，表层土壤平均有机 C、全 N 和全 P 含量分别为 2047mmol · kg^{-1}、134mmol · kg^{-1} 和 25mmol · kg^{-1}（Tian et al.，2010）。本书研究中，3 个指标转换后的摩尔值分别为 295.39mmol · kg^{-1}、29.97mmol · kg^{-1} 和 10.87mmol · kg^{-1}，低于全球和全国平均值，但与内蒙古科尔沁沙地固定沙丘（有机 C、全 N 和全 P 含量分别为 3.13g · kg^{-1}、0.26g · kg^{-1} 和 0.14g · kg^{-1}）（Li et al.，2014）和宁夏荒漠草原（有机 C 和全 N 含量分别为 1.62～2.01g · kg^{-1} 和 0.22～0.26g · kg^{-1}）（Wen et al.，2013）的观测值相近，反映了干旱半干旱区较低的土壤有机 C 水平和养分供给能力。

土壤 C：N：P 化学计量比综合了生态系统功能的变异性，因而是确定土壤元素平衡特征的一个重要参数（王绍强等，2008）。以往研究发现土壤中 C 和 N 的积累与消耗过程存在相对稳定的比值（Ågren et al.，2008）。随后的研究进一步发现，虽然 C：N 相对稳定，但 C：P 和 N：P 具有较大的空间变异性，因此认为 N 沉降增加会导致土壤 C：N：P 平衡关系趋于解耦（Yang et al.，2014）。本书研究中，不同取样距离间土壤 C：N：P 化学计量比差异较小，尤其 C：P 和 N：P。这可能是由于土壤是一个相对稳定的 C 和养分库，能在少量 N 沉降累积下保持一定的弹性。全球尺度上，表层土壤 C：N、C：P 和 N：P 摩尔比分别为 14.3、186.0 和 13.1（Cleveland et al.，2007）。全国尺度上，各指标摩尔比分别为 14.4、13.6 和 9.3（Tian et al.，2010）。本书研究中，转换后的各比值分别为

11.59、19.36和1.67，表现出较低的C：N和N：P。由于土壤C：N：P决定了微生物活动的变化趋势，因此较低的土壤C：N和N：P意味着微生物分解有机N和P的速度较快，有助于植物对养分的吸收和利用。

5.5.1.3 研究区

本书研究中，叶片平均全N和全P浓度分别为23.41mg·g^{-1}和1.95mg·g^{-1}，高于全球尺度和全国水平草本植物的观测值（Han et al.，2005；Elser et al.，2010），但与内蒙古科尔沁沙地（宁志英等，2017）等同类型地区的观测值相近，反映了干旱半干旱环境下植物较强的N摄取能力（He et al.，2006）和较高的土壤P供给水平（汪涛等，2008）。由于叶片对环境变化较为敏感，较高的叶片全N和全P也间接地反映了研究区较高的N沉降量以及植物对P的协同吸收（冯婵莹等，2019）。叶片C：N：P可以指示植物生长过程中的养分受限状况。Koerselman & Meuleman（1996）认为植物N：P<14时，其生长主要受N限制；N：P>16时，主要为P限制。Güsewell则认为N和P限制的判断阈值分别为N：P<10和N：P>20（Güsewell，2004）。本研究中，平均叶片C：N、C：P和N：P分别为19.86、230.46和12.33，低于全球平均值（Reich & Oleksyn，2004；Elser et al.，2010），但接近沙地植物的观测结果（宁志英等，2017）。结合全N和全P的变化特点，较低的叶片C：N：P意味着研究区植物可能主要受N的限制。

研究区微生物生物量C、N和P含量的变化范围分别为28.95~129.57mg·kg^{-1}、3.09~31.60mg·kg^{-1}和0.64~5.24mg·kg^{-1}，低于我国高寒草原和温带草原的报道值（Zhao et al.，2017）。一般认为，微生物生物量与土壤有机质含量正相关。干旱区由于水分和温度的限制，地表植被覆盖度小，导致输入到土壤中的有机质少；此外，与其他类型土壤相比，研究区广泛分布的风沙土不仅有机质水平较低，而且保水保肥能力较弱，可能抑制了微生物活性和生物量积累。全球尺度上，微生物生物量C：N（3~24，摩尔比）和N：P（1~55）变化幅度较小，但C：P变化幅度较大（平均值为59.5）（Cleveland & Liptzin，2007）。本研究中，转换后的C：N、C：P和N：P摩尔比分别为6.69、73.21和11.07，处于全球数据的变化范围之内，但是高于我国高寒草地和黄土高原的报道值（Zhao et al.，2017；任成杰，2018）。结合生物量C、N、P的变化特点，较高的微生物生物量C：N：P意味着研究区微生物可能主要受P的限制。

全国尺度上，表层土壤平均有机C、全N和全P含量分别为2047mmol·kg^{-1}、134mmol·kg^{-1}和25mmol·kg^{-1}（Tian et al.，2010）。本研究中，3个指标转换后的摩尔值分别为844.65mmol·kg^{-1}、93.44mmol·kg^{-1}和18.92mmol·kg^{-1}，低于全国平均值，但高于内蒙古科尔沁沙地固定沙丘和宁夏荒漠草原的观测值（Li et al.，2014；Wen et al.，2013）。此外，全国尺度上土壤C：N、C：P和N：P的摩尔比分别为14.4、13.6和9.3（Tian et al.，2010）。本研究中，转换后的各比值分别为11.16、29.37和2.63，呈现出较低C：N和N：P。土壤C：N和C：P可作为底物质量的衡量标准，N：P可作为N饱和的诊断指标（王绍强和于贵瑞，2008）。结合有机 C、全 N 和全 P 的供给状况，以上结果意味着与受人为干扰较少的同气候类型区域相比，研究区具有较高的土壤有机 C 水平和养分供给；且即使研究区具有较高的 N 沉降（王攀等，2020），其土壤 N 供给依然相对于 P 匮乏。此外，较高的 C：N 也意味着微生物分解有机 N 的速度较快，可为植物提供较多的无机 N。

5.5.2 植物和微生物元素内稳性

本书研究中，与微生物相比叶片各指标的变异系数较小，尤其全 C；叶片全 C 与全 N 和全 P 均无显著的关系，而微生物元素间存在极显著的关系；此外，与微生物相比，叶片全 N、全 P 和 N：P 内稳性较高。以上结果可能意味着，研究区叶片元素化学计量关系在土壤环境发生变化时可以保持相对较高的稳定性，与针对科尔沁沙地优势灌木的观察结果一致（宁志英等，2019）。但其元素间耦合关系较弱，反映了植物群落中不同物种对贫瘠养分环境的适应策略的差异性；微生物元素内稳性较弱，且 N：P 内稳性>P 内稳性>N 内稳性。这可能是因为高浓度外源 N 输入会引起微生物功能改变和活性降低（钟晓兰等，2015），进而导致其元素内稳性下降。此时，微生物可以通过提高磷酸酶活性来削弱 P 限制，以维持 P 和 N 的协同固持（Dong et al.，2019）。另外，微生物元素间存在极强的线性关系，且与土壤元素显著相关。这不仅反映了微生物养分获取对土壤基质养分状况的依赖，而且其化学计量关系对土壤环境变化敏感，可作为表征土壤肥力状况的生物学指标（邓健等，2019）。

5.5.3 植物和微生物生物量 C：N：P 生态化学计量学特征的影响因素

本书研究中，鸳鸯湖电厂周边植物叶片 C：N：P 生态化学计量学特征与土壤 C：N：P 生态化学计量学特征及其他因子关系较为密切，尤其是 C：N、含水量和全 N 含量。具体而言，叶片全 C 浓度与土壤脲酶活性、NO_3^--N 浓度以及磷酸酶表现出较强的正相关关系。这可能是因为，土壤 NO_3^--N 浓度是可被植物直接吸收的无机 N 形态，脲酶和磷酸酶活性在有机 N 和 P 的矿化过程中扮演着重要的作用（Nannipieri et al.，2011；Crous et al.，2015），因此三者值的高低与叶片碳水化合物的合成密切相关；叶片全 N 浓度与土壤 NO_3^--N 浓度正相关，叶片全 P 浓度与土壤全 P 含量以及有效 P 浓度正相关，意味着土壤 N 和 P 有效性调控着叶片 N 和 P 的摄取能力。此外，叶片全 N 和全 P 浓度均与土壤含水量负相关，与以往研究结果较为一致（丁小慧等，2012；杜满义等，2016）。干旱环境下，较高的植物叶片 N 和 P 浓度是植物保持水分的一种选择性策略（Wright et al.，2004）；叶片 C：N 和 C：P 反映了植物的养分利用效率，一般认为随土壤 N 和 P 供应的增大而减小。本书研究中，受叶片 N 和 P 浓度变化特点的影响，叶片 C：N、C：P 和 N：P 分别与土壤 N：P 存在较强的正相关关系，分别与 C：N、全 P 含量以及速效 P 浓度存在较强的负相关关系，意味着土壤元素平衡关系的改变会影响植物的元素化学计量比；反之，植物可通过对土壤环境资源的消耗和自身元素的释放对土壤元素的比值产生影响（曾德慧和陈广生，2005）。

鸳鸯湖电厂周边微生物生物量 C：N：P 生态化学计量学特征与土壤 C：N：P 平衡特征及其他特性密切相关（Mooshammer et al.，2014；Zechmeister-Boltenstern et al.，2015；周正虎和王传宽，2016）。本书研究中，除土壤 N：P 外，微生物生物量与土壤 C：N：P 生态化学计量学特征关系较弱，与其他研究结果类似（Cleveland，2007；周正虎和王传宽，2017）。一般认为，土壤水分调节着微生物可用基质和细胞水化基质的扩散速率，对微生物生长繁殖至关重要（Manzoni et al.，2012；杨山等，2015）；土壤中较高的 N 含量为微生物提供了足够的 N 源、利于喜 N 微生物的生长繁殖（罗希茜等，2009），同时也提高了植物生物量和凋落物产量、增加了微生物可利用 C 源，从而促进了微生物生物量 C 和 N 的合成（王晶晶等，2018；乔赵崇等，2019）。本书研究中，土壤含水量与微生物生物量 P 含量正相关，但与微生物生物量 C 含量、N 含量、C：P 和 N：P 负相关；土壤速效 N 浓度（NO_3^--N 和 NH_4^+-N）与微生物生物量 C 含量、N 含量、C：P 和 N：P 正相关，但与微生物生物量 P 含量负相关。这可能意味着，长期 N 沉降累积下研究区微生物生物量 C 和 N 积累主要受土壤 N 有效性的正调控，微生物生物量 P 固持主要受土壤水分有效性的正调控；随着 N 有效性的增加，微生物生长 N 受限性得以缓解，但同时 P 限制风险增强，导致其固持 P 的能力降低。此外，微生物发生的一系列生化反应主要依赖于酶活性的变化，因此二者之间存在着密切的联系（闫钟清等，2017）。本研究中，蔗糖酶和脲酶活性与微生物生物量 C：N：P 生态化学计量学特征存在不同程度的正相关，与以往研究结果较为一致（文都日乐等，2010；王杰等，2014）。

研究发现，外源 S 输入不但可以增加石灰性土壤 N 有效性、降低 NO_3^--N 淋溶损失（Brown et al.，2000），而且对土壤 P 具有活化作用（Rezapour，2014），进而提高土壤 N 和 P 有效性、促进植物对 N 和 P 的协同吸收（姜勇等，2019）。本书研究中，研究区 NO_3^- 和 SO_4^{2-} 沉降对叶片和微生物生态化学计量学特征的贡献均大于土壤指标。SO_4^{2-} 沉降量与叶片全 P 和 C：N 以及微生物生物量正相关，但与叶片全 N、C：P 和 N：P 以及微生物生物量 C：N：P 生态化学计量学特征负相关，意味着 SO_4^{2-} 沉降缓解了叶片 P 限制和微生物 N、P 限制，因此促进了叶片对 P 的摄取和微生物对 C、N 和 P 的固持。无机 N 和 NO_3^- 沉降量则与以上指标呈相反的关系。一方面，少量 NO_3^- 沉降促进了叶片对 N 的摄取，但持续增加的 NO_3^- 沉降不但加速了土壤 NH_4^+ 硝化（Zhu et al.，2016），而且使土壤 P 受限性增强，导致植物和微生物间 N 和 P 竞争加剧，进而抑制了叶片 P 摄取和微生物生物量积累。另一方面，N 沉降有助于提高植物地上部分生物量，从而增加了土壤有机 C 输入、刺激了生态系统 C 循环、提高了微生物对 C 的利用效率，导致较高的微生物生物量 C：X（Treseder，2008）。

此外，土壤酶活性和含水量也显著影响着叶片和微生物生态化学计量学特征：三种酶活性与微生物生物量正相关，与 C：N：P 负相关，说明随着酶活性增加，微生物固持有机物的能力提高，进而导致其 C：N 和 C：P 降低。此时，微生物相应地分泌更多的酶以促进有机物的矿化（Marklein & Houlton，2012；闫钟清等，2017），反映了土壤酶活性与微生物代谢活动的耦合关系（Jian et al.，2016）。三种酶活性与叶片全 P 关系较弱，与 C：N正相关，与全 N 和 N：P 负相关。这与黄土丘陵区撂荒草地的研究结果略有不同（高德新，2019）。土壤水分调节着根系养分吸收、微生物可用基质和细胞水化基质的扩散速率（Manzon，2012），因此其含量的高低影响着叶片和微生物生态化学计量学特征。本书研究发现，土壤含水量与叶片全 N 负相关。这可能是因为较高的含水量易引起沙质土壤 N 淋溶损失增加，导致土壤 N 受限性降低，从而抑制根系对 N 的吸收。此外，有研究发现土壤电导率亦调控着植物 C：N：P 生态化学计量学特征（安申群等，2017）。本研究中，虽然土壤电导率在 3 个电厂间存在较大差异，但其对叶片和微生物生态化学计量学特征的影响均不显著，有待深入研究。

5.6 小　　结

5.6.1 植物叶片 C：N：P 生态化学计量学特征

变化范围上，除全 C 浓度外，植物叶片 C：N：P 生态化学计量学特征变异系数亦较大，尤其全 N 浓度和 N：P。各指标的变化范围分别为 279.90～521.54mg · g^{-1}、11.40～51.10mg · g^{-1}、1.07～2.97mg · g^{-1}、8.53～40.36、100.02～438.66 和 6.30～27.42，平均值分别为 429.85±3.11mg · g^{-1}、23.41±0.50mg · g^{-1}、1.95±0.03mg · g^{-1}、19.86±0.39、230.62±3.86、12.33±0.27。叶片全 N 浓度和全 P 浓度间存在显著的线性关系，但二者均与全 C 浓度无显著的线性关系。叶片全 N 浓度为绝对稳态，全 P 浓度和 N：P 为稳态。

电厂间比较，马莲台电厂周边植物具有较低的叶片全 P 浓度；鸳鸯湖电厂周边植物具有较高的叶片全 N 浓度、C：P 和 N：P；灵武电厂周边植物具有较低的叶片全 N 浓度、C：P和 N：P、较高的全 P 浓度。

取样距离间比较，植物叶片全 C 浓度在 D_{500}处最低；叶片全 N 浓度和 C：N 无显著差异；叶片全 P 浓度在 D_{1000}处最低；叶片 C：P 在 D_{1000}最高，在 D_{2000}处最低；叶片 N：P 在 D_{1000}处高于 D_{500}和 D_{2000}处。整体而言，沿取样距离梯度，叶片 C：N：P 生态化学计量学特征无一致的变化趋势。

5.6.2 微生物生物量 C：N：P 生态化学计量学特征

变化范围上，微生物各指标的变异系数均较大（尤其生物量 N 和 P 含量）。微生物生物量C含量、N含量、P含量、C∶N、C∶P和N∶P的变化范围分别为28.95~129.57mg·kg^{-1}、3.09~31.60mg·kg^{-1}、0.64~5.24mg·kg^{-1}、1.92~10.99、8.43~63.89和2.71~8.64，平均值分别为55.00±4.27mg·kg^{-1}、11.11±1.14mg·kg^{-1}、2.38±0.24mg·kg^{-1}、5.74±0.33、28.39±2.06和5.01±0.26。微生物生物量C、N、P含量间均存在显著的线性关系。微生物生物量N含量为弱敏感态，生物量P为弱稳态，生物量N∶P为绝对稳态。

电厂间比较，马莲台电厂和鸳鸯湖电厂周边具有较低的微生物生物量C、N和P含量，较高的微生物生物量C∶N、C∶P和N∶P；灵武电厂周边具有较高的微生物生物量C、N和P含量，较低的微生物生物量C∶N、C∶P和N∶P。

取样距离间比较，微生物生物量C含量、N含量、P含量和C∶N在取样距离间无显著差异，C∶P在D_{300}处低于D_{500}处的测定值，N∶P在D_{300}处低于D_{500}和D_{1000}处的测定值。整体而言，沿取样距离梯度，微生物生物量C∶N∶P生态化学计量学特征无明显的变化规律。

5.6.3　土壤C∶N∶P生态化学计量学特征

变化范围上，0~20cm土壤有机C含量、全N含量和全P含量的变异系数相对较大，C∶N、C∶P和N∶P变异系数相对较小。各指标的变化范围分别为1.14~11.88g·kg^{-1}、0.10~1.19g·kg^{-1}、0.39~0.08g·kg^{-1}、5.25~14.55、4.25~18.96和0.37~1.66，平均值分别为5.29±0.55g·kg^{-1}、0.53±0.06g·kg^{-1}、0.47±0.03g·kg^{-1}、10.35±0.35、10.49±0.63和1.04±0.06；20~40cm土壤全P含量、C∶N、C∶P和N∶P变异系数相对较小，其他指标变异系数均较大。各指标的变化范围分别为0.71~7.39g·kg^{-1}、0.07~0.92g·kg^{-1}、0.18~0.70g·kg^{-1}、4.17~15.30、2.96~17.55和0.31~1.69，平均值分别为3.73±0.66g·kg^{-1}、0.42±0.08g·kg^{-1}、0.43±0.05g·kg^{-1}、9.69±0.93、8.44±1.05和0.91±0.11；40~60cm土壤C∶N和C∶P变异系数相对较小，其他指标变异系数相对较大。各指标的变化范围分别为0.53~8.13g·kg^{-1}、0.06~1.10g·kg^{-1}、0.17~0.75g·kg^{-1}、2.54~17.03、2.57~14.37和0.18~3.34，平均值分别为3.25±0.66g·kg^{-1}、0.37±0.08g·kg^{-1}、0.41±0.06g·kg^{-1}、9.49±0.97、7.51±0.96和0.87±0.17。三层土壤全N和全P含量均分别随有机C含量的增加而增加，且全P与全N含量的变化同步。

电厂间，灵武电厂周边0~20cm、20~40cm和40~60cm土壤有机C含量、全N含量、全P含量、C∶P和C∶P均较高，其他两个电厂周边三层土壤以上各指标均较低。

取样距离间，0~20cm土壤有机C含量和C∶P在取样距离间无显著差异，全N和全P含量在D_{2000}处高于D_{100}、D_{300}和D_{500}取样距离处的测定值，C∶N在D_{100}处高于其他取样距离处的测定值，N∶P在D_{100}处低于D_{2000}处的测定值。整体而言，沿取样距离梯度，全N含量、全P含量和N∶P呈增加趋势，C∶N表现出相反的变化特点，有机C含量和C∶P则无明显的变化规律；20~40cm土壤C∶P在取样距离间无显著差异，有机C、全N和全 P 含量均在 D_{2000} 处高于其他取样距离处的测定值，C∶N 在 D_{2000} 处高于 D_{300} 处的测定值，N∶P 在 D_{2000} 处高于 D_{100} 和 D_{1000} 处的测定值。整体而言，沿取样距离梯度，有机 C 含量、全 N 含量和 C∶N 呈增加趋势，全 P 含量、C∶P 和 N∶P 无明显的变化规律；40 ~ 60cm 土壤 C∶P 在取样距离间无显著差异，有机 C 含量和 C∶N 均在 D_{2000} 处达到最大值，全 N 含量在 D_{2000} 处达到最大值，全 P 含量在 D_{300} 处高于其他取样距离处的测定值，N∶P 在 D_{300} 处达到最大值。整体而言，沿取样距离梯度，有机 C 含量、全 N 含量和 C∶N 呈增加趋势，全 P 含量、C∶P 和 N∶P 无明显的变化规律。

5.6.4 植物–微生物–土壤 C∶N∶P 生态化学计量学特征的驱动因素

所有环境因子中，对植物叶片 C∶N∶P 生态化学计量学特征影响显著的因子依次为 SO_4^{2-} 月沉降量、NO_3^- 月沉降量、土壤蔗糖酶活性、无机 N 月沉降量、土壤 Ca^{2+} 浓度和土壤含水量；对微生物生物量 C∶N∶P 生态化学计量学特征影响显著的环境因子依次为 SO_4^{2-} 月沉降量、无机 N 月沉降量、NO_3^- 月沉降量、土壤脲酶活性、土壤磷酸酶活性和土壤含水量；对土壤 C∶N∶P 生态化学计量学特征影响显著的因子依次为 SO_4^{2-} 月沉降量、无机 N 月沉降量、土壤脲酶活性、NH_4^+ 月沉降量和 NO_3^- 月沉降量、土壤蔗糖酶活性和土壤 Mg^{2+} 浓度。

5.6.5 植物–微生物–土壤 C∶N∶P 生态化学计量学特征的内在联系

研究区植物–微生物–土壤 C∶N∶P 生态化学计量学特征关系密切。植物与微生物和土壤间，植物叶片全 C 浓度与微生物生物量 C∶N 和 C∶P 负相关；植物叶片全 N 浓度和 N∶P 均与微生物生物量 C∶N 和 C∶P 正相关，与微生物生物量 C 含量、N 含量、P 含量、土壤有机 C 含量、全 N 含量、全 P 含量、C∶P、N∶P 负相关；植物叶片全 P 浓度与微生物生物量 N 含量、P 含量、土壤有机 C 含量、全 N 含量、全 P 含量、C∶P、N∶P 正相关，与微生物生物量 C∶N 和 C∶P 负相关；植物叶片 C∶N 与微生物生物量 C 含量、N 含量、P 含量、土壤有机 C 含量、全 N 含量、全 P 含量、C∶P、N∶P 正相关，与微生物生物量 C∶N 和 C∶P 负相关；植物叶片 C∶P 与微生物和土壤 C∶N∶P 生态化学计量学特征均无相关性。微生物与土壤间，微生物生物量 C、N、P 含量均与土壤有机 C 含量、全 N 含量、全 P 含量、C∶P 和 N∶P 正相关，微生物生物量 C∶N 和 C∶P 均与土壤有机 C 含量、全 N 含量、全 P 含量、C∶P 和 N∶P 负相关；微生物生物量 N∶P 与土壤 C∶N∶P 生态化学计量学特征均无相关性。

综合以上分析，与人为干扰较少的其他同气候类型地区相比，研究区土壤具有较高的有机 C 水平和 N、P 供给，且 P 相较 N 丰富。植物可能主要受 N 限制，微生物则主要受 P 限制；植物叶片元素内稳性较强，表明其元素生态化学计量关系在土壤环境发生变化时可以保持相对较高的稳定性。微生物元素内稳性较弱，意味着其生态化学计量关系对土壤环境变化敏感，可作为表征土壤肥力状况的生物学指标；SO_4^{2-} 沉降有助于叶片 P 摄取和微生物 C、N、P 固持。少量 NO_3^- 沉降有利于叶片 N 吸收，但持续增加的 NO_3^- 沉降可能会使土壤 P 受限性增强，进而抑制叶片 P 摄取和微生物生物量积累。此外，土壤酶活性、Ca^{2+} 和含水量也调控着叶片和微生物元素平衡特征。鉴于酸沉降效应的时间累积性、元素受限类型判定标准的复杂性、研究区土壤偏碱性以及 3 个电厂在土壤含水量和盐渍化程度等方面存在的较大差异，今后还需结合多个电厂的观测值（酸沉降、土壤性质和植物状况等），从较长时间尺度上深入探讨植被-土壤系统元素平衡特征及其影响因素，为合理评价工业排放源周边酸沉降的累积效应提供有力的数据支撑。

第6章 荒漠煤矿区关键土壤性质

本章研究了2018年7月下旬3个电厂周边0～20cm土壤NH_4^+-N浓度、NO_3^--N浓度、速效P浓度、蔗糖酶活性、脲酶活性、磷酸酶活性、盐基离子浓度（K^+、Ca^{2+}、Na^{2+}、Mg^{2+}）的变化范围，探讨了0～60cm土壤pH和电导率的垂直分布特征，比较了这些指标在电厂间和取样距离间的差异，分析了0～20cm土壤pH、电导率、NH_4^+-N浓度、NO_3^--N浓度、速效P浓度、酶活性与氮、硫季沉降量的关系，明晰了0～20cm土壤pH、电导率、盐基离子浓度与盐基离子季沉降量的关联。

6.1 研究区土壤特征

6.1.1 电厂周边土壤性质的变化范围

6.1.1.1 马莲台电厂

马莲台电厂周边0～60cm土壤pH整体变异较小，变异系数均低于4.00%（表6-1）。3个土层电导率整体变异较大，尤其0～20cm和20～40cm土层。土层间比较，土壤pH无显著性差异（$p>0.05$），40～60cm土壤电导率显著高于其他2个土层的测定值（$p<0.05$）。

就0～20cm土壤无机N浓度、速效P浓度和酶活性而言（图6-1），NH_4^+-N浓度低度变异，其变异系数低于10.00%；蔗糖酶、脲酶和磷酸酶活性中度变异，其变异系数为16.06%～17.78%；NO_3^--N和速效P浓度高度变异，其变异系数高于20.00%。

就0～20cm土壤盐基离子而言（表6-2），K^+和Mg^{2+}浓度变化范围较小，二者变异系数为43.94%～51.23%。Ca^{2+}和Na^+浓度变化范围较大，二者变异系数超过100.00%。

6.1.1.2 鸳鸯湖电厂

鸳鸯湖电厂周边0～60cm土壤pH整体变异较小，变异系数均低于2.00%（表6-1）。3个土层电导率整体变异较小，尤其20～40cm土层。土层间比较，土壤pH亦无显著性差异（$p>0.05$），40～60cm土壤电导率显著高于其他2个土层的测定值（$p<0.05$）。

表 6-1 研究区 0～60cm 土壤 pH 和电导率的变化特点

土壤指标	土层	参数	所有数据	马莲台电厂	鸳鸯湖电厂	灵武电厂
pH	0～20cm	变化范围	8.14～9.94	8.38～9.19	8.94～9.28	8.14～9.94
		变异系数（%）	4.27	2.24	1.17	5.79
		平均值±标准误	8.91±0.06a	8.93±0.07a	9.13±0.03a	8.73±0.13a
	20～40cm	变化范围	8.38～9.76	8.38～9.19	8.96～9.29	8.51～9.76
		变异系数（%）	3.66	3.08	1.07	4.60
		平均值±标准误	8.94±0.05a	8.81±0.09a	9.14±0.03a	8.87±0.11a
	40～60cm	变化范围	8.48～9.73	8.48～9.10	8.87～9.27	8.58～9.73
		变异系数（%）	3.08	2.15	1.46	3.90
		平均值±标准误	8.96±0.05a	8.86±0.06a	9.13±0.04a	8.89±0.09a
电导率	0～20cm	变化范围（$\mu s \cdot cm^{-1}$）	51.6～3890.0	115.2～2380.0	51.6～123.8	540.0～3890.0
		变异系数（%）	114.29	155.80	31.00	42.87
		平均值±标准误	1097.71±209.09a	477.94±248.21c	76.16±6.82b	2286.80±253.14a
	20～40cm	变化范围（$\mu s \cdot cm^{-1}$）	57.8～3330.0	138.1～3330.0	57.8～115.0	373.0～1890.0
		变异系数（%）	104.46	102.78	18.79	47.93
		平均值±标准误	684.25±119.13b	978.18±335.13b	77.78±4.22b	993.07±122.91b
	40～60cm	变化范围（$\mu s \cdot cm^{-1}$）	57.6～2600.0	179.6～2600.0	57.6～192.9	305.0～2380.0
		变异系数（%）	99.13	72.97	41.75	62.78
		平均值±标准误	656.38±108.45b	1058.60±257.48a	94.18±11.35a	864.80±140.19b

注：不同小写字母代表同一指标在土层间的差异显著（$p<0.05$）。所有数据：$n=36$。马莲台电厂：$n=9$。鸳鸯湖电厂：$n=12$。灵武电厂：$n=15$

就 0～20cm 土壤无机 N 浓度、速效 P 浓度和酶活性而言（图 6-1），NH_4^+-N 浓度中度变异，其变异系数低于 20%；NO_3^--N 浓度、速效 P 浓度、蔗糖酶活性、脲酶活性和磷酸酶活性高度变异，其变异系数为 20.10%～26.30%。

就 0～20cm 土壤盐基离子而言（表 6-2），K^+、Ca^{2+}、Mg^{2+}浓度变化范围较小，三者变异系数为 49.68%～63.01%。Na^+浓度变化范围较大，其变异系数超过 100.00%。

6.1.1.3 灵武电厂

与其他 2 个电厂相比，灵武电厂周边 0～60cm 土壤 pH 整体变异亦较高，变异系数为 3.90%～5.79%（表 6-1）。土壤电导率的变异系数随土层增加而增加。土层间，土壤 pH 无显著性差异（$p>0.05$），0～20cm 土壤电导率显著高于其他 2 个土层的测定值（$p<0.05$）。

就 0～20cm 土壤无机 N 浓度、速效 P 浓度和酶活性而言（图 6-1），灵武电厂周边 NO_3^--N 浓度、NH_4^+-N 浓度、速效 P 浓度、脲酶活性和磷酸酶活性的变异系数总体高于其他 2 个电厂；NH_4^+-N 浓度和蔗糖酶活性中度变异，二者变异系数低于 20%；NO_3^--N 浓度、速效 P 浓度、脲酶活性和磷酸酶活性高度变异（尤其磷酸酶活性），其变异系数大于 20.00%。

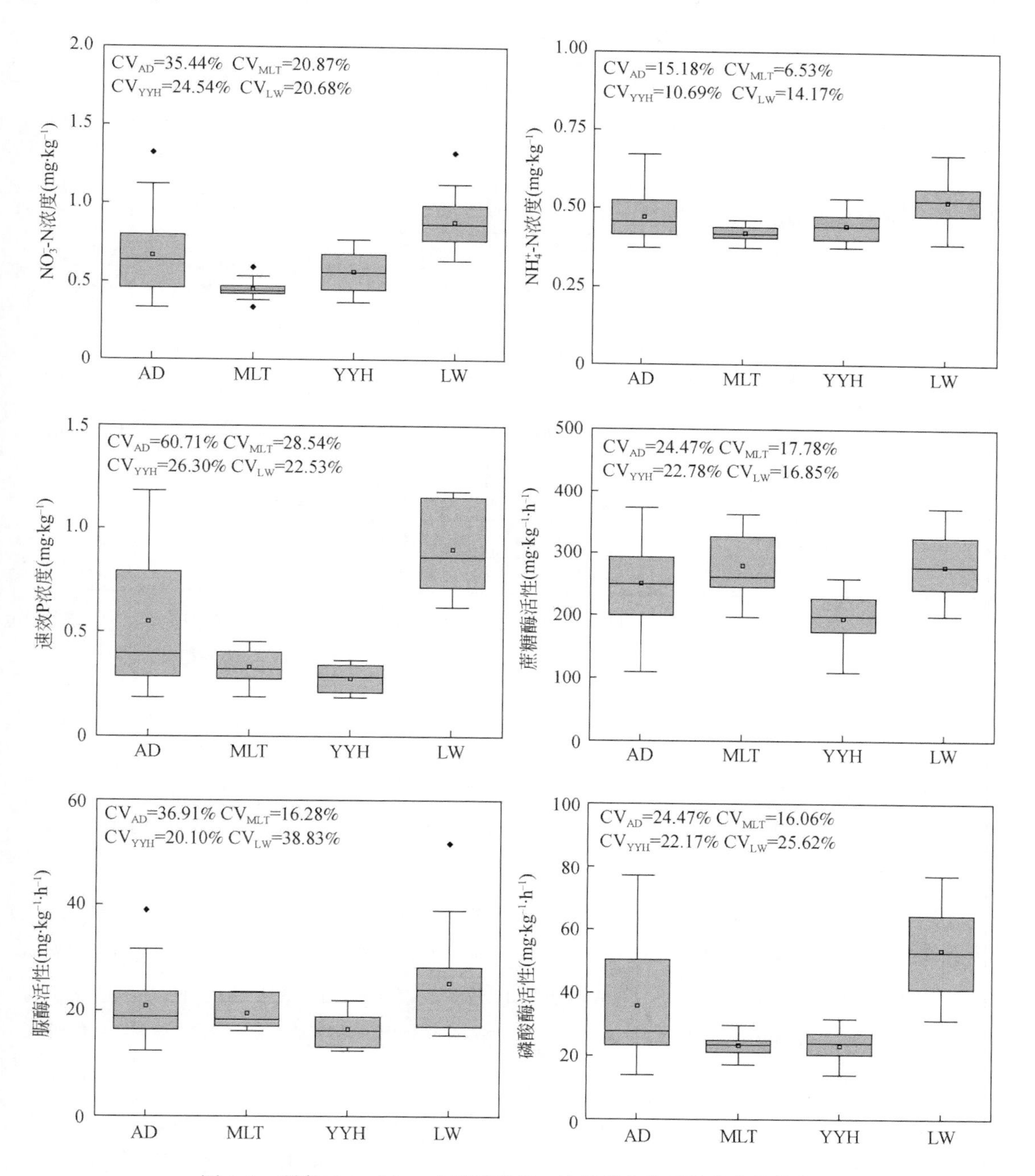

图 6-1 研究区 0 ~ 20cm 土壤无机氮、速效磷和酶活性的变化特点

AD 代表 3 个电厂的所有数据（n=36）。MLT、YYH 和 LW 分别代表马莲台电厂（n=9）、鸳鸯湖电厂（n=12）和灵武电厂（n=15）

就0～20cm土壤盐基离子而言（表6-2），Na^+浓度变化范围较小，其变异系数低于40.00%。K^+和Ca^{2+}浓度变化范围较大，二者变异系数为75.16%～89.91%。Mg^{2+}浓度变化范围最大，其变异系数超过100.00%。

表6-2　研究区0～20cm土壤盐基离子浓度的变化特点

土壤指标	参数	所有数据	马莲台电厂	鸳鸯湖电厂	灵武电厂
K^+浓度	变化范围（$mg \cdot kg^{-1}$）	1.73～2.49	1.77～4.06	1.73～16.34	2.03～32.49
	平均值±标准误（$mg \cdot kg^{-1}$）	8.11±1.15	3.75±0.55c	6.98±1.27b	11.63±2.26a
	变异系数（%）	85.34	43.94	63.01	75.16
Ca^{2+}浓度	变化范围（$g \cdot kg^{-1}$）	0.40–13.84	0.88～13.84	0.46～2.72	0.40～5.94
	平均值±标准误（$g \cdot kg^{-1}$）	2.38±0.43	4.32±1.48a	0.94±0.17c	2.36±0.55b
	变异系数（%）	119.55	102.62	61.47	89.91
Na^+浓度	变化范围（$g \cdot kg^{-1}$）	0.04～12.03	0.22～9.41	0.01～0.94	2.43～12.03
	平均值±标准误（$g \cdot kg^{-1}$）	4.03±0.69	2.50±1.03b	0.22±0.01c	7.83±0.77a
	变异系数（%）	102.62	123.21	140.00	38.31
Mg^{2+}浓度	变化范围（$g \cdot kg^{-1}$）	0.55～51.06	2.20～9.82	0.55～4.03	2.20～51.06
	平均值±标准误（$g \cdot kg^{-1}$）	12.76±2.56	5.84±1.00b	2.06±0.30c	25.48±4.32a
	变异系数（%）	120.21	51.23	49.68	131.21

注：不同小写字母代表同一指标在电厂间的差异显著（$p<0.05$）。所有数据：$n=36$。马莲台电厂：$n=9$。鸳鸯湖电厂：$n=12$。灵武电厂：$n=15$

6.1.1.4　研究区

就整个研究区来说（表6-1），0～60cm土壤pH变异系数较小（低于5.00%），电导率变异系数较大（高于99.00%）；土层间比较，pH无显著性差异（$p>0.05$），0～20cm土层电导率显著高于20～40cm和40～60cm的测定值（$p<0.05$）。

就0～20cm土壤无机N浓度、速效P浓度和酶活性而言（图6-1），NO_3^--N浓度变异系数较小，变化范围为1.17～20.03$mg \cdot kg^{-1}$，平均值为4.47±0.62$mg \cdot kg^{-1}$；NH_4^+-N和速效P浓度变异系数较大，变化范围分别为1.37～3.25$mg \cdot kg^{-1}$和0.52～14.23$mg \cdot kg^{-1}$，平均值分别为2.00±0.09$mg \cdot kg^{-1}$和3.85±0.72$mg \cdot kg^{-1}$；脲酶和磷酸酶活性变异系数均较大，蔗糖酶活性变异系数较小，变化范围分别为12.36～51.80$mg \cdot kg^{-1} \cdot h^{-1}$、13.98～77.26$mg \cdot kg^{-1} \cdot h^{-1}$和109.53～372.73$mg \cdot kg^{-1} \cdot h^{-1}$，平均值分别为20.87±1.28$mg \cdot kg^{-1} \cdot h^{-1}$、35.82±2.96$mg \cdot kg^{-1} \cdot h^{-1}$和250.99±10.24$mg \cdot kg^{-1} \cdot h^{-1}$，蔗糖酶活性高于脲酶和磷酸酶活性。

就0～20cm土壤盐基离子而言（表6-2），4种盐基离子浓度的变异系数均较大，尤其Ca^{2+}、Na^+和Mg^{2+}浓度，三者变异系数均超过100.00%。

6.1.2 电厂间土壤性质的差异

3 个电厂间（图 6-2），土壤 pH、NH_4^+-N、蔗糖酶活性和脲酶活性无显著差异（$p>0.05$）；灵武电厂土壤电导率、NO_3^--N 浓度、速效 P 浓度和磷酸酶活性显著高于其他 2 个电厂（$p<0.05$）。马莲台电厂和鸳鸯湖电厂间各指标无显著性差异（$p>0.05$）；就 4 种土壤盐基离子浓度而言（表 6-1），3 个电厂 K^+浓度的高低顺序依次为灵武电厂>鸳鸯湖电厂>马莲台电厂，Ca^{2+}浓度的高低顺序依次为马莲台电厂>灵武电厂>鸳鸯湖电厂，Na^+和 Mg^{2+}浓度的高低顺序依次为灵武电厂>马莲台电厂>鸳鸯湖电厂。因此，马莲台电厂具有显著高的土壤 Ca^{2+}浓度（$p<0.05$），灵武电厂具有显著高的土壤 K^+、Na^+和 Mg^{2+}浓度（$p<0.05$）。

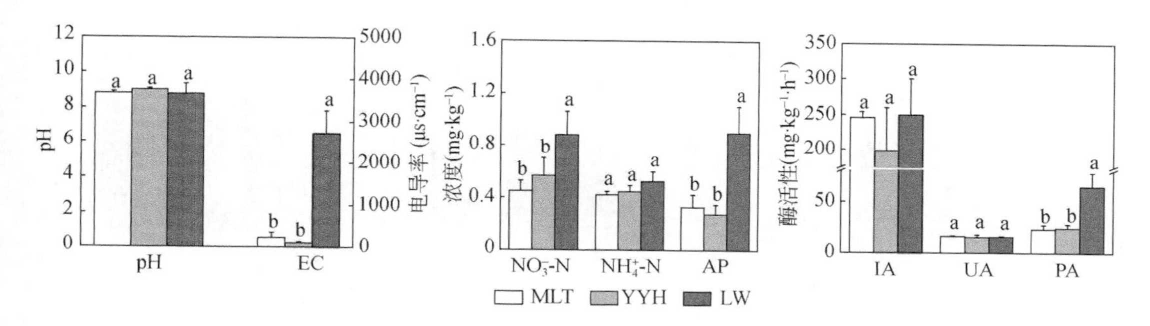

图 6-2 研究区 0 ~ 20cm 土壤 pH、电导率、无机氮、速效磷和酶活性在电厂间的差异

MLT、YYH 和 LW 分别代表马莲台电厂（$n=9$）、鸳鸯湖电厂（$n=12$）和灵武电厂（$n=15$）。EC、AP、IA、UA、PA 分别代表土壤电导率、蔗糖酶活性、脲酶活性、磷酸酶活性。不同小写字母代表 3 个电厂间各指标的差异显著（$p<0.05$）

6.1.3 取样距离间土壤性质的差异

6.1.3.1 马莲台电厂

取样距离间（图 6-3），马莲台电厂周边土壤 pH、脲酶活性和磷酸酶活性无显著性差异（$p>0.05$）；土壤电导率、NO_3^--N 浓度、NH_4^+-N 浓度、速效 P 浓度和蔗糖酶活性分别在 D_{300}、D_{500}、D_{100}、D_{300}和 D_{500}处显著高于其他 2 个取样距离处的测定值（$p<0.05$）。

就 4 种土壤盐基离子而言（表 6-3），K^+浓度在取样距离间的大小顺序为 $D_{500}>D_{100}>D_{300}$，Ca^{2+}浓度和 Mg^{2+}浓度为 $D_{100}>D_{300}>D_{500}$，Na^+浓度为 $D_{300}>D_{100}>D_{500}$。但是，取样距离间 K^+和 Na^+浓度无显著性差异（$p>0.05$），D_{100}处 Ca^{2+}和 Mg^{2+}浓度显著高于 D_{500}处（$p<0.05$）。

6.1.3.2　鸳鸯湖电厂

取样距离间（图 6-3），鸳鸯湖电厂周边土壤 pH、电导率、NH_4^+-N 浓度、蔗糖酶活性和磷酸酶活性无显著性差异（$p>0.05$）；土壤 NO_3^--N 浓度、速效 P 浓度和脲酶活性分别在 D_{1000}、D_{100} 和 D_{500} 不同程度地高于其他取样距离的测定值。

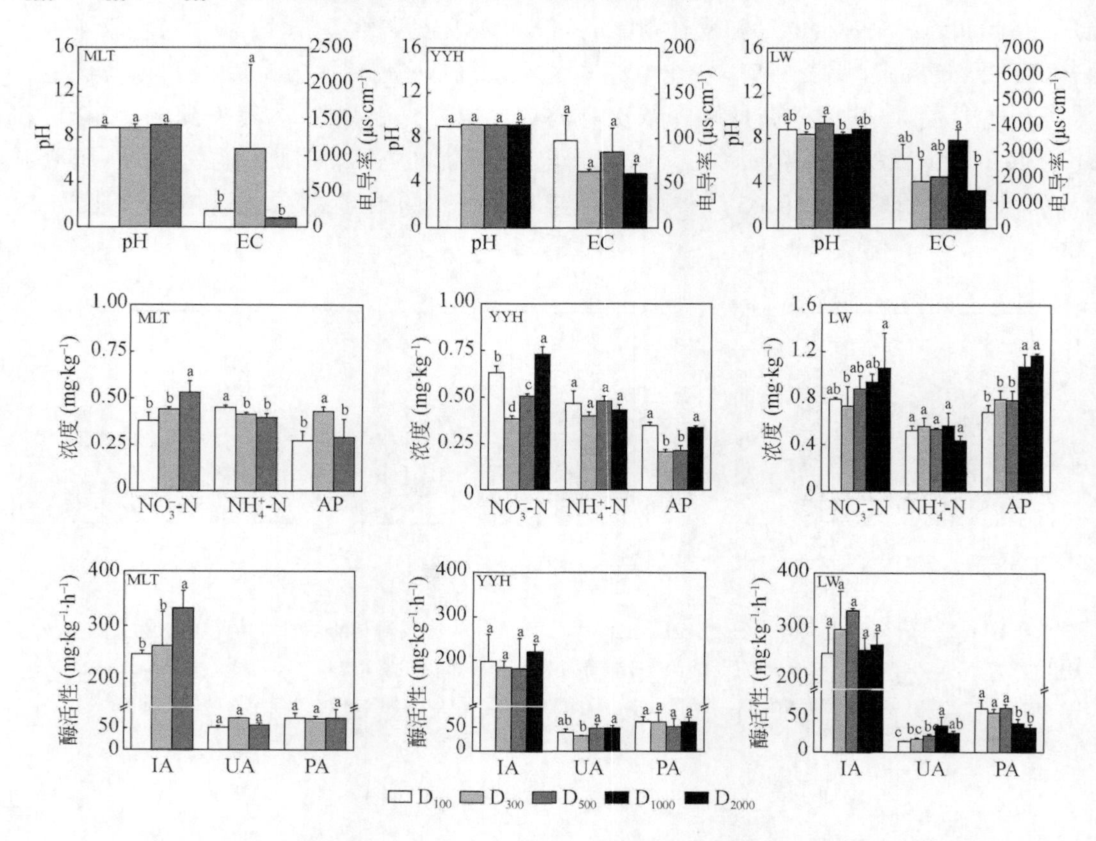

图 6-3　研究区 0 ~ 20cm 土壤 pH、电导率、无机氮、速效磷和酶活性在取样距离间的差异

MLT、YYH 和 LW 分别代表马莲台电厂（$n=3$）、鸳鸯湖电厂（$n=3$）和灵武电厂（$n=3$）。EC、AP、IA、UA、PA 分别代表土壤电导率、蔗糖酶活性、脲酶活性、磷酸酶活性。D_{100}、D_{300}、D_{500}、D_{1000} 和 D_{2000} 分别代表距离电厂围墙外 100m、300m、500m、1000m 和 2000m 的取样距离。不同小写字母代表 3 个电厂取样距离间各指标的差异显著（$p<0.05$）

就 4 种土壤盐基离子而言（表 6-3）：K^+浓度和 Mg^{2+}浓度在取样距离间的大小顺序为 $D_{1000}>D_{500}>D_{300}>D_{100}$，$Ca^{2+}$浓度为 $D_{500}>D_{100}>D_{1000}>D_{300}$，$Na^+$浓度为 $D_{1000}>D_{100}>D_{500}>D_{300}$。但是，取样距离间 4 个指标均无显著性差异（$p>0.05$）。

6.1.3.3 灵武电厂

取样距离间（图6-3），灵武电厂周边 NH_4^+-N 浓度和蔗糖酶活性无显著性差异（$p>0.05$）；土壤 pH、电导率、NO_3^--N 浓度、速效 P 浓度、脲酶活性和磷酸酶活性分别在 D_{500}、D_{1000}、D_{2000}、D_{2000}、D_{1000}、D_{500}不同程度地高于其他4个取样距离。

就4种土壤盐基离子而言（表6-3）：K^+浓度在取样距离间的大小顺序为 $D_{1000}>D_{2000}>D_{100}>D_{300}>D_{500}$，$Ca^{2+}$浓度为 $D_{100}>D_{300}>D_{1000}>D_{2000}>D_{500}$，$Na^+$浓度为 $D_{1000}>D_{100}>D_{500}>D_{2000}>D_{300}$，$Mg^{2+}$浓度为 $D_{1000}>D_{300}>D_{100}>D_{500}>D_{2000}$。但是，$D_{1000}$处 K^+浓度显著高于 D_{100}、D_{300}、D_{500}处测定值（$p<0.05$），D_{100}处 Ca^{2+}浓度显著高于 D_{500}处测定值（$p<0.05$），D_{100}和 D_{1000}处 Na^+浓度显著高于 D_{300}处测定值（$p<0.05$），取样距离间 Mg^{2+}浓度无显著性差异（$p>0.05$）。

表6-3　研究区0~20cm土壤盐基离子浓度在取样距离间的差异

土壤指标	取样距离	K^+浓度（$mg \cdot kg^{-1}$）	Ca^{2+}浓度（$g \cdot kg^{-1}$）	Na^+浓度（$g \cdot kg^{-1}$）	Mg^{2+}浓度（$g \cdot kg^{-1}$）
马莲台电厂（$n=3$）	D_{100}	3.67±0.22a	8.94±2.83a	1.41±0.67a	7.97±0.76a
	D_{300}	3.54±1.11a	2.95±1.09ab	5.40±2.39a	6.49±2.21ab
	D_{500}	4.04±1.51a	1.05±0.12b	0.68±0.23a	3.07±0.44b
鸳鸯湖电厂（$n=3$）	D_{100}	3.77±1.02a	0.87±0.10a	0.41±0.16a	1.57±0.51a
	D_{300}	6.85±2.05a	0.67±0.12a	0.15±0.10a	1.67±0.42a
	D_{500}	7.10±3.10a	1.41±0.65a	0.41±0.28a	2.28±0.77a
	D_{1000}	10.19±3.20a	0.81±0.04a	0.77±0.75a	2.75±0.66a
灵武电厂（$n=3$）	D_{100}	9.72±2.33b	4.17±1.39a	9.27±1.30a	23.44±9.37a
	D_{300}	7.98±1.82b	3.08±1.32ab	4.36±1.39b	34.38±9.63a
	D_{500}	6.85±2.14b	0.54±0.08b	7.98±1.33ab	15.86±12.32a
	D_{1000}	23.26±7.06a	2.81±1.56ab	10.05±1.01a	40.10±5.53a
	D_{2000}	10.35±5.19ab	1.19±0.07ab	7.47±2.23ab	13.60±5.12a

注：D_{100}、D_{300}、D_{500}、D_{1000}和 D_{2000}分别代表距离电厂围墙外100m、300m、500m、1000m和2000m的取样距离。不同小写字母代表3个电厂取样距离间各指标的差异显著（$p<0.05$）

6.2 研究区土壤性质与离子沉降的关系

6.2.1 土壤性质与氮、硫沉降的关系

6.2.1.1 土壤 pH 和电导率与氮、硫沉降的关系

采用线性回归方程拟合了0~20cm土壤pH、电导率与 SO_4^{2-} 季沉降量、NO_3^- 季沉降

量、NH_4^+ 季沉降量、无机 N 季沉降量、SO_4^{2-}/NO_3^-、NO_3^-/NH_4^+ 的关系（图 6-4）。结果表明，研究区土壤 pH 与混合沉降 NO_3^-/NH_4^+ 呈显著正的线性关系（$p<0.05$），与 NH_4^+ 季沉降量呈显著负的线性关系（$p<0.05$）；土壤电导率与 SO_4^{2-} 季沉降量和混合沉降 SO_4^{2-}/NO_3^- 呈显著正的线性关系（$p<0.05$），与混合沉降 NO_3^-/NH_4^+ 呈显著负的线性关系（$p<0.05$）。

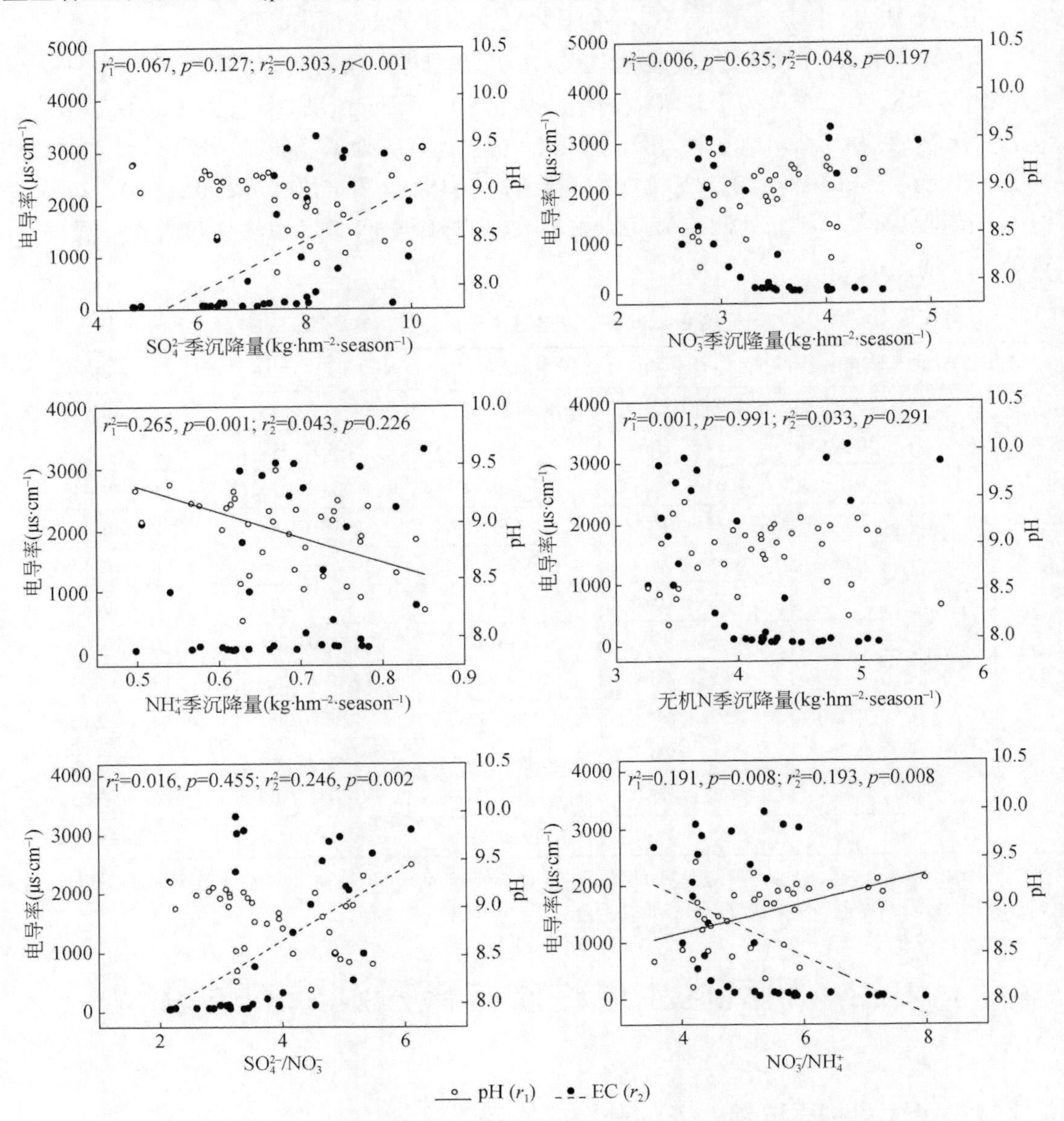

图 6-4　研究区 0～20cm 土壤 pH 和电导率与氮、硫季沉降量的关系

采用相关分析研究了 0～20cm 土壤 pH 和电导率与 SO_4^{2-}、NO_3^-、NH_4^+、无机 N 月沉降量的关系（图 6-5）。结果表明，土壤 pH 与 SO_4^{2-}、NO_3^-、无机 N 月沉降量无显著的相关性

($p>0.05$)，与 NH_4^+ 月沉降量显著负相关（$p<0.05$）；土壤电导率与 SO_4^{2-} 月沉降量显著正相关（$p<0.05$），与 NO_3^-、NH_4^+、无机 N 月沉降量无显著的相关性（$p>0.05$）。

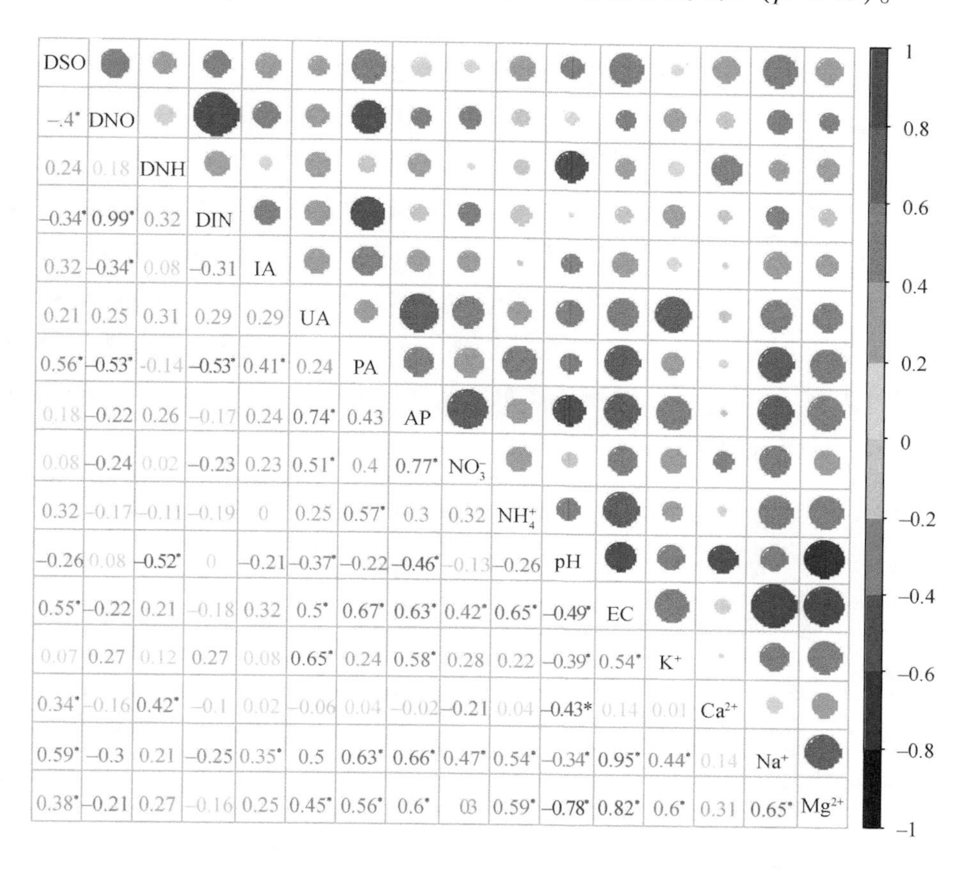

图 6-5　研究区 0～20cm 土壤性质与氮、硫月沉降量的相关性

DSO、DNO、DNH 和 DIN 分别代表降水降尘中 SO_4^{2-}、NO_3^-、NH_4^+ 和无机 N 月沉降量。IA、UA、PA、AP、NO_3^-、NH_4^+、pH、EC、K^+、Ca^{2+}、Na^+、Mg^{2+} 分别代表土壤蔗糖酶活性、脲酶活性、磷酸酶活性、速效 P 浓度、NO_3^- 浓度、NH_4^+ 浓度、pH、EC、K^+浓度、Ca^{2+}浓度、Na^+浓度、Mg^{2+}浓度．红色和蓝色分别代表正相关和负相关。＊代表 $p<0.05$

6.2.1.2　土壤无机氮和速效磷与氮、硫沉降的关系

采用线性回归方程拟合了 0～20cm 土壤 NO_3^--N 浓度、NH_4^+-N 浓度和速效 P 浓度与混合沉降中 SO_4^{2-} 季沉降量、NO_3^- 季沉降量、NH_4^+ 季沉降量、无机 N 季沉降量、SO_4^{2-}/NO_3^-、NO_3^-/NH_4^+ 的关系（图 6-6）。结果表明，研究区土壤 NO_3^--N 浓度与混合沉降 SO_4^{2-}/NO_3^- 呈显著正的线性关系（$p<0.05$）；土壤 NH_4^+-N 浓度与 SO_4^{2-} 季沉降量和 SO_4^{2-}/NO_3^- 呈显著正的线性关系（$p<0.05$）；土壤速效 P 浓度与 SO_4^{2-} 季沉降量和混合沉降 SO_4^{2-}/NO_3^- 呈显著正的线性关系（$p<0.05$），与 NO_3^- 季沉降量和混合沉降 NO_3^-/NH_4^+ 呈显著负的线性关系（p<

0. 05)。

采用相关分析研究了 0 ~ 20cm 土壤 NO_3^--N、NH_4^+-N 和速效 P 浓度与 SO_4^{2-}、NO_3^-、NH_4^+、无机 N 月沉降量的关系（图 6-5）。结果表明，土壤 NO_3^--N、NH_4^+-N 和速效 P 浓度与 SO_4^{2-}、NO_3^-、NH_4^+、无机 N 月沉降量均无显著的相关性（$p>0.05$）。

6. 2. 1. 3　土壤酶活性与氮、硫沉降的关系

线性关系拟合结果显示（图 6-6），研究区 0 ~ 20cm 土壤蔗糖酶活性与 NO_3^- 季沉降量和混合沉降 NO_3^-/NH_4^+ 呈显著负的线性关系（$p<0.05$），与 SO_4^{2-} 季沉降量、NH_4^+ 季沉降量、无机 N 季沉降量、混合沉降 SO_4^{2-}/NO_3^- 无显著的线性关系（$p>0.05$）；脲酶活性与 6 个指标均无显著的线性关系（$p>0.05$）；磷酸酶活性与 SO_4^{2-} 季沉降量和混合沉降 SO_4^{2-}/NO_3^- 呈显著正的线性关系（$p<0.05$），与 NO_3^- 季沉降量、无机 N 季沉降量和混合沉降 NO_3^-/NH_4^+ 呈显著负的线性关系（$p<0.05$），与 NH_4^+ 季沉降量无显著的线性关系（$p>0.05$）。

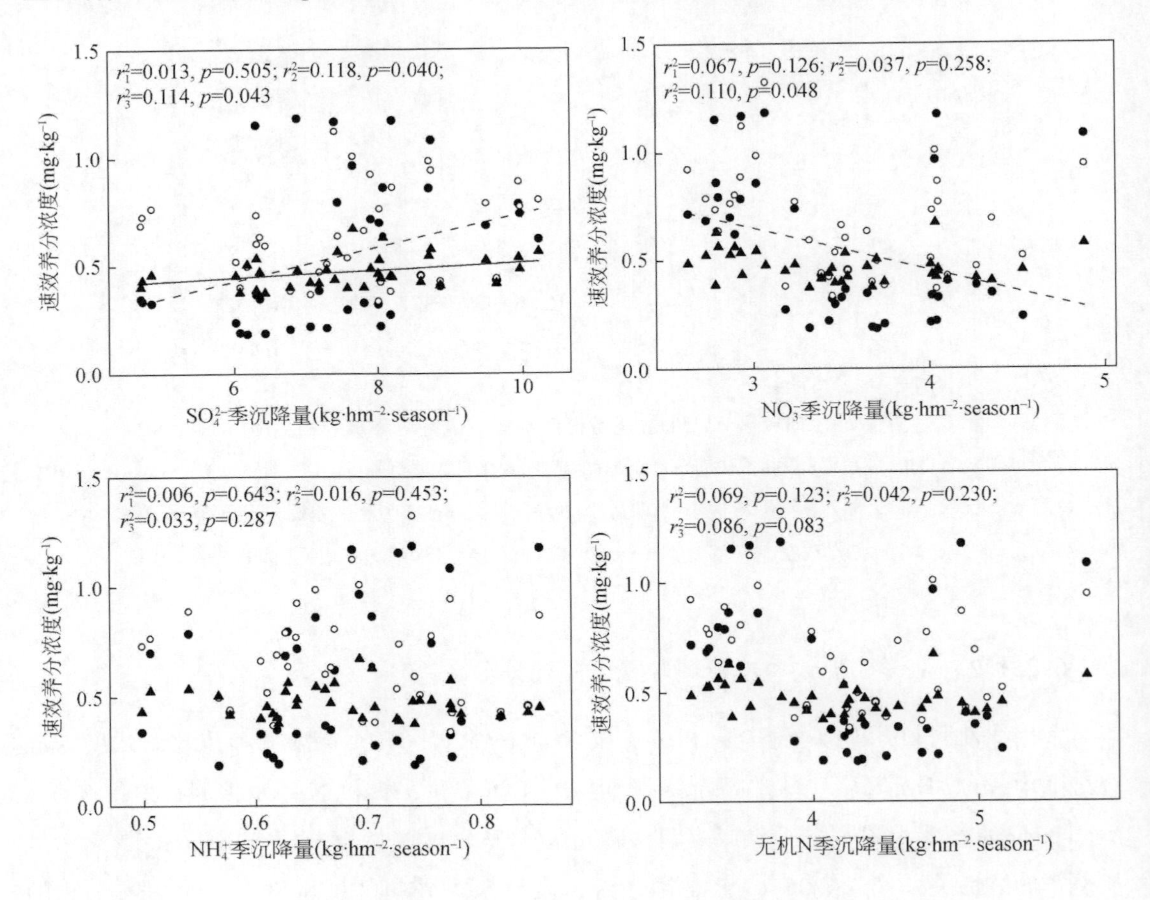

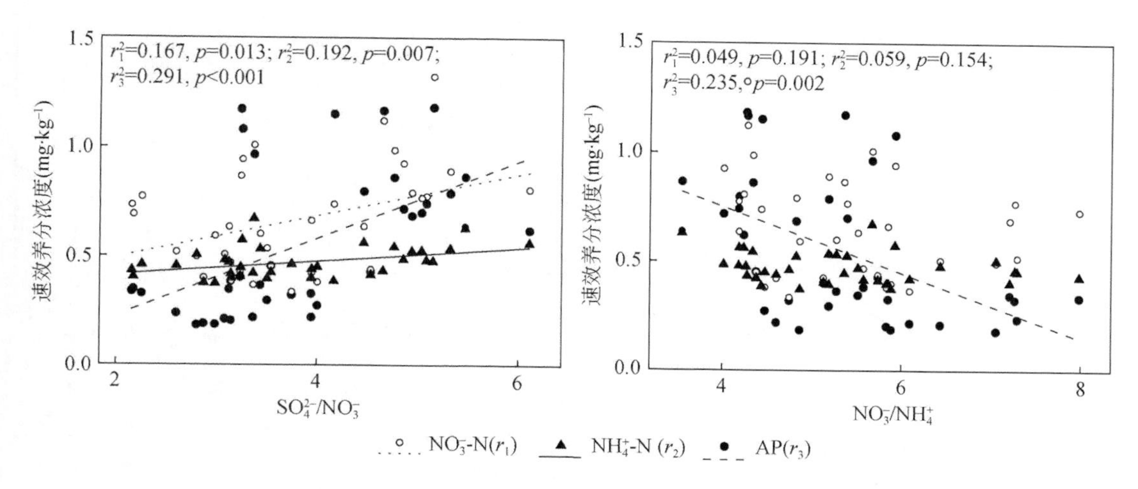

图 6-6 研究区 0 ~ 20cm 土壤无机氮和速效磷与氮、硫季沉降量的关系

AP 代表土壤速效 P 浓度

采用相关分析研究了 0 ~ 20cm 土壤酶活性与 SO_4^{2-}、NO_3^-、NH_4^+、无机 N 月沉降量的关系（图 6-7）。结果表明，土壤蔗糖酶活性与 SO_4^{2-}、NH_4^+、无机 N 月沉降量无显著的相关性（p>0. 05），与 NO_3^- 月沉降量显著负相关（p<0. 05）；土壤脲酶活性与 SO_4^{2-}、NO_3^-、NH_4^+、无机 N 月沉降量无显著的相关性（p>0. 05）；土壤磷酸酶活性与 SO_4^{2-} 月沉降量显著正相关（p<0. 05），与 NO_3^- 和无机 N 月沉降量显著负相关（p<0. 05），与 NH_4^+ 月沉降量无显著的相关性（p>0. 05）。

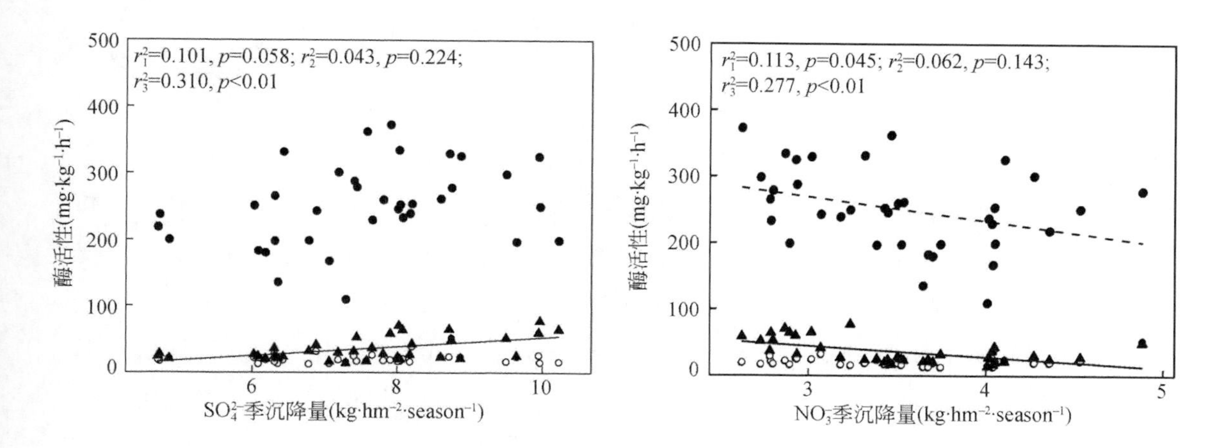

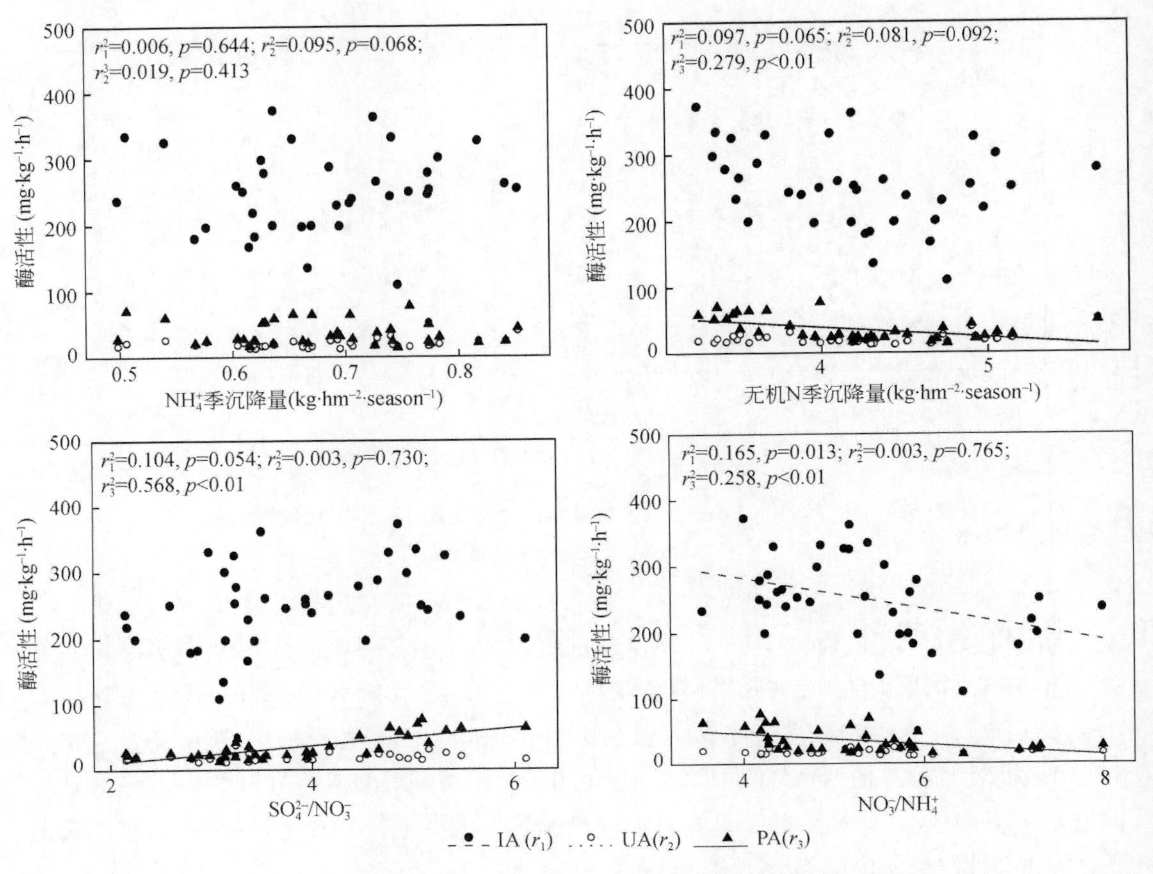

图 6-7　研究区 0～20cm 土壤酶活性与氮、硫季沉降量的关系

IA、UA、PA 分别代表土壤蔗糖酶、脲酶、磷酸酶活性

6.2.1.4　土壤盐基离子与氮、硫沉降的关系

采用相关分析研究了 0～20cm 土壤盐基离子浓度性与 SO_4^{2-}、NO_3^-、NH_4^+、无机 N 月沉降量的关系（图 6-5）。结果表明，土壤 K^+浓度与 SO_4^{2-}、NO_3^-、NH_4^+、无机 N 月沉降量无显著的相关性（$p>0.05$）；土壤 Ca^{2+}浓度与 SO_4^{2-} 和 NH_4^+ 月沉降量显著正相关（$p<0.05$），与 NO_3^- 和无机 N 月沉降量无显著的相关性（$p>0.05$）；土壤 Na^+和 Mg^{2+}浓度均与 SO_4^{2-} 月沉降量显著正相关（$p<0.05$），与 NO_3^-、NH_4^+、无机 N 月沉降量无显著的相关性（$p>0.05$）。

6.2.2　土壤性质与盐基离子沉降的关系

如图 6-8 所示，土壤 K^+浓度与 K^+季沉降量显著正相关（$p>0.05$），与混合沉降 pH 显著负相关（$p>0.05$），与 Ca^{2+} 季沉降量、Mg^{2+} 季沉降量、Na^{+} 季沉降量、混合沉降电导率无显著的相关性（$p>0.05$）；土壤 Ca^{2+} 浓度与 Ca^{2+} 季沉降量、Mg^{2+} 季沉降量和混合沉降电导率显著正相关（$p<0.05$），与 K^{+} 季沉降量、Na^{+} 季沉降量、混合沉降 pH 无显著的相关性（$p>0.05$）；土壤 Na^{+} 浓度、Mg^{2+} 浓度、电导率均与 K 季沉降量显著正相关（$p<0.05$），与 Ca^{2+} 季沉降量、Na^{+} 季沉降量、Mg^{2+} 季沉降量、混合沉降 pH 和混合沉降电导率无显著的相关性（$p>0.05$）；土壤 pH 与混合沉降 pH 显著正相关（$p<0.05$），与 K^{+} 季沉降量、Ca^{2+} 季沉降量、Na^{+} 季沉降量、Mg^{2+} 季沉降量、混合沉降电导率无显著的相关性（$p>0.05$）。

DK⁺											
0.043	DCa²⁺										
0.53*	0.11	DNa⁺									
0.45*	0.37*	0.67*	DMg²⁺								
−0.38*	−0.093	−0.053	−0.31	DpH							
0.11	0.65*	0.33	0.52*	[illegible]	DEC						
0.59*	−0.034	−0.028	0.23	−0.58*	−0.21	SK⁺					
0.086	0.47*	0.26	0.50*	0.093	0.55*		SCa²⁺				
0.35*	−0.16	[illegible]	−0.056	0.11	−0.24	0.44*	0.14	SNa⁺			
0.45*	−0.13	−0.042		−0.15	−0.17	0.60*	0.31	0.65*	SMg²⁺		
−0.32	−0.062	−0.055	−0.13	0.34*		−0.39*	−0.43*	−0.34*	−0.78*	SpH	
0.43*	−0.17	[illegible]	−0.062		−0.26	0.54*	0.15	0.95*	0.82*	−0.49*	SEC

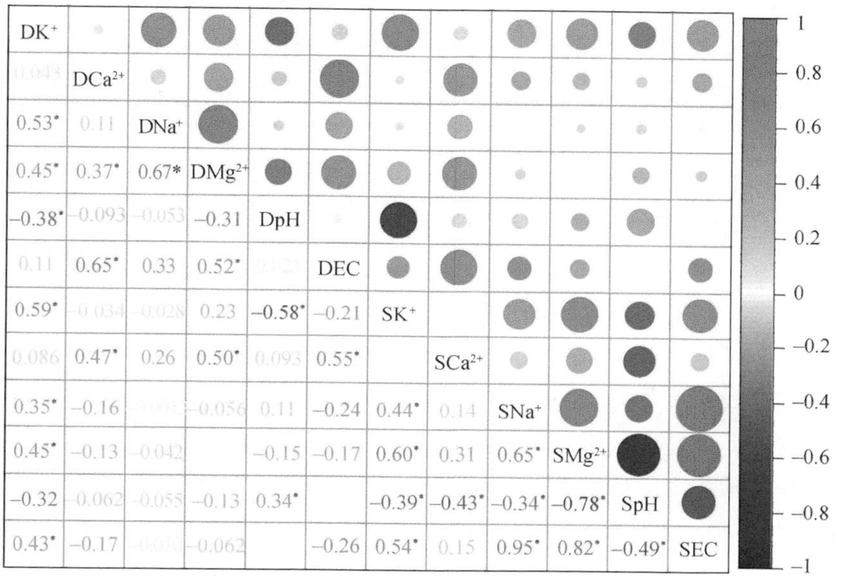

图 6-8 研究区 0～20cm 土壤性质与盐基离子季沉降量的相关性

DK^{+}、DCa^{2+}、DNa^{+}、DMg^{2+}、DpH 和 DEC 分别代表混合沉降 K^{+} 沉降量、Ca^{2+} 沉降量、Na^{+} 沉降量、Mg^{2+} 沉降量、pH 和电导率。SK^{+}、SCa^{2+}、SNa^{+}、SMg^{2+}、SpH、SEC 分别代表土壤 K^{+} 浓度、Ca^{2+} 浓度、Na^{+} 浓度、Mg^{2+} 浓度、pH 和电导率。红圈和蓝圈分别代表正相关和负相关。* 代表 $p<0.05$

6.3 基于关键土壤性质的煤矿区离子沉降效应分析

6.3.1 研究区氮、硫沉降效应分析

6.3.1.1 研究区土壤性质的变化特点

燃煤电厂烟尘在经过除尘处理后，其直接排出的颗粒物浓度和粒径小，亦具有远距离

扩散的特点（梁晓雪，2019）。例如，大气扩散模型预测及实地测量结果发现，大气硫化物浓度在空间上随着距离的增大呈现出先升高后降低的趋势，并在距燃煤电厂约 2000 ~ 3000m 处达到最大值（裴旭倩，2015；李志雄等，2017）。在无其他污染源的情况下，大气污染物在空间上呈现出的沉降特征可能会使土壤性质亦呈距离梯度的变化趋势。本书研究中，各土壤性质在取样距离上未呈现出明显的规律性。一方面，燃煤电厂高架源的排放使得大气污染物传播距离较远，很难对近距离土壤性质产生直接影响（李玉平，2010）。另一方面，煤矿区土壤性质的影响因素复杂，不仅受大气污染物的影响，同时还是区域气象条件、植被类型等综合作用的结果（刘平等，2010；佟海，2016；梁晓雪，2019）。本研究仅分析了 2000m 范围内土壤性质，且 3 个电厂在气候条件、植被组成等方面存在差异，从而可能使土壤性质未呈现出明显的距离规律性（王攀等，2020）。

大气污染物的污染程度与燃煤电厂机组规模、气象气候等条件密切相关。本书研究中，3 个电厂间土壤 pH 没有显著差异。土壤对酸沉降的响应能力一方面取决于对 H^+ 的缓冲性，另一方面是对酸根离子移动的抑制性（房焕英等，2019）。研究区土壤呈中重度碱性。这类土壤通常具有高的酸中和性能（Luo et al.，2015），因此酸沉降下其土壤 pH 较难发生明显的变化（姜勇等，2019）。此外，灵武电厂土壤 NO_3^--N 浓度、速效 P 浓度和磷酸酶活性均显著高于其他 2 个电厂。由于 3 个电厂间 S、N 沉降量并未呈现明显的规律性，因此 3 个电厂间土壤速效养分和酶活性的差异可能主要源于其土壤本底环境的不同。实地调查发现，灵武电厂周边为湿地，其他 2 个电厂周边为沙地，导致灵武电厂土壤含水量及养分浓度较高于其他 2 个电厂（王攀等，2020）。较好的水分条件有利于土壤磷酸酶活性维持在较高的水平（Kivlin et al.，2014）。由于磷酸酶能在很大程度上加速磷化合物的水解，使其分解为无机态磷，从而增加土壤速效 P 浓度（张艺等，2017）。

6.3.1.2 研究区土壤性质与硫、氮沉降的关系

外源性 S 输入对于土壤性质的影响受到土壤本底 pH 的调控。土壤对于酸沉降的敏感性主要取决于其对于 H^+ 的缓冲作用，其次是对 SO_4^{2-} 移动的抑制性。本书研究中，土壤 pH 与 SO_4^{2-} 沉降量无显著的相关性，表明研究区目前的 S 沉降水平尚不足以导致周边土壤 pH 发生改变。一方面，研究区土壤呈中重度碱性，因此对 S 沉降具有强的缓冲能力（姜勇等，2019）。另一方面，研究区地处干旱区，降水稀少会导致土壤中 SO_4^{2-} 离子运移困难，降低酸沉降对土壤 pH 的影响。土壤 NH_4^+-N 和速效 P 浓度与 SO_4^{2-} 沉降量显著正相关。这可能是因为 S 沉降降低了土壤 N 淋溶损失（Brown et al.，2000）、促进了磷酸钙盐溶解和迟效态 P 向速效态 P 转化（Rezapour et al.，2014），从而提高了 N 和 P 有效性（刘红梅等，2018）。此外，土壤磷酸酶活性与 SO_4^{2-} 沉降量显著正相关，与针对邓恩桉（*Eucalyptus dunnii*）人工幼龄林红壤的结果不同（杜锟等，2015）。这一结果证实，S 沉降有助于诱导根系或微生物分泌更多的磷酸酶以促进有机 P 的矿化，从而加速 P 在植物–微生物–土壤之间的周转（刘红梅等，2018）。

研究表明，N 沉降加速了土壤 NH_4^+ 硝化和 NO_3^- 淋溶，导致 pH 降低（房焕英等，2019）。对于 pH 较高的碱性土壤，磷酸盐易与 Ca^{2+} 结合形成磷酸钙盐，pH 降低有助于 P 的活化，从而提高 P 有效性（周纪东等，2016）。本书研究中，NO_3^- 沉降量与土壤 pH 无相关性，与陈向峰等人（2020）的研究结果不同。这表明研究区目前的 N 沉降水平亦不会导致周边土壤 pH 发生改变，与刘星等（2015）结果一致。土壤 NO_3^--N 和 NH_4^+-N 浓度与 NO_3^- 沉降量及 NH_4^+ 沉降量也无显著的相关性，这可能与植物养分吸收和微生物养分矿化间动态平衡有关。但土壤速效 P 浓度和磷酸酶活性与 NO_3^- 沉降量显著负相关，表明 N 沉降抑制了研究区 P 循环水解酶活性（Chen et al.，2020），导致速效 P 浓度降低。此外，有研究表明 N 沉降对土壤蔗糖酶活性无显著影响（沈芳芳等，2012）。但也有研究认为土壤中充足的养分供应有助于提高微生物活性、增加动植物分泌物，进而提高土壤蔗糖酶活性（白春华等，2012）。本书研究中，土壤蔗糖酶与 NO_3^- 沉降量和 NO_3^-/NH_4^+ 显著正相关，表明 N 沉降促进了植物生长、提高了土壤有机 C 输入，从而有助于降低土壤 C 限制（Forstner et al.，2019；魏枫等，2019）。

6.3.2 研究区盐基离子沉降效应分析

在长期酸沉降的影响下，土壤中盐基离子会逐渐被淋溶、耗损（Hynicka et al.，2016；Yu et al.，2020），此时土壤盐基营养在一定程度上依赖于大气盐基离子输入（Larssen et al.，2011；Zhang et al.，2020b）。本书研究中，K^+ 季沉降量与土壤 K^+ 浓度、Ca^{2+} 季沉降量与土壤 Ca^{2+} 浓度均正相关，证实酸沉降下荒漠煤矿区大气盐基离子是土壤盐基营养的重要来源之一。K^+ 季沉降量亦与土壤 Na^+ 和 Mg^{2+} 浓度正相关，这可能是由于混合沉降中 K^+ 沉降量增加打破了原始土壤交换性和水溶性盐基离子的动态平衡，从而提高了土壤交换性盐基离子浓度（贾润语，2019）。但也有研究表明土壤胶体中 K^+ 与 Mg^{2+} 等为互补离子，K^+ 含量的增加降低了交换性 Mg^{2+} 在盐基离子总量中的占比（姜勇等，2005）。全国尺度的研究表明，大气中盐基离子随降水进入土壤后，与碳酸盐等物质发生化学反应使土壤 pH 升高（Zhang et al.，2020b）。本书研究中，四种盐基离子沉降量均与土壤 pH 无相关性。受地理位置和气候条件等因素影响，研究区土壤具有 pH 高（部分区域 pH 甚至超过 9.0）、碳酸盐含量丰富的特点（宁夏农业勘查设计院，1990）。因而，中重度碱性土壤环境使其 pH 较难受到大气盐基离子沉降的影响；混合沉降 pH 与土壤 pH 正相关、与土壤 K^+ 浓度负相关，证实酸沉降会降低土壤 pH（Yu et al.，2020），从而有助于促进碱性土壤磷酸盐溶解、提高 K^+ 等离子的移动性（姜勇等，2019）。

6.4 小　结

6.4.1 土壤性质变化特征

变化范围上，研究区 0 ~ 60cm 土壤 pH 变异系数较小，电导率变异系数较大；0 ~ 20cm 土壤 NO_3^--N 浓度变异系数较小，变化范围为 1.17 ~ 20.03mg · kg^{-1}，平均值为 4.47± 0.62mg · kg^{-1}。0 ~ 20cm 土壤 NH_4^+-N 和速效 P 浓度变异系数较大，变化范围分别为1.37 ~ 3.25mg · kg^{-1}和 0.52 ~ 14.23mg · kg^{-1}，平均值分别为 2.00±0.09mg · kg^{-1}和 3.85±0.72mg · kg^{-1}；0 ~ 20cm 土壤脲酶和磷酸酶活性变异系数均较大，蔗糖酶活性变异系数较小，变化范围分别为 12.36 ~ 51.80mg · kg^{-1} · h^{-1}、13.98 ~ 77.26mg · kg^{-1} · h^{-1} 和 109.53 ~ 372.73mg · kg^{-1} · h^{-1}，平均值分别为 20.87±1.28mg · kg^{-1} · h^{-1}、35.82±2.96mg · kg^{-1} · h^{-1} 和 250.99±10.24mg · kg^{-1} · h^{-1}；0 ~ 20cm 土壤盐基离子浓度的变异系数均较大，尤其 Ca^{2+}、Na^+和 Mg^{2+}浓度。

电厂间，0 ~ 20cm 土壤 pH、NH_4^+-N 浓度、蔗糖酶活性和脲酶活性无显著差异；灵武电厂土壤电导率、NO_3^--N 浓度、速效 P 浓度和磷酸酶活性高于其他 2 个电厂；马莲台电厂具有较高的土壤 Ca^{2+}浓度，灵武电厂具有较高的土壤 K^+、Na^+和 Mg^{2+}浓度。

取样距离间，马莲台电厂周边土壤 pH、脲酶活性、磷酸酶活性、K^+浓度、Na^+浓度无显著差异，土壤电导率、NO_3^--N 浓度、NH_4^+-N 浓度、速效 P 浓度、蔗糖酶活性、Ca^{2+}浓度和 Mg^{2+}浓度分别在 D_{300}、D_{500}、D_{100}、D_{300}、D_{500}、D_{100}和 D_{100}处高于其他 2 个取样距离处的测定值；鸳鸯湖电厂周边土壤 pH、电导率、NH_4^+-N 浓度、蔗糖酶活性、磷酸酶活性和盐基离子浓度无显著差异。土壤 NO_3^--N 浓度、速效 P 浓度和脲酶活性分别在 D_{1000}、D_{100}和 D_{500}不同程度地高于其他取样距离的测定值；灵武电厂周边 NH_4^+-N 浓度、蔗糖酶活性和 Mg^{2+}浓度无显著差异，土壤 pH、电导率、NO_3^--N 浓度、速效 P 浓度、脲酶活性、磷酸酶活性、K^+浓度、Ca^{2+}浓度、Na^+浓度分别在 D_{500}、D_{1000}、D_{2000}、D_{2000}、D_{1000}、D_{500}、D_{1000}、D_{100}和 D_{100}处不同程度地高于其他 4 个取样距离的测定值。

6.4.2 土壤性质与氮、硫沉降的关系

土壤 pH 和电导率与氮、硫沉降的关系上，研究区 0 ~ 20cm 土壤 pH 与混合沉降 NO_3^-/NH_4^+ 呈正线性关系，与 NH_4^+ 月/季沉降量呈负线性关系；土壤电导率与 SO_4^{2-} 沉降量、和混合沉降 SO_4^{2-}/NO_3^- 呈正线性关系，与混合沉降 NO_3^-/NH_4^+ 呈负线性关系。

土壤无机 N 和速效 P 浓度与氮、硫沉降的关系上，研究区 0 ~ 20cm 土壤 NO_3^--N 浓度

与混合沉降 SO_4^{2-}/NO_3^- 呈正线性相关；土壤 NH_4^+-N 浓度与 SO_4^{2-} 季沉降量和 SO_4^{2-}/NO_3^- 呈正线性关系；土壤速效 P 浓度与 SO_4^{2-} 季沉降量和 SO_4^{2-}/NO_3^- 呈正线性关系，与 NO_3^- 季沉降量和 NO_3^-/NH_4^+ 呈负线性关系。

土壤酶活性与氮、硫沉降的关系上，研究区 0 ~ 20cm 土壤蔗糖酶活性与 NO_3^- 季沉降量和混合沉降 NO_3^-/NH_4^+ 呈负线性关系，与 SO_4^{2-} 季沉降量、NH_4^+ 季沉降量、无机 N 季沉降量、混合沉降 SO_4^{2-}/NO_3^- 无线性关系；磷酸酶活性与 SO_4^{2-} 季沉降量和混合 SO_4^{2-}/NO_3^- 呈正线性关系，与 NO_3^- 季沉降量、无机 N 季沉降量和 NO_3^-/NH_4^+ 呈负线性关系。

土壤盐基离子与氮、硫沉降的关系，0 ~ 20cm 土壤 Ca^{2+}浓度与 SO_4^{2-} 和 NH_4^+ 月沉降量正相关；土壤 Na^+和 Mg^{2+}浓度均与 SO_4^{2-} 月沉降量正相关。

以上结果意味着，区域当前 S 沉降强度有助于提高 100 ~ 1000m 范围内土壤磷酸酶活性、促进土壤速效养分的积累，N 沉降则表现出相反的效应，但两者均未对土壤 pH 产生明显影响。本研究仅分析了下风向近距离范围内 S、N 沉降下 3 个电厂土壤性质的变化。考虑到高架源大气污染物的长距离迁移性、酸沉降的时间累积性、土壤污染成分组成的复杂性、土壤指标的多样性，今后还需延长取样距离、增加取样方向、丰富土壤指标，并结合土壤污染源分析，从较长时间尺度上深入探讨荒漠煤矿区工业排放源周边酸沉降的生态效应。

6.4.3 土壤性质与盐基离子沉降的关系

土壤 K^+浓度与 K^+季沉降量正相关，与混合沉降 pH 负相关。土壤 Ca^{2+}浓度与 Ca^{2+}季沉降量、Mg^{2+}季沉降量和混合沉降电导率正相关；土壤 Na^+浓度、Mg^{2+}浓度、电导率均与 K^+季沉降量正相关。土壤 pH 与混合沉降 pH 正相关。以上结果意味着，研究区 K^+和 Ca^{2+}沉降促进了土壤 K^+和 Ca^{2+}积累；中、重度碱性土壤环境下，盐基离子沉降较难改变土壤 pH，但降水降尘输入有助于降低土壤 pH、提高土壤 K^+移动性，有待通过长期定位观测对此进行试验验证。

第7章 氮硫沉降下荒漠煤矿区生物多样性的维持机制

本章采用变差分解、冗余分析、结构方程模型等统计方法，分析了 2020 年 8 月植物群落生物量和多样性与 2019 ~ 2020 年酸沉降、2020 年 8 月植物 C：N：P 生态化学计量学特征、2020 年 8 月土壤性质的关系，探讨了酸沉降对研究区植物群落生物量和多样性的直接和间接影响。

7.1 植物多样性与环境因子的变差分解

7.1.1 马莲台电厂

马莲台电厂周边植物群落生物量和多样性与环境因子的变差分解结果显示（图 7-1）：被环境因子所解释的植物群落生物量和多样性变差总 r^2 为 0.79，不能解释部分 r^2 为 0.21；各组环境因子中，X1 组的独立解释力较高，X2 组和 X3 组的独立解释力较低；三组环境因子两两间均无共同解释力，但三组环境因子共同解释部分 r^2 较大，表明在对植物群落生物量和多样性的影响方面，酸沉降与土壤性质和植物 C：N：P 生态化学计量学特征高度相关。

7.1.2 鸳鸯湖电厂

鸳鸯湖电厂周边植物群落生物量和多样性与环境因子的变差分解结果显示（图 7-2）：被环境因子所解释的植物群落生物量和多样性变差总 r^2 为 0.90，不能解释部分 r^2 为 0.10；各组环境因子中，X2 组的独立解释力较高，X1 组和 X3 组的独立解释力较低；三组环境因子间无共同解释力。X1 组与 X2 组无共同解释力，但与 X3 组有较高的共同解释力。X2 组与 X3 组有共同解释力，但其变差总 r^2 极低。以上结果表明，在对植物群落生物量和多样性的影响方面，酸沉降与植物 C：N：P 生态化学计量学特征高度相关，与土壤性质相关性不高。

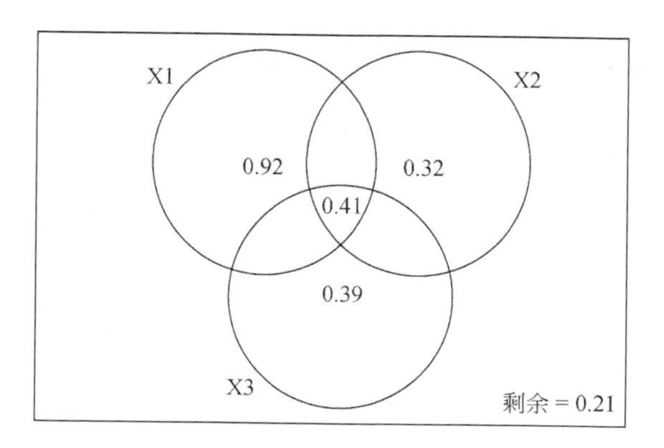

图 7-1 环境因子组合对马莲台电厂周边植物生物量和多样性的变差分解

单个圆圈内数字代表该环境因子组合能解释的变差。圆圈重合部分内数字代表几个环境因子组合共同解释的变差。X1 组为混合沉降性质，包括混合沉降 pH 和电导率。X2 组为土壤性质，包括 pH、电导率、C : N、N : P、NH_4^+-N 浓度、NO_3^--N 浓度和速效 P 浓度。X3 组为植物 C : N : P 生态化学计量学特征，包括全 C 浓度、全 N 浓度和 C : P

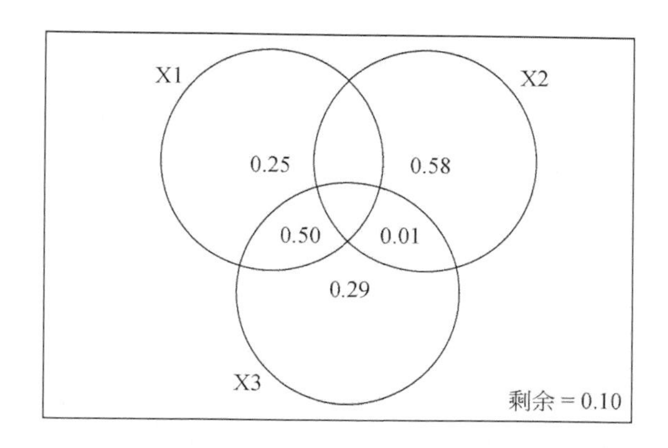

图 7-2 环境因子组合对鸳鸯湖电厂周边植物生物量和多样性的变差分解

单个圆圈内数字代表该环境因子组合能解释的变差。圆圈重合部分内数字代表几个环境因子组合共同解释的变差。X1 组为混合沉降性质，包括混合沉降 pH、混合沉降电导率、SO_4^{2-} 年沉降量、混合沉降 DNO_3^-/NH_4^+。X2 组为土壤性质，包括含水量、pH、电导率、全 P 含量和 NO_3^--N 浓度。X3 组为植物 C : N : P 生态化学计量学特征，包括全 C 浓度、全 N 浓度和 N : P

7.1.3 灵武电厂

灵武电厂周边植物群落生物量和多样性与环境因子的变差分解结果显示（图 7-3）：被环境因子所解释的植物群落生物量和多样性变差总 r^2 为 0.80，不能解释部分 r^2 为 0.20；各组环境因子中，X2 组的独立解释力较高，X1 组的独立解释力较低，X3 组无独立的解释力；三组环境因子间无共同解释力。X1 组与 X3 组共同解释力较低，但与 X2 组有较高的共同解释力。同时，X2 组与 X3 组有较高的共同解释力。以上结果表明，在对植物群落生物量和多样性的影响方面，酸沉降的独立解释力较弱，但其与土壤性质高度相关，与植物 C : N : P 生态化学计量学特征相关性不高。

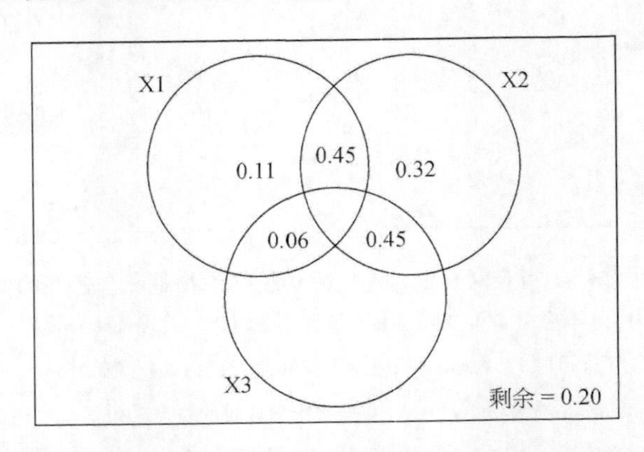

图 7-3　环境因子组合对灵武电厂周边植物生物量和多样性的变差分解

单个圆圈内数字代表该环境因子组合能解释的变差。圆圈重合部分内数字代表几个环境因子组合共同解释的变差。X1 组为混合沉降性质，包括混合沉降 pH、混合沉降电导率、NH_4^+ 年沉降量。X2 组为土壤性质，包括含水量、电导率、有机 C 含量、全 P 含量、C : N、NO_3^--N 浓度和速效 P 浓度。X3 为植物 C : N : P 生态化学计量学特征，包括全 C 浓度和 N : P

7.1.4　研究区

研究区植物群落生物量和多样性与环境因子的变差分解结果显示（图 7-4）：被环境因子所解释的植物群落生物量和多样性变差总 r^2 为 0.51，不能解释部分 r^2 为 0.49；各组环境因子中，X1 和 X2 组无独立的解释力，X3 组的独立解释力较高；三组环境因子间共同解释力极弱。X1 组与 X2 和 X3 组共同解释力均较低，X2 组与 X3 组有较高的共同解释力。以上结果表明，在对植物群落生物量和多样性的影响方面，酸沉降的独立解释力较弱；土壤性质的独立解释力亦较弱，但其影响与植物 C : N : P 生态化学计量学特征高度相关。

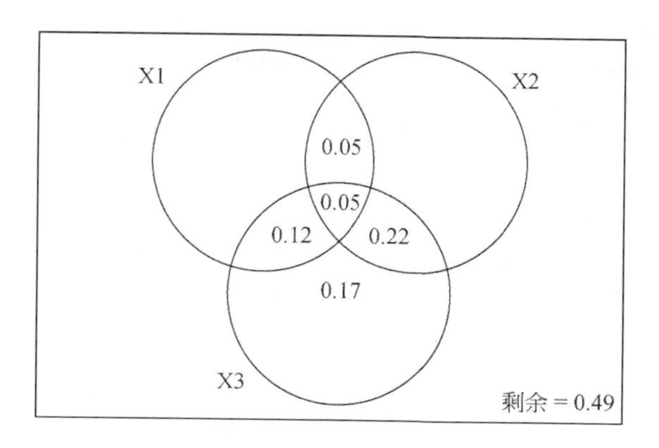

图 7-4　环境因子组合对研究区植物生物量和多样性的变差分解

单个圆圈内数字代表该环境因子组合能解释的变差。圆圈重合部分内数字代表几个环境因子组合共同解释的变差。X1组为混合沉降性质，包括混合沉降 pH、混合沉降电导率、SO_4^{2-} 年沉降量、DNO_3^- 年沉降量、DNH_4^+ 年沉降量、无机 N 年沉降量、混合沉降 $SO_4{}^{2-}/NO_3^-$、混合沉降 DNO_3^-/NH_4^+。X2 组为土壤性质，包括含水量、pH、电导率、有机 C 含量、全 N 含量、全 P 含量、C：N、C：P、N：P、NH_4^+-N 浓度、NO_3^--N 浓度和速效 P 浓度。X3 组为植物 C：N：P 生态化学计量学特征，包括全 C 浓度、全 N 浓度、全 P 浓度、C：N、C：P、N：P

7.2　植物多样性与环境因子的冗余分析

7.2.1　马莲台电厂

本书对马莲台电厂周边植物群落生物量和多样性与环境因子的关系进行了 RDA 排序（图 7-5）：前两个排序轴的特征值分别为 3.24% 和 92.47%，占总特征值的 95.71%。植物群落生物量和多样性指数与环境因子两个排序轴的相关度均为 1，表明前两个轴的植物-环境相关度很高，共解释植物和环境总方差的 95.71%。

对植物群落生物量和多样性影响显著的环境因子分别为植物全 N 浓度、植物 C：N 和土壤 NH_4^+-N 浓度（$p<0.05$，表 7-1）。其中，植物群落生物量与土壤 pH 和植物 N：P 存在较强的正相关关系，与土壤全 N 含量、土壤有机 C 含量和 SO_4^{2-} 年沉降量存在较强的负相关关系；Patrick 丰富度指数与植物全 N 浓度、植物 N：P 和土壤 NH_4^+-N 浓度存在较强的正相关关系，与土壤全 N 含量、土壤有机 C 含量、SO_4^{2-} 年沉降量存在较强的负相关关系；Shannon-Wiener 多样性指数与植物全 N 浓度、土壤 NH_4^+-N 浓度、SO_4^{2-} 年沉降量存在较强的正相关关系，与土壤 pH 和植物 C：P 存在较强的负相关关系；Pielou 均匀度指数和 Simpson 优势度指数与土壤全 N 含量、土壤有机 C 含量、SO_4^{2-} 年沉降量存在较强的正相关关系，与植物全 N 浓度、植物 N：P 和土壤 pH 存在较强的负相关关系。

表 7-1　马莲台电厂周边植物群落生物量和多样性与环境因子的冗余分析中各因子的显著性检验

指标	PTN	PC : N	SNH_4^+	PTP	DSO_4^{2-}	SNO_3^-	STP	DEC	PC : P	SpH	SOC	STN	PN : P
F	17. 359	9. 998	6. 236	3. 751	3. 425	3. 188	2. 745	1. 884	1. 835	1. 258	1. 147	0. 800	0. 462
p	0. 001	0. 009	0. 036	0. 073	0. 098	0. 096	0. 111	0. 208	0. 190	0. 284	0. 306	0. 405	0. 480

注：PTN、PC : N、SNH_4^+、PTP、DSO_4^{2-}、SNO_3^-、STP、DEC、PC : P、SpH、SOC、STN 和 PN : P 分别代表植物全 N 浓度、植物 C : N、土壤 NH_4^+-N 浓度、植物全 P 浓度、SO_4^{2-} 年沉降量、土壤 NO_3^--N、土壤全 P 含量、混合沉降电导率、植物 C : P、土壤 pH、土壤有机 C 含量、土壤全 N 含量、植物 N : P

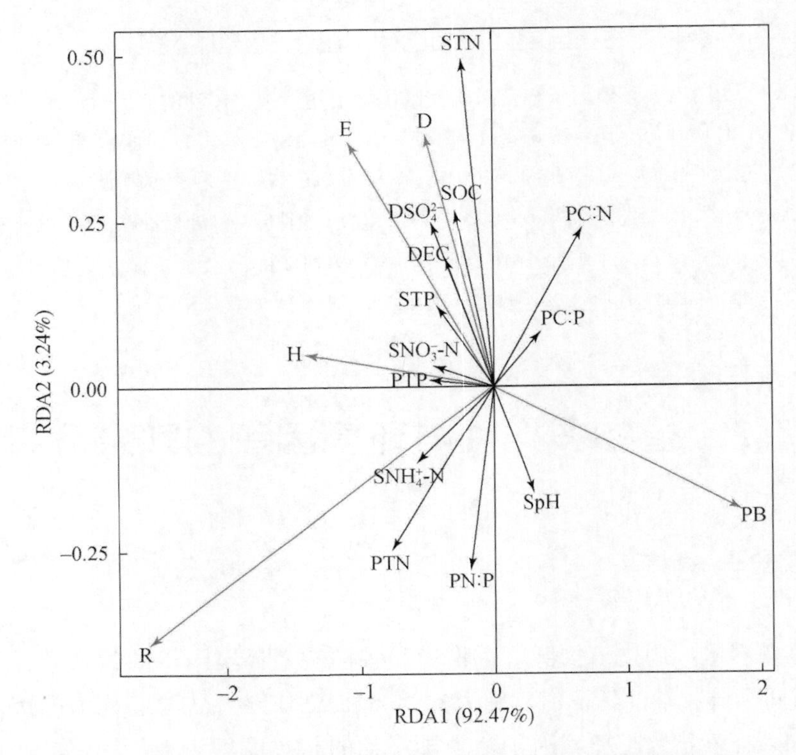

图 7-5　马莲台电厂周边植物群落生物量和多样性与环境因子的冗余分析

PB、R、H、E、D 分别代表植物生物量、Patrick 丰富度指数、Shannon-Wiener 多样性指数、Pielou 均匀度指数、Simpson 优势度指数。PTN、PC : N、SNH_4^+-N、PTP、DSO_4^{2-}、SNO_3^--N、STP、DEC、PC : P、SpH、SOC、STN 和 PN : P 分别代表植物全 N 浓度、植物 C : N、土壤 NH_4^+-N 浓度、植物全 P 浓度、SO_4^{2-} 年沉降量、土壤 NO_3^--N、土壤全 P 含量、混合沉降电导率、植物 C : P、土壤 pH、土壤有机 C 含量、土壤全 N 含量、植物 N : P

7.2.2　鸳鸯湖电厂

本书对鸳鸯湖电厂周边植物群落生物量和多样性与环境因子的关系进行了 RDA 排序（图 7-6）：前两个排序轴的特征值分别为 3. 99% 和 83. 90%，占总特征值的 87. 89%。植物群落生物量和多样性指数与环境因子两个排序轴的相关度均为 1，表明前两个轴的植物-环境相关度很高，共解释植物和环境总方差的 87.89%。

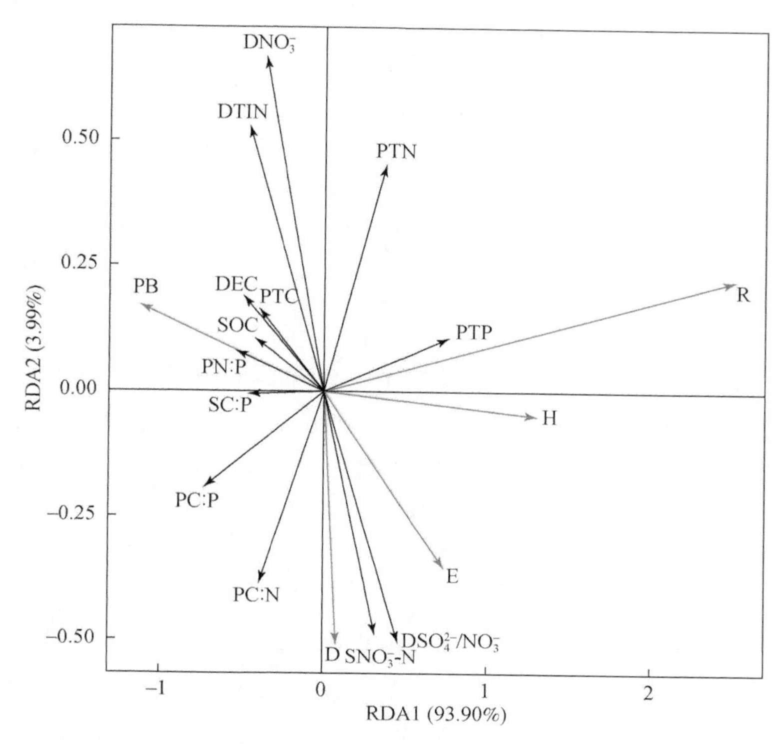

图 7-6　鸳鸯湖电厂周边植物群落生物量和多样性与环境因子的冗余分析

PB、R、H、E、D 分别代表植物生物量、Patrick 丰富度指数、Shannon-Wiener 多样性指数、Pielou 均匀度指数、Simpson 优势度指数。PTP、PC：P、PN：P、DEC、DSO$_4^{2-}$/NO$_3^-$、DTIN、SC：P、SOC、PC：N、PTC、DNO$_3^-$、PTN、SNO$_3^-$ 分别代表植物全 P 浓度、植物 C：P、植物 N：P、混合沉降电导率、混合沉降 SO$_4^{2-}$/NO$_3^-$、无机 N 年沉降量、土壤 C：

P、土壤有机 C 含量、植物 C：N、植物全 C 浓度、NO$_3^-$ 年沉降量、植物全 N 浓度和土壤 NO$_3^-$-N 浓度

对植物群落生物量和多样性影响显著的环境因子分别为植物全 N 浓度、C：P 和 N：P（$p<0.05$，表 7-2）。其中，植物群落生物量与 NO$_3^-$ 年沉降量、无机 N 年沉降量、植物全 N 浓度、植物 C：P 存在较强的正相关关系，与混合沉降 SO$_4^{2-}$/NO$_3^-$、土壤 NO$_3^-$-N 浓度、植物 C：N 存在较强的负相关关系；Patrick 丰富度指数和 Shannon-Wiener 多样性指数与植物全 N 浓度和全 P 浓度存在较强的正相关关系，与无机 N 年沉降量、植物 C：P、植物 N：P 存在较强的负相关关系；Pielou 均匀度指数和 Simpson 优势度指数与混合沉降 SO$_4^{2-}$/NO$_3^-$、土壤 NO$_3^-$-N 浓度、植物 C：N 存在较强的正相关关系，与 NO$_3^-$ 年沉降量、无机 N 年沉降量、植物全 N 浓度存在较强的负相关关系。

表 7-2　鸳鸯湖电厂周边植物群落生物量和多样性与环境因子的冗余分析中各因子的显著性检验

指标	PTP	PC : P	PN : P	DEC	DS/N	DTIN	SC : P	SOC	PC : N	PTC	DNO_3^-	PTN	SNO_3^-
F	15.892	13.450	5.050	3.993	3.453	3.588	3.419	2.716	2.336	2.336	2.206	2.130	1.563
p	0.002	0.004	0.037	0.063	0.068	0.080	0.071	0.133	0.136	0.137	0.146	0.180	0.210

注：PTP、PC : P、PN : P、DEC、DS/N、DTIN、SC : P、SOC、PC : N、PTC、DNO_3^-、PTN、SNO_3^- 分别代表植物全P浓度、植物C : P、植物N : P、混合沉降电导率、混合沉降SO_4^{2-}/NO_3^-、无机N年沉降量、土壤C : P、土壤有机C含量、植物C : N、植物全C浓度、NO_3^-年沉降量、植物全N浓度和土壤NO_3^--N浓度

7.2.3　灵武电厂

本书对灵武电厂周边植物群落生物量和多样性与环境因子的关系进行了 RDA 排序（图7-7）：前两个排序轴的特征值分别为1.63%和90.39%，占总特征值的92.02%。植物群落生物量和多样性指数与环境因子两个排序轴的相关度均为1，表明前两个轴的植物-环境相关度很高，共解释植物和环境总方差的92.02%。

对植物群落生物量和多样性影响显著的环境因子分别为植物全P浓度、植物全N浓度、植物C : P、植物C : N、土壤C : P、土壤NH_4^+-N浓度、植物N : P、土壤pH、无机N年沉降量、NO_3^-年沉降量、混合沉降pH（$p<0.05$，表7-3）。其中，植物群落生物量与无机N年沉降量、NO_3^-年沉降量、植物C : N存在较强的正相关关系，与混合沉降pH、土壤NH_4^+-N浓度、植物全P浓度存在较强的负相关关系；Patrick丰富度指数和Shannon-Wiener多样性指数与混合沉降pH、土壤NH_4^+-N浓度、植物全P浓度存在较强的正相关关系，与无机N年沉降量、NO_3^-年沉降量、植物C : N存在较强的负相关关系；Pielou均匀度指数和Simpson优势度指数与无机N年沉降量、NO_3^-年沉降量、植物全P浓度存在较强的正相关关系，与混合沉降pH、土壤NH_4^+-N浓度、植物C : P存在较强的负相关关系。

表 7-3　灵武电厂周边植物群落生物量和多样性与环境因子的冗余分析中各因子的显著性检验

指标	PTP	PTN	PC : P	PC : N	SNH_4^+	SC : P	PN : P	SpH	DTIN	DNO_3^-	DpH	STP	SOC
F	35.586	28.725	18.100	9.870	8.371	7.987	6.986	6.183	5.963	5.365	4.356	4.314	2.896
p	0.001	0.001	0.001	0.005	0.016	0.015	0.016	0.016	0.032	0.031	0.046	0.069	0.108

注：PTP、PTN、PC : P、PC : N、SNH_4^+、SC : P、PN : P、SpH、DTIN、DNO_3^-、DpH、STP、SOC分别代表植物全P浓度、植物全N浓度、植物C : P、植物C : N、土壤NH_4^+-N浓度、土壤C : P、植物N : P、土壤pH、无机N年沉降量、NO_3^-年沉降量、混合沉降pH、土壤全P含量和土壤有机C含量

7.2.4　研究区

本书对研究区植物群落生物量和多样性与环境因子的关系进行了RDA排序（图7-8）：

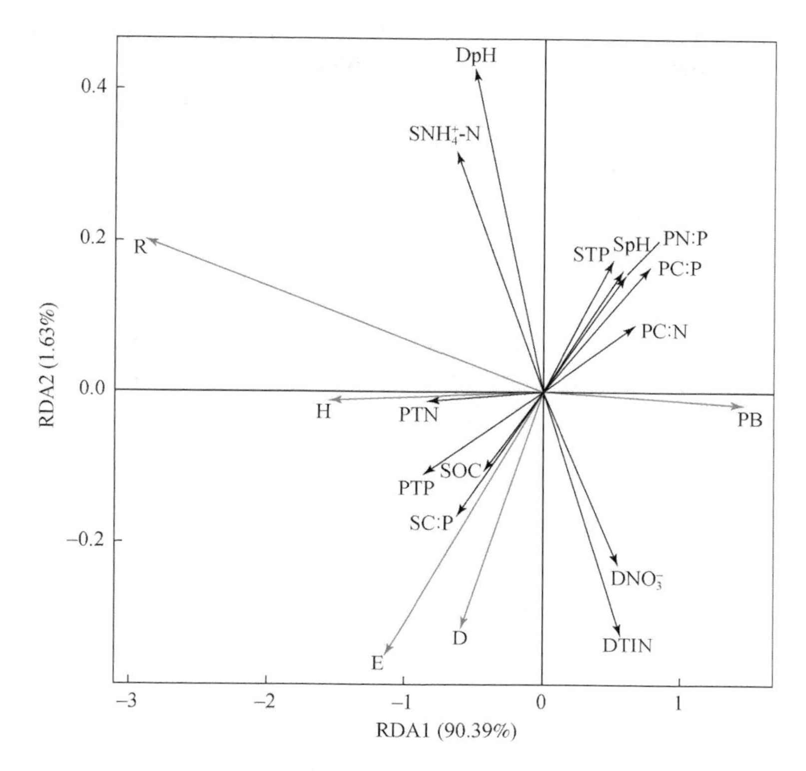

图 7-7　灵武电厂周边植物群落生物量和多样性与环境因子的冗余分析

PB、R、H、E、D 分别代表植物生物量、Patrick 丰富度指数、Shannon-Wiener 多样性指数、Pielou 均匀度指数、Simpson 优势度指数。PTP、PTN、PC：P、PC：N、SNH$_4^+$-N、SC：P、PN：P、SpH、DTIN、DNO$_3^-$、DpH、STP、SOC 分别代表植物全 P 浓度、植物全 N 浓度、植物 C：P、植物 C：N、土壤 NH$_4^+$-N 浓度、土壤 C：P、植物 N：P、土壤 pH、无机 N 年沉降量、NO$_3^-$ 年沉降量、混合沉降 pH、土壤全 P 含量和土壤有机 C 含量

前两个排序轴的特征值分别 1.03% 和 69.44%，占总特征值的 70.47%。植物群落生物量和多样性指数与环境因子两个排序轴的相关度均为 1，表明前两个轴的植物–环境相关度很高，共解释植物和环境总方差的 70.47%。

对植物群落生物量和多样性影响显著的环境因子分别为植物全 N 浓度、植物 C：N、土壤 NO$_3^-$-N 浓度、土壤 NH$_4^+$-N 浓度、混合沉降 pH、土壤 pH、土壤电导率、植物全 P 浓度（$p<0.05$，表 7-4）。其中，植物群落生物量与土壤 pH 和混合沉降 pH 存在较强的正相关关系，与土壤全 N 含量、N：P、速效 P 浓度、NH$_4^+$-N 浓度存在较强的负相关关系；Patrick 丰富度指数和 Shannon-Wiener 多样性指数与植物全 N 浓度、混合沉降 pH、混合沉降 SO$_4^{2-}$/NO$_3^-$ 存在较强的正相关关系，与土壤全 N 含量、N：P、速效 P 浓度存在较强的负相关关系；Pielou 均匀度指数和 Simpson 优势度指数与土壤全 N 含量、N：P、速效 P 浓度、NH$_4^+$-N 浓度存在较强的正相关关系，与土壤 pH 和混合沉降 pH 存在较强的负相关关系。

表 7-4　研究区植物群落生物量和多样性与环境因子的冗余分析中各因子的显著性检验

指标	PTN	PC : N	SNO_3^--N	SNH_4^+-N	DpH	SpH	SEC
F	43. 444	24. 197	11. 165	7. 550	7. 044	4. 640	4. 482
p	0. 001	0. 001	0. 005	0. 007	0. 008	0. 033	0. 037
指标	PTP	SWC	STN	DSO_4^{2-}/NO_3^-	SAP	DTIN	SN : P
F	4. 256	3. 567	3. 127	2. 972	2. 907	2. 798	2. 410
p	0. 030	0. 062	0. 099	0. 091	0. 102	0. 094	0. 098

注：PTN、PC : N、SNO_3^--N、SNH_4^+-N、DpH、SpH、SEC、PTP、SWC、STN、DSO_4^{2-}/NO_3^-、SAP、DTIN、SN : P 分别代表植物全 N 浓度、植物 C : N、土壤 NO_3^--N 浓度、土壤 NH_4^+-N 浓度、混合沉降 pH、土壤 pH、土壤电导率、植物全 P 浓度、土壤含水量、土壤全 N 含量、混合沉降 SO_4^{2-}/NO_3^-、土壤速效 P 浓度、无机 N 年沉降量、土壤 N : P

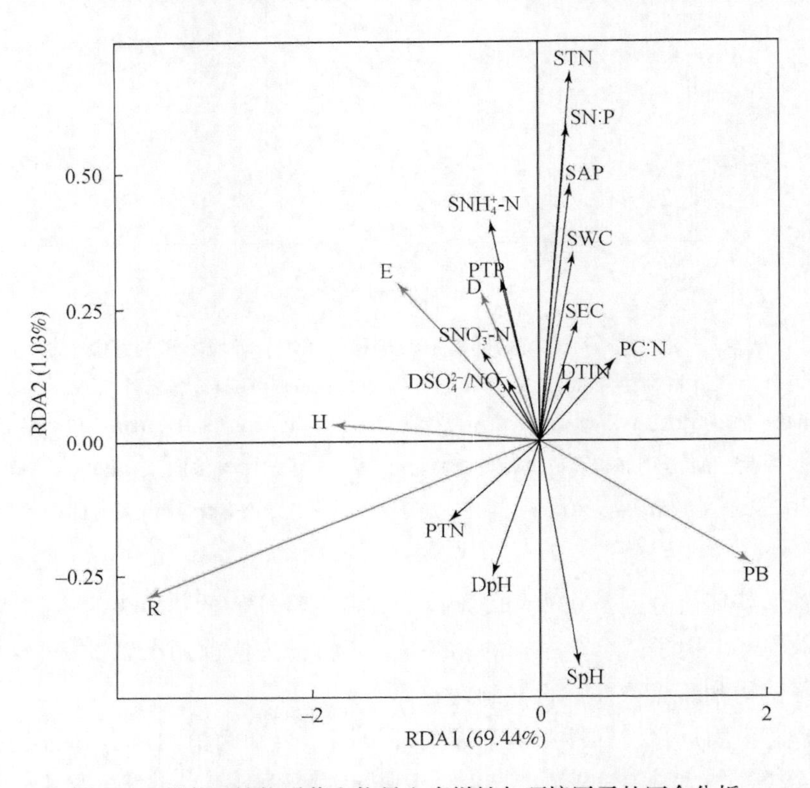

图 7-8　研究区植物群落生物量和多样性与环境因子的冗余分析

PB、R、H、E、D 分别代表植物生物量、Patrick 丰富度指数、Shannon-Wiener 多样性指数、Pielou 均匀度指数、Simpson 优势度指数。PTN、PC : N、SNO_3^--N、SNH_4^+-N、DpH、SpH、SEC、PTP、SWC、STN、DSO_4^{2-}/NO_3^-、SAP、DTIN、SN : P 分别代表植物全 N 浓度、植物 C : N、土壤 NO_3^--N 浓度、土壤 NH_4^+-N 浓度、混合沉降 pH、土壤 pH、土壤电导率、植物全 P 浓度、土壤含水量、土壤全 N 含量、混合沉降 SO_4^{2-}/NO_3^-、土壤速效 P 浓度、无机 N 年沉降量、土壤 N : P

7.3 植物多样性与环境因子的结构方程

7.3.1 马莲台电厂

由马莲台电厂的结构方程模型可知（图 7-9），酸沉降、土壤性质和植物群落 C：N：P 生态化学计量学特征未对植物群落生物量产生直接或间接影响（$p>0.05$）；酸沉降直接对植物群落多样性产生显著的负效应（$p<0.01$）；土壤性质直接对植物群落多样性产生显著的正效应（$p<0.01$）。

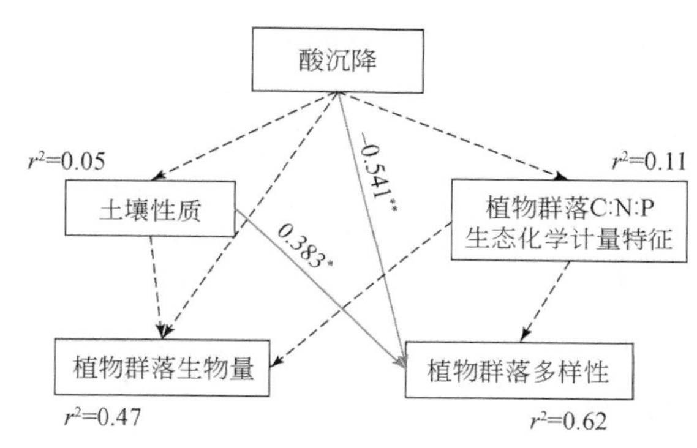

图 7-9 马莲台电厂周边植物群落生物量和多样性与环境因子的结构方程模型

植物多样性包括 Patrick 丰富度指数、Shannon-Wiener 多样性指数、Pielou 均匀度指数和 Simpson 优势度指数。采用逐步回归分析对环境因子进行剔除后，酸沉降包括 Na^+ 年沉降量、K^+ 年沉降量、Mg^{2+} 年沉降量、Ca^{2+} 年沉降量；植物群落 C：N：P 生态化学计量学特征包括全 N 浓度和 N：P；土壤性质包括全 N 含量、N：P、β-1，4-葡萄糖苷酶活性、纤维二糖水解酶活性、β-1，4-N-乙酰基氨基葡萄糖苷酶活性和碱性磷酸酶活性。* 代表 $p<0.05$。** 代表 $p<0.01$

7.3.2 鸳鸯湖电厂

由鸳鸯湖电厂的结构方程模型可知（图 7-10），酸沉降直接对植物群落生物量和多样性产生正效应（$p<0.05$）；除此之外，酸沉降通过对植物群落 C：N：P 生态化学计量学特征的负影响间接作用于植物群落生物量（$p<0.01$），或通过对土壤性质的负影响间接作用于植物群落多样性（$p<0.01$）。

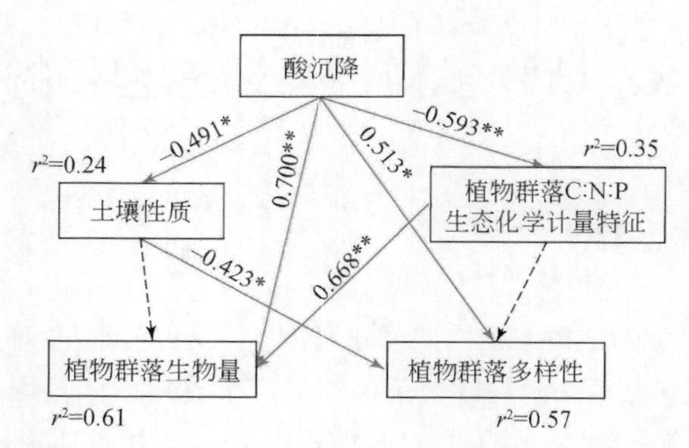

图 7-10　鸳鸯湖电厂周边植物群落生物量和多样性与环境因子的结构方程模型

植物多样性包括 Patrick 丰富度指数、Shannon-Wiener 多样性指数、Pielou 均匀度指数和 Simpson 优势度指数。采用逐步回归分析对环境因子进行剔除后，酸沉降包括 pH、电导率、Ca^{2+} 年沉降量、SO_4^{2-}/NO_3^-；植物群落 C∶N∶P 生态化学计量学特征包括全 P 浓度、C∶P 和 N∶P；土壤性质包括全 P 含量、Mg^{2+} 浓度、SO_4^{2-} 浓度和磷酸酶活性。* 代表 $p<0.05$。** 代表 $p<0.01$

7.3.3　灵武电厂

由灵武电厂的结构方程模型可知（图 7-11），酸沉降未直接或间接对植物群落生物量产生影响（$p>0.05$）；酸沉降直接对植物群落多样性产生负效应（$p<0.01$）；酸沉降直接对土壤性质产生负效应（$p<0.01$），但后者并未直接或间接影响植物群落生物量和多样性（$p>0.05$）；酸沉降未直接或间接对植物群落 C∶N∶P 生态化学计量学特征产生影响（$p>0.05$）。

7.3.4　研究区

基于先验模型、相关分析、主成分分析结果（图 7-12、图 7-13、表 7-5、表 7-6），获得酸沉降与植物群落生物量关系的最优结构方程模型（图 7-14）：N 沉降对植物群落多样性和土壤性质均无显著的影响（$p>0.05$）。S 沉降对混合沉降 pH 有显著负的影响（$p<0.001$），而后者进一步显著正向影响 Pielou 均匀度指数（$p<0.05$）。S 沉降对土壤盐基离子浓度、有机 C 含量和全 N 含量有直接显著负的影响（$p<0.001$）。然而，仅土壤盐基离子浓度对 Patrick 丰富度指数和 Shannon-Wiener 多样性指数有显著负的影响（图 7-14A & B，$p<0.05$）。盐基离子沉降对混合沉降 pH 有显著正的影响（$p<0.001$），而后者进一步对 Pielou 均匀度指数有显著正的影响（$p<0.05$）。以上结果意味着，N、S 和盐基离子沉降对

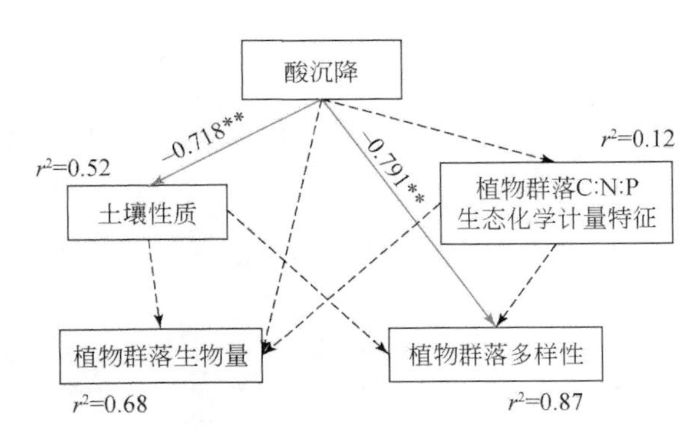

图 7-11　灵武电厂周边植物群落生物量和多样性与环境因子的结构方程模型

植物多样性包括 Patrick 丰富度指数、Shannon-Wiener 多样性指数、Pielou 均匀度指数和 Simpson 优势度指数。采用逐步回归分析对环境因子进行剔除后，酸沉降包括 NH_4^+ 和无机 N 年沉降量；植物群落 C∶N∶P 生态化学计量学特征包括全 C 浓度和 C∶P；土壤性质包括 pH、全 N 含量、Ca^{2+}浓度、β-1，4-葡萄糖苷酶活性、纤维二糖水解酶活性、β-1，4-N-乙酰基氨基葡萄糖苷酶活性和磷酸酶活性。** 代表 $p<0.01$

植物多样性的直接影响较小；但 S 和盐基离子沉降可通过对土壤盐基离子浓度和混合沉降 pH 的直接影响间接作用于植物多样性。此外，土壤酶活性对 Pielou 均匀度指数有显著正的影响（$p<0.05$），但其未显著受到酸沉降的影响（$p>0.05$）。

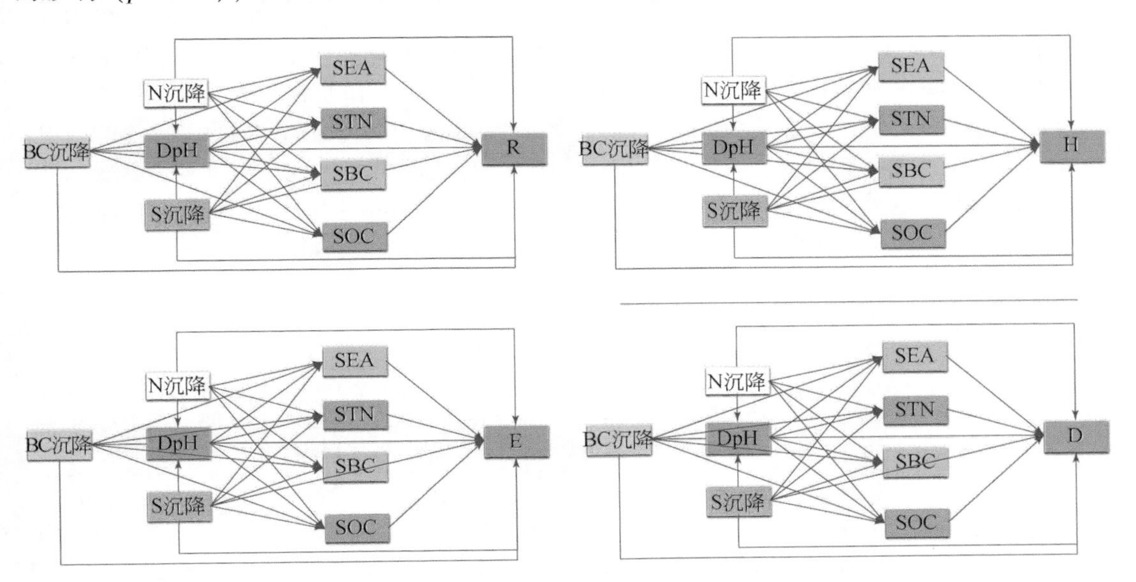

图 7-12　研究区植物群落多样性与环境因子的先验模型

R、H、E、D 分别代表 Patrick 丰富度指数、Shannon-Wiener 多样性指数、Pielou 均匀度指数和 Simpson 优势度指数。环境因子包括 N 沉降、S 沉降、盐基离子沉降（BC 沉降）、混合沉降 pH 代表（DpH）、土壤酶活性（β-1，4-葡萄糖苷酶活性、纤维二糖水解酶活性、β-1，4-N-乙酰基氨基葡萄糖苷酶活性、亮氨酸氨基肽酶活性和磷酸酶活性，SEA）、土壤全 N 含量（STN）、土壤盐基离子浓度（K^+、Ca^{2+}、Na^+、Mg^{2+}浓度，SBC）、土壤有机 C 含量（SOC）

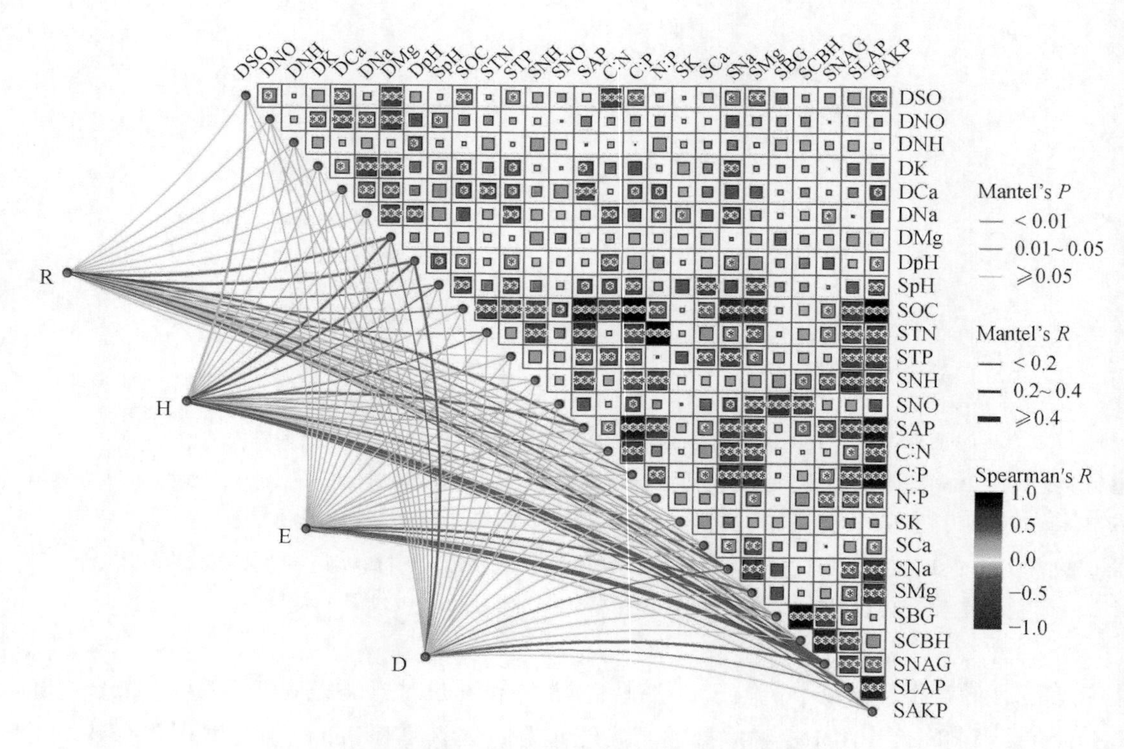

图 7-13　研究区植物群落多样性与环境因子的相关性

R、H、E、D 分别代表 Patrick 丰富度指数、Shannon-Wiener 多样性指数、Pielou 均匀度指数和 Simpson 优势度指数。DSO、DNO、DNH、DK、DCa、DNa、DMg、DpH 分别代表混合沉降中 SO_4^{2-} 年沉降量、NO_3^- 年沉降量、NH_4^+ 年沉降量、K^+ 年沉降量、Ca^{2+} 年沉降量、Na^+ 年沉降量、Mg^{2+} 年沉降量、pH。SpH、SOC、STN、STP、SNH、SNO、SAP、C : N、C : P、N : P、SK、SCa、SNa、SMg、SBG、SCBH、SNAG、SLAP、SAKP 因子包括土壤 pH、有机 C 含量、全 N 含量、全 P 含量、NH_4^+ 浓度、NO_3^- 浓度、速效 P 浓度、C : N、C : P、N : P、K^+ 浓度、Ca^{2+} 浓度、Na^+ 浓度、Mg^{2+} 浓度、β-1，4-葡萄糖苷酶活性、纤维二糖水解酶活性、β-1，4-N-乙酰基氨基葡萄糖苷酶活性、亮氨酸氨基肽酶活性和磷酸酶活性。*、**、*** 分别代表 $p<0.05$、$p<0.01$、$p<0.001$

表 7-5　混合沉降主成分分析

项目	盐基离子沉降				N 沉降	
变量	K^+	Ca^{2+}	Na^+	Mg^{2+}	NO_3^-	NH_4^+
PC1 得分	1.31	1.42	0.37	1.44	−1.67	−1.67
累积（%）	47.90				59.50	

注：由于该轴解释的方差较低（<10%），固未显示汇总变量的第二主成分（PC2）得分

表 7-6　土壤性质主成分分析

项目	土壤酶活性					土壤盐基离子浓度			
变量	BG	CBH	NAG	LAP	AKP	K^+	Ca^{2+}	Na^+	Mg^{2+}
PC1 得分	−1.28	−1.45	−1.45	−1.27	−1.10	0.40	1.29	1.14	1.65
累积（%）	58.26					44.05			

注：由于该轴解释的方差较低（<10%），固未显示汇总变量的第二主成分（PC2）得分。BG、CBH、NAG、LAP、AKP 分别代表 β-1，4-葡萄糖苷酶、纤维二糖水解酶、β-1，4-N-乙酰基氨基葡萄糖苷酶、亮氨酸氨基肽酶活性和磷酸酶活性

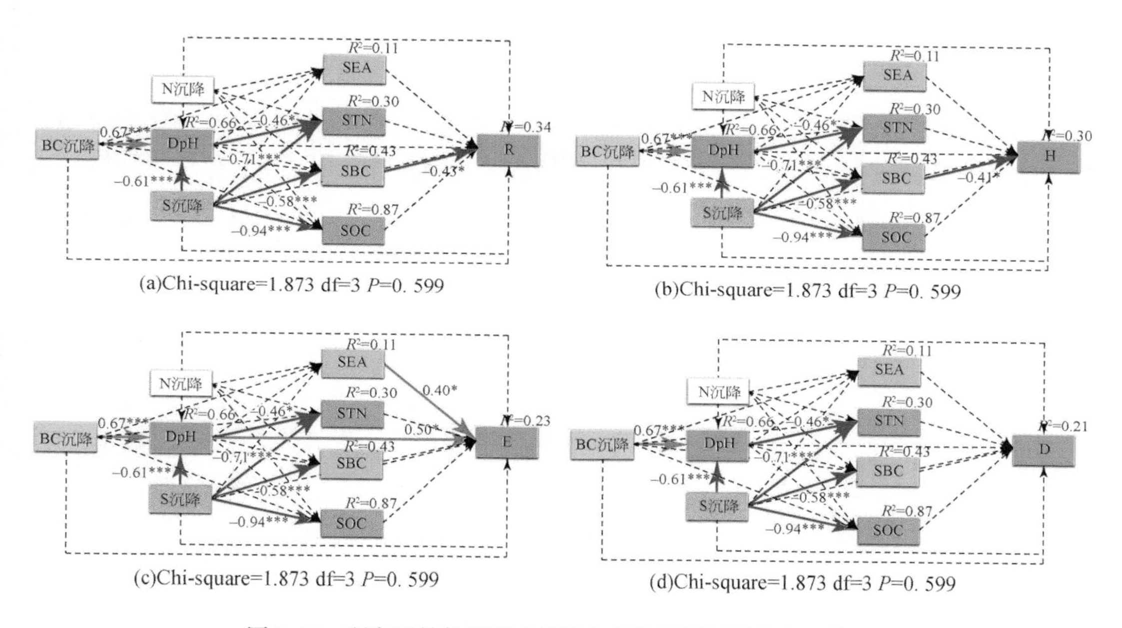

图 7-14　研究区植物群落多样性与环境因子的结构方程模型

植物多样性包括 Patrick 丰富度指数（R）、Shannon-Wiener 多样性指数（H）、Pielou 均匀度指数（E）和 Simpson 优势度指数（D）。采用逐步回归分析对环境因子进行剔除后，环境因子包括 N 沉降、S 沉降、盐基离子沉降（BC 沉降）、混合沉降 pH 代表（DpH）、土壤酶活性（β-1，4-葡萄糖苷酶活性、纤维二糖水解酶活性、β-1，4-N-乙酰基氨基葡萄糖苷酶活性、亮氨酸氨基肽酶活性和磷酸酶活性，SEA）、土壤全 N 含量（STN）、土壤盐基离子浓度（K^+、Ca^{2+}、Na^+、Mg^{2+}浓度，SBC）、土壤有机 C 含量（SOC）。*、*** 分别代表 $p<0.05$、$p<0.001$

7.4　小　结

7.4.1　植物多样性与环境因子的变差分解

在对研究区植物群落生物量和多样性的影响方面，酸沉降的独立解释力较弱；土壤性

质的独立解释力亦较弱，但其影响与植物 C∶N∶P 生态化学计量学特征高度相关。

7.4.2　植物多样性与环境因子的冗余分析

对研究区植物群落生物量和多样性影响较强的环境因子依次为植物全 N 浓度、植物 C∶N、土壤 NO_3^--N 浓度、土壤 NH_4^+-N 浓度、混合沉降 pH、土壤 pH、土壤电导率、植物全 P 浓度。

7.4.3　植物多样性与环境因子的结构方程

N、S 和盐基离子沉降对研究区植物群落多样性的直接影响较小，但 S 和盐基离子沉降可通过对土壤盐基离子浓度和混合沉降 pH 的直接影响间接作用于植物群落多样性。

第8章 存在问题和未来研究展望

8.1 大气酸沉降的测定方法方面

酸沉降主要分为湿沉降和干沉降。湿沉降测定方法相对简单，可以利用雨量筒进行人工收集，但收集不及时会混入部分干沉降，导致估测值偏高。为避免这一问题，许多研究采用降水自动采样器进行湿沉降的采集。干沉降的收集方法较为复杂，常见的方法包括替代面法、离子树脂交换法、苔藓S同位素示踪、遥感数据分析和模型估测、干沉降采样器结合数据模型等。其中，替代面法因其成本低、操作简便、估测结果对总沉降的变化趋势影响小等特点，在大气降尘化学成分的研究中有较多应用，尤其是我国北方多沙尘地区。虽然替代面法仅能收集到直径>2μm的重力沉降部分，不能完全收集到气体和粒径较小的气溶胶沉降，但其估测结果对总沉降的变化趋势影响小，因此该方法获得的混合沉降对于评价酸沉降状况仍具有积极意义。受科研设备限制，本书采用手动采样器结合替代面法收集了研究区混合沉降样品，未区分湿沉降和干沉降，亦可能未完全收集到气体和粒径较小的气溶胶沉降，在荒漠煤矿区酸沉降总量评估、干湿酸沉降贡献区分上存在不足。在今后的研究中，还需广泛查阅文献，对大气沉降收集方法进行改进，以便更加科学地评估当前大气污染物控制措施下燃煤电厂周边大气氮、硫沉降量。

8.2 大气酸沉降的测定指标方面

酸沉降的化学成分十分复杂，包括SO_4^{2-}、NO_3^-、Cl^-、F^-、H^+、NH_4^+、K^+、Ca^+、Na^+、Mg^{2+}、有机酸等。这些离子的综合作用对植物的影响错综复杂。酸沉降又是一种慢性扰动，是每时每刻都在发生的长期事件。目前，国内外学者通过野外试验研究了氮、硫添加（尤其氮添加）对植物多样性的影响，对预测酸沉降效应做出了重要贡献。但是受技术手段的限制，现有野外试验在添加物类型、强度、频率、持续时间等方面还不能完全模拟真实沉降，可能会高估酸沉降对植物的负影响。此外，近年来我国酸沉降中无机/有机酸沉降、干/湿沉降、NO_3^-/SO_4^{2-}、NO_3^-/NH_4^+已发生了变化，需重新评估酸沉降效应。在工业排放源周边实地分析氮、硫沉降下植物群落多样性和稳定性，是科学评估酸沉降效应的有益实践。受科研经费限制，本书仅分析了混合沉降SO_4^{2-}、NO_3^-、NH_4^+、K^+、Ca^+、Na^+、Mg^{2+}，未分析Cl^-、F^-、H^+等离子，亦未分析有机酸沉降类型，在酸沉降组成上存在不足。

在今后的研究中，还需增加全 N、Cl^-、F^-、有机酸等指标的测定，科学评估酸沉降中碱性离子对酸性离子的中和作用，进一步区分酸沉降中无机沉降和有机沉降的贡献。

8.3 大气酸沉降的取样方向和距离设置方面

研究发现，宁东基地冬季盛行西北风、夏季盛行东南风，其大气污染物在风向上的变化规律与离子种类有关。空间分布上，排放至大气的污染物在大气多尺度环流的作用下混合、扩散，造成污染物跨区域的远距离输送及迁移。燃煤电厂烟尘在经过除尘处理后，其直接排出的颗粒物浓度和粒径较小，亦具有远距离扩散的特点，但相关研究结果存在差异。例如有研究发现，宁东基地燃煤电厂大气污染物最大落地浓度约为距厂界 1000 ~ 1300m 处；ADMS 模型预测及实地测量结果发现，大气硫化物浓度在空间上随着距离的增大呈现出先升高后降低的趋势，并在距燃煤电厂约 2000 ~ 3000m 处达到最大值；土壤硫化物浓度在距燃煤电厂下风向约 2000m 处达到最大值。受科研人员投入不足限制，本书研究了沿西北风向电厂围墙外 2000m 范围内混合沉降特征，未考虑其他风向，亦未分析距离电厂围墙外 2000m 以上的取样范围，在取样方向和距离上存在不足。考虑到大气污染物空间分布与风向的关联性、高架源大气污染物的长距离迁移性、大气酸沉降的时间累积性、土壤污染成分组成的复杂性，今后还需增加取样方向、延长取样距离，并结合土壤污染源分析，从较长时间尺度上深入探讨荒漠煤矿区工业排放源周边酸沉降的生态效应。

8.4 植物多样性的指标选取方面

物种多样性和功能多样性是植物维持生态系统功能的基础，二者共同调控着生态系统生产力。酸沉降会引起植物种丧失已得到了证实，尤其在酸性和中性土壤中。通常认为，物种多样性与群落稳定性正相关，因而物种丧失可能会导致生态系统稳定性降低。作为预测生态系统功能的新视角，功能多样性整合了植物的功能策略，与稳定性和生产力的关系更密切。西北荒漠区是我国典型的生态脆弱区，蕴藏着大量特有植物种，是具有重要意义的生物多样性研究区之一。尽管荒漠植被稀少，但在防风固沙和固碳释氧等方面提供着不可替代的生态服务。虽然西北荒漠区可接受较高水平的硫沉降，但其植物多样性对氮沉降敏感。目前已有大量研究探讨了氮沉降下西北森林和草原区植物多样性的维持机制，但是针对氮、硫沉降下荒漠区的研究还较为滞后，尤其是功能多样性方面。受科研人员投入不足限制，本书分析了 4 个物种多样性指数，未分析功能多样性，在植物多样性指标选取上存在不足。在今后的研究中，还需要将物种多样性与功能多样性相结合，系统分析植物多样性与生态系统生产力和稳定性的联系，为科学评估荒漠区植物固碳潜力、助力实现“碳中和”目标提供数据支撑。

8.5 大气酸沉降下影响植物多样性的环境因子选择方面

研究认为，酸沉降引起植物多样性降低的潜在机制主要包括植物优势种资源获取能力提高、植物光限制、土壤氨毒、土壤酸化、土壤有毒离子活化、土壤盐基离子损耗、微生物多样性降低、植被–土壤系统 C : N : P 失衡和磷限制增加等。受科研设备、经费和人员投入等方面限制，考虑到西北荒漠煤矿区植被稀疏、土壤 N 有效性低、酸缓冲性能高等特点，项目组认为酸沉降下研究区植物生长受光限制、土壤有毒离子活化、土壤氨毒和土壤酸化的影响有限。因而，本书监测了土壤含水量、pH、电导率、C : N : P 生态化学计量学特征、微生物生物量 C : N : P 生态化学计量学特征、SO_4^{2-}-S 浓度、NO_3^--N 浓度、NH_4^+-N 浓度、速效 P 浓度、K^+浓度、Ca^{2+}浓度、Na^+浓度、Mg^{2+}浓度、β-1，4-葡糖苷酶活性、纤维素二糖水解酶活性、β-1，4-N-乙酰葡糖胺糖苷酶活性、亮氨酸氨基肽酶活性、碱性磷酸酶活性等指标，未分析土壤重金属离子活化和微生物多样性等，在环境因子选择上存在不足。在今后的研究中，还需综合考虑酸沉降下研究区土壤 pH 和金属阳离子移动性、土壤微生物群落结构和酶活性、植物–微生物–土壤 C : N : P 生态化学计量平衡特征的变化趋势，同时结合气象因子的年际变化，以便更加深入地揭示酸沉降下西北荒漠煤矿区植物多样性的维持机理。

参考文献

安俊岭，黄美元．2000. 盐基离子沉降量变化的不确定性对酸沉降临界负荷的影响．环境科学学报，S20：8-11.

安申群，贡璐，朱美玲，等．2017. 塔里木盆地北缘典型荒漠植物根系化学计量特征及其与土壤理化因子的关系．生态学报，37（16）：5444-5450.

白春华，红梅，韩国栋，等．2012. 土壤三种酶活性对温度升高和氮肥添加的响应．内蒙古大学学报（自然科学版），43（5）：509-513.

鲍士旦．2000. 土壤农化分析（第三版）．北京：中国农业出版社．

伯鑫，田飞，唐伟，等．2019. 重点煤电基地大气污染物扩散对京津冀的影响．中国环境科学，39（2）：514-522.

常瑞芬，李风军．2012. 基于多聚合过程神经元网络的宁东大气污染物浓度预测研究．贵州师范大学学报（自然科学版），30（5）：98-102.

陈美领，陈浩，毛庆功，等．2016. 氮沉降对森林土壤磷循环的影响．生态学报，36（16）：4965-4976.

陈能汪，洪华生，肖健，等．2006. 九龙江流域大气氮干沉降．生态学报，26（8）：2602-2607.

陈能汪，洪华生，张珞平．2008. 九龙江流域大气氮湿沉降研究．环境科学，1：38-46.

陈思宇，黄建平，李景鑫，等．2017. 塔克拉玛干沙漠和戈壁沙尘起沙、传输和沉降的对比研究．中国科学：地球科学，47（8）：939-957.

陈文，刘自俭．2009. 宁东能源化工基地煤炭资源保障能力分析．中国煤炭地质，21（11）：24-27.

陈向峰，刘娟，姜培坤，等，2020. 模拟氮沉降对毛竹林土壤生化特性和酶活性的影响．水土保持学报，34（5）：277-284.

程磊磊，却晓娥，杨柳，等．2020. 中国荒漠生态系统：功能提升、服务增效．中国科学院院刊，35（6）：690-698.

程念亮，易文杰，张开太，等．2016. 2013年中国硫沉降数值模拟研究．环境污染与防治，38（4）：38-44，50.

程正霖，罗遥，张婷，等．2017. 我国南方两个典型森林生态系统的硫、氮和汞沉降量．环境科学，38（12）：5004-5011.

从怀军，成毅，安韶山，等．2010. 黄土丘陵区不同植被恢复措施对土壤养分和微生物量C、N、P的影响．水土保持学报，24（4）：217-221.

丛晓男．2021. 全球生物多样性保护：进展、挑战与中国担当．世界知识，19：13-16.

邓健，张丹，张伟，等．2019. 黄土丘陵区刺槐叶片–土壤–微生物碳氮磷化学计量学及其稳态性特征．生态学报，39（15）：5527-5535.

丁国安，徐晓斌，王淑凤，等．2004. 中国气象局酸雨网络基本资料数据集及初步分析．应用气象学报，15（S1）：85-94.

丁小慧，罗淑政，刘金巍，等. 2012. 呼伦贝尔草地植物群落与土壤化学计量学特征沿经度梯度变化. 生态学报，32（11）：3467-3476.

董鸣，王义凤，孔繁志，等. 1996. 陆地生物群落调查、观测与分析. 北京：科学出版社.

董世魁，汤琳，张相锋，等. 2017. 高寒草地植物物种多样性与功能多样性的关系. 生态学报，37（5）：1472-1483.

杜金辉，匡开宇，慕金波. 2015. 基于OMI数据的青岛市酸沉降通量估算. 中国环境管理干部学院学报，25（2）：1-3，23.

杜锟，张江勇，林勇明，等. 2015. 邓恩桉（*Eucalyptus dunnii*）人工幼龄林土壤酶活性对模拟硫、氮复合沉降的响应. 热带作物学报，36（3）：504-509.

杜满义，范少辉，刘广路，等. 2016. 中国毛竹林碳氮磷生态化学计量特征. 植物生态学报，40（8）：760-774.

段雷. 2000. 中国酸沉降临界负荷区划研究. 北京：清华大学博士学位论文.

段雷，郝吉明，谢绍东，等. 2002. 用稳态法确定中国土壤的硫沉降和氮沉降临界负荷. 环境科学，23（2）：7-12.

樊建凌，胡正义，周静，等. 2013. 林地大气氮沉降通量观测对比研究. 中国环境科学，33（5）：786-792.

房焕英，肖胜生，潘萍，等. 2019. 湿地松林土壤生化特性和酶活性对模拟硫沉降的响应. 水土保持学报，33（6）：318-325.

冯婵莹，郑成洋，田地. 2019. 氮添加对森林植物磷含量的影响及其机制. 植物生态学报，43（3）：185-196.

付伟，武慧，赵爱花，等. 2020. 陆地生态系统氮沉降的生态效应：研究进展与展望. 植物生态学报，44（5）：475-493.

高德新. 2019. 典型退耕林（草）地土壤酶化学计量特征与土壤-植物碳氮磷元素的响应关系. 杨凌：西北农林科技大学博士学位论文.

顾峰雪，黄玫，张远东，等. 2016. 1961—2010年中国区域氮沉降时空格局模拟研究. 生态学报，36（12）：3591-3600.

关松荫. 1986. 土壤酶及其研究法. 北京：中国农业出版社.

郭德惠，张延毅. 1987. 大气干沉降对降水缓冲作用的研究. 湖北大学学报（自然科学版），1：96-100.

郭永盛，李鲁华，危常州，等. 2011. 施氮肥对新疆荒漠草原生物量和土壤酶活性的影响. 农业工程学报，27（S1）：249-256.

国家环境保护总局. 2004. 酸沉降监测技术规范：HJ/T 165—2004. 北京：中国环境科学出版社.

国家环境保护总局，国家技术监督局. 1994. 环境空气降尘标准：GB/T 15265—1994. 北京：中国标准出版社.

何瑞亮，蒋勇军，张远瞩，等. 2019. 重庆市近郊大气无机氮、硫沉降特征及其来源分析. 生态学报，39（16）：6173-6185.

何远政，黄文达，赵昕，等. 2021. 气候变化对植物多样性的影响研究综述. 中国沙漠，41（1）：59-66.

贺成武，任玉芬，王效科，等. 2014. 北京城区大气氮湿沉降特征研究. 环境科学，35（2）：490-494.

贺金生，韩兴国. 2010. 生态化学计量学：探索从个体到生态系统的统一化理论. 植物生态学报，34（1）：2-6.

胡波，王云琦，王玉杰，等．2015．模拟氮沉降对土壤酸化及土壤酸缓冲能力的影响．环境科学研究，28（3）：418-424.

胡雷，王长庭，王根绪，等．2014．三江源区不同退化演替阶段高寒草甸土壤酶活性和微生物群落结构的变化．草业学报，23（3）：8-19.

胡远洋．2022．生物多样性抵消的研究进展．生物多样性，30（2）：21266.

黄小波，刘万德，苏建荣，等．2016．云南普洱季风常绿阔叶林152种木本植物叶片C、N、P化学计量特征．生态学杂志，35（3）：567-575.

贾润语．2019．施加盐基离子对土壤中Cd生物有效性及水稻Cd累积的影响．长沙：中南林业科技大学．

贾文雄，李宗省．2016．祁连山东段降水的水化学特征及离子来源研究．环境科学，37（9）：3322-3332.

姜杰．2012．基于OMI卫星数据和数值模拟的中国大气SO_2浓度监测与排放量估算．南京：南京师范大学博士学位论文．

姜勇，李天鹏，冯雪，等．2019．外源硫输入对草地土壤-植物系统养分有效性的影响．生态学杂志，38（4）：1192-1201.

姜勇，张玉革，梁文举．2005．温室蔬菜栽培对土壤交换性盐基离子组成的影响．水土保持学报，6：80-83.

蒋婧，宋明华．2010．植物与土壤微生物在调控生态系统养分循环中的作用．植物生态学报，34：979-988.

蒋利玲，曾从盛，邵钧炯，等．2017．闽江河口入侵种互花米草和本地种短叶茳芏的养分动态及植物化学计量内稳性特征．植物生态学报，41（4）：450-460.

焦敏娜．2020．宁东能源化工基地土壤重金属形态特征及生态修复途径研究．银川：宁夏大学硕士学位论文．

景明慧．2020．氮沉降模拟方式对草原生态系统生产力和多样性的影响：Meta分析．北京：中国农业科学院硕士学位论文．

剧媛丽．2018．宁东能源化工基地大气硝基多环芳烃污染特征及呼吸暴露风险．兰州：兰州大学硕士学位论文．

李林森，程淑兰，方华军，等．2015．氮素富集对青藏高原高寒草甸土壤有机碳迁移和累积过程的影响．土壤学报，52（1）：183-193.

李明雨，黄文广，杨君珑，等．2019．宁夏草原植物叶片氮磷化学计量特征及其驱动因素．草业学报，28（2）：23-32.

李霞．2013．加快宁东能源化工基地建设的思考．中共银川市委党校学报，15（3）：62-65.

李玉霖，毛伟，赵学勇，等．2010．北方典型荒漠及荒漠化地区植物叶片氮磷化学计量特征研究．环境科学，31（8）：1716-1725.

李玉平，2010．高架污染源的最大地面浓度及位置．安全与环境学报，10（6）：89-91.

李志雄，梁美生，姜俊杰．2017．火电厂周围大气环境中硫化物分布规律的探讨．环境工程学报，11（2）：998-1002.

梁晓雪．2019．我国能源金三角宁东煤化工基地大气细颗粒物的污染特征及来源解析．兰州：兰州大学博士学位论文．

梁永平．2011．按照循环经济发展理念建设宁东能源化工基地．再生资源与循环经济，4（3）：14-17.

廖柏寒，蒋青．2001．我国酸雨中盐基离子的重要性．农业环境保护，24（3）：254-256.

林岩，段雷，杨永森，等．2007. 模拟氮沉降对高硫沉降地区森林土壤酸化的贡献．环境科学，3：640-646.

凌再莉．2018. 我国能源与资源产业西移及产品东输对西北地区 SO_2 排放和空气质量的影响．兰州：兰州大学博士学位论文．

刘桂要，陈莉莉，袁志友．2019. 氮添加对黄土丘陵区油松人工林根际土壤微生物群落结构的影响．应用生态学报，30（1）：117-126.

刘红梅，周广帆，李洁，等．2018. 氮沉降对贝加尔针茅草原土壤酶活性的影响．生态环境学报，27（8）：1387-1394.

刘平，张强，程滨，等．2010. 电厂煤粉尘沉降特征及其对周边土壤主要性质的影响．中国土壤与肥料，5：21-24.

刘星，汪金松，赵秀海．2015. 模拟氮沉降对太岳山油松林土壤酶活性的影响．生态学报，35（14）：4613-4624.

刘学军，张福锁．2009. 环境养分及其在生态系统养分资源管理中的作用：以大气氮沉降为例．干旱区研究，26（3）：306-311.

刘洋，张健，陈亚梅，等．2013. 氮磷添加对巨桉幼苗生物量分配和 C：N：P 化学计量特征的影响．植物生态学报，37（10）：933-941.

吕凤莲，薛萐，王国梁，等．2016. N 添加对油松幼苗土壤酶活性和微生物生物量的影响．生态学杂志，35（2）：338-345.

罗成科，张佳瑜，肖国举，等．2018. 宁东基地不同燃煤电厂周边土壤 5 种重金属元素污染特征及生态风险．生态环境学报，27（7）：1285-1291.

罗维，黄雅曦，国微，等．2017. 氮沉降对北方森林土壤微生物的影响研究进展．中国农学通报，33（28）：111-116.

罗希茜，郝晓晖，陈涛，等．2009. 长期不同施肥对稻田土壤微生物群落功能多样性的影响．生态学报，29（2）：740-748.

罗艳，贡璐，朱美玲，等．2017. 塔里木河上游荒漠区 4 种灌木植物叶片与土壤生态化学计量特征．生态学报，37（24）：8326-8335.

马文文，姚拓，靳鹏，等．2014. 荒漠草原 2 种植物群落土壤微生物及土壤酶特征．中国沙漠，34（1），176-183.

苗琦，孟刚，陈敏，等，2020. 我国煤炭资源可供性分析及保障研究．能源与环境，2：6-8+23.

莫江明，薛憬花，方运霆．2004. 鼎湖山主要森林植物凋落物分解及其对 N 沉降的响应．生态学报，24（7）：1413-1420.

牟世芬，刘克纳．2000. 离子色谱方法及应用．北京：化学工业出版社．

南少杰．2017. 基于 ATMOS 模型分析我国早年燃煤电厂硫沉降贡献影响．山西冶金，170（6）：65-66.

宁夏回族自治区生态环境厅．2019. 2019 年宁夏回族自治区环境状况公报［EB/OL］．http：//sthjt. nx. gov. cn/page/views/index/index. html.

宁夏农业勘查设计院．1990. 宁夏土壤．银川：宁夏人民出版社．

宁志英，李玉霖，杨红玲，等．2017. 科尔沁沙地主要植物细根和叶片碳、氮、磷化学计量特征．植物生态学报，41（10）：1069-1080.

宁志英，李玉霖，杨红玲，等．2019. 科尔沁沙地优势固沙灌木叶片氮磷化学计量内稳性．植物生态学报，43（1）：46-54.

裴旭倩．2015. 基于 ADMS 的火电厂高架源排放二氧化硫浓度分布特征研究．太原：太原理工大学博士学位论文．

彭佩钦，张文菊，童成立，等．2005. 洞庭湖湿地土壤碳、氮、磷及其与土壤物理性状的关系．应用生态学报，10：1872-1878.

祁瑜，Mulder J，段雷，等．2015. 模拟氮沉降对克氏针茅草原土壤有机碳的短期影响．生态学报，35（4）：1104-1113.

钱亦兵，吴兆宁，金井丰，等．1994. 塔克拉玛干沙漠沙物质成分研究．干旱区研究，4：46-52.

乔赵崇，赵海超，黄智鸿，等．2019. 冀北坝上不同土地利用对土壤微生物量碳氮磷及酶活性的影响．生态环境学报，28（3）：498-505.

秦书琪，房凯，王冠钦，等．2018. 高寒草原土壤交换性盐基离子对氮添加的响应：以紫花针茅草原为例．植物生态学报，2018，42（1）：95-104.

任成杰．2018. 黄土高原植被—土壤协同恢复效应及微生物响应机理．杨凌：西北农林科技大学博士学位论文．

沈芳芳，袁颖红，樊后保，等．2012. 氮沉降对杉木人工林土壤有机碳矿化和土壤酶活性的影响．生态学报，32（2）：517-527.

沈艳洁．2016. 基于 OMI 卫星遥感数据的能源金三角空气质量初探．兰州：兰州大学博士学位论文．

宋欢欢，姜春明，宇万太．2014. 大气氮沉降的基本特征与监测方法．应用生态学报，25（2）：599-610.

宋蕾，田鹏，张金波，等．2018. 黑龙江凉水国家级自然保护区大气氮沉降特征．环境科学，39（10）：4490-4496.

孙成玲，谢绍东．2014. 珠江三角洲地区硫和氮沉降临界负荷研究．环境科学，35（4）：1250-1255.

孙小东，宁志英，杨红玲，等．2018. 中国北方典型风沙区土壤碳氮磷化学计量特征．中国沙漠，38（6）：1209-1218.

唐喜斌．2014. 秸秆燃烧对灰霾天气的影响分析及其排放因子与颗粒物成分谱．上海：华东理工大学硕士学位论文．

田沐雨，于春甲，汪景宽，等．2020. 氮添加对草地生态系统土壤 pH、磷含量和磷酸酶活性的影响，应用生态学报，31（9）：2985-2992.

佟海，2016. 火电厂周围土壤和水体硫化物分布规律与其排放硫的相关性探讨．太原：太原理工大学硕士学位论文．

汪少勇，何晓波，吴锦奎，等．2019. 长江源区大气降水化学特征及离子来源．环境科学，40（10）：4431-4439.

汪涛，杨元合，马文红．2008. 中国土壤磷库的大小、分布及其影响因素．北京大学学报：自然科学版，44（6）：945-952.

王宝荣，曾全超，安韶山，等．2017. 黄土高原子午岭林区两种天然次生林植物叶片-凋落叶-土壤生态化学计量特征．生态学报，37（16）：5461-5473.

王传杰，王齐齐，徐虎，等．2018. 长期施肥下农田土壤-有机质-微生物的碳氮磷化学计量学特征．生态学报，38（11）：3848-3858.

王焕晓，庞树江，王晓燕，等．2018. 小流域大气氮干湿沉降特征．环境科学，39（12）：5365-5374.

王健铭．2019. 中国温带荒漠区植物与土壤微生物多样性地理格局及其环境解释．北京：北京林业大学博士学位论文.

王杰，李刚，修伟明，等．2014. 贝加尔针茅草原土壤微生物功能多样性对氮素和水分添加的响应．草业学报，23（4）：343-350.

王金相．2018. 西北地区典型能源工业基地排放对局地环境空气质量的影响．兰州：兰州大学博士学位论文.

王晶晶，樊伟，崔珺，等．2017. 氮磷添加对亚热带常绿阔叶林土壤微生物群落特征的影响．生态学报，37（24）：8361-8373.

王理德，王方琳，郭春秀，等.2016. 土壤酶学研究进展．土壤，48（1）：12-21.

王攀，余海龙，许艺馨，等．2021. 宁夏燃煤电厂周边土壤、植物和微生物生态化学计量特征及其影响因素．生态学报，41（16）：6513-6524.

王攀，朱湾湾，樊瑾，等．2020. 宁夏燃煤电厂周围降水降尘中硫氮沉降特征研究．生态环境学报，29（6）：1189-1197.

王绍强，于贵瑞．2008. 生态系统碳氮磷元素的生态化学计量学特征．生态学报，28（8）：3937-3947.

王绍强，周成虎，李克让，等．2000. 中国土壤有机碳库及空间分布特征分析．地理学报，5：533-544.

王圣．2020. 我国“十四五”煤电发展趋势及环保重点分析．环境保护，48（Z2）：61-64.

王伟，刘学军．2018. 青藏高原氮沉降研究现状及草地生态系统响应研究进展．中国农业大学学报，23（5）：151-158.

王占山，潘丽波，李云婷，等．2014. 火电厂大气污染物排放标准对区域酸沉降影响的数值模拟．中国环境科学，9：2420-2429.

魏枫，王慧娟，邱秀文，等．2019. 模拟氮沉降对樟树人工林土壤酶活性的影响．江苏农业科学，47（19）：129-133.

文都日乐，李刚，张静妮，等．2010. 呼伦贝尔不同草地类型土壤微生物量及土壤酶活性研究．草业学报，19（5）：94-102.

翁俊，顾鸿昊，王志坤，等．2015. 氮沉降对毛竹叶片生态化学计量特征的影响．生态科学，34（2）：63-70.

吴金水．2006. 土壤微生物生物量测定方法及其应用．北京：气象出版社.

吴乐知，蔡祖聪．2006. 中国土壤有机质含量变异性与空间尺度的关系．地球科学进展，9：965-972.

吴玉凤，高霄鹏，桂东伟，等．2019. 大气氮沉降监测方法研究进展．应用生态学报，30（10）：3605-3614.

武倩．2019. 长期增温和氮素添加对荒漠草原植物群落稳定性的影响．呼和浩特：内蒙古农业大学博士学位论文.

邢建伟，宋金明，袁华茂，等．2017. 胶州湾生源要素的大气沉降及其生态效应研究进展．应用生态学报，28（1）：353-366.

邢建伟，宋金明，袁华茂，等．2020. 胶州湾大气活性硅酸盐干沉降特征及其生态效应．生态学报，40（9）：3096-3104.

许稳．2016. 中国大气活性氮干湿沉降与大气污染减排效应研究．北京：中国农业大学博士学位论文.

许稳，金鑫，罗少辉，等．2017. 西宁近郊大气氮干湿沉降研究．环境科学，38（4）：1279-1288.

薛文博，许艳玲，王金南，等．2016. 全国火电行业大气污染物排放对空气质量的影响．中国环境科学，36（5）：1281-1288.

闫俊华，刘兴诏，褚国伟，等．2010. 南亚热带森林不同演替阶段植物与土壤中 N、P 的化学计量特征．植物生态学报，34（1）：64-71.
闫钟清，齐玉春，李素俭，等．2017. 降水和氮沉降增加对草地土壤微生物与酶活性的影响研究进展．微生物学通报，44（6）：1481-1490.
燕中凯，滕静，张倩．2012. 火电厂新标准对环保产业的拉动分析．环境保护，9：34-37.
杨帆，罗红雪，钟艳霞，等．2021. 宁东能源化工基地核心区表层土壤中多环芳烃的空间分布特征、源解析及风险评价．环境科学，42（5）：2490-2501.
杨阔，黄建辉，董丹，等．2010. 青藏高原草地植物群落冠层叶片氮磷化学计量学分析．植物生态学报，34（1）：17-22.
杨山，李小彬，王汝振，等．2015. 氮水添加对中国北方草原土壤细菌多样性和群落结构的影响．应用生态学报，26（3）：739-746.
曾德慧，陈广生．2005. 生态化学计量学：复杂生命系统奥秘的探索．植物生态学报，29（6）：1007-1019.
张成霞，南志标．2010. 土壤微生物生物量的研究进展．草业科学，27（6）：50-57.
张建宇，潘荔，杨帆，等．2011. 中国燃煤电厂大气污染物控制现状分析．环境工程技术学报，1（3）：185-196.
张金屯．2004. 数量生态学．北京：科学出版社．
张珂，陈永乐，高艳红，等．2014a. 阿拉善荒漠典型植物功能群氮、磷化学计量特征．中国沙漠，34：1261-1267.
张珂，何明珠，李新荣，等．2014b. 阿拉善荒漠典型植物叶片碳、氮、磷化学计量特征．生态学报，34（22）：6538-6547.
张美曼，范少辉，官凤英，等．2020. 竹阔混交林土壤微生物生物量及酶活性特征研究．土壤，52（1）：97-105.
张苗琳．2019. 基于时空融合数据的矿区植被覆盖变化检测 ——以宁东煤炭基地为例．北京：中国地质大学硕士学位论文．
张文瑾，张宇清，佘维维，等．2016. 氮添加对油蒿群落植物叶片生态化学计量特征的影响．环境科学研究，29（1）：52-58.
张艳荷，吕广林，包和林，等．2009. 模拟氮、硫复合沉降对杉木幼龄林土壤交换性铝的影响．安全与环境学报，9（4）：80-84.
张义凡，刘学东，陈林，等．2017. 荒漠草原 3 种典型群落类型的土壤微生物量碳氮研究．西北植物学报，37（2）：363-371.
张艺，王春梅，许可，等．2017. 模拟氮沉降对温带森林土壤酶活性的影响．生态学报，37（6）：1956-1965.
赵廷宁，张玉秀，曹兵，等．2018. 西北干旱荒漠区煤炭基地生态安全保障技术．水土保持学报，32（1）：1-5.
郑力，文娜．2012. 宁东能源化工基地工业固体废物现状分析及污染防治对策研究．能源与节能，10：73-75.
中国环境保护产业协会脱硫脱硝委员会．2017. 脱硫脱硝行业 2015 年发展综述．中国环保产业，1：6-21.

钟晓兰，李江涛，李小嘉，等．2015. 模拟氮沉降增加条件下土壤团聚体对酶活性的影响．生态学报，35（5）：1422-1433.

周纪东，史荣久，赵峰，等．2016. 施氮频率和强度对内蒙古温带草原土壤 pH 及碳、氮、磷含量的影响. 应用生态学报，27（8）：2467-2476.

周正虎，王传宽．2016. 生态系统演替过程中土壤与微生物碳氮磷化学计量关系的变化．植物生态学报，40（12）：1257-1266.

周正虎，王传宽．2017. 帽儿山地区不同土地利用方式下土壤–微生物–矿化碳氮化学计量特征．生态学报，37（7）：2428-2436.

朱剑兴，王秋凤，于海丽，等．2019. 2013 年中国典型生态系统大气氮、磷、酸沉降数据集．中国科学数据（中英文网络版），4（1）：82-89.

朱秋莲，邢肖毅，张宏，等．2013. 黄土丘陵沟壑区不同植被区土壤生态化学计量特征．生态学报，33（15）：4674-4682.

朱仁果，肖化云，王燕丽，等．2012. 用苔藓组织硫含量、S/N 比值探讨江西省大气硫沉降．地球与环境，40（4）：479-484.

朱圣洁．2014. 有机氮沉降研究现状简述．资源节约与环保，11：44-45.

朱潇，王杰飞，沈健林，等．2018. 亚热带农田和林地大气氮湿沉降与混合沉降比较．环境科学，39（6）：2557-2565.

Bell C，Carrillo Y，Boot C M，et al. 2014. Rhizosphere stoichiometry：are C：N：P ratios of plants，soils，and enzymes conserved at the plant species-level? New Phytologist，201：505-517.

Bobbink R，Hicks K，Galloway J，et al. 2010. Global assessment of nitrogen deposition effects on terrestrial plant diversity：a synthesis. Ecological Applications，20（1）：30-59.

Boot C M，Hall E K，Denef K，et al. 2016. Long-term reactive nitrogen loading alters soil carbon and microbial community properties in a subalpine forest ecosystem. Soil Biology and Biochemistry，92：211-220.

Borcard D，Gillet F，Legendre P. 2020. 数量生态学——R 语言的应用（第二版）．赖江山译．北京：高等教育出版社．

Bowman W D，Cleveland C C，Halada L，et al. 2008. Negative impact of nitrogen deposition on soil buffering capacity. Nature Geoscience，1：767-770.

Boyer E W，Goodale C L，Jaworski N A，et al. 2002. Anthropogenic nitrogen sources and relationships to riverine nitrogen export in the northeastern U. S. A. Biogeochemistry，57/58：137-169.

Brookes P C，Landman A，Pruden G，et al. 1985. Chloroform fumigation and the release of soil nitrogen：a rapid direct extraction method to measure microbial biomass nitrogen in soil. Soil Biology and Biochemistry，17：837-842.

Brookes P C，Powlson D S，Jenkinson D S. 1982. Measurement of microbial biomass phosphorus in soil. Soil Biology and Biochemistry 14：319-329.

Brown L，Scholefield D，Jewkes E C，et al. 2000. The effect of sulphur application on the efficiency of nitrogen use in two contrasting grassland soils. The Journal of Agricultural Science，135（2）：131-138.

Burns R G，DeForest J L，Marxsen J，et al. 2013. Soil enzymes in a changing environment：Current knowledge and future directions. Soil Biology and Biochemistry，58：216-227.

Cao J R，Pang S，Wang Q B，et al. 2020. Plant-bacteria-soil response to frequency of simulated nitrogen

deposition has implications for global ecosystem change. Functional Ecology, 34: 723-734.
Cardinale B J, Srivastava D S, Duffy J E, et al. 2006. Effects of biodiversity on the functioning of trophic groups and ecosystems. Nature, 443 (7114): 989-992.
Chang Y S, Arndt R L, Carmichael G R. 1996. Mineral base-cation deposition in Asia. Atmospheric Environment, 30: 2417-2427.
Chen J, van Groenigen K J, Hungate B A, et al. 2020. Long- term nitrogen loading alleviates phosphorus limitation in terrestrial ecosystems. Global Change Biology, 26 (9): 5077-5086.
Clark C M, Phelan J, Doraiswamy P, et al. 2018. Atmospheric deposition and exceedances of critical loads from 1800–2025 for the conterminous United States. Ecological Applications, 28 (4): 978-1002.
Classen A T, Overby S T, Hart S C, et al. 2007. Seas on mediates herbivore effect son litter and soil micro biomass abundance and activity in a semi-arid wood land. Plant and Soil, 295: 217-227.
Cleveland C C, Liptzin D. 2007. C : N : P stoichiometry in soil: Is there a "Redfield ratio" for the microbial biomass? Biogeochemistry, 85: 235-252.
Craven D, Eisenhauer N, Pearse W D, et al. 2018. Multiple facets of biodiversity drive the diversity-stability relationship. Nature Ecology and Evolution, 2 (10): 1579-1587.
Crous K, Ósvaldsson A, Ellsworth D. 2015. Is phosphorus limiting in a mature Eucalyptus woodland? Phosphorus fertilisation stimulates stem growth. Plant and Soil, 391: 293-305.
Crowley K F, McNeil B E, Lovett G M, et al. 2012. Do nutrient limitation patterns shift from nitrogen toward phosphorus with increasing nitrogen deposition across the northeastern United States? Ecosystems, 15 (6): 940-957.
Dana M T, Easter R C, 1987. Statistical summary and analyses of event precipitation chemistry from the MAP3S network, 1976–1983. Atmospheric Environment, 21 (1): 113-128.
Delgado-Baquerizo M, Maestre F T, Gallardol A, et al. 2013. Decoupling of soil nutrient cycles as a function of aridity in global drylands. Nature, 502: 672-676.
DeMalach N, Zaady E, Kadmon R. 2017. Light asymmetry explains the effect of nutrient enrichment on grassland diversity. Ecology Letter, 20: 60-69.
Deng Q, Hui D F, Dennis S, et al. 2017. Responses of terrestrial ecosystem phosphorus cycling to nitrogen addition: A meta-analysis. Global Ecology and Biogeography, 26 (6): 713-728.
Dong C C, Wang W, Liu H Y, et al. 2019. Temperate grassland shifted from nitrogen to phosphorus limitation induced by degradation and nitrogen deposition: evidence from soil extracellular enzyme stoichiometry. Ecological Indicators, 101: 453-464.
Du E Z. 2016. Rise and fall of nitrogen deposition in the United States. Proceedings of the National Academy of Sciences of the United States of America, 113 (26): E3594-E3595.
Du E Z, de Vries W, McNulty S, et al. 2018. Bulk deposition of base cationic nutrients in China's forests: Annual rates and spatial characteristics. Atmospheric Environment, 184: 121-128.
Duan L, Chen X, Ma X X, et al. 2016. Atmospheric S and N deposition relates to increasing riverine transport of S and N in southwest China: Implications for soil acidification. Environmental Pollution, 218: 1191-1199.
Elser J J, Fagan W F, Denno R F, et al. 2000. Nutritional constraints in terrestrial and freshwater food webs. Nature, 408 (6812): 578-580.

Elser J J, Fagan W F, Kerkhoff A J, et al. 2010. Biological stoichiometry of plant production: Metabolism, scaling and ecological response to global change. New Phytologist, 186 (3): 593-608.

Engardt M, Simpson D, Schwikowski M, et al. 2017. Deposition of sulphur and nitrogen in Europe 1900-2050. Model calculations and comparison to historical observations. Tellus Series B-Chemical and Physical Meteorolog, 69: 1328945.

Erik B. 1988. Time- trends of sulfate and nitrate in precipitation in Norway (1972 – 1982). Atmospheric Environment, 22 (2): 333-338.

Fabiańska I, Sosa- Lopez E, Bucher M. 2019. The role of nutrient balance in shaping plant root- fungal interactions: facts and speculation. Current Opinion in Microbiology, 49: 90-96.

Fan Y X, Lin F, Yang L M, et al. 2018. Decreased soil organic P fraction associated with ectomycorrhizal fungal activity to meet increased P demand under N application in a subtropical forest ecosystem. Biology and Fertility of Soils, 54: 149-161.

Fenn M E, Poth M A, Arbaugh M J. 2002. A throughfall collection method using mixed bed ion exchange resin columns. The Scientific World Journal, 2: 122-130.

Ferm M. 1998. Atmospheric ammonia and ammonium transport in Europe and critical loads: a review. Nutrient Cycling in Agroecosystems, 51 (1): 5-17.

Forsius M, Posch M, Holmberg M, et al. 2021. Assessing critical load exceedances and ecosystem impacts of anthropogenic nitrogen and sulphur deposition at unmanaged forested catchments in Europe. The Science of the Total Environment, 753: 141791.

Forstner S F, Wechselberger V, Stecher S, et al. 2019. Resistant soil microbial communities show signs of increasing phosphorus limitation in two temperate forests after long- term nitrogen addition. Frontiers in Forests and Global Change, 2: 73.

Fowler D, Coyle M, Flechard C, et al. 2001. Advances in micrometeorological methods for the measurement and interpretation of gas and particle nitrogen fluxes. Plant and Soil, 228: 117-129.

Galloway J N, Townsend A R, Erisman W J, et al. 2008. Transformation of the nitrogen cycle: recent trends, questions, and potential solutions. Science, 320: 889-892.

Gao Y, Ma M Z, Yang T, et al. 2018. Global atmospheric sulfur deposition and associated impaction on nitrogen cycling in ecosystems. Journal of Cleaner Production, 195: 1-9.

Gao Y, Sun S N, Xing F, et al. 2019. Nitrogen addition interacted with salinity- alkalinity to modify plant diversity, microbial PLFAs and soil coupled elements: A 5- year experiment. Applied Soil Ecology, 137: 78-86.

Gilliam F S, Adams M B, Peterjohn W T. 2020. Response of soil fertility to 25 years of experimental acidification in a temperate hardwood forest. Journal of Environmental Quality, 49: 961-972.

Güsewell S. 2004. N : P ratios in terrestrial plants: variation and functional significance. New Phytologist, 164 (2): 243-266.

Han W X, Fang J Y, Guo D L, et al. 2005. Leaf nitrogen and phosphorus stoichiometry across 753 terrestrial plant species in China. New Phytologist, 168 (2): 377-385.

Han Y F, Feng J G, Han M G, et al. 2020. Responses of arbuscular mycorrhizal fungi to nitrogen addition: A meta-analysis. Global Change Biology, 26: 7229-7241.

Hautier Y, Tilman D, Isbell F, et al. 2015. Anthropogenic environmental changes affect ecosystem stability via biodiversity. Science, 348 (6232): 336-340.

He J S, Fang J Y, Wang Z H, et al. 2006. Stoichiometry and large-scale patterns of leaf carbon and nitrogen in the grassland biomes of China. Oecologia, 149 (1): 115-122.

He J S, Wang L, Flynn D F B, et al. 2008. Leaf nitrogen: phosphorus stoichiometry across Chinese grassland biomes. Oecologia, 155 (2): 301-310.

Hessen D O, Elser J J. 2010. Elements of ecology and evolution. Oikos, 109: 3-5.

Heuck C, Weig A, Spohn M. 2015. Soil microbial biomass C : N : P stoichiometry and microbial use of organic phosphorus. Soil Biology and Biochemistry, 85: 119-129.

Hu Y L, Jung K, Zeng D H, et al. 2013. Nitrogen- and sulfur- deposition- altered soil microbial community functions and enzyme activities in a boreal mixedwood forest in western Canada. Canadian Journal of Forest Research, 43 (9): 777-784.

Huang X, Song Y, Li M M, et al. 2012. A high-resolution ammonia emission inventory in China. Global Biogeochemical Cycles, 26: GB1030.

Hynicka J D, Pett- Ridge J C, Perakis S S. 2016. Nitrogen enrichment regulates calcium sources in forests. Global Change Biology, 22 (12): 4067-4079.

Jian S Y, Li J W, Chen J, et al. 2016. Soil extracellular enzyme activities, soil carbon and nitrogen storage under nitrogen fertilization: a meta-analysis. Soil Biology and Biochemistry, 101: 32-43.

Joergensen R G, Mueller T. 1996. The fumigation- extraction method to estimate soil microbial biomass: calibration of the kEN value. Soil Biology and Biochemistry, 28: 33-37.

Jung K, Kwak J H, Gilliam F S, et al. 2018. Simulated N and S deposition affected soil chemistry and understory plant communities in a boreal forest in western Canada. Journal of Plant Ecology, 11 (4): 511-523.

Kang L T, Huang J P, Chen S Y, et al. 2016. Long- term trends of dust events over Tibetan Plateau during 1961-2010. Atmospheric Environment, 125: 188-198.

Kivlin S N, Treseder KK. 2014. Soil extracellular enzyme activities correspond with abiotic factors more than fungal community composition. Biogeochemistry, 117 (1): 23-37.

Koerselman W, Meuleman A F M. 1996. The vegetation N : P ratio: a new tool to detect the nature of nutrient limitation. Journal of Applied Ecology, 33 (6): 1441-1450.

Laliberté E, Legendre P. 2010. A distance-based framework for measuring functional diversity from multiple traits. Ecology, 91: 299-305.

Larssen T, Carmichael GR. 2000. Acid rain and acidification in China: the importance of base cation deposition. Environmental Pollution, 110 (1): 89-102.

Larssen T, Duan L, Mulder J. 2011. Deposition and leaching of sulfur, nitrogen and calcium in four forested catchments in China: Implications for acidification. Environmental Science & Technology, 45 (4): 1192-1198.

Lee D S, Kingdon R D, Pacyna J M, et al. 1999. Modelling base cations in Europe- sources, transport and deposition of calcium. Atmospheric Environment, 33: 2241-2256.

Leff J W, Jones S E, Prober S M, et al. 2015. Consistent responses of soil microbial communities to elevated nutrient inputs in grasslands across the globe. Proceedings of the National Academy of Sciences of the United States of America, 112 (35): 10967-10972.

Lei Y, Zhang Q, He K B, et al. 2011. Primary anthropogenic aerosol emission trends for China, 1990—2005. Atmospheric Chemistry and Physics, 220 (11): 931-954.

Li C, Martin R V, Boys B L, et al. 2016b. Evaluation and application of multi-decadal visibility data for trend analysis of atmospheric haze. Atmospheric Chemistry and Physics, 16: 2435-2457.

Li H, Yang S, Xu Z W, et al. 2017. Responses of soil microbial functional genes to global changes are indirectly influenced by aboveground plant biomass variation. Soil Biology and Biochemistry, 104: 18-29.

Li R, Cui L L, Zhao Y L, et al. 2019a. Estimating monthly wet sulfur (S) deposition flux over China using an ensemble model of improved machine learning and geostatistical approach. Atmospheric Environment, 214: 116884.

Li R, Cui L L, Zhao Y L, et al. 2019b. The wet deposition of the inorganic ions in the 320 cities across China: spatiotemporal variation, source apportionment, and dominant factors. Atmospheric Chemistry and Physics, 19 (17): 11043-11070.

Li W B, Jin C J, Guan D X, et al. 2015. The effects of simulated nitrogen deposition on plant root traits: a meta-analysis. Soil Biology and Biochemistry, 82: 112-118.

Li Y L, Jing C, Mao W, et al. 2014. N and P resorption in a pioneer shrub (*Artemisia halodendron*) inhabiting severely desertified lands of Northern China. Journal of Arid Land, 6 (2): 174-185.

Li Y, Niu S L, Yu G R. 2016a. Aggravated phosphorus limitation on biomass production under increasing nitrogen loading: a meta-analysis. Global Change Biology, 22 (2): 934-942.

Ling Z, Huang T, Zhao Y, et al. 2017. OMI-measured increasing SO_2 emissions due to energy industry expansion and relocation in northwestern China. Atmospheric Chemistry and Physics, 17: 9115-9131.

Liu J S, Li X F, Ma Q H, et al. 2019. Nitrogen addition reduced ecosystem stability regardless of its impacts on plant diversity. Journal of Ecology, 107: 2427-2435.

Liu L, Zhang X Y, Wang S Q, et al. 2016. Bulk sulfur (S) deposition in China. Atmospheric Environment, 135: 41-49.

Liu X J, Zhang Y, Han W X, et al. 2013. Enhanced nitrogen deposition over China. Nature, 494 (7438): 459-462.

Liu X, Zhang B, Zhao W R, et al. 2017. Comparative effects of sulfuric and nitric acid rain on litter decomposition and soil microbial community in subtropical plantation of Yangtze River Delta region. Science of the Total Environment, 601/602: 669-678.

Liu Z Q, Li D F, Zhang J E, et al. 2020. Effect of simulated acid rain on soil CO_2, CH_4 and N_2O emissions and microbial communities in an agricultural soil. Geoderma, 366: 114222.

Lopatin J, ArayaLópez R, Galleguillos M, et al. 2022. Disturbance alters relationships between soil carbon pools and aboveground vegetation attributes in an anthropogenic peatland in Patagonia. Ecology and Evolution, 12 (3): e8694.

Luo W T, Nelson P N, Li M H, et al. 2015. Contrasting pH buffering patterns in neutral-alkaline soils along a 3600 km transect in northern China. Biogeosciences, 12 (23): 7047-7056.

Ma F F, Zhang F Y, Quan Q, et al. 2021. Common species stability and species asynchrony rather than richness determine ecosystem stability under nitrogen enrichment. Ecosystems, 24 (3): 686-698.

Manzoni S, Schimel J P, Porporato A. 2012. Responses of soil microbial communities to water stress: results from a meta-analysis. Ecology, 93 (4): 930-938.

Mao Q G, Lu X K, Zhou K J, et al. 2017. Effects of long-term nitrogen and phosphorus additions on soil acidification in an N-rich tropical forest. Geoderma, 285: 57-63.

Marklein A R, Houlton B Z. 2012. Nitrogen inputs accelerate phosphorus cycling rates across a wide variety of terrestrial ecosystems. New Phytologist, 193 (3): 696-704.

Mayor J R, Mack M C, Schuur E A G. 2015. Decoupled stoichiometric, isotopic, and fungal responses of an ectomycorrhizal black spruce forest to nitrogen and phosphorus additions. Soil Biology & Biochemistry, 88: 247-256.

Mei L L, Yang X, Cao H B, et al. 2019. Arbuscular mycorrhizal fungi alter plant and soil C : N : P stoichiometries under warming and nitrogen input in a semiarid meadow of China. International Journal of Environmental Research and Public Health, 16 (3): 397.

Midolo G, Alkemade R, Schipper A M, et al. 2019. Impacts of nitrogen addition on plant species richness and abundance: a global meta-analysis. Global Ecology and Biogeography, 28: 398-413.

Mineau M M, Fatemi F R, Fernandez I J, et al. 2014. Microbial enzyme activity at the watershed scale: response to chronic nitrogen deposition and acute phosphorus enrichment. Biogeochemistry, 117 (1): 131-142.

Minocha R, Turlapati A S, Long S, et al. 2015. Long-term trends of changes in pine and oak foliar nitrogen metabolism in response to chronic nitrogen amendments at Harvard Forest, MA. Tree Physiology, 35 (8): 894-909.

Mooshammer M, Wanek W, Zechmeister-Boltenstern S, Richter A. 2014. Stoichiometric imbalances between terrestrial decomposer communities and their resources: Mechanisms and implications of microbial adaptations to their resources. Frontiers in Microbiology, 5: 22.

Nannipieri P, Giagnoni L, Landi L, et al. 2011. Role of phosphatase enzymes in soil. Soil Biology, 26: 215-243.

Niu D C, Yuan X B, Cease A J, et al. 2018. The impact of nitrogen enrichment on grassland ecosystem stability depends on nitrogen addition level. Science of the Total Environment, 618: 1529-1538.

Oksanen J, Blanchet F G, Friendly M, et al. 2018. Vegan: community ecology package. R package version 2. 5-2. Accessed May 2018.

Oulehle F, Tahovska K, Chuman T, et al. 2018. Comparison of the impacts of acid and nitrogen additions on carbon fluxes in European conifer and broadleaf forests. Environmental Pollution, 238: 884-893.

Peng Y F, Peng Z P, Zeng X T, et al. 2019. Effects of nitrogen-phosphorus imbalance on plant biomass production: a global perspective. Plant and Soil, 436 (1-2): 245-252.

Peringe G, Anna E, Martin F, et al. 2020. Acid rain and air pollution: 50 years of progress in environmental science and policy. Ambio: A Journal of the Human Environment, 49 (33): 849-964.

Persson J, Fink P, Goto A, et al. 2010. To be or not to be what you eat: regulation of stoichiometric homeostasis among autotrophs and heterotrophs. Oikos, 119 (5): 741-751.

Phoenix G K, Emmett B A, Britton A J, et al. 2012. Impacts of atmospheric nitrogen deposition: responses of multiple plant and soil parameters across contrasting ecosystems in long-term field experiments. Global Change Biology, 18 (4): 1197-1215.

Prietzel J, Stetter U. 2010. Long-term trends of phosphorus nutrition and topsoil phosphorus stocks in unfertilized and fertilized Scots pine (*Pinus sylvestris*) stands at two sites in Southern Germany. Forest Ecology and Management, 259: 1141-1150.

Qiao X, Xiao W Y, Jaffe D, et al. 2015. Atmospheric wet deposition of sulfur and nitrogen in Jiuzhaigou National Nature Reserve, Sichuan Province, China. Science of the Total Environment, 511: 28-36.

Rappe-George M O, Choma M, Capek P, et al. 2017. Indications that long-term nitrogen loading limits carbon resources for soil microbes. Soil Biology and Biochemistry, 115: 310-321.

Ratliff T J, Fisk M C. 2016. Phosphatase activity is related to N availability but not P availability across hardwood forests in the northeastern United States. Soil Biology and Biochemistry, 94: 61-69.

Reich P B, Oleksyn J. 2004. Global patterns of plant leaf N and P in relation to temperature and latitude. Proceedings of the National Academy of Sciences of the United States of America, 101 (30): 11001-11006.

Rezapour S. 2014. Effect of sulfur and composted manure on SO_4-S, P and micronutrient availability in a calcareous saline-sodic soil. Chemistry and Ecology, 30 (2): 147-155.

Robroek B J M, Adema E B, Venterink H O, et al. 2009. How nitrogen and sulphur addition, and a single drought event affect root phosphatase activity in *Phalaris arundinacea*. Science of the Total Environment, 407 (7): 2342-2348.

Rohde R A, Muller R A. 2015. Air pollution in China: mapping of concentrations and sources. PLoS One, 10 (8): e0135749.

Saiya-Cork K R, Sinsabaugh R L, Zak D R. 2002. The effects of long term nitrogen deposition on extracellular enzyme activity in an Acer saccharum forest soil. Soil Biology and Biochemistry, 34 (9): 1309-1315.

Sardans J, Rivas-Ubach A, Peñuelas J. 2012. The elemental stoichiometry of aquatic and terrestrial ecosystems and its relationships with organismic lifestyle and ecosystem structure and function: A review and perspectives. Biogeochemistry, 111: 1-39.

Shen Y, Zhang X, Huang T, et al. 2016. Satellite remote sensing of air quality in the Energy Golden Triangle, Northwest China. Environmental Science & Technology Letters, 3 (7): 275-279.

Sickles I I, Hodson L L, Vorburger L M. 1999. Evaluation of the filter pack for long-duration sampling of ambient air. Atmospheric Environment, 33: 2187-2202.

Sinsabaugh R L, Hill B H, Shah J J F. 2009. Ecoenzymatic stoichiometry of microbial organic nutrient acquisition in soil and sediment. Nature, 462 (7274): 795-798.

Sinsabaugh R L, Lauber C L, Weintraub M N, et al. 2008. Stoichiometry of soil enzyme activity at global scale. Ecology letters, 11 (11): 1252-1264.

Skujins J. 1981. Nitrogen cycling in arid ecosystems. Stockholm: Ecological Bulletin, 477-491.

Stein A F, Draxler R R, Rolph G D, et al. 2015. Noaa's hysplit atmospheric transport and dispersion modeling system. Bulletin of the American Meteorological Society, 96 (12): 2059-2077.

Sterner, R W, Elser, J J. 2002. Ecological Stoichiometry: The Biology of Elements from Molecules to the Biosphere. Princeton: Princeton University Press, 439.

Stevens C J, Thompson K, Grime J P, et al. 2010. Contribution of acidification and eutrophication to declines in species richness of calcifuge grasslands along a gradient of atmospheric nitrogen deposition. Functional Ecology, 24 (2): 478-484.

Su J Q, Li X R, Li X J, et al. 2013. Effects of additional N on herbaceous species of desertified steppe in arid regions of China: a four-year field study. Ecological Research, 28: 21-28.

Tan J N, Fu J S, Dentener F, et al. 2018. Source contributions to sulfur and nitrogen deposition—an HTAP Ⅱ multi-model study on hemispheric transport. Atmospheric Chemistry and Physics, 18 (16): 12223-12240.

Tan M, Li X. 2015. Does the Green Great Wall effectively decrease dust storm intensity in China? A study based on NOAA NDVI and weather station data. Land Use Policy, 43: 42-47.

Tatariw C, MacRae J D, Fernandez I J, et al. 2018. Chronic nitrogen enrichment at the watershed scale does not enhance microbial phosphorus limitation. Ecosystems, 21 (1): 178-189.

Tian D S, Niu S L. 2015. A global analysis of soil acidification caused by nitrogen addition. Environmental Research Letters, 10: 024019.

Tian H Q, Chen G S, Zhang C, et al. 2010. Pattern and variation of C : N : P ratios in China's soils: A synthesis of observational data. Biogeochemistry, 98 (1/3): 139-151.

Tian Q Y, Liu N N, Bai W M, et al. 2016. A novel soil manganese mechanism drives plant species loss with increased nitrogen deposition in a temperate steppe. Ecology, 97: 65-74.

Tie L H, Zhang S B, Peñuelas J, et al. 2020. Responses of soil C, N, and P stoichiometric ratios to N and S additions in a subtropical evergreenbroad-leaved forest. Geoderma, 379: 114633.

Treseder K K. 2008. Nitrogen additions and microbial biomass: a meta-analysis of ecosystem studies. Ecology Letters, 11 (10): 1111-1120.

van der Heijden M G A, Bardgett R D, et al. 2008. The unseen majority: Soil microbes as drivers of plant diversity and productivity in terrestrial ecosystems. Ecology Letters, 11: 296-310.

Vet R, Artz R S, Carou S, et al. 2014. A global assessment of precipitation chemistry and deposition of sulfur, nitrogen, sea salt, base cations, organic acids, acidity and pH, and phosphorus. Atmospheric Environment, 93 (SI): 3-100.

Vet R, Ro C-U. 2008. Contribution of Canada-United States transboundary transport to wet deposition of sulphur and nitrogen oxides—A mass balance approach. Atmospheric Environment, 42: 2518-2529.

Vourlitis G L, Fernandez J S. 2012. Changes in the soil, litter, and vegetation nitrogen and carbon concentrations of semiarid shrublands in response to chronic dry season nitrogen input. Journal of Arid Environments, 82 (82): 115-122.

Wang W J, Qiu L, Zu Y G, et al. 2011. Changes in soil organic carbon, nitrogen, pH and bulk density with the development of larch (*Larix gmelinii*) plantations in China. Global Change Biology, 17 (8): 2657-2676.

Wang Y Q, Zhang X Y, Draxler R R. 2009. TrajStat: GIS-based software that uses various trajectory statistical analysis methods to identify potential sources from long-term air pollution measurement data. Environmental Modelling and Software, 24 (8): 938-939.

Wang Y, Yu W, Pan Y, et al. 2012. Acid neutralization of precipitation in northern China. Journal of the Air & Waste Management Association, 62 (2): 204-211.

Wang Z F, Akimoto H, Uno I. 2002. Neutralization of soil aerosol and its impact on the distribution of acid rain over east Asia: Observations and model results. Journal of Geophysical Research-Atmospheres, 107 (D19):

ACH-1-ACH 6-12.

Watmough S A, Aherne J, Alewell, et al. 2005. Sulphate, nitrogen and base cation budgets at 21 forested catchments in Canada, the United States and Europe. Environmental Monitoring Assessment, 109: 1-36.

Wen H Y, Niu D C, Fu H, et al. 2013. Experimental investigation on soil carbon, nitrogen, and their components under grazing and livestock exclusion in steppe and desert steppe grasslands, Northwestern China. Environmental Earth Sciences, 70 (7): 3131-3141.

Wen Z, Xu W, Li Q, et al. 2020. Changes of nitrogen deposition in China from 1980 to 2018. Environment International, 144: 106022.

Wesely M L, Hicks B B. 2000. A review of the current status of knowledge on dry deposition. Atmospheric Environment, 34: 2261-2282.

Wright I J, Reich P B, Westoby M, et al. 2004. The worldwide leaf economics spectrum. Nature, 428 (6985): 821-827.

Wright L P, Zhang L M, Cheng I, et al. 2018. Impacts and effects indicators of atmospheric deposition of major pollutants to various ecosystems - A review. Aerosol and Air Quality Research, 18 (8): 1953-1992.

Xiao W, Chen X, Jing X, et al. 2018. A meta-analysis of soil extracellular enzyme activities in response to global change. Soil Biology and Biochemistry, 123: 21-32.

Xue H L, Lan X, Liang H G, Zhang Q. 2019. Characteristics and environmental factors of stoichiometric homeostasis of soil microbial biomass carbon, nitrogen and phosphorus in China. Sustainability, 11, 10: 2804.

Yang G W, Yang X, Zhang W J, et al. 2016. Arbuscular mycorrhizal fungi affect plant community structure under various nutrient conditions and stabilize the community productivity. Oikos, 125: 576-585.

Yang Y H, Fang J Y, Ji C J, et al. 2014. Stoichiometric shifts in surface soils over broad geographical scales: Evidence from China's grasslands. Global Ecology and Biogeography, 23: 947-955.

Yao X H, Chan C K, Fang M, et al. 2002. The water-soluble ionic composition of PM2.5 in Shanghai and Beijing, China. Atmospheric Environment, 36 (26): 4223-4234.

Yu G R, Jia Y L, He N P, et al. 2019. Stabilization of atmospheric nitrogen deposition in China over the past decade. Nature Geoscience, 12 (6): 424-429.

Yu H L, He N P, Wang Q F, et al. 2017. Development of atmospheric acid deposition in China from the 1990s to the 2010s. Environmental Pollution, 231: 182-190.

Yu Q, Wu H H, He N P, et al. 2012. Testing the growth-rate hypothesis in vascular plants with above- and below-ground biomass. PLoS One, 7 (3): e32162.

Yu Z P, Chen H Y H, Searle E B, et al. 2020. Whole soil acidification and base cation reduction across subtropical China. Geoderma, 361: 114107.

Yuan Z Y, Chen H Y H. 2015. Decoupling of nitrogen and phosphorus in terrestrial plants associated with global changes. Nature Climate Change, 5: 465-469.

Yue K, Fornara D A, Yang W, et al. 2017. Effects of three global change drivers on terrestrial C : N : P stoichiometry: a global synthesis. Global Change Biology, 23 (6): 2450-2463.

Zarfos M R, Dovciak M, Lawrence G B, et al. 2019. Plant richness and composition in hardwood forest understories vary along an acidic deposition and soil-chemical gradient in the northeastern United States. Plant and Soil, 438: 461-477.

Zechmeister-Boltenstern S, Keiblinger K M, Mooshammer M, et al. 2015. The application of ecological stoichiometry to plant-microbialsoil organic matter transformations. Ecological Monographs, 85: 133-155.

Zhang N Y, Guo R, Song P, et al. 2013. Effects of warming and nitrogen deposition on the coupling mechanism between soil nitrogen and phosphorus in Songnen Meadow Steppe, northeastern China. Soil Biology & Biochemistry, 65: 96-104.

Zhang Q Y, Wang Q F, Zhu J X, et al. 2020b. Spatiotemporal variability, source apportionment, and acid-neutralizing capacity of atmospheric wet base- cation deposition in China. Environmental Pollution, 262: 114335.

Zhang T A, Chen H Y H, Ruan H H. 2018b. Global negative effects of nitrogen deposition on soil microbes. The ISME Journal, 12: 1817-1825.

Zhang W, Xu Y D, Gao D X, et al. 2019b. Ecoenzymatic stoichiometry and nutrient dynamics along a revegetation chronosequence in the soils of abandoned land and *Robinia pseudoacacia* plantation on the Loess Plateau, China. Soil Biology and Biochemistry, 134: 1-14.

Zhang X H, Lu Y, Wang Q G, et al. 2019a. A high-resolution inventory of air pollutant emissions from crop residue burning in China. Atmospheric Environment, 213: 207-214.

Zhang X Y, Chuai X W, Liu L, et al. 2018a. Decadal trends in wet sulfur deposition in China estimated from OMI SO_2 columns. Journal of Geophysical Research-Atmospheres, 123 (18): 10796-10811.

Zhang X Y, Wang Y Q, Niu T, et al. 2012. Atmospheric aerosol compositions in China: spatial/temporal variability, chemical signature, regional haze distribution and comparisons with global aerosols. Atmospheric Chemistry and Physics, 12 (2): 779-799.

Zhang X, Wang L, Wang W, et al. 2015. Long-term trend and spatiotemporal variations of haze over China by satellite observations from 1979 to 2013. Atmospheric Environment, 119: 362-373.

Zhang Y Y, Cao Y F, Tang Y, et al. 2020a. Wet deposition of sulfur and nitrogen at Mt. Emei in the West China Rain Zone, southwestern China: Status, inter-annual changes, and sources. Science of the Total Environment, 713: 136676.

Zhang Y, Peng C, Li W, et al. 2016. Multiple afforestation programs accelerate the greenness in the ‘Three North’ region of China from 1982 to 2013. Ecological Indictor, 61: 404-412.

Zhao H, Sun J, Xu X L, et al. 2017. Stoichiometry of soil microbial biomass carbon and microbial biomass nitrogen in China's temperate and alpine grasslands. European Journal of Soil Biology, 83: 1-8.

Zhao W X, Zhao Y, Ma M R, et al. 2021. Long-term variability in base cation, sulfur and nitrogen deposition and critical load exceedance of terrestrial ecosystems in China. Environmental Pollution, 289: 117974.

Zhao Y, Duan L, Lei Y, et al. 2011. Will PM control undermine China's efforts to reduce soil acidification? Environmental Pollution, 159 (10): 2726-2732.

Zheng B, Tong D, Li M, et al. 2018a. Trends in China's anthropogenic emissions since 2010 as the consequence of clean air action. Atmospheric Chemistry and Physics, 18 (19): 14095-14111.

Zheng M H, Huang J, Chen H, et al. 2015. Response of soil acid phosphate and beta-glucosidase to nitrogen and phosphorus addition in two subtropical forests in southern China. European Journal of Soil Biology, 68: 77-84.

Zheng Z, Ma P F, Li J, et al. 2018b. Arbuscular mycorrhizal fungal communities associated with two dominant species differ in their responses to long-term nitrogen addition in temperate grasslands. Functional Ecology, 32 (6): 1575-1588.

Zheng Z, Ma P F. 2018. Changes in above and belowground traits of a rhizome clonal plant explain its predominance under nitrogen addition. Plant and Soil, 432: 415-424.

Zhou M, Yang Q, Zhang H J, et al. 2020. Plant community temporal stability in response to nitrogen addition among different degraded grasslands. Science of the Total Environment, 729: 138886.

Zhou Z H, Wang C K, Jin Y. 2017. Stoichiometric responses of soil microflora to nutrient additions for two temperate forest soils. Biology and Fertility of Soils, 53 (4): 397-406.

Zhu J X, Chen Z, Wang Q F, et al. 2020. Potential transition in the effects of atmospheric nitrogen deposition in China. Environmental Pollution, 258: 113739.

Zhu Q C, De Vries W, Liu X J, et al. 2016. The contribution of atmospheric deposition and forest harvesting to forest soil acidification in China since 1980. Atmospheric Environment, 146: 215-222.

Zuo X A, Zhang J, Lv P, et al. 2016. Plant functional diversity mediates the effects of vegetation and soil properties on community-level plant nitrogen use in the restoration of semiarid sandy grassland. Ecological Indicators, 64: 272-280.

Ågren G I. 2008. Stoichiometry and nutrition of plant growth in natural communities. Annual Review of Ecology, Evolution, and Systematics, 39: 153-170.

后　记

终于要在键盘上敲下这两个字了，这也意味着书稿撰写基本告一段落了。回想从2017年下定决心将本人的科研工作从“基础研究领域”逐渐转向“应用基础研究领域”，到以宁东能源化工基地为研究区域的第一个宁夏自然科学基金、第二个宁夏自然科学基金、中国科学院“西部青年学者”人才培养项目、第一个国家自然科学基金（本人的第四个国家自然科学基金）获批，再到本书的出版，也已经经历了6个寒来暑往了。从“经常听说”宁东基地却只能指出它的大致方位，到监测点选择、取样距离设置、采样点布设，到对宁东基地一花一草一木逐渐浓厚的感情，再到相关学术论文的撰写发表，其间的艰辛唯有自己最清楚。6年岁月的无情，几乎使我的感情变得枯竭，但需要感谢的人与事无论如何也不敢淡忘。

去年写第一部专著时，我倾注了很多感情致谢我的学生，感谢他们对我的帮助。因为他们的加入，我逐渐明白我的研究最有意义的意义是帮助学生成长，帮助学生对科研产生兴趣（当然，这些研究毕竟太苦，可能反而挫伤了部分同学的科研激情）。然而，仔细回想起来，在科研条件十分艰苦的情况下，能在宁东基地坚持开展6年研究，最应该感谢的人是自己。我本人从2005年攻读博士研究生开始，就一直从事于全球变化生态学和生态系统生态学领域的研究。在2017年以前，相关工作主要通过设置盆栽试验和野外控制试验，开展模拟环境变化下荒漠草原植物-微生物-土壤的反应与适应性研究。从2017年开始，左手盐池荒漠草原的4个长期野外控制试验，右手宁东基地的3个燃煤电厂，对一个几乎孤军奋战的女教师而言，难度可想而知。选哪几个燃煤电厂研究酸沉降呢？研究哪个风向的酸沉降呢？设置多远的取样距离呢？酸沉降样品怎么收集呢？收集回来的酸沉降样品怎样测定呢？选择哪些植物种为研究对象呢？土壤样取到多深呢？当这一切都确定下来后，新的问题又出现了。选择的酸沉降方法不能完全收集干湿沉降样品，可能会低估研究区酸沉降量。于是查资料，研究别人的取样方法，寻找所选测定方法的科学价值……当这一切困难都尘埃落定后，终于“拨开云雾见天日，守得云开见月明”了。项目组基于3个燃煤电厂，先是监测了氮硫沉降量、探讨了植物-微生物-土壤C：N：P生态化学计量学特征，然后从元素生态化学计量平衡关系角度分析了植物物种多样性的主导影响因素，接着还要深入了解下酸沉降下植物功能多样性的维持机理……可以推进的工作变得越来越有意义了。事实证明，自己的坚持没错。坚持是需要勇气的，而决定在宁东基地研究酸沉降本身就需要更大的勇气。

在我艰难地不知道如何在宁东基地开展试验时，我有幸迎来了第一位研究生王攀同学。那个时候他也是个才 23 岁的小伙子，但却承受了我太多的“依赖”。回想起 2018 年在试验方案还没有确定前，我对他说得最多的话就是“宁东试验靠你啦，我可以依靠你吗?”那时，他的内心恐怕和我一样吧，想必也是一万次地问“老师，我可以依靠您吗?”那时，我带着他去了一趟宁东基地后，就告诉他“后面的试验就要你自己负责啦”。那时，他发给我最多的消息是“老师，我想试着测下宁东水样 pH，您可以帮我借下钟老师的 pH 计吗?”“老师，我想试着测下宁东水样铵态氮和硝态氮，您可以帮我问下钟老师我能去她实验室测下吗?”……第一次正式带学生，我确实没有经验，我的回答一直是“好的”，但真正落实的很少。以王攀同学为第一作者的 2 篇宁东文章写得真是艰辛啊！它们属实为我增添了不少白发和焦虑。对这段师生缘，我有欣慰也有遗憾。我最后悔的，是不应该在 2020 年 6 月份测定宁东水样，更不应该对师生间后续的研究合作产生期盼。当一切变得暗淡，唯有那句“我可以依靠你吗”总会时不时浮现在脑海中。

参与宁东基地室内外试验的研究生，还有李春环、朱湾湾、许艺馨、韩翠等同学，他们都为宁东项目的顺利实施贡献了举足轻重的力量。李春环同学是宁东试验第二直接参加人。他虽然并未像王攀同学那样是宁东项目的开拓者，但他对待试验认真负责、毫无怨言。王攀同学毕业后是他挑起了宁东试验的大梁。他的付出让宁东试验继续开展得如火如荼。在数据分析上，他通过自己的努力学会了很多分析方法，让我第一次建立了“学生的进步是可以被逼出来”的信心。通过两年多的学习，李春环同学的贡献无疑是巨大的，他的进步也是有目共睹的。希望后续他能有更多的成果，使宁东数据发光发彩，让更多的人了解我们的研究。朱湾湾同学协助王攀同学收了水样、取了土样、测了植物样、录了数据。她工作态度认真，做事细心，任劳任怨。她整理的土样一排排、一队队整齐地摆在六楼楼梯上。它们像训练有素的士兵一样，让人每次经过时都忍不住想给它们敬礼。她整理的植物样，A 要和 B 挨着，A 和 B 之间决不能夹着 C，让人第一次觉得“强迫症”竟然可以这么美好。她整理的数据，清晰、明了、干净、整洁，让人不自觉产生不用这些数据写篇文章都对不起这些数据的愧疚感来。这样优秀的研究生应该继续走上学术之路，可惜她可能就是那位被试验挫伤了科研热情的孩子。许艺馨同学性格温顺，慢条斯理，不急不缓，但也会时不时抛出一些冷幽默来，使我们的试验变得可爱起来。在她潜移默化的影响下，李春环同学也逐渐变得更加细心了。有付出才有收获。正是有其他方面的付出，你才能获得这些，你是值得的，韩翠同学。另外，感谢李冰和王晓悦同学在本书数据分析方面给予的帮助。太多的感谢无以言表。希望在我们每一个人的努力下，我们的团队越来越棒，你们每个人成长得越来越优秀。

此外，牛玉斌、樊瑾、方昭、何思佳、赵明涛、马琪等同学也参与了宁东项目的部分室内外试验。牛玉斌同学是王攀同学的第一战友。他们一起探讨了酸沉降的取样方法和测定方法。樊瑾同学在土壤样品收集和室内分析等工作中伸出了友谊的小手。感谢你们每一位。

感谢国家自然科学基金、中国科学院“西北青年学者”人才培养项目和宁夏自然科学基金的资助。感谢宁夏大学生态环境学院领导和同事们的支持，愿我们学院培养出更优秀的人才。感谢宁夏大学“全球变化与荒漠生态系统”团队刘任涛、肖国举、杜灵通、马飞、安慧、薛斌、王新云老师对我的支持，愿我们团队能产出更多的成果。感谢每一位帮助过我的家人、朋友、同事和同学。

十年树木，百年树人。虽然这本书已经完成，但仍感觉自身在全球变化和生物多样性领域的知识积累不足，致使许多科学问题的研究存在不足之处。本人也尚未指导研究生们将所取得的数据全面整理汇总、发表，尚未能使取得的数据更好地服务于研究生。同时，科研设备有限、科研经费少、团队成员流动性大等都限制了相关研究的进一步深入。本人希望本书能够对充分认识荒漠煤矿区酸沉降效应提供指导与借鉴，可以为评估宁东基地大气污染物控制措施的实施效果、促进荒漠煤矿区经济与生态协调发展、加快黄河流域生态保护和高质量发展提供科学依据，实现科学研究的应用价值。同时，生物多样性是近年来我国生态学研究的重点内容，在2021年联合国《生物多样性公约》第十五次缔约方大会上也被列为今后国际研究重点领域。书中对相关领域细节描述不准确的地方，敬请读者朋友批评指正。

黄菊莹

2022年6月于宁夏图书馆